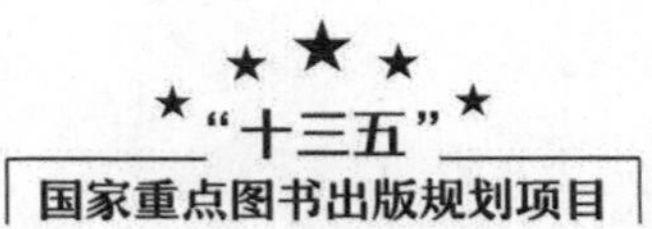

5G UDN（超密集网络）技术详解

Ultra Dense Networks of 5th Generation Mobile Communications

杨立 黄河 袁弋非 鲁照华 郝鹏 著

人 民 邮 电 出 版 社
北 京

图书在版编目（CIP）数据

5G UDN（超密集网络）技术详解 / 杨立等著. -- 北京 : 人民邮电出版社, 2018.5
（国之重器出版工程·5G丛书）
ISBN 978-7-115-48095-8

Ⅰ. ①5… Ⅱ. ①杨… Ⅲ. ①蜂窝式移动通信网一研究 Ⅳ. ①TN929.53

中国版本图书馆CIP数据核字(2018)第053031号

内 容 提 要

本书先以 5G UDN 的移动业界大背景为切入点，阐明其诞生的基础，发展主脉络和规律；然后分章节，从不同网络层面和不同角度，综合地叙述诠释，诸如 UDN 在未来 5G 异构网络中将扮演何种角色？其成功部署运营的主要支撑技术机制有哪些？从网络高层到低层，其系统架构、网络部署方式、空中接口高层和物理层的关键技术有哪些？它们之间的有机联系如何等业界十分关注的问题。由于撰写本书时间窗的限制，某些具体问题的最终方案，可能还在业界标准化的研讨和反复商定之中。本书自始至终，紧密结合了当前 5G 3GPP 标准化的动态进展，内容不断地迭代更新，同时融汇了笔者过去在行业内外的丰富经验与体会，因此，相信读者仍能从整体层面牢牢把握住今日和未来 5G UDN 技术发展的方向和演进的规律、特点等。与此同时，本书中还尽量插入一些 3GPP 标准外的其他研究成果，丰富了本书内容。

本书适合从事无线通信的科技人员、工科大学通信类专业师生阅读，同时也适合作为工程技术及科研教学的参考书。

◆ 著 杨 立 黄 河 袁弋非 鲁照华 郝 鹏
责任编辑 李 强
责任印制 杨林杰
◆ 人民邮电出版社出版发行 北京市丰台区成寿寺路 11 号
邮编 100164 电子邮件 315@ptpress.com.cn
网址 http://www.ptpress.com.cn
固安县铭成印刷有限公司印刷
◆ 开本：720×1000 1/16
印张：20.25 2018 年 5 月第 1 版
字数：372 千字 2018 年 5 月河北第 1 次印刷

定价：108.00 元

读者服务热线：(010)81055488 印装质量热线：(010)81055316
反盗版热线：(010)81055315
广告经营许可证：京东工商广登字 20170147 号

《国之重器出版工程》编辑委员会

专家委员会委员（按姓氏笔画排列）：

于　全　中国工程院院士

王少萍　“长江学者奖励计划”特聘教授

王建民　清华大学软件学院院长

王哲荣　中国工程院院士

王　越　中国科学院院士、中国工程院院士

尤肖虎　“长江学者奖励计划”特聘教授

邓宗全　中国工程院院士

甘晓华　中国工程院院士

叶培建　中国科学院院士

朱英富　中国工程院院士

朵英贤　中国工程院院士

邬贺铨　中国工程院院士

刘大响　中国工程院院士

刘怡昕　中国工程院院士

刘韵洁　中国工程院院士

孙逢春　中国工程院院士

苏彦庆　“长江学者奖励计划”特聘教授

苏哲子 中国工程院院士

李伯虎 中国工程院院士

李应红 中国科学院院士

李新亚 国家制造强国建设战略咨询委员会委员、中国机械工业联合会副会长

杨德森 中国工程院院士

张宏科 北京交通大学下一代互联网互联设备国家工程实验室主任

陆建勋 中国工程院院士

陆燕荪 国家制造强国建设战略咨询委员会委员、原机械工业部副部长

陈一坚 中国工程院院士

陈懋章 中国工程院院士

金东寒 中国工程院院士

周立伟 中国工程院院士

郑纬民 中国计算机学会原理事长

郑建华 中国科学院院士

屈贤明　国家制造强国建设战略咨询委员会委员、工业和信息化部智能制造专家咨询委员会副主任

项昌乐　“长江学者奖励计划”特聘教授，中国科协书记处书记，北京理工大学党委副书记、副校长

柳百成　中国工程院院士

闻雪友　中国工程院院士

徐德民　中国工程院院士

唐长红　中国工程院院士

黄卫东　“长江学者奖励计划”特聘教授

黄先祥　中国工程院院士

黄　维　中国科学院院士、西北工业大学常务副校长

董景辰　工业和信息化部智能制造专家咨询委员会委员

焦宗夏　“长江学者奖励计划”特聘教授

序 言

5G 作为构筑社会和经济发展的重要基石，受到社会和产业界的广泛关注。5G 是新一代信息技术的代表，引入了新型的架构和多种创新关键技术。超密集网络，即 UDN 技术是 5G 时代下的移动蜂窝网络的重要部署方式和关键技术的集成创新。5G 目标服务于三大场景类别，即增强移动宽带（eMBB）、超高可靠低时延（URLLC）和海量机器类通信（mMTC）。其中，eMBB 仍是 5G 初期商用最为重要的应用场景，即提供更高的系统容量、更高的数据吞吐率、更无缝的无线连接、更好的用户体验等。5G UDN 技术是支撑 5G eMBB 场景类别的关键手段，它不仅能保证 5G eMBB 场景下的所有性能要求达标，还可以极大地降低网络设备商和运营商的设备服务和运维成本。

本书全面深入地阐述了 UDN 技术的发展历史、当今的现状及未来趋势，内容涵盖上层业务应用、部署组网、系统架构、无线接入侧高层和物理层关键技术等方面。本书从 5G 移动业界大背景为切入点，紧密结合了当前 5G 在 3GPP 的标准化进展，系统化地梳理和诠释了 5G UDN 的诸多相关技术，从宏观到微观，从高层到低层。通过本书，读者不仅可以全面丰富地了解目前 5G 在 3GPP 的标准化状况和未来趋势，系统化地学习 UDN 技术体系的相关知识，还可以体察标准制定背后的诸多缘由和规律。

2018 年是 5G 标准化元年，相信读者通过阅读本书，他们能够加深对 5G 移动通信和 3GPP 国际标准组织的丰富认知，也可以进一步促进、激发无线科研工作者的创新灵感。

中国信息通信研究院副院长

IMT-2020（5G）推进组副主席

王志勤

前　言

超密集网络（UDN，Ultra Dense Networks）的核心特点，可用 4 个词来高度抽象地概括，即基站小型化、小区密集化、节点多元化和高度协作化。超密集网络是未来蜂窝移动系统必然的发展趋势，它不仅关系到 5G 网络的系统容量，还密切关系到 5G 网络的各层面综合性能和各种中高级移动应用业务的用户体验。UDN 部署组网方式及其相关技术的发展，是由蜂窝移动业务市场、丰富暴增的各类业务应用需求和计算机通信软硬件技术，不断地发展演进，而强力双重驱动的。一方面，随着过去十余年，移动互联网业务应用的高速发展和伴随而来的数字问题，蜂窝业务市场对蜂窝系统的网络容量和无线覆盖的要求越来越高，对更高性能 / 更大商业价值的各类新式业务应用的渴望、追求也越来越强烈。这些市场诉求，迫使蜂窝移动网络中的网元节点（如基站）部署，必须朝着小型化、小小区化、密集化、云化、异构化和高度协作化的方向发展，从而呈现出：运营商“同一大网”中，多种无线接入制式并存、多频段 / 多带宽 / 多类型的小区部署并存、多种不同的节点部署方式并存、多种不同程度的耦合工作方式并存等特征。另一方面，伴随着计算机和通信软硬件技术、芯片集成技术等的高速发展，相同能力通信网元节点的物理小型化和低成本化，在工程实现方面，已变得不再困难且愈发成熟。就像今日强大的各种智能终端，其各种功能和处理性能，相当于几十年前的大型服务器工作站。UDN 下的各种类型的网元节点，同样可具备强大的数据传输和分析处理能力。那些小微基站，除了在无线发射功率和无线覆盖方面天然较小之外，其网络内和空口的数据传输功能和数据处理性能，亦堪比昔日强大的大型宏基站。

UDN 概念并不诞生和局限于 5G 时代，或仅限于移动通信领域之内，但 5G UDN 的部署和相关技术的应用，在蜂窝 5G 时代，却十分具有典型性和代表性。本书和其他专门介绍 5G 某方面技术的书籍或参考资料不同，倾向从 5G 蜂窝移动业务应用和 5G UDN 部署场景之根本出发，其涉及的应用场景和技术解决方案可谓包罗万象，涵盖整个5G蜂窝系统，具体包含：5G蜂窝业务应用、网络部署组网、系统架构功能、诸多网元节点和网络接口、空中接口，以及各式各样的物理层关键技术（含已被标准化的和尚未标准化的）。因此，本书力图以5G UDN的实际部署应用为线索和原点，紧密串接起5G系统，从网络高层到空口物理层，自上而下的一系列关键技术点。这些不同协议层面和网元节点的技术，只有当它们全部有机地结合、运用在一起时，才能更高效地支撑起5G UDN的成功部署，以及各类新旧蜂窝业务应用的顺利开展。反过来说，若没有这些和5G UDN息息相关的关键技术的支撑，5G UDN将会面临诸多在系统网络性能、部署组网维护、运营成本、用户通信体验等方面的问题挑战，因此不利于蜂窝移动新兴业务的普及应用和深入开展，不利于运营商们既提升用户通信体验，又实现商业利润的最大化；蜂窝移动运营商们未来可能仍将面临：蜂窝市场收益、利润和财力、人力投入不平衡和不匹配的窘境。

最后，特别感谢中兴通讯的王欣晖、杜忠达、柏钢、胡留军、窦建武、韩玮、赵孝武、向际鹰、姚强、任震、刘巧艳、方敏、朱龙明、Sergio Parolari等专家，对本书撰写成形过程中，直接或间接的大力支持和指导；特别感谢施小娟、高波、李文婷、赵亚军、马子江、刘静、王昕、谢峰、艾建勋、陈中明、戴谦、高音、刘旸、高媛、李剑、方建民、李大鹏、彭佛才、戴博、夏树强、陈琳、张峻峰、左志松、马志锋、薛飞、方惠英、陆婷、刘红军、朱进国、许玲、李冬梅、李楠、刘俊强、方敏、马伟、卢飞、谢振华等同事，在本书素材收集和编辑方面的大力协助和支持，也衷心感谢业界友人对此书的殷切关注和鼓励。谨此，衷心希望本书能够在5G UDN方面抛砖引玉，为行业内外的广大读者提供5G UDN最新技术发展状况的参考。受限于有限的创作时间和能力，以及移动业界日新月异的动态变化和发展，内容若有不足和不周之处，还恳请读者见谅，不吝指正和建议。

编 者

目 录

第 1 章
5G 前蜂窝移动历史

蜂窝移动网络经历了 1G、2G、3G、4G、5G 五大阶段或时代，伴随着 ICT 技术和移动市场业务应用的不断快速变化，蜂窝移动系统的形态和架构也经历了相应的变化，或演进或变革，或渐变或剧烈。深入了解 5G 前蜂窝移动历史，有助于理解当下 5G 蜂窝网络的核心特点和未来发展趋势。

1.1 5G前蜂窝移动系统和业务概述

蜂窝移动通信学术界，早在21世纪初，就已开始了对未来更先进的蜂窝移动技术的研究，它里面其实已包含了，今日正在被工业界大力推向5G系统标准化的大量技术雏形，如大规模多天线输入输出技术（Massive MIMO、3D MIMO）、高频波束赋形技术（HF Beamforming）、非正交多址技术（Non-orthogonal Access）、高频超大带宽传输技术（HF Wider Band Transceiving）、新空口波形技术（F-OFDM、FB-OFDM和UF-OFDM）、新编码调制技术（Turbo Code 2.0、LDPC、Polar、256QAM等）、全双工技术（Simutaneous Tx/Rx、Super Duplex）、无线接入网云化技术（RAN Clouding）、端到端网络切片技术（NW Slicing）、移动边缘计算技术（Mobile Edge Computing）、终端3D定位技术、人工智能大数据应用化技术等。过去多年，由于受到商业模式、业务应用、各种客观工程条件和开发实现成本等方面因素的制约，上述当中的蜂窝移动系统先进技术，在5G之前的时代，并不能以较低的工程成本和稳定度实现，或者即使技术层面实现了，但由于相应的蜂窝业务市场还不够成熟，商业层面无法推广应用，因此无法获取到相应的市场价值回报。因此大部分移动通信先进技术，只能“静静默默地”躺在论文和专利库之中，等待时机成熟之时，被重新发现并利用，以发挥出其工程和市场价值。可以这么说，蜂窝移动早期既广阔又深厚的技术理论储备，早已为后续移动通信产业的蓬勃发展，提供了充足的理论积淀和基础。一切似干柴待烈火，蓄势待发而已。

相比之下，移动通信工业界国内外的一些组织，如 EU 欧盟的 METIS 项目、中国 IMT-2020、韩国 5G Forum 等，还有 NGMN、GSMA，2013 年前后，先后开展了 5G 蜂窝移动系统的前期预研和技术规划，力图基于过去几代蜂窝移动系统的标准化和工程化经验教训，紧密结合未来新兴蜂窝业务市场和技术等诸多客观条件因素，充分挖掘和利用过去移动通信学术界的大量先进理论技术的积累，聚合业界的广泛力量，设计开发出更先进、更强大、更灵活、性价比更高的 5G 蜂窝移动系统。因此在详细介绍 5G 系统和 UDN 技术之前，笔者先简单地梳理一下，5G 之前的蜂窝移动系统的一些特点，如：代表性关键技术、主要业务应用、用户市场状况。5G 之前，蜂窝移动系统的发展，大概经历了 1G → 2G → 3G → 4G 几大阶段，而每个大阶段内其实还有一些小阶段，比如：4G LTE 早期、LTE 中期、LTE 后期。每个大阶段的历时长短不同，但平均约 10 年左右的时间。目前，除了 1G 系统基本从蜂窝移动市场消失了，2G 及其之后的几代系统都还在广泛地部署使用中。

1G 被称为模拟移动通信时代，世界范围内，分属于众多通信设备厂家的各种无线接入技术制式林立，各具特色和优劣，没有全球性，甚至地区性的蜂窝移动系统的统一标准，网络设备市场极度地分裂，终端市场手机的机型也非常有限，用户使用移动通信的成本也非常高。最形象的代言物就是“大哥大”手提电话。1G 时代，相对有区域代表性的标准如 AMPS，它采用了模拟调制解调技术和 FDMA 频分多址方式，蜂窝系统容量很低。1G 时代主要服务于语音类业务，用户能轻松地接打电话，听清彼此的对话，通话不掉线，那就是高质量网络的性能标准。

2G 开启了数字移动通信时代，随着数字集成电路 / 计算机技术等的初步发展，很多模拟电路系统逐步被数字电路系统所取代，如 2G 采用的 GMSK 数字调制，2G 蜂窝系统架构和协议栈设计也愈发完备、成熟和精炼，且网元节点的物理实现集成度不断提高。由于通信设备市场有着互联互通的天然需求，在市场推动下，逐渐形成了一些地区性或地域性标准，如：欧洲的 GSM/GPRS（采取时分多址方式）、美国的 IS-95 CDMA（采取窄带 CDMA 码分多址方式）。虽然从全球层面看，网络设备市场仍然存在区域性分割，但终端市场的手机机型却逐渐丰富，出现了高、中、低端的差异，用户移动通信的成本也逐渐降低。2G 时代主要服务于语音类和中低速率的数据业务，如：短信、传真、电子邮件等，2G 为之后的全球移动市场迈向统一化奠定了良好基础，因为人们已能充分感受到：移动通信方式所带来的便利和高效，逐步摆脱了传统的固网固话方式。

3G 被称为宽带移动通信时代，随着高集成电路 / 计算机 / 互联网等技术的进一步迅猛发展，3G 蜂窝系统架构协议和物理集成度，继续不断地提升和优化，更多的互联网数据业务应用极大地刺激了无线宽带传输的需求，移动通信的主要内容从之前的语音逐渐向数据迁移。至此，全球移动通信设备厂家的强弱市场格局逐渐形成，更逐渐形成了多个准全球性的蜂窝移动标准，如：欧洲的 UMTS/HSPA、美国的 cdma2000 和中国的 TD-SCDMA，它们都是宽带码分多址方式，都采用了逼近香农容量极限的 Turbo 信道编码。3G 蜂窝设备的市场格局逐渐趋向集中收敛和多足鼎立，终端市场的手机机型也已经非常之多，且手机集成了大量的非通信功能，如：拍照、音乐、电子游戏、定位导航等，用户无线数据传输的成本被进一步降低，手机俨然已成为生活、工作中的重要物件。3G 时代主要服务于语音类和中高速率的宽带类数据业务，如：高清语音、视频电话、多媒体网页浏览互动、文件传输等。3G 推动着移动互联网开始走向大众化，保证了部分前卫人群对移动互联网丰富多彩业务的体验和开发，逐步摆脱了传统的桌面互联网方式。

4G 被称为超宽带移动通信时代，它以 OFDM 正交频分多址技术，外加“绝配技术搭档”MIMO 为核心基础（MIMO 配合 CDMA 技术的实现成本较高，效果不佳，但却很适合搭档 OFDM 技术）和全 IP 网路（语音可以用 VoIP），蜂窝通信设备节点和单站的容量与数据处理能力都得到进一步增长，主流通信设备厂家的技术和市场优势地位，继续扩大巩固，更多元、丰富且疯狂增长的互联网数据新业务应用，继续极大地刺激着移动设备市场的前行，运营商们被迫加速升级其蜂窝网络的容量、覆盖和性能以应对。至此，应该算形成了真正意义上的全球性蜂窝标准：LTE FDD、LTE TDD。蜂窝网络设备市场的格局已基本稳定，优胜劣汰后只剩下了几家网络设备厂家和移动芯片巨头，终端市场的手机机型也已浩如烟海，多似繁星。由于更高的无线传输谱效和带宽，用户无线数据传输的成本更被降低到历史新境界，如：已出现不限流量 Flatrate 的包月套餐，10 元能购买 10GB 的流量。4G 时代主要服务于语音类和各种速率等级及 QoS 要求的数据类业务，如：超高清语音、高清视频电话、移动支付、在线视频、大型网络游戏、巨量文件传输和共享等。4G 蜂窝系统进一步促进了移动互联网在民众生活、工作、娱乐中的渗透、普及、移动休闲、移动办公、移动商务，已俨然成为很多人的一种新生活、工作方式，手机已成为生活工作中必不可少的物件。

5G 被称为万物互联准无极移动通信时代，除了蜂窝通信网络设备和终端的能力与性能方面，继续大踏步地前进之外，5G 蜂窝网络服务的对象更是远远超越了人自身，而延伸到了自然界的各种物体：动植物、各类机器仪表、车船飞机等，还有未来富于人工智能的超级机器人，从而形成了人对人、人对物、物

对物之间的三大通信类别。蜂窝移动运营商、网络设备商、终端芯片商们，除了继续推进着5G网络容量、覆盖和性能的高速发展，还在积极酝酿着新的蜂窝移动运营商业模式和盈利方式，以及对垂直类行业的跨界渗透、切入。本段开头5G之所谓“准无极”而不是“全无极”，是因为5G蜂窝移动系统还主要以陆基为主，服务于陆地、近海、低空的终端；但还不能服务于远海深海、高空深空的终端，不能无极地做到“移动通信上天入海”5G蜂窝移动系统也暂时不能和卫星类通讯系统相融合或彼此深入互操作。基于上述1G→2G→3G→4G→5G的发展历程，读者不难推断和体会到：5G对今日和未来人类社会的方方面面都会产生深刻的影响，它不仅仅会让人类之间的信息交流更快、更自由、更便宜，更可能会改变每个通信个体在世间的价值和地位，继续改变、重塑着人类工作、生活、娱乐的方式，整合、重构、优化着全球诸多垂直行业、产业等。对于这些内容，笔者在后面将分章节穿插式地再介绍。总而言之，5G对于未来的任何人和物、对于任何行业领域，都是无法逃脱，且必须积极面对的事物。5G确实是推进人类社会无数方面进行再创造、再发展、再颠覆的强大使能器Enabler。

今日全球已普及应用的4G LTE系统，奠定了一个特殊的蜂窝移动通信时代，它对今日和未来的5G系统发展，在技术和市场两大方面，起到承前启后、至关重要的作用和意义。特别是最具有4G代表意义的LTE-A蜂窝系统，它自诞生之日起，本身就是面向未来长期的演进，因此它在架构功能和性能方面，即使在5G时代，也具有极强的前向演进性和市场生命力。随着智能终端技术（如智能手机、平板电脑、AR/VR设备、无人驾驶车等设备）的高速发展和市场应用的迅猛推进，以及来自各门类OTT类互联网企业的林林总总的业务应用洪水式地泛滥增长，广大蜂窝移动用户已逐渐摆脱了传统语音和运营商自己定制开发的数据类业务应用，而积极转向OTT互联网企业开发的、各种更有诱惑力和实用性的新兴数据业务应用。比如：大量移动用户并不会使用运营商网络VoLTE或者电路域语音业务，而更多地使用微信/Skype等OTT通信软件提供的VoIP业务，广大移动用户每月的数据流量消费，集中在互联网企业开发的各种蜂窝业务应用之上，如：电子商务、社交应用、移动搜索导航、视频门户、云计算存储等。在这种移动用户通信消费偏好和习惯变迁的背景、趋势下，运营商们投入巨资建设、维护的蜂窝网络，逐渐沦为底层的数据比特流传输管道，即所谓“移动管道化”，运营商们仅仅能收获到相对低廉的商业利润，很难再坐享着过去2G/3G时代高额的移动通信利润。这背后大部分的行业价值和利润，无奈被OTT互联网应用厂家们间接地夺走，造成所谓“网络投入大，但ARPU无显著提升，增量不增收”的窘况，或所谓网络CAPEX/OPEX投入和收入利润之间的“剪刀差”效应，如图 1-1 所示。

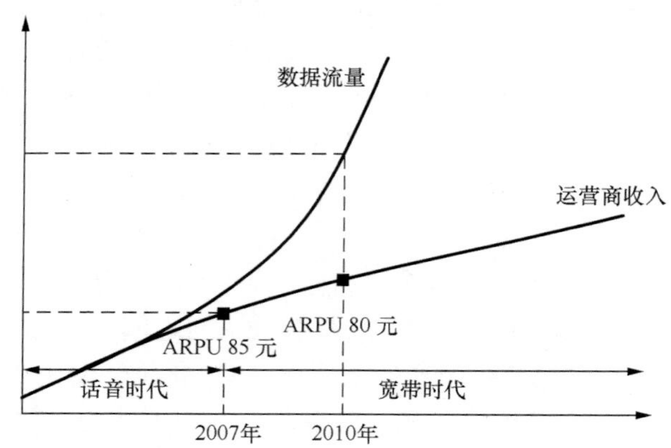

图 1-1　移动数据流量和运营商收入的“剪刀差”效应

因此当下，蜂窝移动运营商们在 4G、5G 蜂窝技术发展方面，都迫切地希望取得下面三大目标和转变。

（1）继续不断地降低蜂窝移动系统的 CAPEX/OPEX，即降低网络设备的购买成本和运营维护成本。网络设备购买成本基本由蜂窝技术的先进性自身和网络设备供应商（NW Vendor）所构成的大市场生态环境所决定的。更高效、更先进的蜂窝移动技术的引入（特别是物理层关键技术、空中接口高层关键技术和网络高层关键技术）和更多方、丰富且势力均衡、稳定（非垄断的）的网络设备供应商市场生态，就意味着网络设备购买成本的不断降低和可持续性升级演进。更高效、更灵活、更智能的蜂窝部署组网技术，则更利于降低蜂窝网络的组网运营和维护成本。因此长期以来，运营商阵营（Operator Camp），如 NGMN 各成员非常关注未来 5G 蜂窝网络高低层关键技术的标准化情况，以及网络设备供应商市场生态的构建、优化。在业内最有影响力的 3GPP 组织内，运营商阵营总的原则目标就是：要不断推动维护现有的网络设施投资，不断降低未来新网络设备的购买和运营维护成本，扩大不同厂家之间网络设备节点的互联互通的可能性，以及不断降低网络设备市场的技术准入门槛。

（2）更注重对自己“数字比特流管道”内流量的经营和数据挖掘利用。运营商们力图摆脱被“管道化”的命运，希望能从单位比特数字流量中，获得更多的行业利润和价值。运营商天然容易获取到大量移动用户的个人数据，辅以强大的网络人工智能手段，挖掘利用好这些个人数据，一方面可使自身蜂窝网络的运维和利用能变得更合理、高效；另一方面还可以进一步提取出大数据增值价值。例如，从蜂窝网络管道中奔跑的众多比特流中，提取出关键用户信息，

挖掘出用户的行为和消费特征，向第三方伙伴提供部分网络能力开放和二次开发机会等。在2G/3G时代，由于语音类业务在QoS和移动连续性方面的特殊性要求，几乎没有其他任何RAT制式的无线系统能和蜂窝移动网络相匹敌，因此，那时运营商们基本能尽收语音类业务的全部市场价值和利润。未来，运营商们正力图通过创造出诸如：大视频、企业网切片、物联网切片、超高可靠无线链路等移动新业务，力图创新出新的商业盈利模式，进一步提升移动用户的ARPU值，使自己能够重新更好地掌控、支配自己“数字比特流管道”中的数据流量，并从中获得更多的营收利润，重构有利于运营商自己的商业经营业态。

（3）更注重对蜂窝移动网络设备的弹性扩展升级以及软件定义和设备虚拟化（SDN，Software Defined Network/NFV，Network Function Virtulization）。过去2G/3G的网络设备，基本都是基于特定的硬件平台和功能元组开发、集成出来的，设备一旦过期和退网，就几乎是一堆无用的“废铜烂铁”，设备所有内部资源全部作废，运营商意识到这是一笔很大的CAPEX投资浪费。如果蜂窝移动网络设备内的各种功能模块化、虚拟化、软件定义化、可编排化，从而减少它们对特定硬件平台和器件元组资源的依赖，这样当这些网络设备需要升级或扩容的时候，可通过相对更容易的软件修改、去升级和功能重编排、重安装来实现。因此，老设备内的大部分硬件资源（如CPU、缓存、内存、硬盘等）都可被重新利用，非定制化而更通用的硬件开发平台也能进一步降低整机设备的开发、测试成本。运营商们的这种诉求，有利于打破一些传统网络设备厂家对设备市场的长期垄断，推动降低网络设备复杂度的技术壁垒，抑制高物理集成度设备而导致的高价格，降低新兴设备开发者的技术准入门槛，构建出更开放共享和互联互通的供应商市场环境。更多的ICT厂家，都能参与设备模块和组件的开发、生产、测试之中，这样运营商才能有更丰富的蜂窝设备供应面选择，才能更灵活、自主地去构建和运营自己定制的5G网络。

与运营商阵营相对应的就是网络设备商阵营（NW Vendor Camp）和芯片终端商阵营，它们三者之间既有密切的合作关系，又有残酷的竞争关系，如图1-2所示。比如，处于优势市场地位的网络和终端设备厂家，希望能进一步巩固自身市场份额地位，因此出于商业目的考虑，经常会千方百计地阻挠或拖延，运营商阵营对诸如“接口开放”“功能解耦”“设备技术和物理集成度方面门槛

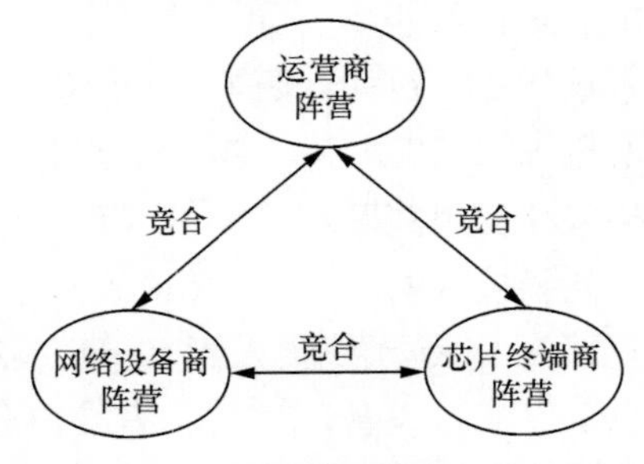

图1-2 3GPP主要三方阵营之间的竞合示意

降低"的建议。某些具有业内统治力的终端设备厂家，更希望引入终端间的直连通信方式，以尽量摆脱网络设备对其的控制约束或终端对网络的依赖，此外，终端设备厂家还希望把无线接入技术广泛用于网络节点间的前后回程，以部分替代有线承载网络，但网络设备商却不愿让芯片终端商拥有较多的控制权和自主权等。在运营商、网络设备商、芯片终端商每个阵营的内部，由于各成员之间存在资金实力、市场地位和技术驾驭能力等方面大小强弱的差异，因此也存在阵营内部方方面面的竞合矛盾关系，因此具体来看，各厂家都有为自己的利益考虑。从总体上来说，对于某个特定的问题，3GPP 制定的对应工程标准化方案，通常都是上述各个阵营内外的各种竞合复杂关系作用下、长期博弈后的结果。

无论是 4G LTE 在 5G 时代的长期演进，还是今日新设计的 5G NR（New Radio），运营商们都紧紧围绕着上述三大核心诉求和总原则目标，在网络设备商阵营和终端芯片商阵营之间，进行着商业技术利益层面的长期博弈。今日和未来 3GPP 组织内的 5G 标准化进程和相关结果，如 5G 系统所期望达到的新能力、新功能、新特征和上述三大诉求本质地关联着，都是三大阵营之间相互妥协、商议博弈后的结果。在下面的各个章节中，笔者将会结合具体的关键技术点实例，有条件地再进行介绍分析，期待读者能更清晰地明白每个 5G 的新需求、新功能、新特征等背后的本质诉求和因果关联。

1.2 4G LTE 同构宏蜂窝和异构微蜂窝概述

4G 时代最有代表性的蜂窝移动系统就是 LTE，对应的无线接入技术就是 E-UTRA，它由 3GPP 项目组织领导进行了多版本的标准化。从 2008 年的 Rel-8 初始版本开始（准 4G 系统），演进到 2010 年被称为 LTE-A（真正 4G 系统）的 Rel-10 版本，至 2017 年已演进到 Rel-15 版本。由于是长期演进，所以 E-UTRA 每个新版本都必须保证后向兼容性，即低版本的终端也能正常接入和使用高版本的 E-UTRA 网络。LTE 网络相比过去的 2G/3G 网络，采取了无线接入网（RAN，Radio Access Network）"扁平化架构"，如图 1-3 所示。基站 eNB 是无线接入网 E-UTRAN 内的唯一逻辑节点（注：eNB 物理实现上也可以通过设备厂家的私有接口分开，但标准逻辑上是同一网元节点），UE 只有两个 RRC 状态，即空闲态 RRC_IDLE 和连接态 RRC_CONNECTED。"扁平化架构"使得无线接入侧的所有网络功能，如接入控制、无线资源分配调度、

信令和用户数据传输最大限度地靠近空中接口（空口 Uu），以快速适配空口动态变化的无线资源环境，从而提升系统的效率性能。同时它还能进一步降低基站 eNB 和终端 UE 之间的数据传输时延。LTE 系统 E-UTRAN 中的逻辑节点和接口类型精简，避免了很多不同网元节点间的互联互通测试（IOT，Inter-Operatability Test）等问题，从而增强了蜂窝系统的稳定性和运维性。

eNB 通过直连的逻辑接口 S1，和核心网控制面网元节点 MME 以及用户面网元节点 SGW 相连接，它们之间可以是多对多的 Flex 连接关系。由于架构扁平化的特征，处于相同逻辑架构层级的基站 eNB 之间，可以通过直连的逻辑接口 X2 进行移动性操作和数据协作传输联合操作，这也可以一定程度地增强 LTE 小区边缘的容量和性能，克服终端和 eNB 基站之间通信的“远近效应”，形成相对平滑一致的无线覆盖和系统容量供给（注：这里相邻的 eNB 基站虽处于相同的逻辑架构层级，但它们可以是不同类型和功能集合的基站，可扮演着不同的逻辑角色）。不同于过去的 2G/3G 网络，LTE 采取了“单一核心网 PS 域”，不再独立区分传统蜂窝的 CS 域和 PS 域，用统一 PS 域提供了所有 EPS 承载级别的用户业务承载。各种拥有不同服务质量要求（QoS Profile，Quality of Service Profile）和属性特征（QCI、GBR、AMBR、ARP）的业务数据包（包括话音数据包），都要通过基站 eNB 配置的数据无线承载（DRB，Data Radio Bearer）来进行统一且差分的处理和上下行数据包在空口的传输。LTE 系统既能支持一些 QoS 被标准化的常见数据业务类型，用标准化的 QCI 来表达其 QoS 特征，也可以支持那些 QoS 没被标准化的其他数据业务。

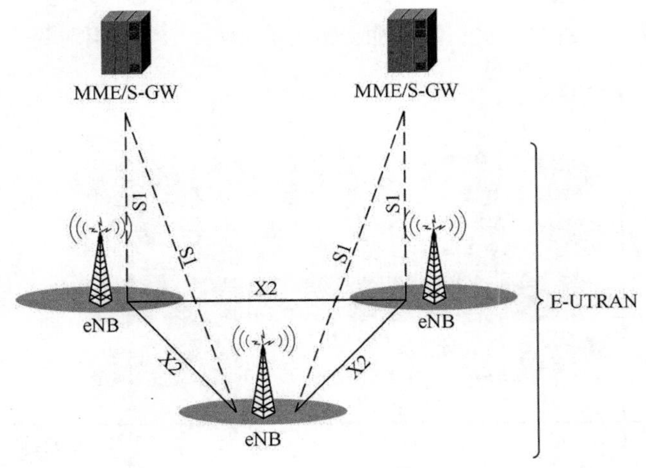

图 1-3　E-UTRAN 网络架构

早期，在LTE同构宏蜂窝的部署方式下，每个宏基站eNB内，可在一个或者多个LTE载波频点上，重叠配置着多个宏服务小区（无线覆盖范围从几百米到几十千米），从而相邻的多个宏基站eNB，共同形成较为规整的宏蜂窝状的无线覆盖。如图1-4所示，在某个物理区域内，若干形状大小基本相同的宏小区有规律地部署在4个不同的LTE载波频点上，频率垂直方向有重叠覆盖，位置水平方向的宏小区边缘也有重叠覆盖。在LTE同构宏蜂窝中，LTE无线覆盖和容量的供给，通常随着物理位置的变化而呈现出单一的拓扑结构，越往宏小区中心的地方越好。同构宏蜂窝的部署方式，在蜂窝移动网络早期特别强调无线全覆盖的要求下，较为普遍适用，在未来5G蜂窝部署中，移动锚点控制信令层或基本类业务层，通常也可采取同构宏蜂窝的部署方式。

如图1-4所示，“同构”意味着大部分部署的基站eNB所提供的无线容量和处理能力，甚至配置参数（包括天线数目、形态、增益、角度朝向）都基本一致，运营商不需要在众多的基站设备之间，进行太多的差分对待和精细化管理配置，因此，相应的设备采购管理、网络规划优化、管理运维等任务，则变得相对“千篇一律”，相对简单、轻松一些。“宏蜂窝”意味着单个宏基站eNB，通常就能无线覆盖较大的物理区域范围，因此整个蜂窝网络中部署的基站总数目和CAPEX/OPEX成本就容易控制在特定的预算范围内。在特定的LTE宏服务小区下，对于大部分终端，由于自身的物理活动范围有限，大部分时间内可能只是处在单个宏基站eNB所辖的服务范围内，偶尔才会离开移动到其他相邻的宏基站服务小区内，因此可避免很多宏基站间的移动性重配置、干扰协调等操作。因此，同构宏蜂窝通常保证好从核心网→无线接入网→终端这一垂直数据服务路径即可，对基站之间的水平数据服务路径的要求，可以相对略微地降低。

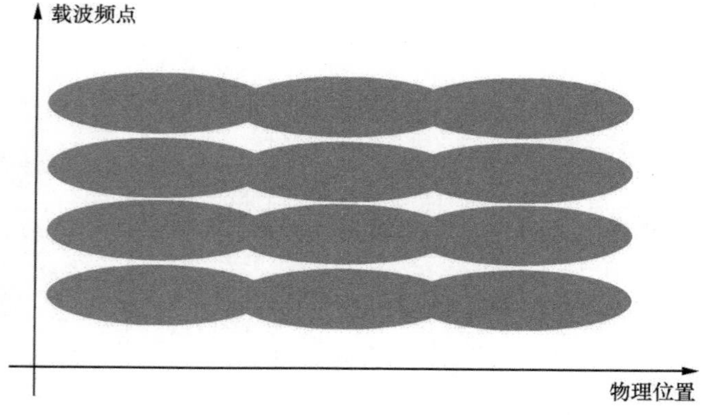

图1-4 LTE同构宏蜂窝的部署示意

总的说来，“同构宏蜂窝”的部署方式，能够简化运营商对蜂窝移动网络的部署和运维，是一种较为初级、粗糙的方式，但它很不利于蜂窝移动网络资源的差分化管理和精细化利用，这主要基于下面几点理由和事实。

（1）终端用户的密度和数据流量需求的物理分布通常是不均匀的，有的区域多，有的区域少，有的区域甚至是“无人区”。由于不同地域和室内外环境之间的较大差异，用户的移动特性也是不一致的。“同构宏蜂窝”的部署方式，不利于针对局部区域的具体业务分布需求特性，来进行无线覆盖和系统容量方面的定制化供给输出。

（2）宏基站 eNB 为了实现远距离无线覆盖，需要较大的射频输出功率，同理，处于小区远端的终端也需要较大的射频输出功率，才能保证上行数据传输性能，这是很耗能的。由于单个宏服务小区内用户数众多，它必须长时间处于激活且持续稳定的工作状态，这对宏基站的能耗和运行稳定性要求很高，比如，宏基站 eNB 在白天正常工作时段，几乎很难被关闭和参数重配重启。一旦宏基站 eNB 发生故障重启，常常会带来很大的断网影响。

（3）宏小区覆盖造成位于宏服务小区远端和边缘的终端，需要经历“无线链路长径”才能和基站进行上下行数据传输，这需要消耗更多的空口无线资源和发射功率资源，以抵抗路损和无线干扰，但同时必然会对环境造成更大的无线干扰，因此，“无线链路短径”对于空口数据传输更为高效和有利，也更能节省基站能量和终端电量。后面读者将会发现：通过小小区和 Relay 中继技术，可把无线链路长径转化成分段的多条短径，这样可有效地管理空口的无线干扰叠加。

（4）单个大型宏基站 eNB 因为要服务众多的用户（>1 000 人），这对宏基站的基带处理能力、调度能力 / 算法效率等方面的挑战都很大，比如，能同时高效服务调度 1 000 个用户和 10 个用户所带来的算法复杂度和基带处理效率开销是不同的。由于众多用户的物理位置、蜂窝业务特性、无线环境等因素差别可能很大，因此极易造成宏服务小区的平均谱效和实际无线覆盖、容量被某些用户拉低，用户间服务的公平度下降，从而无法达到系统的性能目标。

（5）宏基站 eNB 的宏小区，通常只能配置工作在带宽资源较稀缺的低频段（<3.5 GHz），由于设备发射功率限制（20 MHz 工作带宽典型值为 46 dBm）、空间物理障碍物导致的不同路损等因素，通常无法在中高频段载波上进行部署工作。因此宏小区无法利用广阔充裕的中高频段载波资源，此时，微小区或小小区就自然地适用于中高频段部署。UDN 部署的一个前提就是基站小型化和服务小小区化。

基于上述“同构宏蜂窝”的多重缺点、弊端，以及运营商们不断强调精细化其网络运营和更高效、灵活地提供各类蜂窝业务应用的需要，LTE 网络从

Rel-10开始,逐渐从“同构宏蜂窝”的部署方式,向各种“异构微蜂窝”(HetNet,Heterogeneous Network)的部署方式转变、演化。简单地定义,“异构微蜂窝”是指特定物理服务区域内,存在着不同系统容量、不同处理能力和不同配置参数的各种基站 eNB(从大型宏基站到各类型的微基站甚至家庭基站),外加其他不同 RAT 技术制式的基站节点(如 RN、WLAN AP、gNB 等),它们之间混合搭配着异构化部署,不需要像“同构宏蜂窝”那样规律有序,运营商可根据待服务用户和蜂窝业务的客观具体需求按需、灵活、动态地去构建网络拓扑,从而实现区域定制化的无线覆盖和容量供给输出。如图 1-5 所示,在某个物理服务区域内,若干个覆盖形状大小不同的宏微服务小区,无特定规律地部署在 4 个不同的 LTE 载波频点上,从而蜂窝网络提供的无线通信容量可针对特定物理位置的具体需求情况而动态变化和定制,可以是同频或异频部署,形成多样化的拓扑结构,而且可能是“无定形的”。对于“异构微蜂窝”,不仅要保证好核心网→无线接入网→终端这一垂直数据服务基本路径,还要对基站之间的水平数据服务路径提出更高的性能要求,因为此时终端很容易且很需要和多个相邻的基站产生联合互操作的关联。

支撑 4G LTE“异构微蜂窝”的相关关键技术,将在后续的章节中详细地进行介绍分析,5G UDN 本质上也属于一种“异构微蜂窝”的部署方式,此时除了“异构”和“微蜂窝”的基本特征,还外加了“小区密集化”和“高度协作化”的重要特征。当 5G UDN 内的小小区部署变得越来越密、越来越小时,无线接入网节点的上层基带资源和下层无线资源仿似被“云化了”,这就能对 5G 在部署组网成本、工作效率、网络系统性能等方面都带来很大的提升空间,同时也伴随有很多新的技术挑战。这一技术趋势,其实就是蜂窝移动系统对“云计算”的基本技术理念,在无线接入网侧的深入应用。

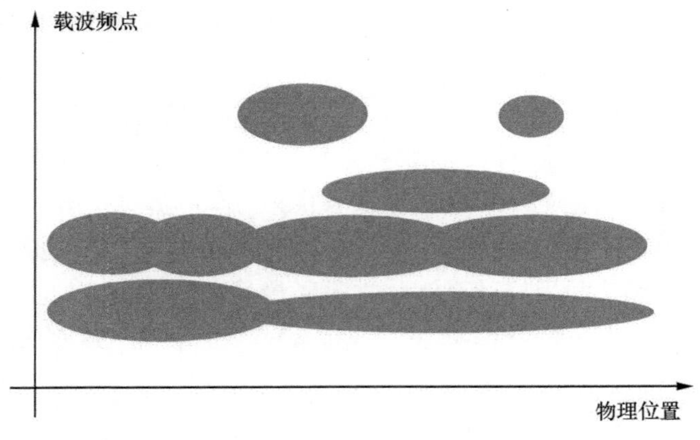

图 1-5　LTE“异构微蜂窝”的部署示意

|1.3　4G LTE/LTE-A系统的主要性能特点|

宏基站eNB和微基站eNB配置提供的服务小区之间的主要区别是：系统容量和无线覆盖的区域大小不同，只有当它们以不同方式、不同类型搭配，混合地部署组网在一起时，才能形成上述所谓的“同构宏蜂窝”与“异构微蜂窝”网络之间的诸多差别。无论是宏基站eNB还是微基站eNB，它们提供的空口RAT技术制式都是相同的E-UTRA，对于授权载波，要么是Type1：频分双工模式（FDD）；或者是Type2：时分双工模式（TDD）；再者是两种双工模式的组合。E-UTRA不能支持在同一时频资源块上同时发射、接收数据，E-UTRA早期也不能支持灵活的双工模式。E-UTRA服务小区可提供如下基本工作带宽：1.4 MHz、3 MHz、5 MHz、10 MHz、15 MHz、20 MHz，单载波上最大工作带宽受限于运营商在低频段实际拥有的载波资源。宏小区和小小区有着相同的帧/子帧/时隙结构、数据调度传输机制、编解码、调制解调机制和波形，其中，E-UTRA的上行波形SC-FDM不同于下行的CP-OFDM波形，主要是由于终端的上行处理能力。在LTE-A Rel-13版本，随着聚合非授权载波LAA技术的引入，宏基站eNB或微基站eNB在非授权载波上，还可额外支持所谓Type3的灵活双工模式和一些更增强的时频资源利用机制。

LTE初始版本的Rel-8奠定了eNB和UE之间在空口Uu上的基本物理层PHY和高层RRC/PDCP/RLC/MAC机制，LTE和3G UMTS/HSPA的网络性能相比，在上下行峰值谱效、小区平均谱效、上下行工作带宽/用户峰值速率、系统传输时延等方面，都有较大的提升、改善。具体地讲，Rel-8 LTE UE的峰值速率下行可支持300 Mbit/s，上行则为75 Mbit/s；下行可支持最大4×4 MIMO，下行峰值谱效可达15 bit/(s·Hz)（4 layer MIMO+64QAM），上行暂不能支持MIMO（受限于终端的处理能力），因此上行峰值谱效可达3.75 bit/(s·Hz)（64QAM）。实际上，LTE后续演进的同一版本中，下行的数据传输能力和性能通常都要强于上行的能力性能。下行相关的能力和性能增强，通常也要优于或早于上行能力和性能，这不仅因为基站和终端本地处理能力的差异，还因为运营商的下行数据业务量要普遍大于上行的业务量（注：这一不对称现象造成频分双工模式下，上行载波资源常常不能得到充分的利用，而时分双工模式能更好地适配上下行业务的不对称，提升载波资源的利用效率）。

LTE Rel-10开始，演进更名为LTE-Advanced（LTE-A），它可支持

载波聚合技术（CA，Carrier Aggregation）、增强的上下行更高阶 MIMO 操作、上下行协作多点传输（CoMP，Coordinated Multiple Point）、中继传输（RN，Relay Node）、增强的异构节点干扰协调（eICIC，Enhanced Inter Cell Interference Coordination）等先进功能。性能指标层面更为具体的：Rel-10 LTE-A UE 的峰值速率下行可支持 1 Gbit/s，上行则为 500 Mbit/s；下行可支持最大 8×8 MIMO，下行峰值谱效达 30 bit/(s·Hz)（8 layer MIMO+64QAM）；上行则能最大支持 4×4 MIMO，从而上行峰值谱效达 15 bit/(s·Hz)（4 layer MIMO+64QAM）。从严格意义上来说，LTE-A Rel-10 满足了 ITU 对 4G 系统的性能指标要求。Rel-10 和它之后版本的很多高级功能主要是为了解决小区边缘的干扰覆盖问题和服务小区间的无线资源聚合问题，而这些问题对后续的 5G UDN 仍然是很关键的问题。

LTE-A Rel-10 往后，物理层高阶调制解调、CA、MIMO、CoMP、eICIC 这些技术继续增强，上下行谱效继续提升，系统容量和无线覆盖继续优化。它们主要是针对“异构微蜂窝”中的小小区，这些高级功能为后来的 LTE UDN 技术奠定了支撑基础。简要地说，过去的 LTE UDN 技术是今日和未来 5G UDN 技术的原型，而 5G UDN 技术则需要基于 LTE UDN 技术，再进一步地扩展升级和优化增强，这里面有技术质变的方面，也有技术量变的方面，都是为了无限逼近和利用 UDN 部署方式所带来的网络性能极限。

由于 LTE UDN 和 5G UDN 之间技术的紧密关系，在下面的章节，笔者将先从 LTE UDN 部署下的一些关键特征和先进功能说起，在后面的 5G UDN 相关章节中，也会有相对应的技术映射和增强（注：4G LTE 系统设计之初，主要是面向“大数据流量宽带类数据业务”，而不是面向“QoS 大跨度范围的全业务类型”）。因此，到了 LTE-A 的后期版本，才逐渐引入对“窄带类业务”“低时延类业务”的功能支持。因此，LTE UDN 主要是面向“宽带类数据业务”考虑，以蜂窝系统增容为主要目的。相比而言，5G UDN 从设计之初，就需要面向“全业务类型”，需要同时考虑在“全业务类型”数据冲击下的系统容量、无线覆盖、用户峰值、传输时延、链路健壮性、能耗、终端省电等因素，因此相比 LTE UDN，设计的起点和要求就更高。

由于 LTE 和 LTE-A 基站，主要面向在低频载波上部署，因此并没有引入专门针对中高频段的先进技术，如波束赋形技术（约束无线信号在空间的传播特性，使得小小区超密集的部署更为容易）、基于波束粒度的新 RRM 测量模型和移动管理、中高频段载波上的干扰协调和抑制技术、小基站密集化和功能云化的新系统架构等。而 5G NR 从 Rel-15 初始版本开始，即包含面向中高频段载波上的部署应用场景，5G 假设：NR 小小区密集化、异构化部署就是常态，

因此早早确立了上述一系列面向 5G UDN 中高频的专有技术设计，在下面的章节将会详细介绍。当前 5G UDN 高频部署和应用，主要在 100GHz 频段下，因此还没有进入到所谓的“太赫兹”（THz）频段。

1.4　3GPP 标准化九大原则

未来蜂窝移动业务市场的急速发展，驱使着运营商们在 5G 时代，必须进行 UDN 部署（至少在局部区域），因此全球范围有许多组织机构和项目，都在对 5G UDN 和小小区技术进行研究和尝试标准化。由于 UDN 技术覆盖面很广，涉及从各类蜂窝新兴业务需求→端到端网络架构→各类频谱的具体使用方式→核心网和无线接入网的诸多分层协议栈→用户终端能力等。因此，针对 5G UDN 技术集合的研究和标准化工作，是一个极其综合、复杂的系统化工程。在这个大工程中，有些技术方面可能是不需要进行标准化的，如网元节点内部接口和私有 RRM 算法，而有些方面则是需要标准化的，以共识产业研发方向和汇聚多方力量，最终实现不同设备厂家之间顺畅的互联互通操作。在所有的组织机构项目中，3GPP 是全球范围内最有影响力且最具代表性的，过去多年的实践已表明，3GPP 产业标准化工作已经取得了巨大的厂家商业效益和市场规模效应。

3GPP 标准组织由欧盟 ETSI 标准协会以项目形式牵头，经过十多年的发展，逐步汇聚了全球各区域板块和领域的产业协会和大量公司伙伴的研发力量，发展壮大成了事实上的国际一流标准组织，对全球范围内各个厂家的蜂窝移动系统设计具有强约束效应和重要的指导意义。暂抛开 3GPP 内部组织架构和具体工作流程不谈，基于过去 3GPP 在 2G、3G、4G 系统工程标准化方面的经历，笔者特意提炼总结出如下九大原则，这些原则对 5G 甚至未来的蜂窝系统设计应该同样适用，具有较好的参考意义。通过这些原则指导和相关的实例，读者应能更加深入地理解，3GPP 蜂窝系统设计在演进和革新两条大轨道上的平衡把握和发展趋势，更能解释 3GPP 为何能从众多标准组织中脱颖而出，逐渐被全球蜂窝移动技术和市场参与者接纳、选择和青睐。

原则 1：用例性（Use Case Driven）

3GPP 组织不是学术平台或者产业论坛，而是切实面向蜂窝移动运营商实际商业市场需求的工程标准化组织。从原始蜂窝业务市场的需求出发，到系统架构设计，到功能规划，再到具体的流程设计，每个工程环节都体现出与实际用例和应用场景紧密结合的特点。没有实际用例或应用场景的技术，不会被研究和标准化，而用例的重要性、影响力和市场应用的大小，则直接决定了相关对象问题和方案的实际价值大小。举例说，UMTS和LTE系统基站之间，理论上也可以进行“双连接”操作，但由于受到蜂窝移动市场商务策略和终端实现的限制，几乎没有运营商有这个实际用例需求，因此3GPP不会对这方面技术进行研究和标准化。例如，UMTS系统和CDMA系统之间理论上可以发生切换操作，但是没有运营商会同时部署UMTS和CDMA网络，因此这个用例没有实际应用价值；再例如，在LTE特定的版本，无论是MIMO天线维度、调制解调阶数、载波聚合的最大分量载波数、无线承载SRB/DRB最大个数等方面，都有一个特定的最大值，以契合当时市场条件下的实际用例需求。随着版本的演进，上述最大值可能会不断增大扩展，以进一步适配新时代下实际的用例需求。因此对用例性原则的考虑，能有效限制3GPP系统功能的个数和开发顺序，指导网络及终端厂家的技术投资力度。

尽管如此，读者也会发现：其实3GPP标准化的相当一部分功能，虽然当初也都是基于实际用例的，但由于种种原因，比如，局部定制化的蜂窝市场、运营商商用信心不坚定、系统设备不支持等因素，最终还是没被系统厂家开发出来。这些就是3GPP标准协议上所谓的“纸上谈兵”“死的标准”，它不断提醒着大家，用例性不是绝对的而是相对的，不是一成不变的。用例性最强的系统功能，体现在全球运营商阵营内很容易快速达成共识，系统设备厂家一定会早早地重点去部署资源，开展工程开发；而用例性弱的系统功能，它们最终可能就是“纸上谈兵”而已。

原则2：性价比性（Quality vs Cost）

不同于学术研究，可能会不断地去追求问题可能的边界和极致的方案性能，工程化需要考虑到诸多现实条件和约束因素，特别是方案的性价比。除了极个别特殊的用例方面，针对大部分标准化问题对象，相应的工程化解决方案，通常都是性价比较高，且容易被蜂窝市场采纳和推广的，而不是单纯在某些性能层面最好的方案。上述被市场采纳的性价比性包含方案的综合效能性、易实现性、工作稳定性、专利风险性等。例如，在3G时代，CDMA技术成为主流；而到4G时代，OFDMA技术淘汰了CDMA技术，其实OFDMA技术早在20世纪70～80年代就已经成熟，但在3G时代，基站和终端设备的处理能力达不到OFDM低成本工程化实现的要求。此外，由于MIMO技术应用，在4G时代被提到了前所未有的高度，而MIMO和CDMA技术结合的工程化代价太高，

却很好适配着OFDM技术，因此在性价比原则下，OFDM成为4G/5G的不二之选。在4G早期，同LTE系统相互市场竞争的WiMAX无线城域网系统，由于最初面向固定无线设计，在某些物理层的性能表现方面，如无线频谱效率、峰值速率和单基站广覆盖能力，甚至要强于LTE系统，但在移动性支持方面，如链路健壮性、数据无缝切换以及高速场景支持则比较弱，因此最终没被蜂窝移动市场所广泛采纳。在LTE特定的版本（Release），不少特征功能如ICIC技术、SON/MDT技术、LAA技术，它们随着后续版本的升级，会有一系列增强（Enhancement）和再增强（Further Enhancement）版本。因此对性价比性原则的考虑，能合理地规划编排3GPP特征功能的发展路径，通常性价比最高的方案会最先被采纳而标准化，性价比略低的方案后续可能会被条件性地引入标准化。

尽管如此，读者会发现：对于复杂的蜂窝系统，方案的性价比常常不能很容易地被量化和精准度量，因为"性"和"价""增益"和"成本"本身，就有多重的属性和主观倾向，通常很难得出绝对客观的性价比优劣排序和评价，这也就为各个系统设备厂家在各自方案推进方面和一定程度上提供了非技术辩论的空间。

原则3：统一性（Uniform and Harmonize）

蜂窝移动系统工程标准化的本质诉求是：减轻蜂窝产业内部分割、分裂而导致的研发资源、力量的浪费，减少不同厂家蜂窝设备产品间的孤立和不能IoT对接，从而达到不断降低蜂窝业务服务成本的目的。因此，和追求多样性和丰富性的方向背道而驰，3GPP标准化的目标就是尽量用统一甚至唯一的定义和方案去解决特定的概念和问题。对特性实质内容类似或一致的功能，尽量避免采用不同的外表或差异化手段去定义或实现，实质相同的概念定义和技术手段，尽量统一成一种定义框架或模式模型。例如，RRC Connection Reconfiguration重配置流程消息，是无线空口层3协议上最重要的流程消息，它几乎包含了对终端所有的空口配置信息，虽然这些配置信息涉及不同的空口协议层，但它们都被统一定义在RRC重配置流程消息之中，而不需要为每个空口协议层，去单独设计出一套独立的流程消息。又例如，在后续5G MR-DC技术中，MCG Split承载和SCG Split承载从终端的角度看，可以不进行任何区分，统一成一种Split承载模型，这能减少终端在空口对不同DRB承载类型之间转换组合的可能性。进一步地，DRB数据承载类型又统一成了所谓的MN Terminated承载和SN Terminated承载，以表达更多网络部署方式下可能的数据承载形态。又例如，网元节点之间用户面接口上的流控机制，对于新的Xn

接口，F1 接口和 X2 增强接口的用户面可能都是一样的，因此不需要在上述不同接口的用户面协议内重复地去定义描述，因此只需要在 TS38.425 中描述。

尽管如此，读者后续可能会发现：统一性原则对于“既得利益方”是很有利的，因为在空间维度上，当前已占据主流市场的厂家可以利用“统一化手段和力量”，去抑制产品新方案、新形态，去抑制多样性和丰富性的发展，从而抑制未来新兴厂家新产品、新方案的市场渗透和突破，以及对现有蜂窝移动市场格局的潜在分裂。统一性原则对于运营商而言，是一把双刃剑，可用来减轻系统设计的复杂度，降低标准化成本，但又可能会导致当前市场优势方寡头垄断，导致产业供给侧的生态失衡。作为“新兴厂家进攻方”，通常都要考虑如何在统一性原则的缝隙中，努力寻找技术突破点和未来新产品、新方案的生存发展空间。

原则 4：重用性（Reuse as much as possible）

蜂窝移动系统从一代到下一代的发展，尽管每次都会引入较大的创新变化，但从系统架构到特征功能，再到具体的流程设计，不会为了追求新，刻意要变而去改变，而是只有当变化的理由充足合理之时。例如，市场用例需求、技术客观条件等因素，才可能会去变，否则，尽量重用之前的经典原则和架构方法。例如，从 2G 到 3G 再到 4G 和 5G，移动硬切换流程基本一直沿用下来，它被证明很经典、无异议。又例如，载波聚合技术的空口用户面架构，Per HARQ 实体对应着 Per Carrier，从 3G 到 4G 再到 5G 基本都是重用的。又例如，基站和核心网之间，基站之间的很多基本流程也都是重用一致的。有一些概念和技术虽然外表稍微有些变化，但本质还是重用的，比如，UMTS 系统中的 URA_PCH 状态和 5G NG-RAN 中的 INACTIVE 状态，LTE-A DC 双连接技术架构和后续的 MR-DC 架构。重用性原则可有效地避免缺乏功效的全新设计，从而减少新系统和新协议栈的复杂度和标准化风险性。重用并不意味着完全的复制，而是保持核心原理 / 基本机制不变，外表可略微变化。

尽管如此，读者后续可能会发现：重用性原则对于“市场既得利益方”是很有利的，因为在时间维度上，当前已经占据技术主流的厂家可以利用“重用化手段和力量”进行防御，把任何新概念、新机制和新方案，引导到已有的旧概念机制方案的相同框架原理之内，减轻已有技术方案被颠覆性变化的风险，从而抑制新兴厂家在新技术、新方案和 IPR 专利布局方面的渗透突破。重用性原则对运营商而言，也是一把双刃剑，可用来减轻新系统设计的复杂度和标准化风险度，但又可能维持旧的蜂窝设备市场生态格局不变，导致新兴厂家 / 颠覆式技术被压制。作为“新兴厂家进攻方”，通常都要考虑如何在重用性原则的缝隙中，努力寻找新技术突破点和未来生存发展的空间。

原则5：基线性（Baseline Agreement Rooted）

3GPP标准化当中的基本工作方式是阶段性逐步推进的，大致可分为Stage_1、Stage_2和Stage_3三大阶段，而每个大阶段内又可能有若干个小阶段。通常Stage_1针对需求用例、场景问题优先级、可行性路标、效益等方面进行研讨、规范；Stage_2基于Stage_1的主要基线结果，针对当前版本确定的场景问题，进行框架性系统方案设计规范；而Stage_3则再基于Stage_2的主要基线结果，进一步对方案框架的各个细节层面进行设计规范。在每个大阶段内的小阶段环节，经过3GPP所有厂家之间的竞合博弈，每次3GPP工作组层面会议，都会产生相关的局部基线结论，作为下次会议继续研讨的基础，这样一轮轮地推进，最终才产生了总的基线结果，再到整个系统功能的规范完成。因此每个大阶段、小阶段和来自不同工作组的基线结论非常重要，因为它约束、限制了后面研讨的范围、方向，脱离偏离之前基线结果或结论的文稿建议，通常不会再被处理、采纳。这种工作方式，对于赢得前期基线结论结果方是十分有利的，因为它们可以在基线层面，去掌控会议的议题进展和方向节奏，就是战略层面的主动性。例如，5G NR在SID研究阶段，确定Rel-15版本重点在eMBB和URLLC场景用例方面，根据此总体基线结论，意味着NR Rel-15版本不会去做NR物联网窄带和广播组播类业务，这可能就会限制某些厂家在这方面的技术利益拓展。又例如，MR-DC架构在Stage2阶段确定采纳Dual RRC，根据此基线结论，意味着NR和LTE各自基站的RRM/RRC配置之间，可以保持一定的隔离度和解耦性，这对后续各阶段环节的细节设计影响很大，客观上，这对“5G NR新兴厂家进攻方”相对有利，因为NR节点受到4G eNB相对少的配置约束。

基线性原则，相当于把某个系统功能的标准化全过程，划分为一个个时空上紧密关联的大博弈和局部的角逐，不同3GPP工作子组之间相互支持和配合，前后会议结论之间相互约束和推进。因此，3GPP工程标准化相关的胜利果实和利益获取，其实是一点点通过推进方式分阶段、分步骤而来的，而不是一次会议而得到的。

原则6：兼容性（Compatability and Futureproof）

兼容性原则包括后向和前向兼容性。后向兼容性是指任何新功能的引入，不能导致已有旧功能的有效性丧失或者性能受影响，特别是对遗留终端（Legacy UE）常规业务的影响。前向兼容性是指任何新功能的引入，不能限制和约束未来其他潜在新功能、新用例的引入，最好同时能为新功能和新用例的扩充拓展奠定一定的基础。例如，LTE载波聚合规定所有的分量载波必须具有后向兼容性，即终端可以独立接入使用任何的分量载波，即不存在只能用于载波聚合而不能被终端独立接入使用的新载波类型（NCT，New Carrier Type）。又例如，Short TTI(<1ms）功能，在LTE-A Rel-15之前没能被3GPP规范引入，也是因为它无法做到后向兼容性，由于改变了LTE物理层基本机制，只有具备Short TTI能力的终端才能使用该功能。前向兼容性的设计其实处处体现在协议之中，比如，诸多有一系列增强版本的特征功能，如CA、LAA、LWA等，这些特征功能设计之初，已做好了后续继续增强优化的兼容准备。

前向兼容性通常还包含未来可继续扩展的考虑，即节点内功能模块和接口功能，在性能尺度或维度方面，可根据未来新的实际需求而灵活地调整。兼容性原则是蜂窝移动系统一个必要的原则，它使得网络可以平滑地不断演进和升级，在不同的阶段，根据需要快速植入新系统功能，而同时现网中的不同版本能力的终端业务不被影响。因此，兼容性原则可以维护运营商的现网已有投入，控制、降低网络后续升级演进的风险性和综合成本。

原则7：开放性（Open and Multi-Vendor Inter-Operatability）

由于蜂窝移动系统是由诸多不同类型的逻辑功能节点所组成的，如核心网、网关、基站、终端等，因此它们之间需要通过不同类型的接口，进行互联互通才能协作地组网工作。开放性意味着各种跨节点的系统特征功能和它们的工作方式，必须得到统一的定义描述和行为规范，上述不同逻辑节点之间的接口行为，必须能以公开的标准规范形式所叙述呈现，以保证同厂家和异厂家节点设备之间，可以通过标准化接口进行对接和联合互操作。系统网元或逻辑节点之间的接口开放，使得各个厂家不需要自己独立、全部地开发完成整个蜂窝系统，而可以专注于自己最擅长和最有技术优势的部分。例如，空口Uu的标准化，使得网络设备和终端芯片可充分地分工到不同厂家之中，即造成了前述的网络设备供应商（NW Vendor）和终端供应商（UE Vendor）两大阵营，网络厂家专注于网络产品，而终端厂家专注于终端产品。又例如，5G gNB CU/DU高层分离而标准化的F1接口，使得gNB基站内的高层基带处理模块和低层基带处理模块可充分地分工到不同厂家之中，新兴厂家可以参与到CU/DU模块的独立研发之中，从而使5G基站设备的集成度和实现成本被降低，对运营商非常有利。开放性原则有利于进一步提升、巩固某些厂家在某方面的技术优势，有利于引入供给侧竞争，有利于推动更深协作的产业生态环境。异厂家设备之间的联合互操作，有利于构建更稳定平衡的供给链，防止市场寡头垄断产生，多方设备采购也有利于网络建设运维综合成本的减少。

尽管如此，读者后续可能会发现：开放性原则对于“市场既得利益方”是

相对不太有利的，因此它们通常希望弱化或虚化网络设备间的开放性，给异厂家设备互联对接制造各种人为的技术障碍，为既得利益方的设备留驻奠定优势地位。例如，UMTS 系统中 Iub 接口，虽被严格地标准化，但工程中很少有异厂家 RNC 和 Node B 互联对接的市场实践。又例如，核心网内各网元之间虽有各种 Sx 接口，但几乎没有异厂家模块之间互联对接的实践，大部分核心网厂家，都是通过内部接口，把各个网元模块高度集成在一起。因此，3GPP 标准协议层面的开放程度和实际工程、市场应用中的真正开放互联互通情况还有一定的差距。

原则 8：解耦性（Function Decouple and Split）

任何一个蜂窝移动系统网元，都是由诸多功能模块组成的。这些模块如果都被集成在同一个物理网元实体内，通常意味着这个网元实体的集成开发和实现复杂度较高，伴随而来的购买、运维价格也就较高；反之，如果这些功能模块能够被充分地解耦开，允许放在不同的物理网元实体内，允许部署在不同物理位置，甚至这些功能模块之间存在一定的开放性接口，则会意味着蜂窝系统具备更大的部署、组网、网元构成、功能编排、配置升级等方面的独立性和灵活性，系统网元的集成度和功能集合也可以根据各个运营商的需求进行灵活裁剪定制。单个系统网元实体的集合开发和实现复杂度降低，随之而来的购买、运维的价格也能降低。前述蜂窝网元节点之间的标准化接口，本质上就是一种传统网元之间的功能粗解耦，而这里强调的是：单个网元节点内功能模块的进一步细解耦和重新编排，有利于网元节点内各个功能协议的模块化独立演进和利用。例如，过去 3GPP 系统网元节点内无线功能和承载功能都是解耦的，即无线和承载可以独立地演进和部署管理，RNL 层完全不需要去理解 TNL 层，诸如地址具体格式含义等。又例如，在各个接口也一直存在用户面和控制面功能的解耦划分，用户面和控制面拥有彼此独立的协议栈，在空口物理层的信道编码和调制解调方面也一直是解耦分开的功能模块。又例如，5G gNB 除了 CU/DU 高层功能分离的需求，还有低层功能协议栈的分离需求，这本质上还是运营商们对 gNB 基站内部功能解耦的强烈诉求。

实践表明：适当的网元内部功能解耦，对网络设备商和运营商都是有好处的，一方面控制了系统集成的复杂度，提升了部署组网的灵活性；另一方面也有利于降低网络综合成本。但过度的功能解耦诉求，也会导致设备集成度下降、功能模块间的互操作时延拉长、互操作的稳定性降低，因此它也可能降低系统整体性能和效率。此外，虽然在网元功能模块供给侧层面，会引入更多的市场良性竞争，但对于解耦后新接口的工程标准化开发和测试工作，本身也要消耗掉很多时间、金钱和人力，这不一定会降低蜂窝网络的总成本。因此解耦性原则需要取得良好的平衡折中，它通常属于优化类的原则。

原则 9：非对称性（Hierarchy and Unsymmetry）

蜂窝移动系统内的各个网元节点和终端的逻辑地位是不平等的，呈现出不同上下等级的差异，通常，下游网元节点需要服从上游网元节点的管控和调度，下游网元节点拥有受控、有限的本地决策和行为权。从网络设备商的利益角度出发，它们更希望网络节点具备更多的管控权和决策权，而削弱终端的自主行为权；但站在终端芯片商的利益角度出发，它们更希望终端具备更多灵活自主的决策权和行为权，以尽量摆脱网络侧严密的管控和限制。非对称性原则体现在系统功能设计时，需要严格考虑不同网元节点的不同等级地位，对于某些功能机制，下行和上行的行为性能要求可能是不同的。例如，从 3G 到 4G 再到 5G，基站对终端的数据包的调度和传输，在下行和上行控制方式和时序关系方面都是不同的。又例如，在很多特征功能工程标准化的开发路标上，下行和上行功能性能的规范先后进展和要求程度常常也是不同的，比如 MIMO、CA、LAA、LWA 等功能，涉及的上下行具体技术细节不同。由于长期以来，下行业务数据量和用户通信体验感要强于上行，因此下行相关的功能性能的标准化节奏要快于上行。

非对称性原则还体现在：对某些技术问题分析的时候，既需要站在网络侧的角度看，还要站在终端的角度看，有时从不同的角度分析，得到的观察结论是不一致的，所以常常会有如：从网络角度和从终端角度的分析比较，和基于网络方案和基于终端方案之间的竞争现象。对于一个纯网络节点内部的功能，网络设备商阵营内部，通常可以直接决定方案的结果；但是一旦某功能涉及空口，就势必会同时引发网络设备和终端芯片阵营双方，对上下行行为处理方面的各种争辩。

第 2 章 LTE 微蜂窝和小小区技术

微博、微信、微视频、微创新……全球诸多领域都已进入到所谓的“微时代”。4G LTE 对应着智能终端和移动业务应用迅猛发展的大时代，而 LTE 微蜂窝和小小区技术在此背景下，应运而生，这为之后 5G 更强的微蜂窝和小小区技术奠定和积累了重要的发展基础和经验。

|2.1 LTE 小小区技术需求背景|

约 2007 年之后，随着以“iPhone”为代表的各种智能终端 / 物联网终端，以及各式各样的互联网数据业务应用的不断拓展、普及和深入，在过去 10 年中，蜂窝移动业务数据量经历了爆炸式的疯狂增长，堪称“数字洪水猛兽”。目前业界普遍认为，随着未来诸如超高清视频、大型云端游戏、虚拟现实（VR，Virtual Reality）、增强现实（AR，Augmented Reality）、人工智能（AI，Artificial Intelligence）、无人交通系统、行业机器人等新蜂窝业务应用的普及和不断深入，未来，蜂窝业务数据量仍将至少以指数的方式呈爆炸式增长，在一些热点地区，数据流量甚至将超过 1 000 倍。因此运营商们在 5G 蜂窝市场所面临的最关键的挑战是，如何以可接受的低成本方式，保证网络系统容量和性能都能快速同步地跟上增长，以适应未来各种来势汹汹的新兴蜂窝业务应用。

蜂窝移动通信技术发展的历史表明：小区分裂（多扇区和小小区化）、更多的频谱载波带宽资源、更高的无线频谱效率，这是蜂窝系统容量和网络关键性能提升的三大主要方面，但这三大方面所涉及的技术研发和工程代价成本也是不同的。今日 LTE 异构微蜂窝技术或者 LTE UDN 部署，就是按照“增强上述三个主要方面”的基本思路来发展演进的，未来 5G UDN 也是按照相同的思路来发展演进的，进一步地，5G UDN 还可以参考、借鉴 LTE UDN 的技术经验。

5G UDN 部署和其相关技术的本质核心可用 4 个词来高度抽象概括：基站小型化、小区密集化、节点多元化和高度协作化。其中，基站小型化主要指基

站变得更“瘦”、更轻量化，发射功率更小，服务半径小小区化；小区密集化主要指在空间域和频域有更多的小区资源能被协同或聚合利用；节点多元化主要指部署中存在多种不同RAT制式和类型功能的无线节点；高度协作化包含同构同RAT制式小区间的紧密协作化，以及异构异RAT制式小区间的紧密协作化。

随着LTE“小小区”（Small Cell）技术的发展，低功率节点（LPN，Low Power Node）被灵活广泛地部署在LTE宏小区（Macro Cell）无线覆盖重叠区域之内，可以是同频或者异频方式的部署，形成特定的LTE异构微蜂窝。LPN提供给终端最近的无线接入节点，拉近了基站与终端间的通信距离，把无线信号和干扰尽量限制在很小的空间范围内，尽量使UE的数据传输建立在“无线链路短径”之上。因此LPN和UE的发射功率都会大大降低（20MHz工作带宽的典型值是24dBm），甚至变得非常接近，上下行无线链路的互易性增强，信道属性差别也越来越小。LTE-A网络从早期的小小区“稀疏式”部署，到后期相对“密集式”的部署，小小区方式极大地增强了LTE宏网络的系统容量和无线覆盖的深度，分担了宏小区的数据业务承载传输的压力，但由于密集的LTE小小区之间，存在不同程度的“空时频域维度”的重叠区域，彼此会造成无线干扰和性能抑制，因此必然带来了一系列技术解决方案。

在3GPP LTE-A中后期的多个版本中，陆续引入了一系列针对LTE Small Cell的增强技术，从网络高层到空口物理层，以应对和解决LTE Small Cell在高密度部署下所产生的问题，这些问题对于5G UDN基本同样适用，因此LTE相关方案的原理思路，后续可能也会尽可能地重用。可以预见，5G UDN意味着5G Small Cell（它可以包含NR gNB、E-UTRA ng-eNB、WLAN AP、扮演RN角色的“超级UE/IAB Node”等不同类型的小基站）将会以更高的部署密度、更复杂的异构组合方式，被联合部署，并且高度协同在一起使用，因此原本相对单纯的LTE Small Cell所面临的挑战将被进一步丰富，系统技术挑战将会变得更为错综复杂。

5G UDN技术广义上泛指：围绕着高密集5G Small Cell部署使用而产生的一系列增强技术的集合，它可以涵盖从网络架构到无线基站形态，到空口高层，再到空口物理层、射频RF等方面的技术。在今日和未来的LTE UDN网络中，尽管LTE LPN的部署密度还可能进一步提高，单个LPN节点的无线覆盖范围将进一步缩小（甚至只有几米，接近家庭基站HeNB的水平，每个LPN可能只服务若干个移动或准静止的用户），但由于LTE UDN仅仅部署在低频段，当前暂时不支持波束赋形等先进技术，因此无法实现空间域信号的干扰隔离和空间域无线资源的最大化利用。因此，LTE UDN相比能部署在中高频段的纯5G NR UDN，其有天然的系统部署密度瓶颈。5G UDN除了充分地利用了LPN、波束赋形等技术之外，还引入了许多其他 5G 先进技术，使 5G UDN 系统更加地和各个协议层面完美结合，上下浑然一体，将在后面的章节详细地介绍。

5G UDN 中除了 5G LPN 节点数量的大大增加以外，LPN 节点制式和种类趋多也是 5G UDN 发展的一个重要特点。如前面所述，5G UDN 网络可由部署、工作在不同频段（比如，900 MHz、2 GHz、3.5 GHz、5 GHz、26 GHz、60 GHz 等），使用不同类型的无线频谱资源（比如，授权专有载波、授权共享载波、非授权载波）和采用不同 RAT 制式（比如，eLTE、WLAN、NR）的各种 LPN 节点所组成。此外值得注意的是，随着 LPN 节点越来越小，乃至接近终端的尺寸大小，同时伴随着终端设备直通技术（D2D，Device to Device）和无线自回程技术（WiReless Self-Backhaul）。如，IAB，Intergrated Access Backhaul 的进一步发展、应用，某些超级终端本身也可以像 RN 节点那样，充当网络 LPN 节点，甚至像小基站一样去服务其他常规终端。因此，这些超级终端具备传统基站和终端功能二义性的特点，在未来还可扮演 Mobile RN 节点的功能。LTE-A Rel-10 RN 中继功能和今日 LTE 智能手机普遍使用的 Wi-Fi 热点功能，其实就是一种早期的应用雏形。这种由运营商悉心部署的网络节点和随机散布式的终端而组成的异构 UDN 系统，也是蜂窝业界未来的研究热点之一（类似早年的 Ad hoc 网络），它已突破了传统蜂窝移动组网、运营模式。

在 5G UDN 一系列技术的支持下，网络中的终端类型也可变得更加多元化和密集化，比如，机器类通信业务（MTC，Machine Type Communication）背后所带来的各种物联网终端，诸如，工业智能流水线、智能家居、无人驾驶车、无人机、共享单车、各种可穿戴式设备、各行各业的仿真机器人的普及和流行应用，等等，都将会导致更复杂的 5G UDN 网络运行和业务应用环境。对于“飞行类终端”（例如，针对 Aerial Vehicles 的飞行线路控制），和“未来超级机器人”（例如，对数据流量的消耗是普通人类感官的百千倍，对 QoS 参数的要求比普通人类感官更苛刻敏感），它们在移动 / 通信行为 / 安全方式等方面，和今天普通人类的大有不同，需要做进一步的优化增强。总而言之，5G UDN 比 LTE UDN 更加错综复杂，相关技术内容也更加丰富且先进。

2.2 LTE 小小区技术发展历史

LTE 小小区的出现是蜂窝市场驱动的必然结果。LTE 早期版本 Rel-8/9 主要关注在同构宏小区的基本功能和服务性能问题。同构宏蜂窝以 LTE 宏小区

为中心，为不同的用户分配调度无线资源，提供数据无线承载服务。由于 LTE 系统不能支持类似 UMTS 系统中的软切换技术，因此 LTE 宏小区边缘与小区中心的性能供给差异会很大（典型值可达 4 ~ 5 倍）。终端 UE 在宏小区边缘的数据平均吞吐率偏低，无线链路更容易失败（RLF，Radio Link Failure），用户通信体验常常达不到 4G 的真实水平。在 LTE 早期版本阶段，宏小区边缘主要通过无线干扰随机化、发射功率控制以及基于频域的（ICIC，Inter Cell Interference Coordination）技术来解决同频部署的相邻宏小区之间的干扰问题。

在 LTE-A Rel-10/11 阶段，LTE 网络中开始出现 LTE 小小区，但部署的密度并不高，且分布不连续。由于 LPN 发射功率偏小，相邻 LTE 小小区之间的干扰并不严重，但它们对同频部署的宏小区的干扰情况，却要比同构宏蜂窝中相邻的宏小区之间更为复杂，因为此时不仅仅涉及宏小区的边缘，还可能涉及中心地带。为了提高频谱利用率，LTE 网络的频率复用因子通常为 1，即 LTE 小小区常部署、工作在和宏小区相同的频点载波上，以尽量地实现空分复用（注：宏基站 eNB 的发射功率要远远高于同频 LPN 的节点的发射功率）。由于 LPN 通常会使用切换偏移值（Handover Offset/Bias）来扩大小小区的实际服务范围（CRE，Cell Range Expansion），参考图 2-1，以此可以扩大 LTE 小小区对宏小区内数据流量的分流卸载增益（终端即使在很好的宏小区覆盖内，也容易切换进入到 LTE 小小区内）。尽管在 LTE 小小区的边缘位置，宏小区的参考信号强度要高于小小区的，但终端仍会被硬切换到 LTE 小小区内，以尽量对宏小区进行分流卸载，此时宏基站下行参考信号将对 LTE 小小区边缘的用户产生较严重的干扰（如图 2-1 所示），可能直接导致终端的数据传输效率降低甚至链路失败掉话。

在上述 LTE 宏微小区同频异构部署的条件下，基于频域的 ICIC 技术，已不能很好地解决异构网络中同频无线干扰问题，尤其是对于时频资源块 PRB 位置本身固定的同步信号（PSS/SSS）、广播信道（PBCH）、小区专有参考信号（CRS）、物理控制信道（PDCCH/PCFICH/PHICH），基于频域的 ICIC 技术无法高效解决宏基站 eNB 对 LPN 节点小小区产生的强干扰，因此难以充分发挥出同频 LTE 小小区的分流增益。因此，LTE-A Rel-10/11 分别进一步引入了基于时域的小区间增强干扰协作技术（eICIC，Enhanced ICIC）和（FeICIC，Further enhanced ICIC），这使得 LTE 宏小区和小小区同频部署变得更加有效。注：在 5G NR 系统内，相邻同频宏小区和小小区之间的干扰协作抑制，至少在低频段，也是一个关键的技术问题；但在 NR 中高频段，由于 5G NR 普遍采取了多天线波束赋形技术，可极大抑制干扰信号的空间发散，因此 NR 中高频段上相邻的同频宏小小区之间可能不需要采用 eICIC。

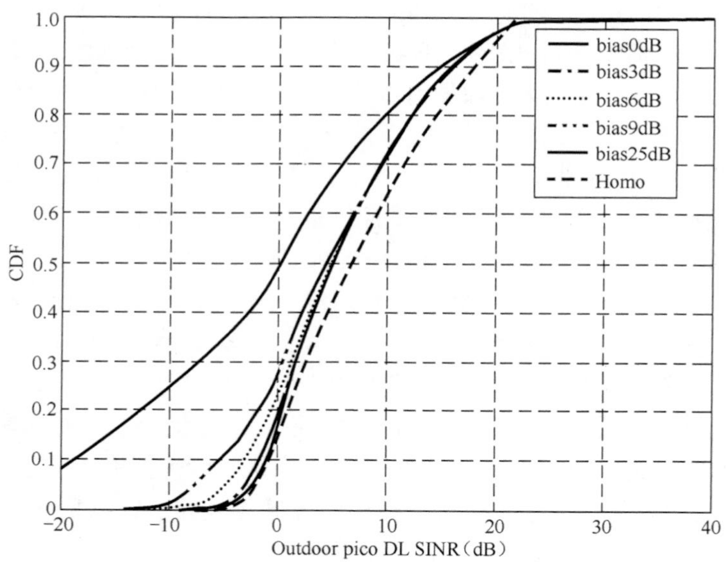

图 2-1　LTE 小小区中不同 CRE 条件下的下行信干噪比示意

LTE-A Rel-10 除了引入强化异构小区间的干扰协调机制，还引入了服务小区间的载波聚合（CA）技术，并且后续连续多个版本都有 eCA 技术的增强。LTE-A Rel-11 还引入了物理层协作多点发收技术，以进一步解决同频异构网中的无线干扰和移动性性能问题。LTE-A Rel-12 引入了基站节点之间的双连接技术（DC，Dual Connectivity），实现了异站间不同服务小区之间的载波聚合。LTE-A Rel-13 又进一步引入了授权载波锚点辅助的非授权载波聚合技术（LAA，Licensed Assisted Access）和 LTE WLAN 服务小区之间的载波资源聚合技术（LWA，LTE WLAN Aggregation），LAA 和 LWA 在 LTE-A 后续多个版本也有进一步的技术增强。

LTE-A Rel-12 DC 技术可以支持上下行的 SCG 承载和下行的 MCG Split 承载两种 DRB 类型的数据分流，可支持最基本的 DC 流程操作，如 SeNB 建立、修改、删除和 SeNB 切换改变等。LTE-A Rel-13 eDC 技术进一步支持上行的 MCG Split 承载数据分流，以及一些增强的 DC 流程操作，如主节点 MeNB 移动切换中保持源 SeNB 不变，或者 MeNB 切换后直接进入到 DC 双连接模式。LTE-A Rel-13 eDC 还能支持宏基站 MeNB 和辅 HeNB、Shared eNB 之间的 DC 操作。在后面章节的 5G MR-DC 技术介绍中，读者会发现 5G MR-DC 相比 4G LTE-A DC，能支持更多的 DRB 类型和更复杂的流程操作，以更好地服务于 5G UDN 部署的目的。

LTE-A Rel-13 LAA 技术，主要解决了和目标非授权载波上其他 RAT 竞争系统之间的公平性共存问题。比如，在 5GHz 非授权频段内某非授权载波上，过去可能只有 WLAN AP 在独立地部署、工作和使用相关资源，当具有 LAA 功能的 eNB 部署、引入后，必定需要和 AP 节点进行载波时频资源的竞争，通常采取“谁竞争成功，谁使用的基本原则”。从某种意义上讲，面对具有“后发技术优势”的强大 LAA 对手，WLAN 类产品的技术地位受到极大的挑战，因为基于 TTI 子帧粒度精细调度的 LAA 系统，它的平均谱效和数据传输性能，客观上确实要比“技术简约粗犷”的 WLAN 系统要更加优化，此外，LTE 系统在无线干扰和功率控制方面也要比 WLAN 系统要精细不少。由于 WLAN 系统无法实现蜂窝式无缝组网。所以一旦让 LAA 和 WLAN 两大系统在蜂窝组网和性能层面进行正面的较量，即使 WLAN 有着技术简约且系统硬件成本稍低的优势，WLAN 类产品后续仍将会面临较大的市场风险。

Rel-13 LAA WID 先进行了 LAA 方式下行数据传输操作的标准化，Rel-14 eLAA WID 进一步进行了 LAA 上行数据传输操作的标准化，Rel-15 FeLAA WID 又对 LAA 进行了进一步的物理层技术增强，以进一步提升对非授权载波资源的利用率，这同时为 5G NR 系统未来如何利用好非授权载波资源奠定了功能和性能的基线。LAA 操作下的非授权载波类型属于 Type3，它不同于传统 Type1：FDD 和 Type2：TDD 或者载波类型，因为它没有绝对静态固定的上下行子帧位置，非授权载波上的任何时隙子帧，既可能用于下行数据传输，又可能用于上行数据传输。

LTE-A Rel-13 LWA WID 立项之前，在 Rel-12 阶段，先进行了 LTE-A 系统和 WLAN 系统之间通过“松耦合的方式”进行联合互操作的标准化工作，即（LWI，LTE WLAN Interworking），它成为 3GPP 和 IEEE 两大技术阵营之间争斗的重要版本时间节点。LWI 的技术特征是：LTE-A 基站 eNB 可以通过空口控制面参数，去间接地控制和影响终端对目标 WLAN AP 节点在选网和数据分流方面的行为操作，因此终端可更加合理地去利用好两种 RAT 之间的服务资源。LTE-A Rel-13 先直接进行了 LWA 下行数据传输操作的标准化，Rel-14 eLWA 进一步进行了 LWA 上行数据传输操作的标准化。此外，由于 LWA 方案不是基于 IPSec 隧道方式的，且需要 WT 系统中的 AP 节点进行软件升级，且需要支持异站部署情况下的 Xw 新逻辑接口，因此 LWA 操作不能适用于现网中已部署的遗留 AP。为了满足部分运营商也希望聚合利用遗留 AP 的商业诉求，3GPP Rel-14 同时也进行了 LWIP 和 eLWIP 的标准化工作，它们能适用于现网中已部署的遗留 AP，不需要网络侧 WT 升级。

上述围绕 LTE 小小区相关的各种增强技术，使得运营商们可减少或免除诸如站址选定、频谱资源、容量覆盖成本、基站类型能力选择等方面的条件限制，非常灵活地进行同频或异频的异构微蜂窝方式部署，充分发挥出各网元节点各自在系统容量、无线覆盖、利用成本、可演进性等方面的技术优势。这些技术结合在一起使用，从而大大降低运营商们在组网部署方面的条件约束和成本考虑，进一步服务于未来的蜂窝移动业务应用的开展。后面章节中将详细介绍的5G UDN中的很多关键技术也基本是以上述LTE小小区技术为雏形和基础进一步发展、演变、增强而来的。

2.3 LTE小小区关键技术

参见第2.2节，将进一步详细解释LTE小小区相关的关键技术，并且关联着说明它们对后续5G NR小小区的基线性影响和适用情况。

2.3.1 LTE同构小区间干扰协调

LTE Rel-8早期版本，支持静态和半静态频域的ICIC技术。静态ICIC是指在网络规划部署之时，就完成基站之间的无线资源的协同配置，比如，预切割分配好时频资源块，后续网络运行期间不再发生改变，直到网络节点的重规划或重启。这种基于网管OAM的方式，可以减少基站eNB间X2接口上的信令开销，甚至不要求配置X2接口，因此可以一定程度降低部署的成本；但静态ICIC不能根据网络动态实时环境（比如，新用户分布、流量分布、小区负载等）的变化而自适应地调整无线资源的分割配置，从而可能导致无线资源利用率偏低，干扰规避性能很有限。通常基于网管OAM的方案，都称为非标准化方案。

面向同构宏蜂窝的半静态ICIC技术，要求相邻eNB之间适时地交互X2AP干扰协作信令，在网络环境变化之时，具有比静态ICIC更好的无线资源利用率和干扰规避性能。对于下行数据传输，源eNB通过X2接口流程负载指示，半静态地交互相对窄带发射功率值（RNTP，Relative Narrowband Transmit Power），它用于通知相邻eNB，源eNB在当前工作载波上的每个PRB时频资源块内的发射功率，是否将超过预先配置的门限值，超过则说明该PRB时频资源块内的干扰较大。在接收到RNTP辅助参数之后，相邻eNB可以将处于自己和源eNB相邻小区的边缘用户，尽量调度在源eNB发射功率较低的频域资源块上，从而避免了小区边缘用户受到源eNB的强干扰影响。对于

上行数据传输，类似地，源 eNB 通过 X2 接口流程负载指示，交互过载指示（OI，Overload Indicator）和强干扰指示（HII，High Interference Indicator），用来告知相邻 eNB 其在各个频域资源块上遭受到的上行干扰情况，OI 有高、中、低 3 个取值，而 HII 用于通知相邻 eNB，源 eNB 在各个频域资源块上是否将会产生强干扰，于是相邻 eNB 可将处于自己和源 eNB 相邻小区边缘的用户，尽量调度在非强干扰的频域资源块上。

在 LTE NR 载波共享的部署场景下，相邻的 eNB 和 gNB 基站之间，也可以利用类似 ICIC 的技术流程，来预留上下行时频资源块，通过半静态的双向协商流程，实现异构基站间对公共载波资源的共享。ICIC 技术实质就是，源基站把自己管辖小区内各个子频域上的上下行潜在干扰和负荷情况，适时地通知到相邻基站，相邻基站通过约束处于自己小区边缘终端调度的方式，主动去规避强干扰，以达到干扰平衡的效果。理论上，该原理同样适用于 5G NR 系统内 gNB 基站之间。

2.3.2 LTE 异构小区间增强干扰协调

面向异构微蜂窝的 eICIC 技术原理如图 2-2 所示，宏基站 eNB 通过在某些接近空白子帧（ABS，Almost Blank Subframe）位置上，几乎不发送信号或故意降低信号的发射功率，来减少对同频覆盖内的 LTE 小小区的强干扰。当终端处于小小区的 CRE 区域内的时候，LPN 节点尽量利用宏基站 eNB 配置的 ABS 子帧对应的时间块资源，来进行下行数据传输，这样可以规避来自同频宏小区的强干扰碰撞，从而处于 CRE 区域内的终端，能获得更好的小小区服务，但该方案的缺点是宏小区需要牺牲掉一些宝贵的时间块资源。当终端处于小小区的非 CRE 区域内的时候，可以认为宏基站的下行干扰有限，因此 LPN 可对终端进行自由调度。理论上，该原理同样适用于 5G NR 系统内，但 NR 针对下行参考信号以及 SS-Block 进行了重新设计，从更根本的角度减少了小区公共信号产生的小区间干扰。

eICIC 技术虽能有效解决宏小区和小小区之间的干扰，但是随着小小区密度的增加，众多小小区相互间的干扰将变得更为复杂，此时基于时域的 eICIC 技术就不够了，需要利用波束赋形、分布式干扰测量技术等。

eICIC 还包括基于载波聚合的干扰控制方案，用于解决物理控制信道之间的干扰问题。如图 2-3 所示，控制信道 PDCCH 在主载波（PCC，Primary Component Carrier）上发送，利用跨载波调度机制，实现对辅载波（SCC，Secondary Component Carrier）上数据信道 PDSCH 的调度和资源分配。由于宏小区和其同覆盖内的小小区分别使用了不同的频点作为主载波，因此可以避免宏小区与小小区各自物理控制信道 PDCCH 之间的强干扰碰撞，这可以提升控制信道的解码健壮性。

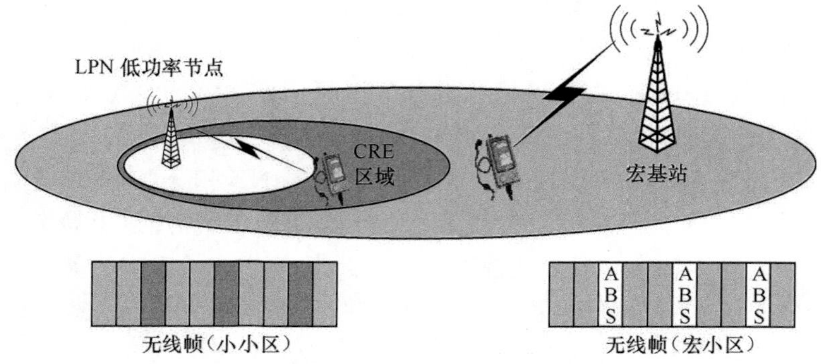

图 2-2 异构部署下同频宏微小区间的干扰协调

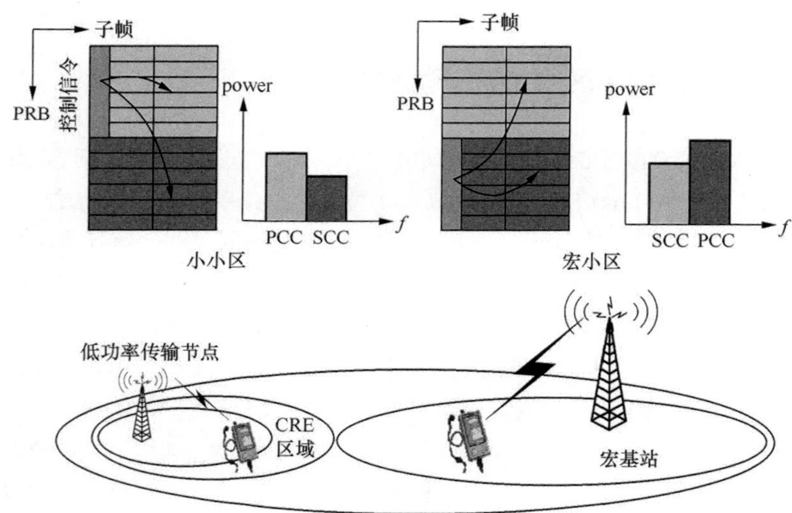

图 2-3 基于载波聚合的异构宏微小区间干扰协调

2.3.3 LTE-A CA

除了在空间域不断增加小小区部署的密度，在频域增加系统的工作带宽，也是增强系统容量的常规有效手段。在低频段，无线频谱资源是比较宝贵且稀缺的，运营商通常需要支付高额的竞标使用费用，才能购买到几十兆赫兹授权频谱的独家经营使用权，因此业界长期以来，一直对针对低频段内载波谱效提

升的技术非常看中且大力推进，比如，利用低频高维的 MIMO 技术（8×8）和高阶调制解调技术（256 QAM，1024 QAM）。在中高频段内，比如大于 6 GHz 范围，那里有非常广阔充裕的频谱带宽资源，28 GHz 频段的可用频谱带宽可达 1 GHz，而 60 GHz 频段中每个信道的可用信号带宽则分别到 2 GHz，且有大量免费的非授权载波资源，因此在 5G 时代，运营商们更加看中对这些中高频段内的载波资源的广泛聚合利用，为了降低技术的复杂度，可适当降低对高频无线谱效的要求。

载波聚合技术用于通过提高系统工作带宽来增强系统容量，且能同时提高用户上下行数据传输速率和链路健壮性。为了更好地支持 Rel-8/Rel-9 遗留终端（Legacy UE），结合“重用性原则”最大限度地重用已有的载波设计，LTE-A Rel-10 载波聚合系统中的各个分量载波（CC，Component Carrier）均要保持后向兼容性，即任何 Rel-8/Rel-9 遗留终端都可以独立地接入和服务于这些分量载波上。但在 LTE-A Rel-13 LAA 系统中，工作于非授权载波上的分量载波不需要具备后向兼容，因此终端不可以独立地接入非授权载波以及由它们服务，这一设计强化了非授权载波和授权载波之间的耦合绑定关系，传统蜂窝运营商可以牢牢抓住蜂窝市场的控制权。

TDD 类型的分量载波之间、FDD 类型的分量载波之间，或者 TDD/FDD 类型的分量载波之间都可以使用载波聚合技术彼此聚合起来。各个分量载波可以具有不同的工作带宽，包括：1.4、3、5、10、15 和 20 MHz。Rel-10 载波聚合技术最多可支持 5 个分量载波聚合而成，因此最大载波聚合工作带宽为 100 MHz，而 LTE-A Rel-13 eCA 技术则最多可支持 32 个分量载波聚合而成，因此最大载波聚合工作带宽为 640 MHz，注：5G NR 可支持最大的载波聚合工作带宽，6 GHz 以下的单 CC 可支持最大 100 MHz 带宽，而 24 GHz 以上的单 CC 可支持最大 400 MHz 带宽，且最大聚合 CC 个数都为 16，因此最大载波聚合工作带宽为 6 400 MHz。在 FDD CA 下，上行和下行载波聚合可以有不同数量的 CC，下行 CC 的个数大于或等于上行 CC 的个数，每一个分量载波也可具有不同的工作带宽。但在 TDD CA 下，上、下行 CC 的数量和相应的工作带宽通常是相等的。

对于被聚合的载波对象，最简单的是，将相同工作频段中的相邻分量载波聚合起来，这种方式称为同频段内连续聚合。由于运营商授权频谱无线资源分配受限的缘故，这种方式很难实现大规模的载波聚合。因此，相同工作频段内也需要支持非连续的载波之间聚合，即所有的分量载波同属于同一工作频段，但是它们之间有频谱间隙存在：Non-Contiguous CA，如图 2-4 所示。进一步地，当分量载波分属于不同的工作频段时，则称为跨频段聚合：Inter-Band

CA。上述三大种载波聚合方式，对基站和终端的 RF 模块有不同的性能要求，但它们的物理层和空口基本机制都是非常类似的。在 5G NR 中同样存在上述三大种载波聚合方式，和 LTE-A 系统一样，能聚合在一起的 CC 必须属于同一种 RAT，即 LTE 和 NR 载波之间，或者它们和其他 RAT 制式系统载波之间，不能进行载波聚合操作，读者后面会看到，异构系统之间可以进行双 / 多连接操作。

从实际工程化应用的角度出发，LTE-A 能实现的载波聚合具体的配置，应当在 E-UTRA 系统特定的有效工作频段和载波成员数量之间的结合给予标准化规定，例如，通过 RAN4 工作组。为了区分不同的载波聚合方式或不同载波聚合组合，3GPP 给出了以下新定义。

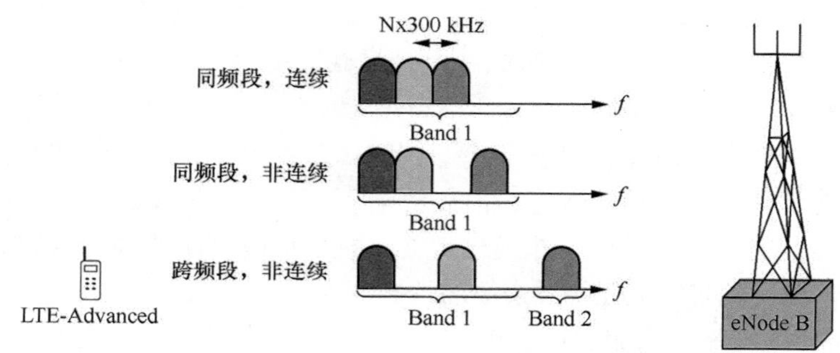

图 2-4 各种载波聚合类型的示意

（1）聚合传输带宽配置（ATBC，Aggregated Transmission Bandwidth Configuration）：定义了物理信道频域资源块聚合的总数量。

（2）载波聚合带宽等级（CBC，CA Bandwidth Class）：定义了结合最大聚合传输带宽配置和最大连续的分量载波数量，例如分下面几种等级。

- Class A：ATBC ≤ 100MHz，最大连续的分量载波数量 CC = 1。
- Class B：25 MHz <ATBC ≤ 100 MHz，最大连续的分量载波数量 CC = 2。
- Class C：100 MHz < ATBC ≤ 200 MHz，最大连续的分量载波数量 CC = 2。
- Class D：200 MHz < ATBC ≤ 300 MHz，最大连续的分量载波数量 CC = 3。

（3）载波聚合配置：定义了 E-UTRA 特定的有效工作频段和载波聚合等级的组合，例如，CA_1C 配置定义了，在 E-UTRA 工作频段 1 内的连续载波聚合，载波聚合等级为 C。CA_1A_1A 配置定义了在 E-UTRA 工作频段 1 内有两个 CC 的非连续载波聚合，载波聚合等级都为 A。CA_1A_5B 配置定义了在 E-UTRA 工作频段 1 上等级 A 的分量载波集合，同时在工作频段 5 上的等级 B 的分量载波

集合，因此是跨频段载波聚合。因此，通过当前 3GPP RAN4 协议中规定的具体载波聚合配置，可得知实际工程应用已能支持的载波聚合有效实际配置。

载波聚合中每一个分量载波，都对应着一个服务小区，这些服务小区的覆盖范围可以不同，但对于特定处于载波聚合工作模式的终端，总处于它们的覆盖重叠区域之内。如图 2-5 所示，RRC 连接信令承载 SRB 通常只由一个锚点服务小区来承载，这个锚点服务小区称为主服务小区（PSC，Primary Serving Cell），相对应的分量载波为主分量载波（PCC）。而其他分量载波都称为辅分量载波（SCC），对应着其他一般的辅服务小区（SSC，Secondary Serving Cell）。上行物理反馈信道 PUCCH 的反馈信息 UCI 必须通过 PSC 承载，而辅分量载波或辅服务小区，可以根据业务数据传输的需求，在不影响当前 RRC 连接状态的情况下，来进行增加、修改和删减，但只有主分量载波或主服务小区发生变化，才意味着终端切换。PSC 上的无线链路状态决定了终端的 RRC 状态，当 PSC 发生无线链路失败（RLF，Radio Link Failure）的时候，终端才被触发 RRC 重建，SSC 上发生 RLF 不会触发 RRC 重建和终端 RRC 状态的改变，只会影响到 SSC 上的数据传输。PSC 的切换改变必然会影响到 SSC 的工作状态。反之则不然，因此现网部署中，通常选择无线覆盖较大的宏小区作为 PSC，作为信令控制面，而覆盖较小的小区作为 SSC，作为增强的数据用户面，如此可保持终端的 RRC 连接和数据传输的连续性。

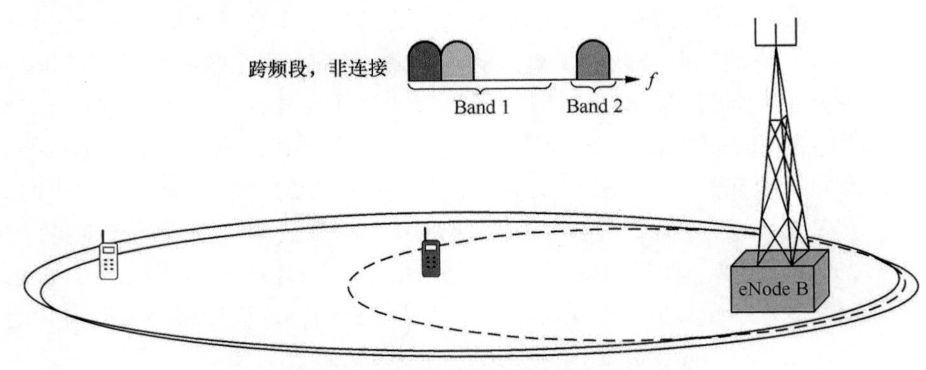

图 2-5　主辅服务小区无线重叠覆盖示意

对于跨频段载波聚合，不同分量载波通常会经历不同的路径衰落以及传播散射、折射、反射。相同发射功率下，当工作载波的频段越高时，路径衰落就越快，无线覆盖范围通常就越小。如图 2-5 所示，载波聚合集合中的 3 个分量载波，只有黑色终端用户才可完全利用，由于白色终端用户并不在虚线的分量载波的覆盖范围内，因此仅能使用载波聚合集合中的两个分量载波。这意味着终端的移动，通常会触发载波聚合集合的改变和重配。需要注意的是，当有多个用户利用相同的载波聚合集合时，每个用户可利用不同的分量载波作为其主分量载波（PCC），这样可以获得物理控制信道的负载均衡。

载波聚合对于终端是一种可选的能力，需要有额外的基带射频能力支持，为了能最大限度地后向兼容，支持遗留终端和 Rel-10 版本后不支持载波聚合能力的终端，所有分量载波上的上下行数据传输都可支持 Rel-8 的物理层基本机制。空口 RRC 专有消息必然要引入对辅分量载波辅服务小区的配置操作，而 MAC 实体必须能完成对多个分量载波的协同调度和资源管理。对于物理层，最大的变动是在下行，单子帧内的 PDCCP DCI 调度命令需同时处理对多个分量载波的调度，而对于上行 PUCCH 反馈，单子帧内 PUCCH UCI 反馈需能联合传输所有分量载波上 HARQ 进程对应的 ACK/NACK 和 CSI。

载波聚合支持非跨载波调度（自调度）和跨载波调度两种调度方式，若一个终端配置为非跨载波调度方式，该终端需在每个激活的分量载波上都检测对应于本载波的 DCI，因此需同时监听多个 PDCCH 信道。终端若配置为跨载波调度方式，可根据跨载波调度的高层信令配置，仅在一部分分量载波上监听 PDCCH 信道，检测相应的联合调度信息。

在载波聚合多个服务小区处于同基站内的场景下，由于面向同一个上行信号接收节点，终端在各个载波聚合服务小区的上行时间超前值（TA，Timing Advance）通常都相同，即上行时间同步统一；而在异构微蜂窝网络中，如图 2-6 所示，在 LPN 节点光纤射频拉远的场景下，终端可能面向不同的上行接收节点，因此终端在 PCC 和 SCC 上可能存在不同 TA 的情况，即上行同步时间不对齐。在 Rel-11 中，这种异构微蜂窝部署下的载波聚合场景已被支持。在 LTE-A Rel-15 中，伴随着 euCA 功能的引入，Scell 还可以支持新的状态，eNB 基站可通过 MAC CE 命令进行状态转移的控制，从而使得终端既可省电，还可使该 Scell 更快地恢复到工作激活态。

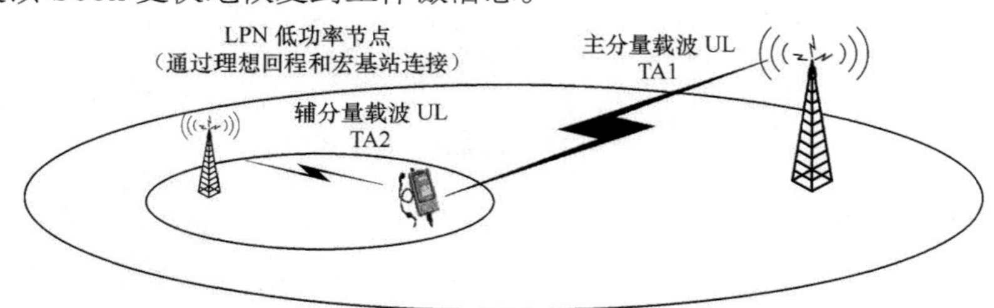

图 2-6　上行载波聚合中不同 TA 的分量载波

LTE CA 工作架构和基本机制也适用于 5G NR，LTE CA 一系列增强技术中的各个问题和增强设计也普遍适用于 5G NR CA 的设计。在后面相关章节中还可看到：5G NR 还引入了补充上行（SUL，Supplementary UL）的载波聚合增强机制，即单个 NR 服务小区可同时和两个跨频段上行载波和一个下行载波进行关联，其中一个是传统的主上行载波，具备上行信道的全配置；另一个是 SUL 辅上行载波，具备部分信道配置，用于上行覆盖增强，比如深度室内覆盖场景。在 SUL 配置中，DUSCH 信道可被配置在两个 UL 载波上，但 PUCCH 信道只能被配置在一个 UL 载波上。终端在 SUL 和 Normal UL 上不能同时被调度和发送数据包。此外，单个 NR 分量载波，还可进一步切分为多个部分子带宽（BWP，Bandwidth Part），各个 BWP 可配置不同的 Numerology，但在单个 NR 分量载波上，终端某时刻只能在它的某一个激活的 BWP 上工作，gNB 基站可通过 DCI 命令，控制终端在单分量载波内的不同 BWP 之间切换工作，这些称为带宽自适应技术。

2.3.4 LTE-A 协作多点传输

在集中式 MIMO 已经没有提升空间的情况下，分布式 MIMO、协作多点成为新的性能提升点。协作多点（CoMP，Cooperated Multiple Point）是在 LTE-A 中新引入的概念，它把网络 MIMO、协作 MIMO、虚小区 / 群小区等概念融合，统一称作 CoMP。CoMP 和 MIMO 技术都是基于多天线技术，通过物理层复杂的基带处理，实现空域自由度的利用。MIMO 一般是指地理位置集中放置的多天线系统，强调对集中的多天线在物理层紧紧耦合在一起，以方便 MIMO 信号的联合处理；而 CoMP 是指地理上分布放置的多接发节点的多天线系统，采用动态紧耦合或者半静态松耦合对多天线进行联合空间信号处理。CoMP 物理层耦合性的要求低于 MIMO，甚至多发射接收节点可以跨基站分布。集中式 MIMO 和分布式 CoMP 其实都是 UDN 虚拟小小区，通过物理多天线 / 多发射接收点的方式，在空间域形成的一种极紧凑的耦合协作方式（达到符合级别的粒度），可实现对相同物理区域内的无线时频域资源，在空间域的最大限度隔离和协同复用。

CoMP 传输是一种提升小区边界容量和小区平均吞吐量的有效途径，其核心思想是当终端位于小区边界区域时，它能同时接收来自多个小区的信号，同时它自己的传输也能被多个小区同时接收。在下行，如果对来自多个小区的发射信号进行协调以规避彼此间的干扰，能大大提升下行性能；在上行，信号可以同时由多个小区联合接收并进行信号合并，同时多小区也可以通过协调调度来抑制小区间干扰，从而达到提升接收信号信噪比的效果。

按照进行协调的节点之间的关系，CoMP 可以分为同站点的协作多点（Intra-site CoMP）和跨站点的协作多点（Inter-site CoMP）两种。

（1）同站点的协作多点发生在一个站点（eNode B）内，此时因为没有回程（Backhaul）容量和时延的限制，可以在同一个站点的多个小区 / 扇区 / 接入点（Cell/Section/AP）间交互大量的信息。

（2）跨站点的协作多点发生在多个站点间，对回程容量和时延提出了更高要求。反过来说，跨站点的协作多点性能也受限于当前回程的容量和时延能力，如图 2-7 所示。

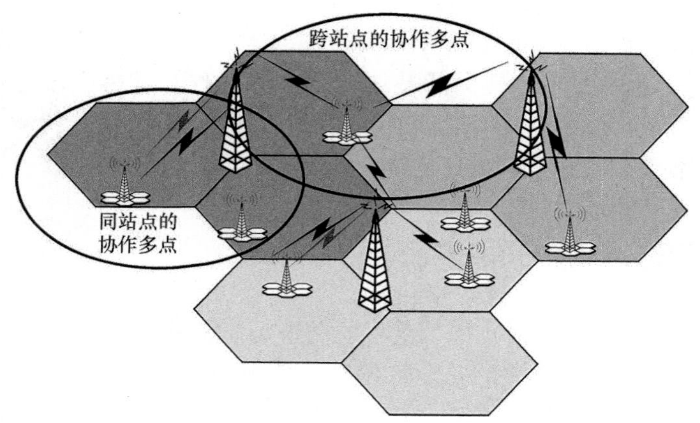

图 2-7　同站点 CoMP 和跨站点 CoMP 示意

典型的 CoMP 场景为每个传输点都对应着一个逻辑小区，既拥有自己的 Cell-ID。但小区内多个 RRU 构成的分布式天线模式也应是 CoMP 的重要应用场景。

1. 下行协作多点发射

在下行协作多点发射（下行 CoMP）中，按一个数据包是否在多个协作节点 / 小区上同时发送，可以分为协作调度 / 波束赋形（CS/CBF，Coordinated Scheduling/Beamforming）和联合处理（JP，Joint Processing）两种。对于 CS/CBF，一个数据包只在一个服务节点上发送，但相应的无线资源调度和下行发射权重等需要协作的多个节点间进行动态信息交互和协调，以尽可能减少多个小区的不同传输之间的互干扰。联合处理进一步分为联合发送（JT，Joint Transmission）和动态节点选择（DPS，Dynamic Point Selection）两种方式。其中，JT 是指一个数据包可以在多个协作节点 / 小区上同时发送，这些协作的多节点 / 小区可以看作虚拟的单个小区；DPS 是指一个数据包可以动态选择一个服务节点发送。

一种常见的 CS/CBF 方式是终端对多个小区的信道进行测量和反馈，反馈的信息既包括期望的来自服务小区的预编码向量，也包括邻近的强干扰小区的干扰预编码向量，多个小区的调度器经过协调，各小区在发射波束时尽量使得对邻小区不造成强干扰，同时还尽可能保证本小区用户期望的信号强度。

在联合处理方式中，既可以由多个小区执行对终端的联合预编码，也可以由每个小区执行独立的预编码、多个小区联合服务同一个终端。既可以多小区共同服务来自某个小区的单个用户，也可以多小区共同服务来自多小区的多个用户。这种方式通常有更好的性能，但对回程的容量和时延提出了更高要求。

2. 上行协作多点接收

上行联合接收是指协作集合内的部分或者全部的小区同时接收处理同一个终端的上行信号，可以获得接收分集增益和功率增益。

（1）上行接收处理方式

- 各小区独立检测，选择译码正确的作为最终结果，其他的抛弃。
- 主小区对协作小区传输过来的数据进行联合检测。
- 两者结合，主小区首先单独检测，如果错误，则重新与协作小区接收的数据进行联合检测。

其中联合检测的实现方式有以下两种。

- 均衡后的数据（软比特）进行合并译码，类似 HARQ 的合并过程。
- 均衡前数据合并接收。不同小区联合接收，等效提供了更多的接收天线。

上述几种实现方式获得的增益不同，当然实现的复杂度、对 X2 接口的需求、HARQ 反馈过程都有区别。

（2）各小区独立检测的实现方式

参与上行联合接收的各小区接收来自终端的上行信号，然后各自独立进行信道估计、均衡、译码、CRC 校验。如果 CRC 检验正确，则协作小区把译码正确的用户数据发送给主小区，否则丢弃该数据。如果主小区从各协作接收小区收集了译码正确的数据，则判决本次数据接收正确。如果主小区判决本次数据接收错误，则向终端发送 NACK，终端进行 HARQ 重传。

具体实现时，可以进一步降低 X2 接口传输。各小区独立检测，但不会主动把数据发送给主小区。主小区首先自己独立译码并 CRC 校验，如果发现自身译码错误，则查询各协作小区是否有正确译码，如果有，则把正确的译码结果发送给主小区。这种方式小区间只需要传输译码后的信息比特，因此对于 X2 接口的带宽要求很低。不过由于不能合并接收，因此不能获得合并分集增益。应属于选择接收，选择接收信号最好的作为最后的结果。

（3）主小区对协作小区传输过来的数据进行联合检测

参与上行联合接收的各小区接收来自终端的上行信号，把译码前的数据发送给主小区，由主小区进行联合检测。根据合并机制的不同，小区间传输可以为 CSI 和均衡前的数据，也可以为软比特信息和其他辅助信息（均衡后的 SNR）。

这种方式需要小区间传输大量信息，因此对 X2 接口的带宽要求很高，同时处理复杂度也很高。可以获得分集增益和功率增益。其中，均衡前数据合并接收方式的信息损失最少，获得的增益最高。

（4）两者结合的处理方式

即主小区首先单独检测，如果错误，则重新与协作小区接收的数据进行联合检测，这种方式是上述两种方式的折中。

为了保证好的 CoMP 操作效果增益，同基站内的多发射接收节点配置最佳，跨基站情况下 CoMP 技术对网络基站间的接口性能有较高的要求。比如，宏基站 eNB 和 LPN eNB 最好来自同一设备厂商，通过较低时延且高带宽的回程链路连接在一起，且彼此达到较好的时频同步状态。这些苛刻的部署配置要求，极大地增加了同频异构网的部署成本，限制了 CoMP 技术在跨基站或者异厂家设备对接场景下的广泛应用。在同基站内，由于不存在基站间的时频同步和协同调度，因此相对比较容易实现和应用。

跨站点的 CoMP，主要通过协调多个基站之间的工作，来提高服务小区边缘的数据吞吐率和高数据率传输的有效覆盖范围，从而提高整个系统的容量。基站间通过 X2 接口信令交互着各自本地无线资源的分配信息假设，CoMP 传输假设、并与增益标准相关联，来实现跨基站的协同传输。每一个收到的 CoMP 传输假设都涉及发送方基站、接收方基站或者它们的相邻基站。与 CoMP 传输的相关增益标准是：量化了假设使用协作多点传输能获得的增益。接收基站方的 CoMP 假设和增益标准可以被无线资源管理（RRM，Radio Resource Management）所使用。相邻小区参考信号的接收强度（RSRP，Reference Signal Receiving Power）和信道状态信息（CSI，Channel State Information）报告，也是可以用于辅助跨基站 CoMP 操作。例如，RSRP 和 CSI 报告都可以用来决策或证实 CoMP 假设以及相关的增益标准。RNTP 增强技术也可以用于跨站点的 CoMP 传输，用来交换基站间各自采用的频域功率分配信息。

理论上，CoMP 传输也可应用于 5G gNB 基站内的同频相邻小区之间，但在 5G UDN 小小区部署环境下，小区边缘性能可能没有宏小区的情况那么恶劣。

2.3.5 LTE-A 小小区开关

在热点地区增加小小区节点的部署数目能有效提高小区容量以及减少覆盖空洞，但是会带来很多问题，如小区间干扰、增加的切换和信令交互、eNB/UE 能量消耗等。这些问题在高密度 SCE 应用场景尤其严重。因此，当某个小小区无容量需求或没有终端连接，则可以关掉该小小区，此时可以仅发送发现信号。如此可以节省 eNB/UE 功耗，并且可以降低对邻区的干扰。反之，当存在容量需求以及有终端连接的情况，该小小区可以重新打开。这就是所谓的小小区开 / 关技术。如图 2-8 所示，此时小小区 3 覆盖范围内无终端有服务需求，可以关闭以节省功耗和降低对邻区小小区 1 和小小区 2 的干扰。

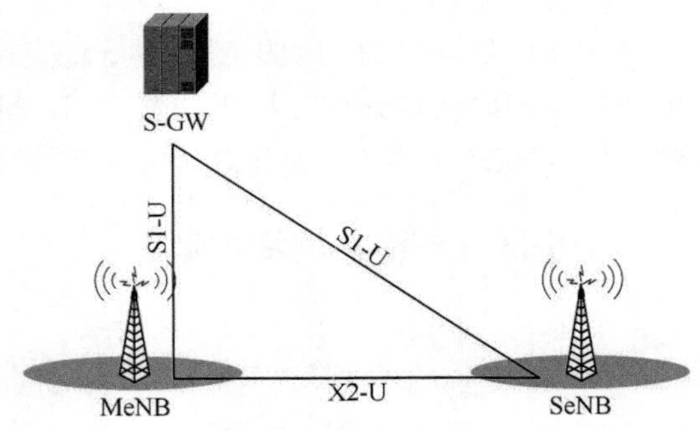

图 2-8 小小区开 / 关应用场景

在 LTE-A Rel-12 前后，3GPP 开始着手解决 LPN 节点部署时存在的节能问题，以及同频小小区之间干扰减轻以及移动性优化等问题。针对 LPN 节点节能及小小区之间的干扰减轻，3GPP 提出了小小区开 / 关及小小区搜索发现的增强技术。

小区开关切换时间一般定义为从数据到达 eNB MAC 缓存或 eNB 做出打开决策，到 eNB 可以调度终端这段时间（标准主要关注开 / 关的切换时间）。切换时间为图 2-9 中的 T_1。从开到关以及关到开切换时间角度来看，小小区开 / 关可以分为静态开 / 关、半静态开 / 关，以及动态开 / 关。静态开 / 关的切换时间为 s 级甚至更长时间；半静态开 / 关的切换时间为数十 ms 到几百 ms；而动态开 / 关一般为子帧级。触发小小区开 / 关的原因可以包括数据包到达 / 完成、终端离开 / 到达、负载平衡 / 聚合等。

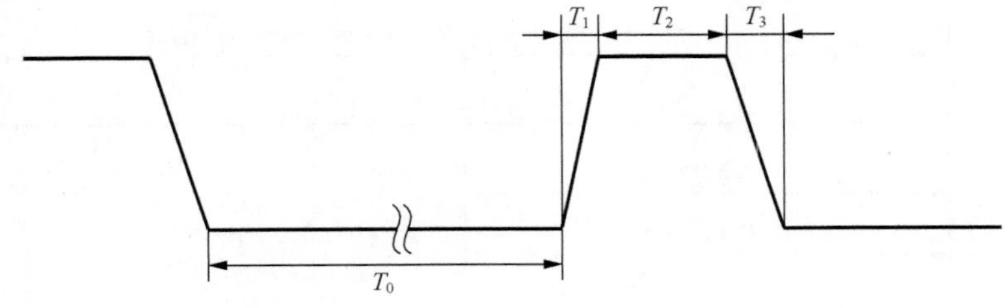

图 2-9 小小区开 / 关定时示意

由仿真评估可知，降低切换时间可以提高系统增益，所以技术研究和标准化主要关注半静态开/关以及动态开/关这两种方式，也即研究目标是寻求能够进一步降低切换时间的机制来更好地支持小小区开/关。为了降低测量引入的切换时间以及更好地支持小区发现和识别，在 LTE Rel-12 标准引入了发现参考信号（DRS，Discover RS），并支持基于 DRS 的 RSRP 测量。

小小区开/关基本实现描述

小小区动态开/关技术的特性要点：

- 关键技术问题是降低开↔关切换时间；
- 基于 DRS 的 RRM 测量可以有效降低切换时间；
- 触发小小区开/关的原因可以包括数据包到达/完成、终端离开/到达、负载平衡/聚合等；
- 可以利用切换流程、CA 的小小区激活/去激活流程、DC 流程实现开/关。

图 2-10 所示为基于切换的小小区开/关流程示意图。

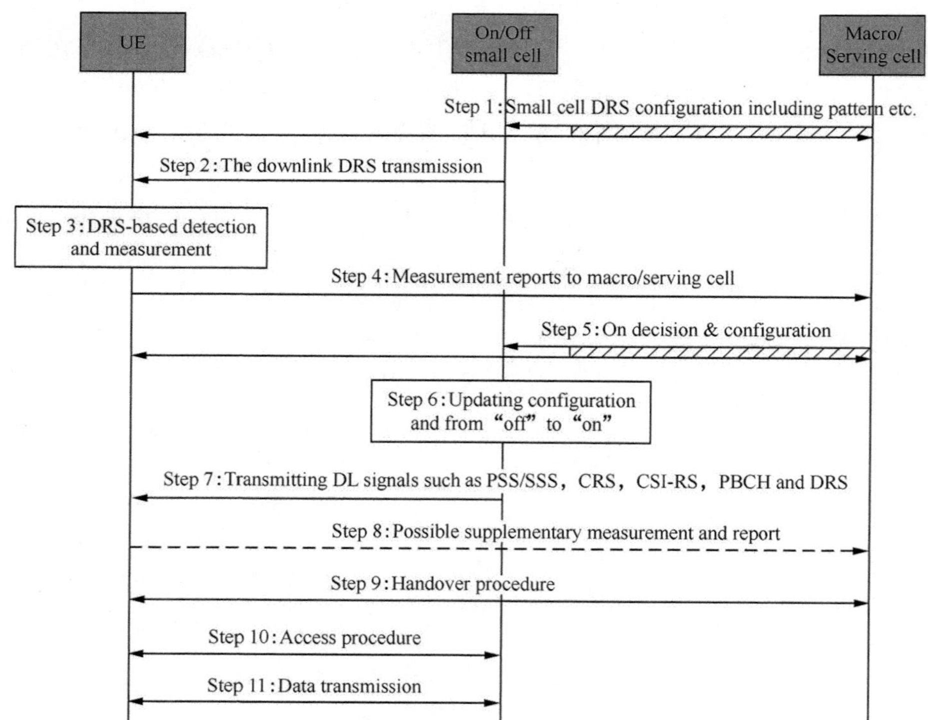

图 2-10　基于切换的小小区开/关流程

在 5G UDN 场景下，运营商也非常看重小小区的能耗和彼此干扰降低，希望小小区在空闲或者低负载的状态下，尽可能地快速关闭小小区；而当有负载需求时，又能快速地恢复开启小小区提供服务。

2.3.6　LTE-A DC 双连接

虽然前述的载波聚合技术，能提供高效的无线频谱资源之间的聚合，但在 LTE 网络侧，由于载波聚合技术架构要求多个分量载波之间，必须由同一个 MAC 实体进行统一的调度和资源管理，这就要求多个分量载波被同一基站所配置管理，或者虽然跨不同的基站，但它们之间能用理想低时延的回程链路（Ideal Backhual）相连，因此即使是两个独立 MAC 实体，它们之间也可进行实时的无线资源协同操作。前面的 CoMP 技术中，已阐述了 CoMP 的应用条件要求，对节点部署成本要求相对较高，因此跨站 CoMP 实际应用并不多。在现实的异构网络部署中，宏基站之间或者宏基站和微基站之间，可能来自不同的网络设备供应商（异厂家），或者它们之间通过更低成本的非理想回程链路（Non-Ideal Backhual）承载连接，这就使得载波聚合技术的应用受到很大限制，甚至载波聚合根本不能正常工作。

为了能够实现非理想回程链路相连接的基站之间的载波聚合（适用的场景更广泛），以提高系统容量、用户平均吞吐率和峰值速率以及在异构微蜂窝环境中的移动性能，LTE-A Rel-12 引入了双连接技术（DC，Dual Connectivity），它使得终端和两个异频配置且有独立 MAC 调度的基站，同时分别建立无线链路（主 RL 和辅 RL），终端同时使用它们的无线资源进行上下行数据传输。

LTE-A DC 工作模式下，终端的控制面信令无线承载（SRB，Signaling Radio Bearer）建立在主服务小区集合内（通常为宏小区），而用户面数据无线承载可建立在任一主或辅服务小区集合内。通过 LTE-A DC 技术，不仅 LTE 网络下的无线资源能获得更多的聚合而被利用，终端的平均吞吐率也能像载波聚合那样获得提升，当终端在不同的辅小小区之间移动切换时，由于终端可以始终保持与主节点 MeNB 的主无线链路，因此可保证主服务小区集合（MCG，Master Cell Group，可包含一个 Pcell 和若干个 Scell）侧的 SRB 及 DRB 上数据传输不被中断，从而使用户通信体验得到改善，同时辅服务小区集合侧（SCG，Secondary Cell Group，可包含一个 PScell 和若干个 Scell）硬切换的健壮性也增强。此外，MME 通过主 S1-C 连接锚定在主节点（MeNB）上，可有效减少辅节点（SeNB）侧的小小区切换改变而带来的与核心网的信令交互，从而减少核心网侧的信令负荷。LTE-A DC 也可与各个基站内的 CA/CoMP 等技术联合在一起应用，因为它们涉及不同的协议层操作。LTE-A 暂时不支持终端和两个同频配置的基站之间进行双连接操作，因为同频工作的主辅服务小区间的无线干扰，极大地降低了系统性能的增益（注：5G NR 可以支持终端和两个同频配置的 gNB 基站之间进行 NR 双连接操作，因为通过波束赋形等增强手段，同频工作的主辅服务小区间的无线干扰能被抑制）。

LTE-A DC 技术中，网络侧控制面和用户面的架构如图 2-11 所示。

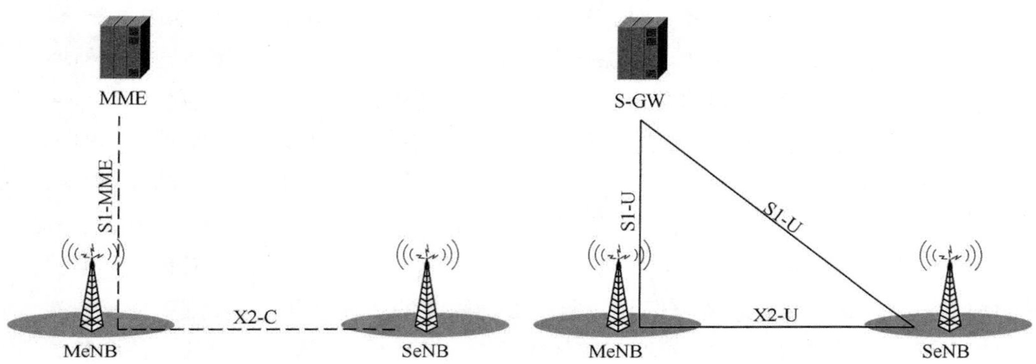

图 2-11 LTE-A DC 网络侧控制面和用户面的架构

LTE-A DC 操作下的两个 eNB 分别为主节点 MeNB(Master eNB) 和辅节点 SeNB(Secondary eNB)，它们通过普通的 X2 逻辑接口相连接，X2 接口可由回程链路或者非回程链路回程传输承载。在 LTE-A DC 中，UE 通过 MeNB 与核心网控制面节点 MME 只有唯一一个 S1-MME(S1-C) 连接，终端通过 MeNB 与核心网用户面节点 SGW 可以有多个 S1-U 连接，另外终端还能同时通过 SeNB 和 SGW 有多个 S1-U 连接（1A 用户面分流架构）。MeNB 还可将 DRB 进行 MCG Split 承载分流操作，通过 X2-U 接口分流一部分 PDCP PDU 到 SeNB 侧，让 SeNB 辅助传输被分流的 PDCP PDU(3C 用户面分流架构)。注：LTE-A DC 不支持 SCG Split 承载分流操作，即 SeNB 不能通过 X2-U 接口分流一部分 PDCP PDU 到 MeNB 侧，让 MeNB 辅助传输被分流的 PDCP PDU(3X 用户面分流架构)。

LTE-A DC 技术中，空口侧下行和上行的控制面/用户面架构分别如图 2-12 和图 2-13 所示。

在空口控制面 RRM 测量方面，终端在 MeNB/MCG 和 SeNB/SCG 两侧对应的无线 RRM 测量，全由 MeNB 负责配置和管理，RRM 测量结果只在 SeNB Addtion/Modification 等流程中传递给 SeNB，辅助 SeNB 生成 SCG 具体

的配置。在空口 Measurement Gap 配置使用方面，LTE-A DC 采用 Single Measurement Gap，即只配置给终端一套公共的 Measurement Gap，在 Measurement Gap 对应的时隙内，MeNB 和 SeNB 两侧和终端之间都不能进行数据调度和传输。

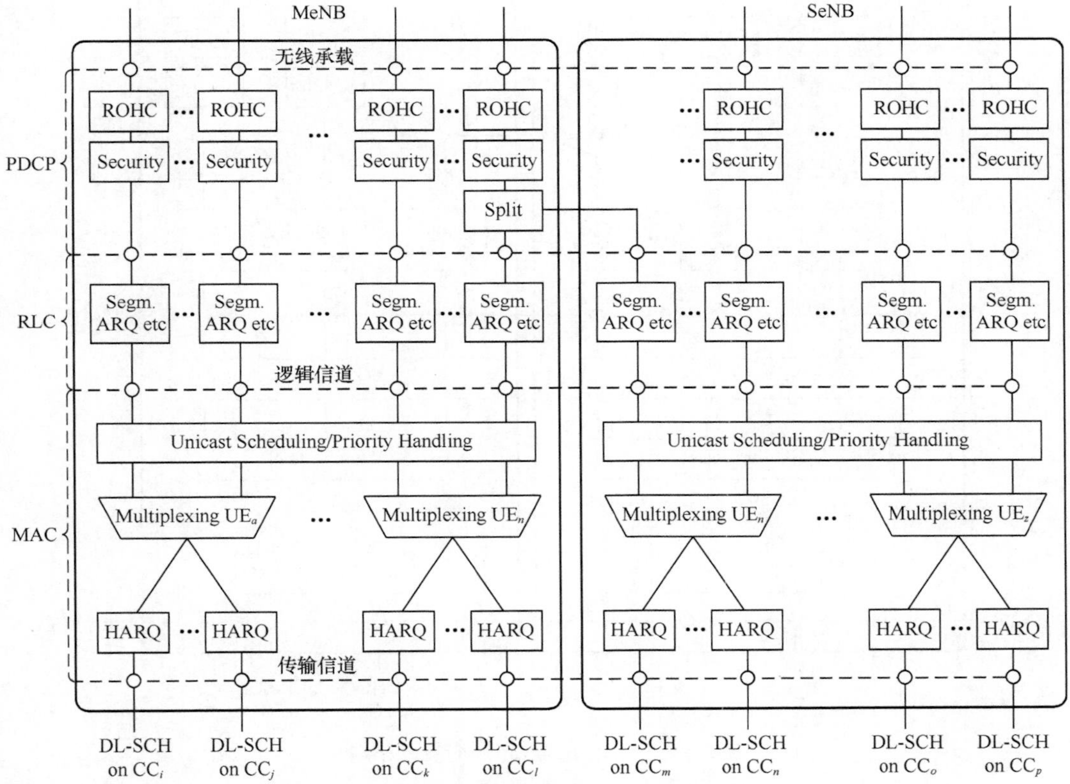

图 2-12　LTE-A DC 空口侧下行用户面架构

在终端能力协调方面，由于 MeNB 和 SeNB 在无线资源调度和终端基带射频能力使用消耗方面是独立进行的，因此与无线资源调度动态紧密相关的终端能力（如，Maximum number of DL-SCH transport block bits received within a TTI，Maximum number of UL-SCH transport block bits transmitted within a TTI）需在 MeNB 和 SeNB 之间提前进行预分割划分。MeNB 负责硬分割划分这些终端基带能力，并将能力分割后的结果（SeNB 可使用的部分终端基带能力）发送给 SeNB 使用。MeNB 在终端能力硬分割划分时，允许分配给 SeNB 的部分能力 +MeNB 自己使用的部分能力之和，稍微超过终端的实际总能力。为了提高 UE 能力资源的使用率，可以假设：MeNB

和 SeNB 会以极低概率同时使用消耗自身侧的最大终端能力部分，否则，一旦冲突发生，会导致在该时刻两侧的数据传输都失败。

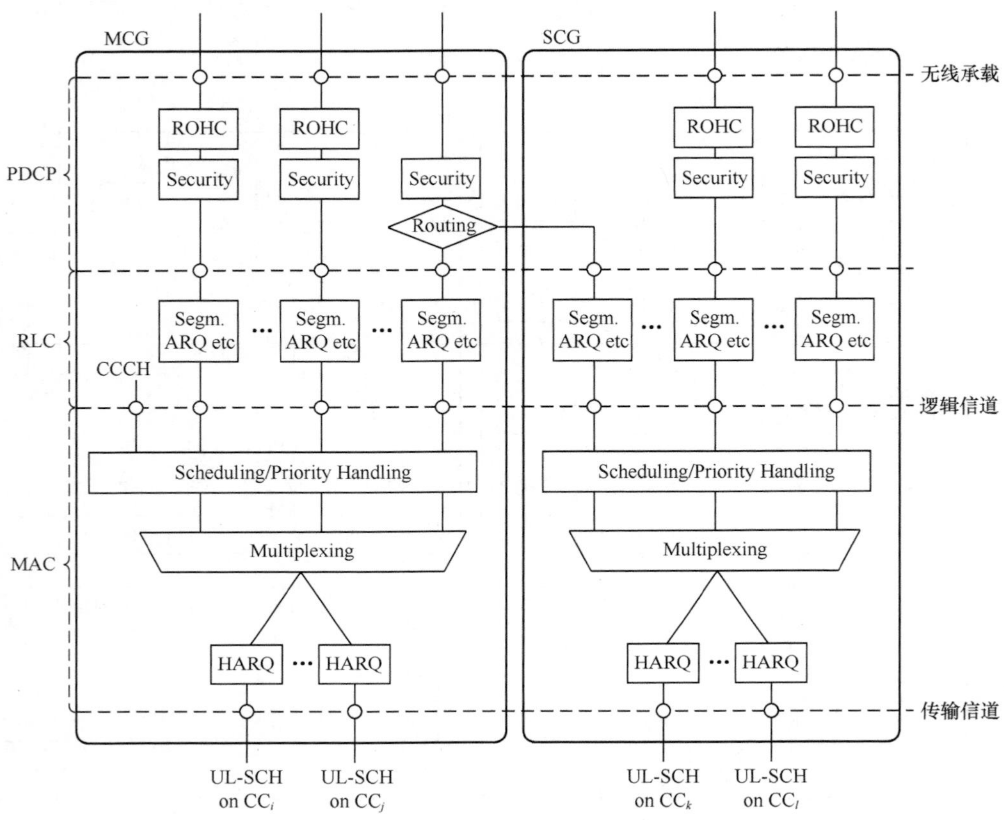

图 2-13 LTE-A DC 空口侧上行用户面架构

在空口数据传输安全控制方面，如图 2-14 所示，对于 LTE-A DC 中配置的 SCG 承载，SeNB 侧使用的根密钥为 S-KeNB，用于继续推导 SCG 承载的加密密钥 Kup，S-KeNB 是由 MeNB 自己维护的根密钥 KeNB 及小小区计数器（SCC，Small Cell Counter）联合推导产生，并在生成 S-KeNB 后，在 SeNB Addtion/Modification 流程时发送给 SeNB 使用。每当 MeNB 不变但 SeNB 要变，SCC 都要随之更新和递加 1。SCC 由 MeNB 在空口直接发送给 UE，UE 本地推导产生 SCG 侧根密钥 S-KeNB，和 SeNB 内的 S-KeNB 相匹配。MeNB 切换变化而导致的根密钥 KeNB 改变，或者 SCC 达到最大值翻转，或者任何 SCG 承载对应的 PDCP SN 值达到最大值翻转，均可触发 S-KeNB 的更新过程，终端均要触发 SCG Change 流程重启 SCG 用户面。

从上述 LTE-A DC 在 RRM 相关配置、UE 能力协同、安全 S-KeNB 的产生过程等方面可以看出，SeNB 侧操作很大程度上受到 MeNB 的约束和控制，SeNB 除了在 MAC 调度 PHY 传输上拥有灵活自主权之外，其他 RRC 高层控制方面基本都受到 MeNB 的强控制，笔者称这种为单 RRC 模型，此时 SeNB 不具备独立的 RRC 决策和配置能力（注：在后面 5G MR-DC 技术中，还有双 RRC 模型，此时 SeNB SN 具备一定独立的 RRC 决策和配置能力，这就能削弱主辅节点之间的耦合绑定关系）。

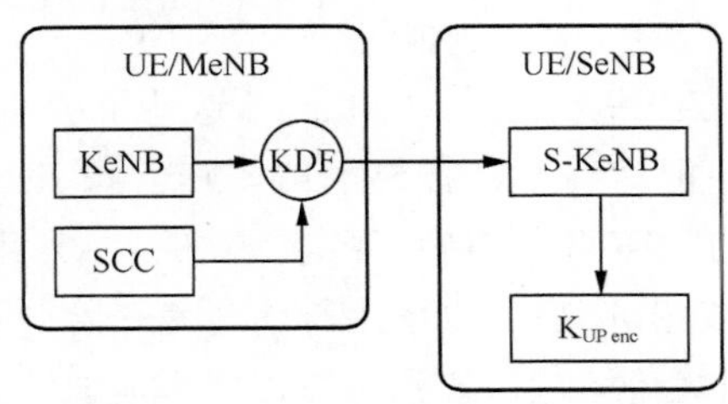

图 2-14　LTE-A DC 辅节点根密钥的推导示意

总的来说，LTE-A DC 是一种具有里程碑意义的关键小小区技术，它使终端从过去的单无线链路工作方式，拓展到了双无线链路工作方式，并且未来可能进一步拓展到更多无线链路的工作方式。多链路意味着更多的无线资源被聚合利用和更强的无线链路健壮性。LTE-A DC 的网络侧和空口侧技术架构和主要的工作方式，也为未来 5G NR 系统相关的多连接技术，如 MR-DC 奠定了母胎雏形，后面读者将会看到：它不仅适用于同 RAT 系统内的双 / 多连接，还可适用于多 RAT 系统之间的双 / 多连接操作。

在传统的单无线链路工作方式下，蜂窝网络的部署都只能以小区为中心，处于服务小区不同物理位置的 UE，通常获得不同的无线覆盖和容量供给性能。随着 UE 的移动，这种变化常常又会影响到用户的通信业务体验，如数据传输速率高低变化、无线链路健壮性变差、数据传输中断等。5G UDN 部署为双 / 多无线链路协作创造了客观条件，蜂窝网络的部署可以逼近以用户为中心的终极目标，即无论移动的 UE 处于网络中服务小区间的何种位置，都可获得多条无线链路联合的无线覆盖和容量供给。由于多条无线链路之间的性能均衡补充作用，用户的通信业务体验相对更容易保持前后一致，如数据传输速率保持稳定、链路健壮性一直很好、无任何数据传输中断等。

在未来 5G UDN 部署场景下，UE 在异构微蜂窝环境下的双 / 多无线链路协作能力，将会成为一种重要的能力标配，它不仅可以大大提高异构网络的系统容量和无线资源利用率，还能大大提升用户对各种高性能通信业务的体验期望，如超高的用户峰值速率、超高稳定的平均数据吞吐率、极低的数据传输时延和超可靠的无线链路健壮性等。有一些5G高性能要求蜂窝业务，如高清幻真视频、移动虚拟现实、大数据同步、无人驾驶控制等，甚至只能在5G UDN部署下依赖多连接技术，才能顺利地开展应用，因此5G异构微蜂窝网络下的CoMP技术和双/多连接技术，也必将得到进一步的发展提升。

2.3.7 LTE-A LAA及LWA联合互操作

LTE Rel-8/9和LTE-A Rel-10/11/12这些早中期版本，都聚焦在LTE系统自身技术的演进。但随着3GPP技术市场阵营和IEEE技术市场阵营各自势力的此消彼长（注：IEEE阵营曾寄予厚望的WiMAX系统逐渐被蜂窝移动市场所淘汰），在LTE-A Rel-13，3GPP利益集团开始动手抢占原本属于IEEE利益集团的市场和应用优势地盘，如利用非授权载波通信、局域网WLAN热点部署等。为了减小风险，顺应蜂窝发展的趋势潮流，IEEE利益集团的厂家也开始积极地向3GPP靠近和主动融合，以重谋未来的生存发展空间。

随着LTE-A系统在载波聚合技术方面的持续发展，3GPP协议层面，截止到Rel-13，可以支持最多32个最大20Mbit/s工作带宽的分量载波之间的聚合，即最大聚合带宽为640Mbit/s，这些分量载波可以属于同频段内或异频段内，也可能是不连续配置的。在CA操作下，所有分量载波之间需要保持良好的上下行时间同步关系，因此通常都配置在同一个eNB基站内，由同一个MAC实体进行统一的调度管理。由于异构微蜂窝部署的需要，各个分量载波的无线覆盖和小区形状也可以不同，但通常辅服务小区的无线覆盖都要比主服务小区要小。

尽管Rel-13 eCA已为运营商提供了非常灵活的载波联合配置的手段，但由于传统运营商的授权载波资源非常受限（运营商需要花费大量金钱，去竞标购买授权专有频谱资源，特别是优质的低频段载波资源），因此授权分量载波之间的聚合通常个数很有限，且总聚合的工作带宽很有限，高端运营商们还是不能达到它们所期望的UE峰值速率和系统容量拓展。因此从Rel-13开始，LTE-A系统逐步能支持以授权载波上配置的Pcell为锚点，控制辅助非授权载波U-Scell聚合的技术，即LTE-A LAA技术，这可极大地扩展CA操作的工作带宽（注：5G NR系统必然也需要支持对应的NR LAA技术，且总聚合工作带宽会更大）。

LTE-A LAA技术先经历了SID评估研究阶段，主要分析与当前非授权载波上其他RAT系统间的公平性资源竞争和共存问题，是否会导致其他RAT系

统节点，如 WLAN AP 的服务性能受损。具体场景如：在 5GHz 非授权频段内的某非授权载波上，过去可能只有 WLAN AP 在独自地部署使用，当 LAA 能力的 eNB 被部署引入后，必定需要和同载波上的 AP 节点进行无线资源的抢夺竞争，这可能危害 AP 节点的数据传输性能，因此 WLAN 厂商阵营和 LAA 厂商阵营，彼此之间针对产品商业利益的竞争一直非常激烈。从某种意义上讲，WLAN 类产品的市场地位受到极大冲击，因为基于 TTI 级精细调度的 LAA 系统的无线谱效和数据传输性能，要比技术上更简约的 WLAN 系统更好一些；其次，如果“后来者”LAA 基站节点以某种贪婪恶意的方式，更加“积极地、高概率地”抢占到非授权载波资源，从而相邻的 WLAN AP 节点将很难再抢占到非授权载波资源，那么它们很难再正常工作。

3GPP 技术阵营和 IEEE 技术阵营经过长期拉锯式的竞争妥协，大家逐渐达成的公平性竞争原则共识为：假设把任何某个 WLAN AP 替换成拥有 LAA 能力 eNB 节点或 UE 之后，它周边原本其他正常工作的 WLAN AP 节点对无线载波资源的获取概率，和无线链路数据传输性能不能变得更差，不能受到任何恶意的影响；即，LAA 能力节点要严格地遵守 3GPP 规范的空闲信道评估（CCA，Clear Channel Assessment）资源竞争机制，不得非法恶性地去抢占非授权载波资源，使得其他相邻 AP 节点性能受影响，甚至无法正常工作。尽管如此，由于下行 CCA 操作是 eNB 基站内部实现的行为，因此现实中无法排除上述公平性竞争原则被破坏。

LTE-A Rel-13 LAA WID 先进行了 LAA 下行数据传输操作的标准化，只有 LAA 能力的 eNB 能执行 CCA 操作，抢占和利用非授权载波资源的一段时隙，进行下行数据的分流传输。Rel-14 进一步进行了 LAA 上行数据传输操作的标准化，UE 也需要执行上行的 CCA 操作，并且在 eNB 的传统方式调度下，去抢占和利用非授权载波资源的一段时隙，进行上行数据的分流传输。Rel-15 又进一步对 LAA 进行了物理层方面的增强，以希望进一步提升对非授权载波资源的利用率。沿用 CA 操作架构的 LAA 下非授权载波类型，是不同于传统 FDD 和 TDD 类型的载波，因为它没有绝对的上下行子帧配置，在任何时间段内的完整或部分子帧符号，都可能用于下行或者上行的数据调度传输。

根据“重用性原则”，LTE-A LAA 技术沿用了 CA 的网络部署方式和空口控制面和用户面架构，非授权载波上配置的 LAA 辅服务小区，总是和授权载波上部署配置的主服务小区共 eNB 基站（具备 LAA 能力的），或者通过有理想回程性能的 X2 接口相连。LAA 部署和上下行空口用户面架构如图 2-15 所示，特定的分量载波 CC 可以配置在非授权载波上，它对应着独立的 U-HARQ 实体，其具体参数配置可和授权分量载波对应的 HARQ 实体不同。

LAA 技术能使运营商免费地聚合使用更加广阔充裕的非授权频段内的载波资源，但必须严格遵守 LBT(Listen before Talk) 下 CCA 的公平竞争获取使用原则，即不能破坏其他同频工作的无线 RAT 系统，如 WLAN、微波系统、雷达对相同的非授权载波的正常使用。LAA 是一种相对低成本扩充异构微蜂窝网络容量的手段，它不需要在空间域增加新的基站站址和节点，只需在原 eNB 基站平台之上，增添和非授权载波配套的硬软件，配置更多的基于非授权载波的辅服务小区。能聚合的非授权载波资源越多，获得的潜在系统容量增益就越大，同时 LAA 也可增强 UE 的峰值速率和平均数据吞吐率。比如，如果在某个特定物理区域内，某特定非授权载波上的竞争节点很少，有 LAA 能力的 eNB 在该非授权载波上配置的辅服务小区，可提供和授权载波 Scell 近乎相似的 CA 操作增益；但反之，若某非授权载波上的竞争节点很多，在该非授权载波上配置的辅服务小区，由于彼此竞争将会显得很拥塞，相应的无线资源难以被抢占捕获到，从而无法提供和授权载波 Scell 相似的 CA 操作增益。

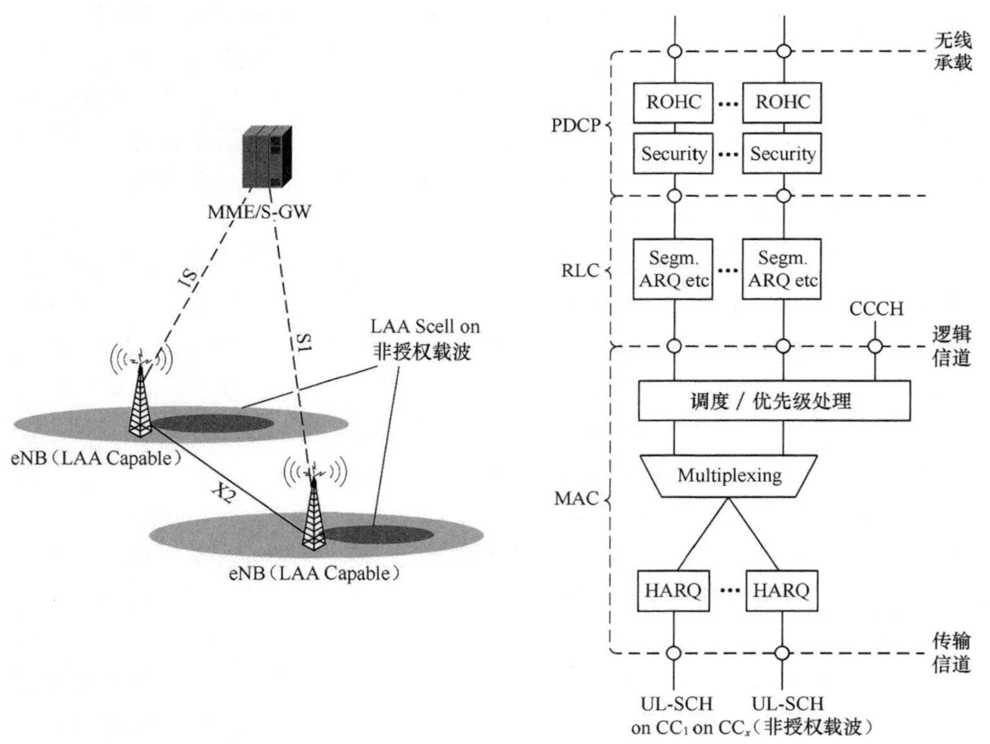

图 2-15　LAA 部署的网络架构和空口上下行用户面架构

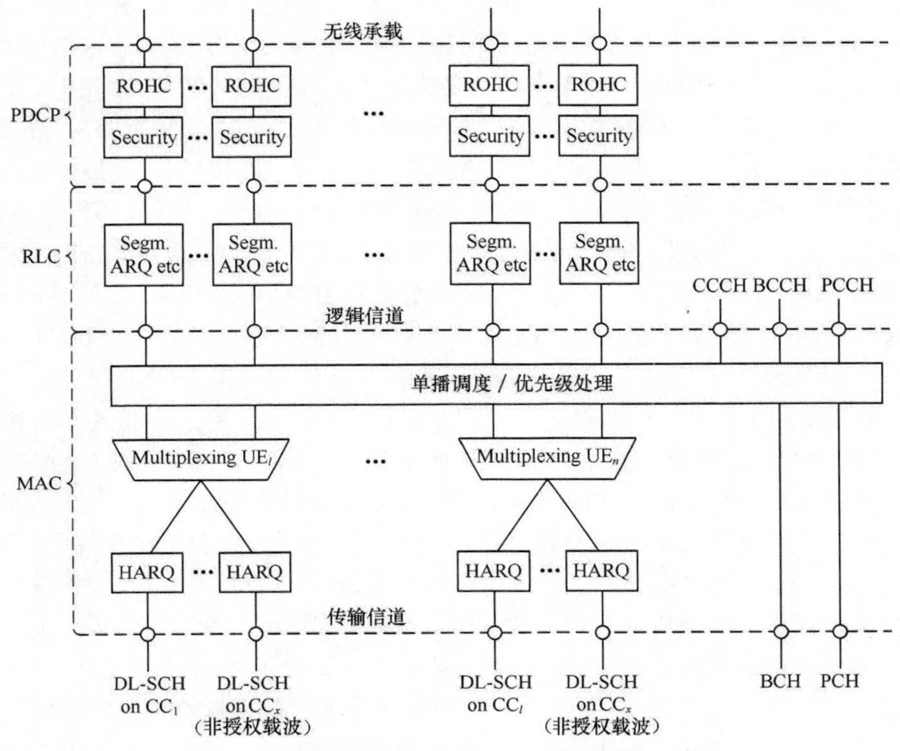

图 2-15　LAA 部署的网络架构和空口上下行用户面架构（续）

LAA 可以和 LTE-A DC 结合在一起联合使用，但 MeNB 上主服务小区和 SeNB 上主辅服务小区都必须是部署配置在授权载波上的，因为只有授权载波，才能提供有质量保证的物理控制信道 PDCCH 和反馈传输。LAA 技术虽然能低成本扩容，但并不适合所有的蜂窝移动业务。对于一些 QoS 方面（如传输时延、GBR、健壮性）有特殊要求的蜂窝业务，拥有 LAA 能力的 eNB，需要更加合理地利用非授权载波资源，以避免业务数据流 QoS 下降，但对于像网页浏览、文件下载、云盘备份等尽力服务（Best Effort）类业务，利用非授权载波资源去传输这类业务的数据很适合。

同样由于运营商授权载波资源有限的缘故，或者出于节省网络 CAPEX/OPEX 的需要，除了上述 LAA 扩容技术之外，运营商还希望把网络内某些数据业务更合理地分流卸载到广泛部署且成本相对低廉的 WLAN AP 节点上。在过去和今日，已大规模部署应用的企业级或家庭级的 WLAN 无线宽带热点，已显示出其强大的市场需求和技术生命力，这正是 IEEE 产业阵营能够继续生存发展的重要市场支撑力量，因此即使在后4G或5G时代，WLAN系统并不会像WiMAX系统那样被蜂窝市场所轻易淘汰，基于下一代技术的WLAN AP节点仍然是5G系统中的重要组成部分，也是构成5G UDN的关键节点。

由于WLAN AP节点的PHY/MAC有自己的RAT特性和独特的工作机制，完全不同于3GPP系统基于子帧时序调度的，因此它们无法和LTE授权载波之间，通过LAA的方式进行类似的载波聚合（不适合异系统之间），但却可以通过LTE-A DC的方式，进行跨RAT制式的无线资源聚合。这种市场需求催生了LTE-A Rel-13的LTE/WLAN异系统紧耦合聚合（LWA，LTE WLAN Aggregation）技术，它是以授权载波上部署的MeNB为锚点控制的WLAN AP节点聚合技术，采取了类似LTE-A Rel-12 DC的双连接架构。

基于LTE-A DC架构和工作原理，LWA技术能使运营商低成本地聚合使用WLAN AP资源，将相当一部分数据流量，在MeNB基站的强控制之下，更合理地分流卸载到WLAN AP侧，于是可以避免过去某些情况下，出现的UE选网不合理、WLAN数据分流不合理、用户业务体验下降等种种弊端。WLAN AP节点自然地遵守着“先听后说”（LBT，Listen before Talk）的公平竞争获取使用原则，因此不需要像LAA系统那样，专门再去设计CCA，WLAN AP侧也完全独立地调度传输从MeNB侧分流来去的PDCP PDU数据包。LWA也是一种相对低成本扩充异构微蜂窝网络容量的手段，能聚合的WLAN AP节点越多，所获得的系统容量增益也就越大，同时LWA也可以增强UE的峰值速率和平均数据吞吐率。

对于单个UE，和LAA能同时聚合多个非授权载波上配置的辅服务小区不同，当前LTE-A LWA只能最大同时聚合单个AP节点，为了屏蔽掉WLAN域内具体的部署和不同AP能力配置间的差异，3GPP用WLAN系统侧终结节点（WT，WLAN Termination）来抽象表示被聚合的WLAN侧节点单元，WT内部可以有多个AP，但某时某刻单个UE只能和其中某一个AP相连接，进行数据分流传输。如果同时使用该AP的竞争者很少，UE就能获得较大的LWA操作增益；但反之，如果该AP上关联接入的UE竞争者很多，将会出现资源拥塞，从而无法提供充分的LWA操作增益。对于一些QoS方面（如传输时延、GBR）有特殊要求的蜂窝业务，MeNB需要更合理地利用WLAN AP侧无线资源，以避免业务数据流QoS下降，但对于如网页浏览、文件下载、云盘备份等尽力服务（Best Effort）类业务，利用WLAN AP侧资源去传输这类数据也很适合。

LTE-A LWA沿用了LTE-A DC网络部署方式和空口用户面架构，具备LWA功能的WT子系统，既可以和授权载波上部署的主控锚点MeNB同

基站内集成实现，也可以通过标准化的 Xw 逻辑接口直连，进行 LWA，通过这种途径，WT/AP 厂商便有机会切入到 3GPP 蜂窝移动市场，和 3GPP 传统厂商进行设备的互操作对接，这能为未来商业层面的进一步拓展做准备。如图 2-16 左边所示，WT 节点被集成在 eNB 之内（这是 3GPP 系统传统厂商更喜欢的方式）；如图 2-16 右边所示，WT 和 eNB 之间通过 Xw 逻辑接口直连（这是 IEEE 厂商更喜欢的方式）。Rel-13 LWA 操作只能支持对 AM 模式 DRB 进行下行数据分流，eNB 和 UE 可支持两种新 DRB 类型：Split LWA 承载和 Switched LWA 承载，Split LWA 承载类似于 DC 下的 MCG Split 承载，而 Switched LWA 承载对应着 2C 用户面分流架构。图 2-17 描述了 LWA 同站和异站部署下的空口下行用户面架构。

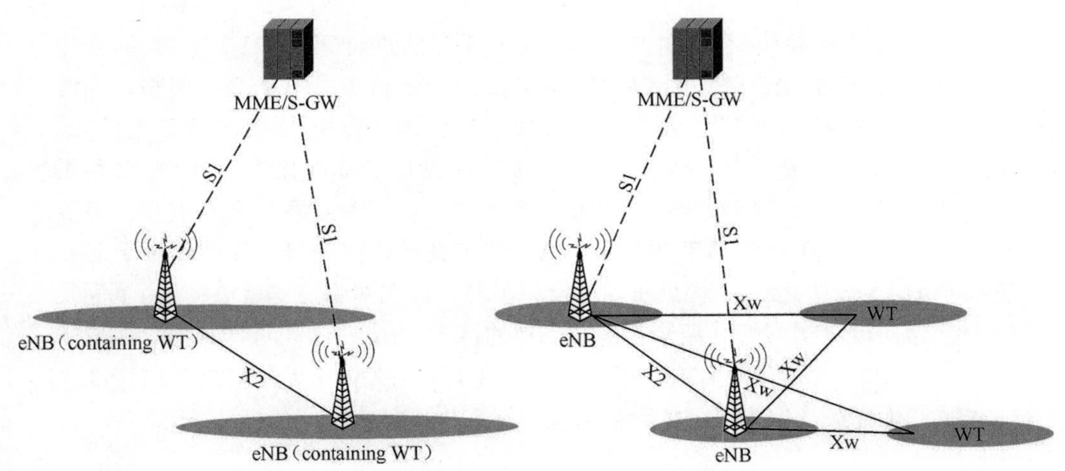

图 2-16　LWA 同站和异站部署的网络架构

其实在 Rel-13 LWA WID 立项之前，Rel-12 先进行了 LTE-A 系统和 WLAN 系统之间以“松耦合方式”进行互操作相关的标准化工作。LWI 的特征是 LTE 基站可通过空口控制面参数，去间接地控制和影响 UE 对 WLAN AP 目标节点选网的数据分流操作，比如，eNB 可以配置门限参数，决定 UE 在何种无线条件下，才开启数据分流 / 回流的操作，这样可避免 UE 盲目和不合理地进行 WLAN 选网和分流操作。由于 WLAN 厂商阵营并不希望 UE 内的 WLAN 操作行为，受到 eNB 的直接或间接控制，因此 WLAN 厂商阵营和 LTE 厂商阵营彼此之间矛盾凸现，一直延续到后来的 LWA 立项。

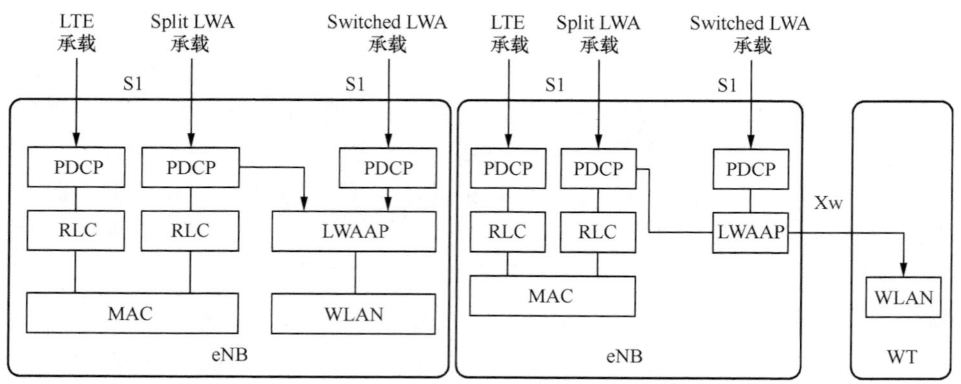

图 2-17　LWA 同站和异站部署下的空口下行用户面架构

在全会达成妥协之后，LTE-A Rel-13 直接进行了 LWA 下行数据分流操作的 WID 标准化，eNB 能够利用 WT 侧资源进行下行数据分流传输，同时引入了 UE 对 WLAN 侧节点的 RRM 测量和上报模型，以辅助对 WT 的管控。Rel-14 又进一步进行了 eLWA 上行数据分流操作的标准化，UE 也能够利用 WT 侧的资源进行上行数据分流传输。此外由于 LWA 方案不是基于安全隧道 IPSec 方式的，且需要 WT 中的 AC/AP 节点进行软件升级，异站部署下还要支持新的 Xw 逻辑接口，因此 LWA 操作不能支持现网中的遗留 AP。为了满足部分运营商也希望聚合利用众多遗留 AP 的诉求，Rel-14 也同时进行了 LWIP 和 eLWIP 的立项标准化工作。目前基于 5G NR 相关的 LWA 新立项和标准化工作被低优先级，但未来可能会被引入和标准化。

2.4　Pre5G 概念简介

LTE-A 在如火如荼地演进着，但 5G NR 第一个正式版本 Rel-15，预计要在 2018 年年中才能初步完成，到 2019 年才能实现真正的商业部署，但在这之前，运营商对 4G LTE-A 网络的系统容量和性能增长仍然很期盼，甚至希望用 LTE-A 的网络平台设施，提前去提供某些 5G 类蜂窝业务，不断接近 5G 的网络性能要求。在这种市场需求下，Pre5G 的概念应运而生，它的目标是利用 LTE-A 网络平台，提前应用 5G 的一部分关键核心技术构建 5G 化网络端到端的整体解决方案，重点体现在下面 3 个 5G 化即：移动宽带 5G 化、网络架构 5G 化、业务应用 5G 化。

1. 移动宽带 5G 化

Pre5G 应用了多种 LTE-A 移动宽带技术及其组合（包括：高阶 MIMO、载波聚合、超密集小区、高阶调制等），使 Pre5G 服务小区的峰值吞吐率达到 *x*Gbit/s 的水平，接近 5G 要求。一方面，Pre5G 基站侧 Massive MIMO 技术的应用，可使无线频谱效率提高 8 倍之多；另一方面，Pre5G 基站均可在同频段硬件条件下，通过软件升级平滑演进到支持 5G 基站，对运营商网络投资带来延伸的价值。

2. 网络架构 5G 化

云化也是蜂窝移动网络发展的必然趋势，“5G 部署、云化先行”已得到了通信业界的高度认可。Pre5G 引入了云化的网络架构，同时涵盖核心网和无线接入网侧。基于虚拟化（NFV）和云原生（Cloud Native）技术的云核心网（Cloud ServCore）实现了网络全面云化，支持 5G 网络新功能的平滑快速引入。基于虚拟化（NFV）和边缘云引擎（ACE）的云化 RAN 支持 IT BBU、MEC 等功能灵活快速地实现，并支持未来 5G 其他新功能，如 CU/DU 分离的灵活实现。

3. 业务应用 5G 化

Pre5G 已可提供丰富的面向 5G 的各类数据业务。包括：基于 eMBB 技术的（超）高速率传输业务，如超高清视频、虚拟现实、高清在线游戏等；基于 NB-IoT 和 eMTC 技术的海量物联窄带业务应用，如：智慧城市、智能停车、环境监测、可穿戴式设备等。这些面向 5G 的新业务应用，将来都可无缝的连接到未来的 5G 数字化生活中。

由于 Pre5G 系统旨在通过升级 LTE-A 网络设备，在不改变终端类型和能力的情况下，提供更好的网络综合性能和系统容量、覆盖，因此只有当遗留终端用户数较多的时候，才能凸显出 Pre5G 网络强大的性能增益。单个遗留终端，由于受到其自身类型和基带能力的限制，其峰值速率和数据吞吐率的增益相对有限。因此只有在 5G NR 系统下，终端种类和基带能力发生根本性变化，才能真正实现 5G 的峰值速率和在其他新业务能力方面的巨大提升。

第3章
5G UDN 技术概述

5G UDN 的核心特点，可用 4 个词来高度抽象地概括，基站小型化、小区密集化、节点多元化和高度协作化。5G UDN 以 4G LTE 微蜂窝和小小区的技术为雏形基础，总目标发展成系统容量更大、综合性能佳、成本更低、更加智能的异构蜂窝网络。

随着各种智能终端和移动业务应用的广泛普及和深入，在过去10年中，移动通信业务的数据量，经历了爆发式的增长。业界普遍认为，未来的蜂窝移动网络将是一个全移动化、万物互联的大异构网络。为了满足未来不断增长的新系统容量和无线覆盖的需求，5G系统从下面的三大维度进行了深入研究。移动通信的发展历史表明，小区分裂叠加（蜂窝移动小区在空间域、频域的部署和覆盖变得更多更密集）、更大的系统工作带宽（单个服务小区能够支持更宽的载波资源）、更高的无线频谱效率（利用5G各种更先进的物理层技术进一步提升谱效）是无线系统容量提升的三大关键支柱，同时也能提升蜂窝移动无线覆盖的广度和深度。图3-1为业界有名的蜂窝系统容量立方图，形象地说明了这一发展规律。

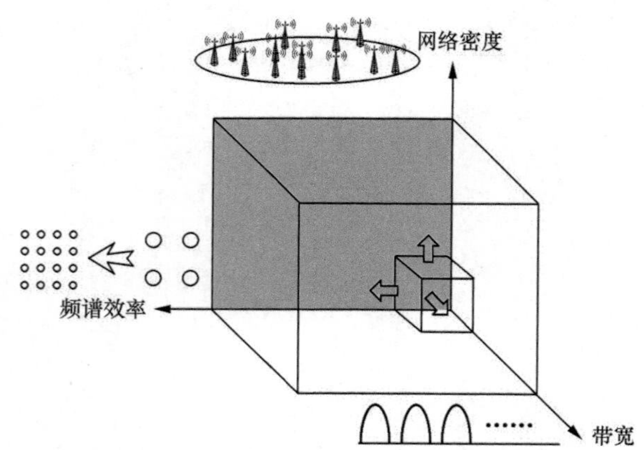

图3-1 5G蜂窝系统容量增强支柱的立方图

5G 系统仍将依托于这三大支柱来实现网络容量和性能快速增长的目标，比如，开发具有更大带宽的中高频载波资源、增强的载波聚合和多连接技术、采用更大规模的多入多出传输技术（Massive MIMO）、波束赋形定向技术、新的空口波形、新的调制编码技术（如 NR 物理数据信道采用 LDPC 码，物理控制信道采用 Polar 码）等来进一步提高无线频谱效率。但是沿着“大带宽”和“高频谱效率”的维度发展，由于伴随着较大的研发复杂度和硬软件成本，通常有相应的工程实现方面的极限，从而系统增益每向前推进 1 倍，都会耗费较大的研发投入或 IPR 专利风险。而与“大带宽”和“高频谱效率”相对比，“小区密集化”部署和 UDN 技术，则更显得直截了当和立竿见影，更容易凸显出成熟系统已有成熟设备的稳定性优势和市场研发规模效应。客观上，随着更高频率（比如可高达 100 GHz）资源的开发使用，5G 高频服务小区通常都以小小区方式部署的，由于小小区天然的无线覆盖小，因此为了获得高频的连续覆盖，密集化部署方式势在必行。通过结合利用过去各种已成熟的高度协作机制，如干扰协调抑制技术、载波聚合技术、多连接、协作多点传输等先进技术，小小区的密集化部署更容易以低成本、高性能的方式为 5G 大异构网络带来强大的系统容量和无线覆盖，还有提升用户通信体验其他诸多方面的增益。

3.1 IMT-2020 定义的 5G UDN 应用场景性能指标与现有技术的差距

5G UDN 一系列相关技术的研究，都是以具体的部署场景为驱动的，要求能对各种场景先建模仿真，尽可能反映客观物理环境。计算机模拟仿真处理能力的巨大提升，使得这一研究方法成为可能。在现实生活中，各种具体的部署应用场景种类繁多、数量巨大，但很多场景从模型的实质和“用例性原则”的角度看，相似度很高，待解决的核心问题及使用的关键技术手段都具有共性。因此最好能根据待研究对象目标，对模型本质上相似的场景进行抽象、概括和归类。

根据蜂窝业务应用场景的统计性特点、无线干扰情况及信道传播环境，中国 IMT-2020 组织归纳出了六大类典型的 5G UDN 部署应用场景如图 3-2 所示，即密集住宅区或街区、办公室、购物中心 / 火车站 / 机场、体育场 / 集会、公寓、地铁。下面将先简要介绍这些主要场景下的无线环境特点、用户分布业务特点、网络回程条件、参考信道模型等，以及所面临的关键技术问题。

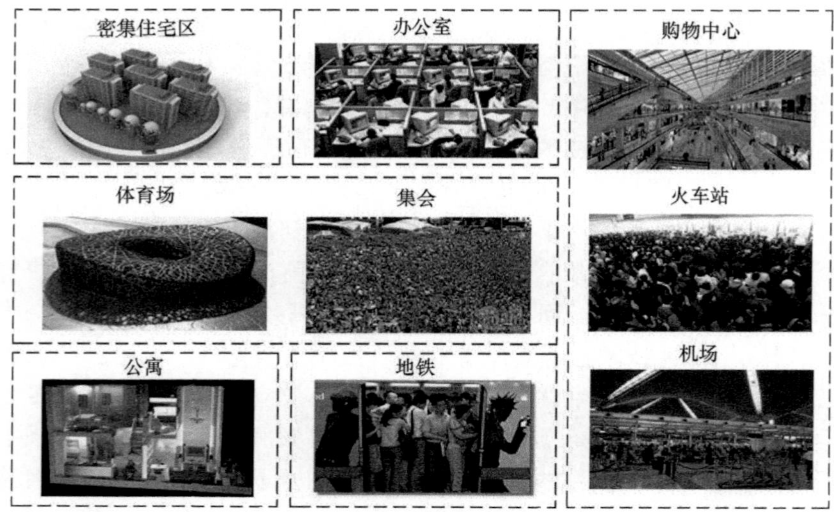

图 3-2　5G UDN 的典型部署应用场景

场景一：密集住宅区或街区

该场景下，同时存在室内相对静止状态及室外低速游牧状态的终端用户，终端的分布密度较高，上下行业务数据流量比较均衡。这个场景中的蜂窝业务类型丰富多样，包括视频业务、FTP 业务、网页浏览、实时游戏等，需要针对混合类业务的数据传输进行研究。在高密度部署基站节点的情况下，系统的边缘问题（包括干扰协调及移动性管理）将变得更加突出。如何有效地解决小区边缘问题，让不同物理位置的终端都有一致的、高质量的用户通信体验，这是场景一中重点待研究的问题之一。

由于住宅用户对基站类设施和电磁辐射较敏感，基站节点的有效部署、管理和维护是这个场景面临的另一个挑战。无线自回程技术使基站节点的灵活部署成为可能，极大地降低了网络的投资运营成本。无线自回程链路的容量增强也是一个需要研究的问题，因为在使用无线自回程部署基站节点时，除了接入链路之间的干扰，还需要考虑回程链路之间以及回程链路与接入链路之间的干扰，因此，如何识别不同特征的干扰并实现有效的干扰管理及控制，也是这一场景需要解决的关键问题。

如何利用街道两旁室内的基站节点，为室内外的终端用户一起提供接入服务，它可以充分利用室内现有的有线回程链路（通常为非理想的回程链路），进一步降低部署成本。图 3-3 所示为利用室内基站节点，去覆盖室外终端用户的可行性评估。比如，当 RSRP 接入门限为 -105 dBm 时，室内 LPN 能够覆盖到室外 23m 的范围，基本可以满足密集街区的覆盖要求。

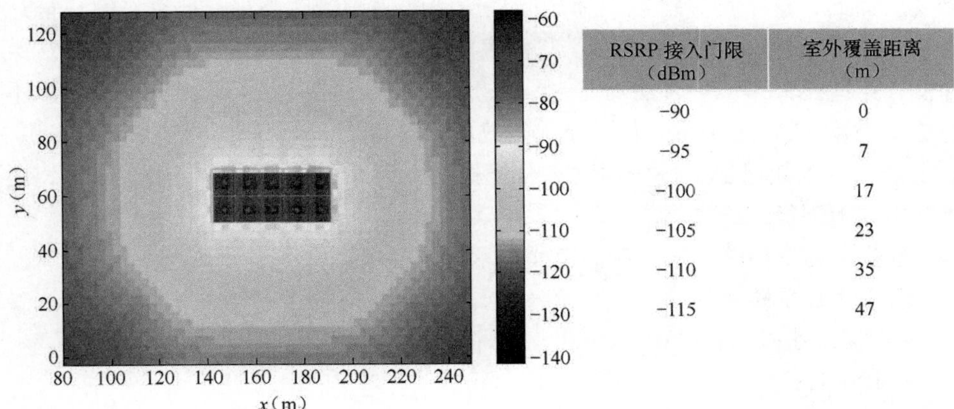

RSRP 接入门限（dBm）	室外覆盖距离（m）
-90	0
-95	7
-100	17
-105	23
-110	35
-115	47

图 3-3　室内基站覆盖到室外的距离（LPN 发射功率为 20 dBm，载频为 3.5 GHz）

密集住宅区或街区场景环境下的参考信道模型示意如下。

（1）大尺度路径损耗

宏基站：ITU UMa，小基站：ITU UMi；宏基站：3D UMa，小基站：3D UMi。

（2）小尺度衰落

宏基站：ITU UMa，小基站：ITU UMi；宏基站：3D UMa，小基站：3D UMi。

（3）穿透损耗（参考小小区穿透损耗）

2 GHz 室内 UE：20 dB + 0.5din；3.5 GHz 室内 UE：23 dB + 0.5din；室外 UE：0dB。

（4）室外

ITU UMa，ITU UMi 或 METIS UMa，METIS UMi。

（5）室内：

ITU InH 或 METIS InH 或 3GPP Dual Strip。

场景二：办公室

办公室为室内中等用户密度的场景，终端主要处于相对静止状态，以 FTP 类业务或视频通信类业务为主，受限于工作环境，蜂窝业务类型一般不会特别的混搭多样。这一场景一般通过室内高密度部署的 LPN 节点，来提供高质量、高容量的数据传输服务（通常办公环境要比家用环境的网络性能要求更高）。如果办公区域内无厚墙的阻隔，小区间的干扰较为严重。办公室场景的物理范围有限，多为企业级应用，有条件部署理想的有线回程链路，且高部署成本可以接受。因此，这个场景可以在理想回程链路的假设条件下展开研究，有可能达到 5G UDN 的容量和性能上限。高密集部署会使得每个基站节点服务的终端数降低，某些基站节点可能会处于中、低负载状态，且产生上下行业务数据量不对称和波动较大。为了在上下行业务数据量波动时，能充分地利用无线资源，该场景有可能使用上下行资源动态分配技术。因此，除了同方向干扰以外，还可能出现上下行链路之间的互干扰。

办公室场景环境下的参考信道模型示意如下。

（1）大尺度路径损耗

- 2 GHz 小基站：3GPP Dual Strip；
- 3.5 GHz 小基站：3GPP Dual Strip。

（2）小尺度衰落

小基站：ITU InH。

（3）穿透损耗

- 2 GHz 室内 UE：20 dB + 0.5din；
- 3.5 GHz 室内 UE：23 dB + 0.5din；
- 不同层间穿透 18.3 n [(n+2)/(n+1)-0.46] dB，参考 3GPP Dual Strip 中对层间穿透的计算；
- 内墙损耗 5 dB，参考 3GPP Dual Strip 中对内墙穿透的计算。

场景三：购物中心 / 火车站 / 机场

购物中心 / 火车站 / 机场都是室内用户高密度分布场景，终端用户主要处于低速的游牧状态。这一场景下的蜂窝业务类型也非常丰富，需要针对混合类数据业务进行研究。在该场景中，LPN 可以密集地部署在室内，顾客、旅客人群对此相对没住宅区那么敏感。与此同时，为了实现较好的室内广域覆盖，在 LPN 的基础上，可以进一步部署室内高功率基站节点，形成多层的室内异构叠层覆盖。该场景下也可能为基站节点提供较好的有线回程链路，可以基于理想回程链路展开研究。这个场景只需要考虑接入链路的干扰问题，包括基站节点间的干扰，及室内广域覆盖小区与小小区之间的干扰。此外，基于内容感知的移动性管理增强也是在这个场景中研究的问题。

场景四：体育场 / 集会

体育场 / 集会为室外用户高密度分布的场景，终端主要处于静止状态。LPN 有可能使用定向天线，无线信号的传播可以以直射径为主。这一场景以视

频类业务及大量、突发小数据包数据业务为主，而且上行流量负载通常相对较重，有时业务数据量甚至可能超过下行，因此上行干扰相当严重。由于该场景多位于室外较空旷的区域，因此，如何灵活地部署基站节点是一个关键问题。这一场景通常缺乏理想的有线回程条件，应基于非理想回程链路展开研究，可考虑使用无线自回程链路，以扩展服务区域以及实现基站节点间的快速协作。除了无线干扰以外，上行业务数据风暴及核心网的信令压力等问题也需在该场景中重点研究。

场景五：公寓

公寓为室内用户低密度分布的场景，终端用户以静止状态为主。这一场景中的蜂窝业务类型比较丰富，需要针对混合类数据业务进行研究。在该场景中，基站节点可部署在各个公寓楼内，通过室内非理想的回程链路（如 ADSL）或理想回程链路（如光纤）连接到核心网。室外宏基站可通过无线自回程链路，控制室内基站节点的工作过程，实现基站间的快速协作。通常每间公寓之间有较厚内墙的阻隔，因此小小区间的干扰减轻。

公寓场景可能存在室外宏基站与室内微基站节点间的干扰，以及室内微基站节点之间的干扰。与场景二类似，公寓场景由于有的微基站节点的负载较低，有可能使用上下行资源动态分配技术，进而产生上下行链路间的干扰问题。但由于存在较好的物理隔离，该场景中的干扰强度通常会低于其他场景。此外，如何根据各种无线接入技术的特点，在不同 RAT 节点间实现数据业务分流，也是该场景需要考虑的问题。

公寓场景环境下的参考信道模型示意如下。

（1）大尺度路径损耗

- 2 GHz 小基站：3GPP Dual Strip；
- 3.5 GHz 小基站：3GPP Dual Strip。

（2）小尺度衰落

小基站：ITU。

（3）穿透损耗

- 不同层间穿透 18.3 n [$(n+2)/(n+1)$-0.46] dB，参考 3GPP Dual Strip 中对层间穿透的计算；
- 内墙损耗 5 dB，参考 3GPP Dual Strip 中对内墙穿透的计算。

场景六：地铁

地铁属于一种特殊的部署场景。在这一场景中，终端用户通常以极高的密度分布在车厢内，并且处于中高速移动状态。该场景下的蜂窝业务类型也是多种多样，需要针对混合类业务进行研究。该场景可以在车厢内密集部署 LPN，用户对此也相对不敏感。由于车厢之间不阻隔，LPN 之间的干扰较大。另外，也可以考虑在地铁沿线部署泄漏电缆，利用沿线的外部宏基站为车厢内用户提供服务。高速移动相关的问题是需要在该场景中重点关注的。

针对上述 UDN 场景，IMT-2020 推进组也建议了相应的需求 KPI 指标，见表 3-1。

表 3-1　IMT-2020 推进组建议的各个 UDN 场景的 KPI 指标

	场景	业务流量密度（bit/s/km^2，下行/上行）	连接密度（km^2）	端到端时延（ms）	用户通信体验速率（Mbit/s，下行/上行）	移动速度（km/h）	典型部署面积	典型部署面积下的总业务流量（bit/s，下行/上行）	典型部署面积下的总连接数
住宅类	密集住宅	3.2T /130G	10^6	10 ～ 20	1024/512	–	1 km^2	3.2T /130G	10^6
工作类	办公室	15T/2T	750 000	20	1024/512	–	500 ～ 1 000 m^2	7 ～ 14G/1 ～ 2G	375 ～ 750
休闲类	购物中心	120G /150G	160 000	5 ～ 10	15/60	–	0.24 km^2	29G /36G	38 000
	体育场	800G /1.3T	450 000	5 ～ 10	60/60	–	0.2 km^2	160G /260G	90 000
	露天集会	800G /1.3T	450 000	5 ～ 10	60/60	–	0.44 km^2	352G /572G	198 000
交通类	地铁	10T/-	6（10^6）	10 ～ 20	60/-	110	410 m^2	6.2G/-	2 500
	火车站	2.3T /330G	1.1（10^6）	10 ～ 20	60/15	–	9 000 m^2	21G /3G	10 000
	高速公路	–	–	< 5	60/15	180	–	–	–
	高铁	1.6T /500G	700 000	50	15/15	500	1 500 m^2	2.4G /0.75G	1000

密集住宅区场景为 UDN 部署组网主要研究场景中流量挑战较大的场景之一，其中流量密度 KPI 为 3.2T/130M bit/(s·km^2)(DL/UL)。由于住宅环境的特殊性，室内较难进行小基站的部署，因此性能评估关注小基站部署在室外密集住宅的周围区域，且与居民楼有一定安全距离。小基站部署示意如

图 3-4 所示。

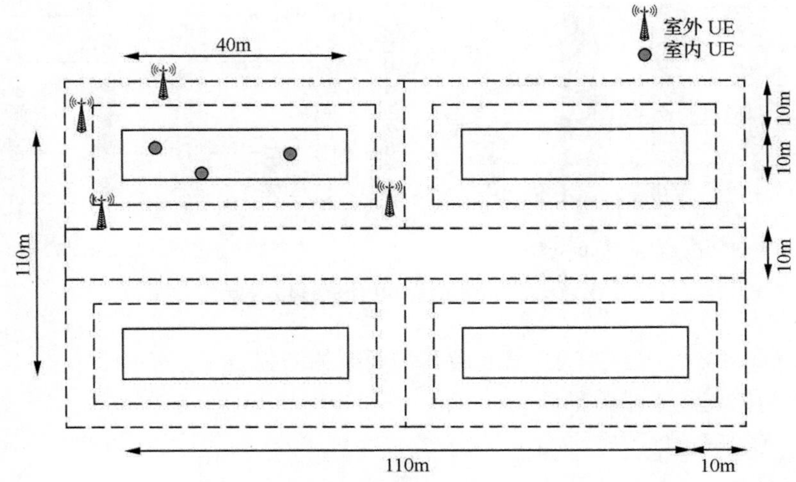

图 3-4 密集住宅区小基站部署示意（部署在阴影区域）

针对不同小基站数目与系统容量性能进行仿真评估，结果如图 3-5 所示。

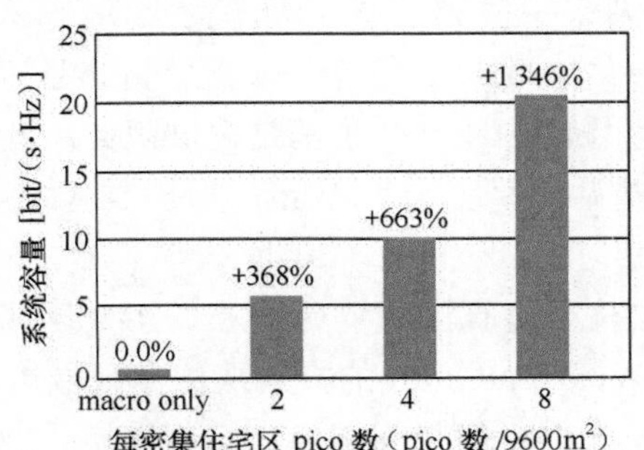

图 3-5 系统容量（每密集住宅区）与小基站部署数目的关系

基于上述内容，随着小基站数目的增加，系统容量逐渐升高，当每个密集住宅区内部署 8 个小基站时，系统容量仅达到宏蜂窝覆盖情况下的 13 倍，具体如图 3-6 所示。

但是随着小基站数目的增加，干扰情况也急剧恶化，小区平均和边缘的频谱效率均呈现先递增后递减的趋势。根据上述仿真结果，每个密集住宅区部署 8 个小基站，小基站支持 20 Mbit/s 带宽，系统容量换算为流量密度为 0.044 Tbit/(s·km^2)。假设系统支持 100 Mbit/s 带宽，流量密度可近似计算为

$$0.044\ \text{Tbit/(s·km}^2) \times 5 = 0.22\ \text{Tbit/(s·km}^2) \ll 3.2\ \text{Tbit/(s·km}^2)$$

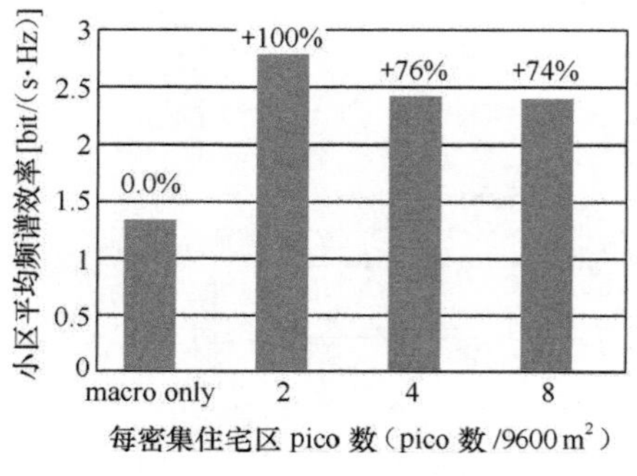

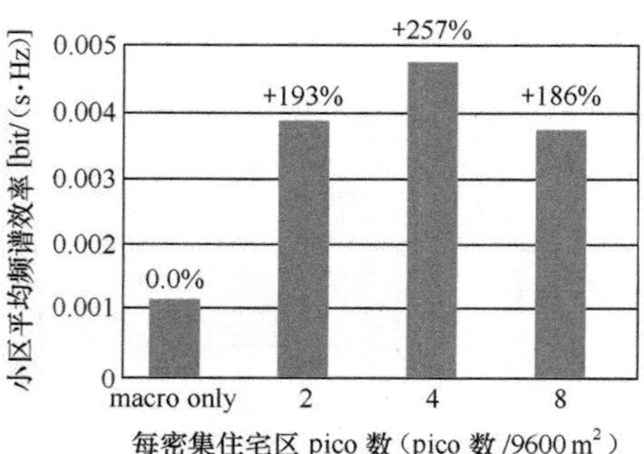

图 3-6　小区平均与小区边缘频谱效率

与流量密度 KPI 约有 15 倍差距，需要新的增强技术，例如：

- 更为密集的小基站部署；
- 干扰管理；
- 高频、高带宽；
- 与其他技术相结合。

小基站部署密度对终端的移动性性能也有较大的影响，以下面的仿真评估为例。小基站和宏基站采用同频部署，频率为 2.0 GHz。具体部署场景如图 3-7 所示，仿真区域内共包括两层 19 个三扇区小区，且每扇区内随机生成 1 个热点区域，每个热点区域内由 4/9 个小基站提供服务。其中，当热点区域内部署 4 个小基站时，小基站间距固定为 40m；当热点区域内有 9 个 pico 时，小基站间距固定为 20m。

UE 的初始位置在整个仿真区域均匀分布，沿一随机方向匀速直线运动，当离开仿真区域时以 Wrap-around 的方式从仿真区域边界的另一位置再次进入仿真区域。宏微、宏宏以及微微间切换为同频切换，触发事件采用 EVENT A3，仿真流程与 3GPP TR 36.839 中 LargeArea 场景下的移动性评估流程与方法保持一致，且已经和各公司移动性仿真结果校准。本仿真具体系统的仿真参数以及移动性相关仿真参数参见表 3-2 和表 3-3 所示。

表 3-2　UDN 移动性研究的系统布置参数

	宏小区	小小区
载波频率 / 带宽	2.0 GHz/ 10 MHz	2.0 GHz/ 10 MHz
站点分布	19 基站，每基站 3 扇区，每扇区 1 个热点区域	每热点区域中 4/9 个小基站
站间距	500m	4 个小基站时间距 40m 9 个小基站时间距 20m

续表

	宏小区	小小区
基站发射功率	46 dBm	30 dBm
路损模型	TR 36.814 [4] Macro-cell model 1 $L = 128.1 + 37.6\lg$（R[km]）	TR 36.814 [4] Pico cell model 1 $L = 140.7 + 36.7\lg$（R[km]）
信道模型	ITU 信道	
穿透损耗	20 dB	20 dB
小区负载	100%	100%
基站天线增益	15 dB	5 dB
移动台天线增益	0 dBi	0 dBi
阴影标准偏差	8 dB	10 dB
阴影相关距离	25 m	25 m
阴影相关性	0.5 between cells/ 1 between sectors	0.5 between cells
天线	3D 定向天线	全向天线
天线配置	BS 1Tx，UE 2Rx	BS 1Tx，UE 2Rx

表 3-3　移动性相关的仿真参数

参数	数值
UE 运动速度	30 km/h
EVENT A3 触发量	RSRP
TTT	160 ms
a3-offset	2 dB
层 1 采样时间	10 ms
层 1 过滤时间	200 ms
层 3 过滤参数 K	1
切换准备时延	50 ms
切换执行时间	40 ms
最小停留时间	1s
Q_{out}	−8 dB
Q_{in}	−6 dB
T310	1s
N310	1
N311	1

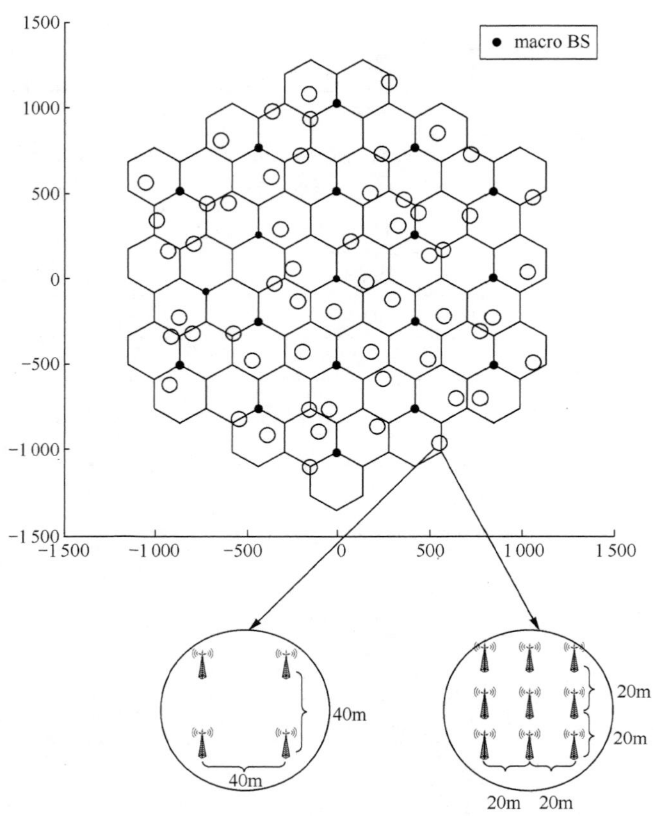

图 3-7　UDN 部署下终端的移动性评估场景示意

如图 3-8 所示，随着小小区密度的增加，终端总移动切换尝试次数显著增

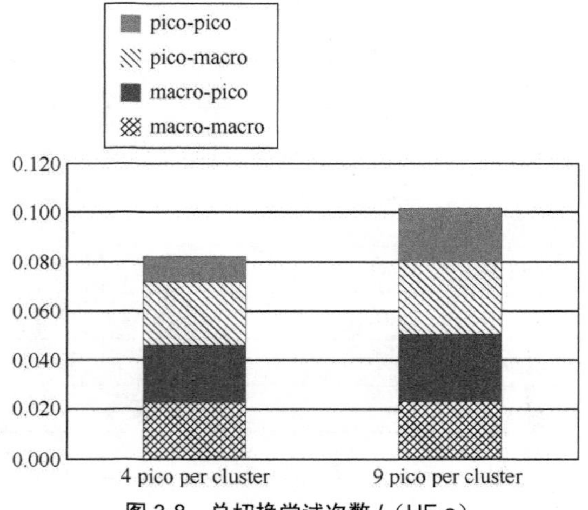

图 3-8　总切换尝试次数 /（UE·s）

加，增长接近 25%，频繁地切换导致核心网和基站空口的信令负荷的增加，其中由于小基站的部署，pico-pico 切换发生次数显著增加。频繁地切换还会导致业务数据传输中断，丢包和用户通信体验的下降。

如图 3-9 所示，随着小小区密度的增加，pico-macro、pico-pico 切换失败率以及切换失败发生的次数显著增加，而 macro-macro、macro-pico 切换失败率变化不大，仅有一定程度的增加，总的切换失败率提高 30%。

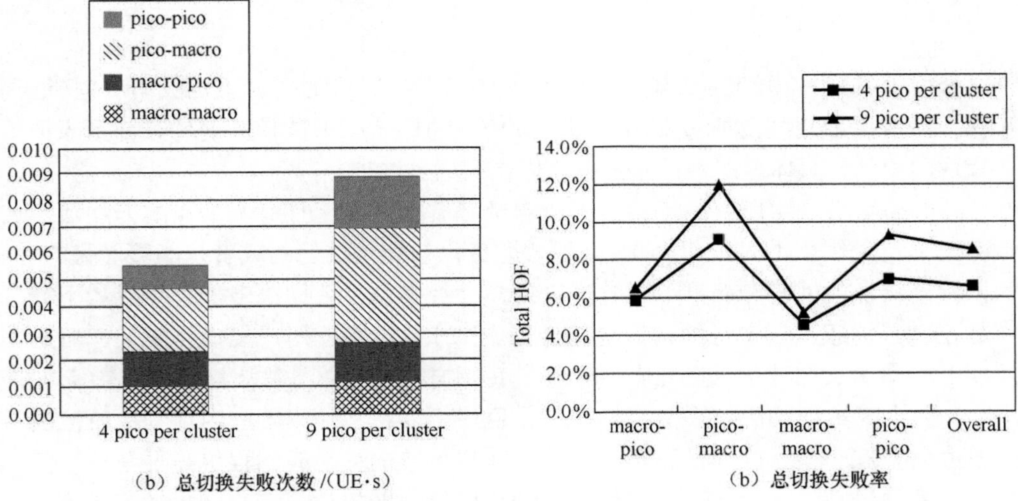

图 3-9　切换失败性能结果

Short ToS 定义为 UE 在某扇区的停留时间小于预先设置的最小停留时间（1s），体现了乒乓效应的强度。由图 3-10 可以得到，随着小小区密度的增加，Short ToS 的发生次数和概率均有所增长，其中发生次数上升达 53%。综上，可以得到如下结论：随着小基站的密集部署，小基站受到周围同频小基站的干

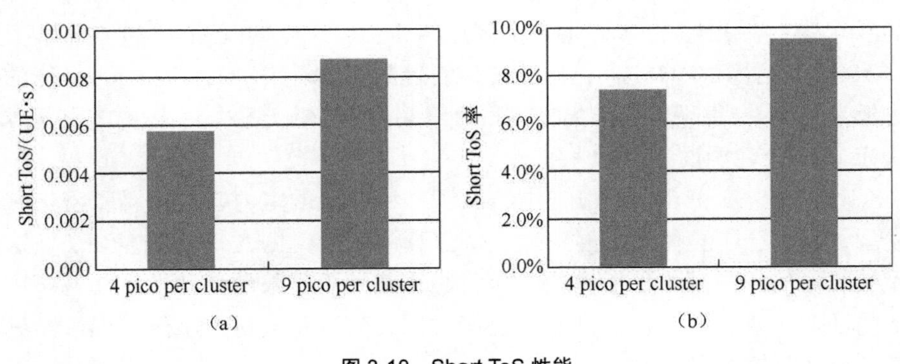

图 3-10　Short ToS 性能

扰增加，宽带 CQI 下降，导致 pico-pico 以及 pico-macro 的切换失败率升高。与此同时，Short ToS 发生的次数和概率也随之增加。此外，切换发生频率增加带来的巨大信令负荷也不容忽视。

3.2 3GPP 相应的 5G UDN 场景及性能需求

相比 IMT-2020 推进组，3GPP 对 5G UDN 场景的研究更加具有针对性。在业务应用独立式部署（SA）技术组的研究中，与 UDN 相关的场景都是服务室内用户的，具体有两种：办公室和热点区域。

办公室场景中所有的基站服务节点都部署在室内，且每个节点的无线覆盖范围都相对较小（例如 20m）。回程链路可以认为是理想的或者是能够优化的，以保证极低的时延和极高的传输率。用户会经常地从公司服务器上传或者下载数据，其中还包括实时的无线电视会议。KPI 指标有：用户通信体验速率可达 Gbit/s 量级、值速率可达几十 Gbit/s、每平方千米的业务总流量在 TB 量级。

热点区域场景比较类似密集城区，用户可以在室外或者室内。其覆盖范围较办公室广一些。回程链路不一定都是有线连接的，无线回程也需要考虑，使得部署的灵活性大大增强。网络的部署可能存在随机性或者半随机性。KPI 指标有：如果用户是慢速移动，体验速率可达 Gbit/s、峰值速率可达几十 Gbit/s、每平方千米的业务总流量在 TB 量级。

随着 3GPP 5G 系统技术的全面研究启动，3GPP 对室内覆盖及密集城区的 UDN 主要场景，进行了重点分析评估，并提出了更高的性能目标要求。以室内覆盖为例，3GPP TR22.891 研究报告中假设：所有的基站服务节点都应部署在室内，且每个节点的无线覆盖范围都相对较小（比如 20m），那么对应的 UDN 性能要求为：用户通信体验速率小区边缘 1 Gbit/s，中心用户峰值速率下行 20 Gbit/s，上行 10 Gbit/s，区域总体吞吐量可达 Tbit/(s·km^2)，极低的传输时延为 4 ms，每平方千米内支持百万终端连接。上述性能目标要求也基本和 5G NR 的系统性能设计目标一致。

3GPP TR 38.913 研究报告中给出了一种典型的室内密集部署和密集城区的模型，并赋予了具体的部署参数，供仿真评估用，见表 3-4 和表 3-5。这里假设被服务的用户基本处于室内，相对静止或处于受限的移动性。其他环境条件下的部署场景，比如，市内宏微叠层小区、郊区和乡村宏小区，也可参见后面章节和相关仿真实例内容。

表 3-4 室内热点场景的主要部署参数

属性	部署参数
载频	30 GHz 左右频段或 70 GHz 左右频段或 4 GHz 左右频段
聚合系统带宽	30 GHz 左右频段或 70 GHz 左右频段：最多 1GHz（UL+DL） 4 GHz 左右频段： 最多 200 MHz（UL+DL）
部署	室内单层（开放环境） 站点之间距离 20 m（等效于每 120 m×50 m 面积范围内分布 12 个 TRxPs）
基站天线	30 GHz 左右频段或 70 GHz 左右频段：最大天线数为 256Tx/256Rx 4 GHz 左右频段：最大天线数为 256 Tx / 256 Rx
UE 天线	30 GHz 左右频段或 70 GHz 左右频段：最大天线数为 32Tx/32Rx 4 GHz 左右频段：最大天线数为 8Tx/8Rx
用户分布	所有用户均位于室内，移动速度 3 km/h， 平均每个 TRxP 覆盖范围内分布 10 个用户
业务模型	全缓冲器（Full Buffer）或者突发性（Bursty）

表 3-5 密集城区场景的主要部署参数

属性	部署参数
载频	4 GHz 左右频段 （宏基站）+ 30 GHz 左右频段（小基站）
聚合系统带宽	30 GHz 左右频段：最多 1 GHz （UL+DL）； 4 GHz 左右频段：最多 200 MHz （UL+DL）
部署	两层 宏基站覆盖：六边形网格，站间距 200m； 小小区覆盖：随机部署小基站，每个宏扇区可以有 3 个、6 个或者 10 个小小区，小基站都在室外
基站天线	30 GHz 左右频段：最大天线数为 256Tx/256Rx； 4 GHz 左右频段：最大天线数为 256 Tx / 256 Rx
UE 天线	30 GHz 左右频段：最大天线数为 32Tx/32Rx； 4 GHz 左右频段：最大天线数为 8Tx/8Rx
用户分布	80% 用户均位于室内，移动速度 3 km/h，20% 用户在室外，移动速度 30 km/h； 单层宏基站覆盖：平均每个 TRxP 覆盖范围内均匀分布 10 个或者 20 个用户； 两层（宏基站 + 小小区）：宏基站每个 TRxP 的用户均匀分布 10 个或者 20 个，小小区的用户呈簇分布，每个 TRxP 的用户均匀分布 10 个或者 20 个
业务模型	全缓冲器（Full Buffer）或者突发性（Bursty）

3GPP TR 38.913 中列举的密集部署场景和模型，相对还是比较“初级”的，因为 NR 早期版本会优先支持 eMBB 场景，且该模型还是以同构同 RAT 网部

署为前提基础的，ITU IMT-2020 对异构异 RAT 网下的频谱效率和场景模型，并没有明确的要求和仿真模型定义。预计到 Rel-16 或者 Rel-17，会有更完善的建模和性能要求。

在对室内场景进行研究的同时，3GPP 也对密集城区及热点覆盖的场景进行了类似的评估。与室内覆盖场景不同，密集城区及热点覆盖场景具有更广的无线覆盖范围，且被服务用户可能处于室内也可能处于室外，并且保持较大的随机移动性。面向密集城区及热点覆盖的场景，针对慢速移动用户，3GPP 研究后确定了与上述室内覆盖同样的性能目标要求。此外，相对于室内覆盖，密集城区及热点场景需要更好地去支持多 RAT、多小区间的协作，基站节点的动态搭建，回程网络的灵活适配，比如，通过无线自回程网络针对突发事件或紧急情况，按需地去进行网络动态临时组建。

3.3 5G UDN 中的主要技术问题和挑战

在 5G UDN 异构网络中，存在着各种 RAT 制式、各种类型大小的基站，它们有的部署在室外，既要进行室外覆盖又要进行室内覆盖，有的部署在室内，既进行室内覆盖还要辅助室外覆盖。这些基站节点有的配置、工作在中高频载波上（易进行定向发射和定向扫描），有的配置、工作在低频载波上（进行全向或扇区发射），它们的无线覆盖能从几十千米到几米，各自之间以及它们和相关核心网 5GC 之间，有的通过理想回程链路连接，有的则只能通过非理想回程链路连接，且回程链路的性能差异可能很大。因此，在如此复杂的 5G UDN 异构网络中，需要重点研究和解决下面几个关键问题。

如何更灵活高效地部署组网，相关技术点例如，基站 CU/DU 分离、基站 CP/UP 分离、网络自组织自优化、无线自回程技术、网络切片化等各种异构部署方式。

如何更充分地利用系统各种无线资源，相关技术点，例如，各种增强的物理层和空口机制、多 RAT、多基站、多小区之间的多连接 / 多载波聚合操作、多点协同传输操作、上下行资源动态分配技术、动态帧结构、本地数据分流技术、移动边缘计算技术等。

如何不断地增加系统容量，相关技术点，例如，进一步提升异构基站的部署密度、无线谱效的增强、干扰抑制协调、克服小区远近边缘效应。如何针对各类混搭的蜂窝业务，进行传输和路由服务优化（差异化处理超高速率业务、低时延业务、混合类业务、小数据包业务、上行业务风暴等）。

如何不断提升用户通信体验，尽可能地消除减轻无线链路间的干扰，提升无线链路的健壮性，节能省电，基于内容感知的移动性管理增强，高速场景下的移动性增强等。

在下面的各章节中，笔者将会围绕上述 5G UDN 异构网络中的主要问题和挑战以及关键技术点来分别展开阐述，其中有些内容已经被 3GPP 5G 标准化的，有的则还没标准化，未来可能被标准化，有的可能完全依赖于厂家的内部实现解决。对于已经标准化的内容，受限于本书的篇幅，大部分内容叙述对标于当前 3GPP Stage_2 层面的协议内容，读者若对 Stage_3 层面的协议内容感兴趣，可查阅相关 Stage_3 协议资料。

3.4　5G 系统的功能架构概述

4G 异构微蜂窝和 LTE UDN 是进一步理解和发展 5G UDN 的基础，4G 异构微蜂窝网络中面临的诸多问题，以及已经解决实现的技术手段，在 5G UDN 中基本也都要同样面对解决，以及进一步地增强演进。相比 4G 异构网络，5G UDN 中的网络节点类型更多，如 eNB、gNB、ng-eNB，未来还可能有下一代 WLAN AP，RN 功能节点等；5G UDN 需要服务的业务类型也更多，如从对系统容量和用户峰值要求更高的大视频和 VR 业务，到 MICO 类型终端超窄带类业务；5G UDN 中的网络节点，在空间域部署的密集度会更高，在频域聚合的跨度会更大。尽管上述诸多差别，但从系统功能架构的层面看，5G 主要的网络节点和 4G 的还是比较类似。如图 3-14 所示，5G 无线接入网 NG-RAN 侧的基本功能和 LTE eNB 的差别并不大；但核心网 5GC 侧的基本功能和 LTE EPC 差别较大，进行了重构划分。基于 PDU 会话，新 QoS 机制的新业务服务架构，有利于实现固网和移动业务的融合和推动不同厂商阵营的 IT 和 CT 网络平台技术之间的融合。

聚焦在 NG-RAN 内部的主要系统功能，随着 5G UDN 中小小区在空间域和频域上部署得更加密集，Inter Cell RRM 功能需要显著地增强，比如，小小区间的协同协作和无线资源聚合等。RB 控制功能增强体现在对新 QoS 服务架构、PDU 会话和 DRB 之间灵活映射和管理方面，还有在双 / 多连接操作下，对 QoS Flow/DRB/PDU 会话不同粒度对象分流的支持。Connection Mobility 控制功能增强体现在：优化小小区间的切换和重选流程，尽量做到无损、无中断，移动中安全机制增强等。Radio Admission 控制功能增强体现在：对业务负荷的接纳和均衡管控方面。Measurement 功能增强体现在：新的 RRM 测量架构和对高频小区内的粒度对象的测量和选择等；Dynamic Resource Allocation 功能增强体现在：基站能够以更灵活、更小的资源粒度（RE，Resource Element），更动态地分配和使用无线时频资源块，以适应不同类型终端和服务多元业务混搭下的情况，比如，选择超宽 Numerology 和超短 TTI 对应的时频资源块，去服务 URLLC 类型业务的逻辑信道。在 NR 频域维度，最小的资源粒度为 PRB(仍然对应于 12 个子载波)，然后是 PRB Group，之后再是部分子带宽（BWP，Bandwidth Part），再到单载波工作全带宽。在帧结构设计方面，NR 强调更灵活的 TDD 帧结构。过去 LTE 能提供 7 种不同的 DL/UL 子帧配比和 10 种特殊的子帧配置，但这些 TDD 子帧配置大部分情况下是小区公共的。NR 拥有比 LTE 更灵活的帧结构（比如有更多的上下行子帧配置，转换周期为 0.5、1、2、5 和 10 ms），以更好地适应不同频段内不同业务部署的需求，NR 中 TDD 子帧配置大部分情况下还可以是 UE 专有配置，如此就能更好适配不同 UE 的业务特性。

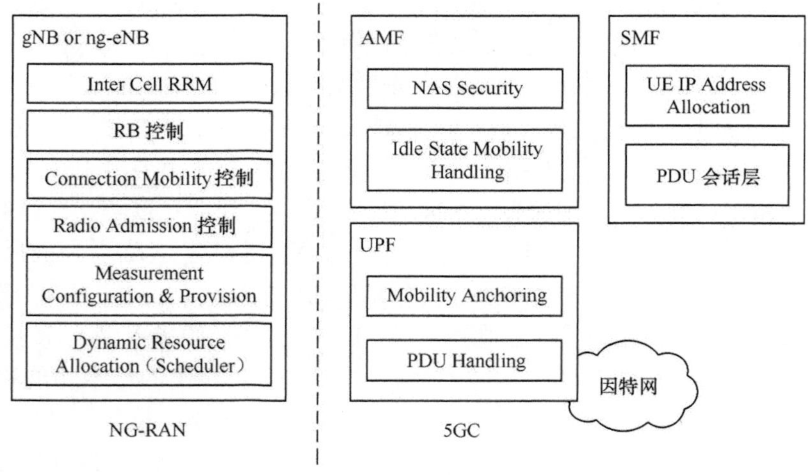

图 3-11 5G 系统功能架构划分示意

在后面的章节中，笔者将会进一步展开介绍，上述 NG-RAN 侧的主要系统功能，主要涉及网络部署方式、各种网络接口、空口高层和空口物理层这四大方面。受限于本书的篇幅，核心网 5GC 侧的主要系统功能将不在本书中进行详细的介绍，但这并不代表它们和 5G UDN 部署无关。

| 3.5　5G UDN 物理层关键使能技术 |

5G NR 新蜂窝系统，自物理层机制设计之初，即充分考虑了未来 5G UDN 部署应用的情况，因此 5G NR 物理层的各种关键使能技术，本身就为 5G UDN 打下了良好的基础。5G UDN 本身是一大类部署场景，其相关物理层的解决方案和关键技术有许多种。在 IMT-2020 推进组的研究阶段，有三大类关键使能技术被识别出很有潜力。需要指出的是，这些技术当中，有些需要进行空口物理层和高层的标准化，有些则是属于基站或者终端内部实现的问题。

第一类是无线接入链路和回程链路的联合设计。如上节所述，无线回程能够大大提高小小区 TxRP 的灵活部署，有的放矢地满足局部地域用户的高速率需求。在这类技术中，混合分层回程、无线回程的多路径设计及路由机制、无线接入与回程链路的联合设计 / 优化等。2017 年 3 月 3GPP 批准了一项研究项目：无线接入与回程链路结合（IAB，Integrated Access and Backhaul），在工作组的研究将于 2018 年 2 月开始。

第二类是无线干扰管理与抑制。从第 3.1 节的仿真可以清楚地看出，通过部署更多的小小区（小区分裂），从一定程度上能够提高单位面积上的系统容量。但是随着小小区的密度达到某个临界值，再增加小小区的密度，则会使小区间干扰急剧升高，总系统容量反而下降。这类技术当中有：分布式干扰测量、频域协调、功率协调、多维联合干扰管理和多小区协同。在 3GPP 中，相关标准化工作体现在 Rel-15 中的动态 TDD 系统，主要应用于小小区。动态 TDD 能够更加及时地调整系统上下行的资源配比，提高资源利用率。但当小小区的部署密度增高，小区间干扰加剧，在动态 TDD 系统存在终端与终端之间的干扰，因此小区密度升高所造成的影响尤为严重。动态 TDD 下的干扰管理与抑制分成基站侧和终端侧两个方面，对于基站侧，因为其干扰测量一般无需通过空口进行上报或者协调，通常认为是各个系统设备厂商的实现问题。但对于终端侧，其干扰测量需要上报给系统。因此有相应的标准化工作。在 Rel-15 有一些初步的研究成果，但由于其优先级较低，考虑在未来的版本完成相应的标准。

第三类是波束管理，一般用于中高频通信，例如，30 GHz 或者 70 GHz 频段。在 3GPP，Rel-15 对波束管理进行了大量的标准化工作，主要体现在多天线(MIMO)领域和初始接入/移动性管理领域。传统多天线技术的目的是提高业务信道的传输效率，波束赋形在高频段通常采用模拟波束，Rel-15 MIMO中的一些信道反馈机制反映了这个特点。在波束域上完成初始接入/移动性管理在标准上是一个全新的技术，广度上几乎覆盖了一半左右的物理信道设计，涉及同步信道、测量参考信号、随机接入信道、寻呼过程等。

第 4 章
5G UDN 部署组网关键技术

5G UDN 的系统架构和部署组网方式，是运营商需重点考虑的关键问题。5G UDN 系统提供了丰富的部署组网的基本方案，这些基本方案能够以多种可能的合理方式组合在一起，灵活地去适配运营商各种商用场景下的业务需求。

4.1 5G 网络架构和扁平化部署

5G NG-RAN 网络架构为 5G UDN 的部署使用提供了技术便利性，比如，遵守上述“统一性原则”，3GPP 统一规范了两种不同的 5G 基站节点：ng-eNB、gNB，它们各自之间、相互之间，以及它们和 5GC 核心网之间的相同网络接口；因此运营商可以根据自身策略和需求，在相同的网络架构下，灵活地选择部署 ng-eNB 或者 gNB 基站小小区，两者仅仅在空口 RAT 制式上，体现出低层机制的差异，但高层的网络接口流程都相同。遵守上述“解耦性原则”，gNB 基站率先实现了 CU/DU 功能的高层分离（ng-eNB 可能后续也会实现 CU/DU 功能的高层分离），此外，gNB 还可能支持 CU 实体内 CP/UP 功能的分离（ng-eNB 可能后续也会支持类似的功能），另外，gNB/ ng-eNB 还都实现了端到端的网络切片和新 RRC_INACTIVE 状态功能等。

5G 网络首先保留了 4G LTE 网络架构扁平化的特点，因此也自然继承了 LTE 架构层面的大部分优点。5G NG-RAN 当前包含两种不同空口 RAT 制式的逻辑节点：gNB（空口采用 NR 制式的用户面和控制面，相对全新设计的空口协议栈）和 ng-eNB（空口沿用 E-UTRA 制式的用户面和控制面，沿用 E-UTRA 的空口协议栈，某些地方也会用“eLTE eNB”的非官方说法）。NG-RAN 逻辑节点之间通过 Xn 逻辑接口，实现互联互操作。NG-RAN 逻辑节点和核心网 5GC 之间通过 NG 逻辑接口，实现互联互操作，支持多对多的 NG Flex 的配置。除了上述的 gNB 和 ng-eNB 节点之外，3GPP 还在考虑

Non-3GPP RAT 制式的节点，如下一代 WLAN AP，也需要能以统一方式融入到上述网络架构中，即下一代 WLAN AP 逻辑节点，也能直接通过 NG 接口连接到 5GC，也能通过 Xn 接口和其他 NG-RAN 逻辑节点连接而进行“紧耦合式的”互联互操作。

因此根据“统一性原则”，5G 架构中统一化的逻辑接口和 RAT Agnostic 特性，首先保证了不同 RAT 制式基站间的“紧密协作”和易于互联互通、互操作，也为运营商未来灵活部署和选择组网方案奠定了架构基础。下面笔者将详细叙述各种网络部署的最基本方式，这些基本方式可根据不同环境条件和需求，以各种组合混搭的方式再结合起来使用，从而形成更丰富多样的 5G UDN 异构网络部署。下面也将重点聚焦在当前 3GPP 标准内已有的 gNB 和 ng-eNB 两种节点。

4.1.1　gNB 和 eLTE eNB 共站部署

gNB 和 ng-eNB 共站部署的架构如图 4-1 所示，共址 / 共站 / 共框方式的部署，可以节省站址空间，避免基站间回程链路网络的成本开销，且更容易实现基站间的紧耦合协同互操作。对于网络设备商而言，也可以通过“多 RAT 制式，高集成度”的 Multi-Radio 类基站产品，去争取更多的移动市场份额和利润；但对于运营商而言，此种方式是一把“双刃剑”，虽然它能降低一些部署运维的成本，但是抑制了网络部署的灵活性，以及不同厂家逻辑节点之间互联互通的天然需求，不利于网络设备生态供应链的长期建设和平衡。

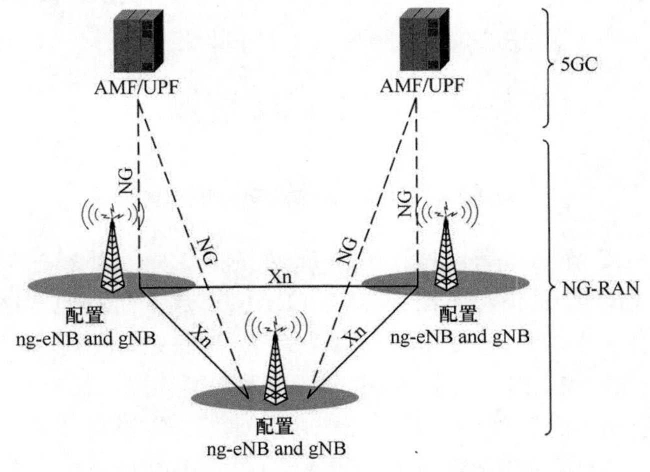

图 4-1　5G NG-RAN 节点共站部署示意

4.1.2 gNB 和 eLTE eNB 异站部署

gNB 和 ng-eNB 异站部署的架构如图 4-2 所示，异站异址部署必定要带来更多站址、外围支撑设备、基站间回程链路网络的成本开销和基站间接口的运维成本，但也可以实现基站间的紧耦合协同互操作。对于中高端蜂窝移动运营商而言，由于业务服务区域广大、情况不同，gNB 和 ng-eNB 异站部署有时是不得不使用的方式。异站部署强化了来自不同网络设备商的基站间 IoT 对接工作的可能性，这对于蜂窝移动运营商平衡蜂窝设备供给生态链、抑制移动设备市场被垄断的意义重大。对于 5G UDN 异构网络，5G 微基站 / 小小区通常都是由 4G 和 5G 宏基站小区异站部署的。由于 5G 微基站自身的物理特点，它不一定会占据很大的物理空间和消耗很多的外围支撑设备，却使得异构组网更加灵活。

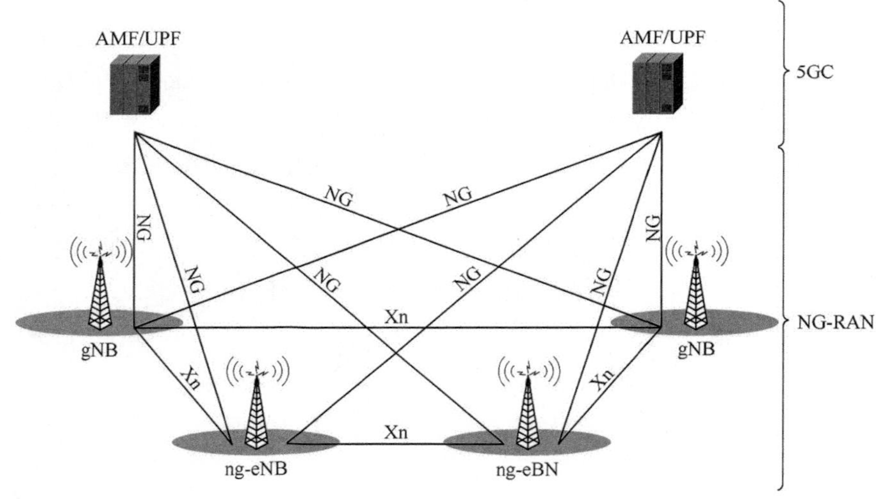

图 4-2 5G NG-RAN 节点异站部署示意

对于 EN-DC 异站部署方式，eNB 和 en-gNB 异站部署的架构如图 4-3 所示，其中，en-gNB 仍然归类为 E-UTRAN 节点，而其他网络接口都沿用了 LTE 的接口（注：EN-DC 异站部署方式下，en-gNB 不能被终端独立地接入使用，en-gNB 和 EPC 之间只能有 S1-U 用户面连接，没有 S1-MME 控制面连接）。相邻 en-gNB 之间也只有 X2-U 用户面连接，没有 X2-C 控制面连接。在图 4-3 中，en-gNB 被归类为 E-UTRA 节点，更多是从网络架构的角度来看，但从严格意义上来说，支持新空口（NR）特性的 en-gNB 不是 E-UTRA 节点。后面的章节将会详细介绍 EN-DC 的工作模式。

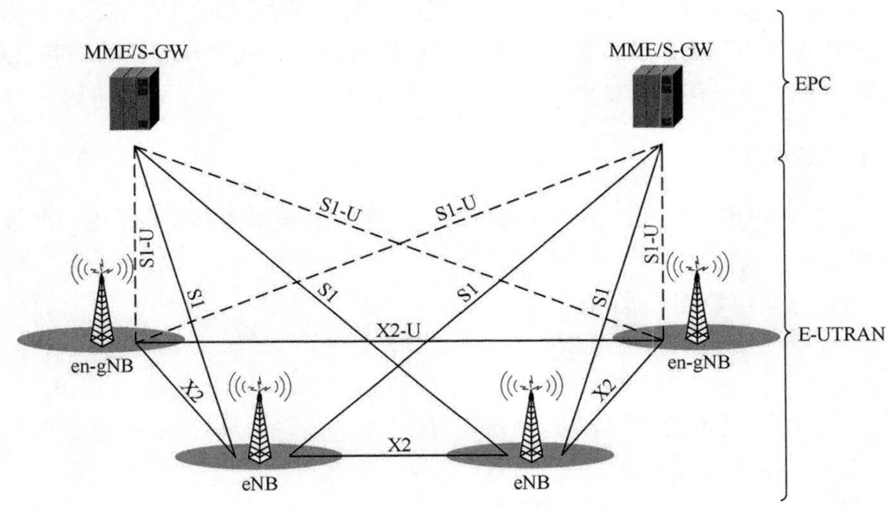

图 4-3　4G E-UTRA 节点异站部署示意

4.1.3　5G 网络主要逻辑接口

通过 5G 网络扁平化的基本部署方式，笔者先简要介绍一下 5G NG-RAN 内的主要网络接口。5G NG-RAN 网络接口，协议栈按照垂直方向可分离成无线网络层（RNL，Radio Network Layer）和传输网络层（TNL，Transport Network Layer），TNL 既可由固网的传输介质承载，如光纤、DSL，也可由无线技术承载，如微波、自回程技术。3GPP 重点研究和标准化的工作集中在 RNL 部分，比如，逻辑接口的功能、各种流程控制信令如何跑、消息信令如何设计，以及用户面的数据包如何传输等。5G NG-RAN 网络接口主要包括：NG、Xn 和 F1 三大接口（后续可能还有 E1 接口），分别在 38.41x 系列、38.42x 系列、38.47x 系列协议中规范。TNL 内部的具体机制不在 3GPP 研究，它提供的数据传输功能被上层的 RNL 所直接使用。

通常，NG、F1、Uu 称为“垂直类接口”，因为待处理的数据包处于不同的网元节点逻辑层级，而 Xn、E1 称为“水平类接口”。“垂直类接口”是蜂窝移动系统连接所必需的，它能完成数据包端到端的传输，而“水平类接口”则不是必需的，通常是与 UE 移动性或者多连接传输操作相关。实践证明：“水平类接口”虽被标准化，但实际上，能在不同厂家设备间进行 IoT 对接的可能性很小，而“垂直类接口”应用于不同厂家间设备 IoT 对接的可能性较大，这里最重要且成功的就是空口 Uu，它彻底实现了网络设备厂家和终端芯片厂家之间的产品业务的解耦分离，极大地推动了蜂窝移动产业朝着开放性的方向发展，极大地丰富了今日移动市场上各式各样的终端。

1. NG 接口

NG 是逻辑连接 gNB、ng-eNB 和 5GC 之间的逻辑接口。NG 接口的设计原则如下：

- NG 接口应该是开放的；
- NG 接口应支持 NG-RAN 和 5GC 之间的信令和数据交互；
- 从逻辑上来看，NG 接口是 NG-RAN 节点和 5GC 节点之间端到端的接口，端到端的逻辑接口即使在 NG-RAN 节点和 5GC 节点间没有直接的物理连接下也是可达的；
- NG 接口应支持用户面和控制面分离；
- NG 接口应实现无线网络层和传输网络层的分离；
- NG 接口应和各种 NG-RAN 的部署场景解耦；
- NG 应用层协议 NG-AP 应支持模块化流程设计以及使用优化高效的编解码语法。

NG 接口的控制面（NG-C）定义为 NR gNB/ng-eNB 和接入移动功能（AMF，Access Mobility Function）实体之间的逻辑接口。NG-C 协议栈如图 4-4 所示。网络层基于 IP 传输，考虑到信令传输的可靠性要求，SCTP 位于 IP 层之上。应用层协议是指 NG 应用层协议（NG-AP，NG Application Protocol）。

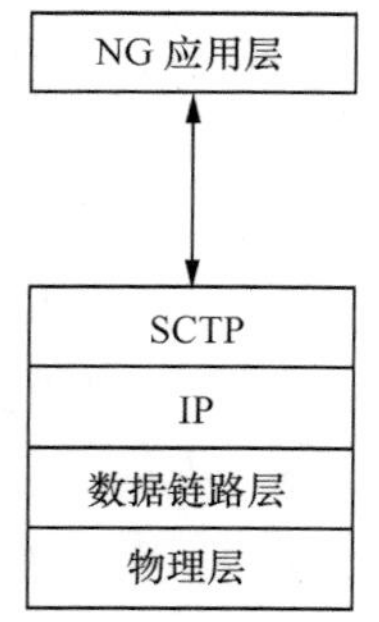

图 4-4　5G NG-C 协议栈

使用 SCTP 有以下潜在的需求和问题。

- 有效性：NG-C 很可能终止在所选择的 CCNF（Common Control Network Function）单元上，但是为了不暴露 CCNF 内部具体的处理架构给 gNB，CCNF 可以是一个中间节点。对于一对 gNB/CCNF 之间的单个 SCTP 连接，如果错误发生，SCTP 终止点可能需要重新恢复操作，比如 SCTP 连接重建。
- 可扩展性：CCNF 可能要求在不中断业务的情况下，动态添加或者删除 SCTP

终止点。

NG-C 接口支持以下的基本功能。

- 接口管理：管理 NG-C 接口。
- UE 文本管理：在 5G NG-RAN 和 CN 之间管理用户文本，用户文本可能包含漫游和接入限制、安全信息，以及网络切片相关的信息。
- UE 移动管理：在 NG-RAN 和 CN 之间管理连接态以及 INACTIVE 状态下的用户移动。
- NAS 消息的传输：在 CN 和 UE 之间传输 NAS 消息。
- 寻呼：该功能支持 CN 产生寻呼消息发送给 NG-RAN 以及允许 NG-RAN 寻呼在 RRC_IDLE 态下的 UE。
- PDU 会话管理：该功能支持建立、管理和删除 PDU 会话及相关的 NG-RAN 资源。这里的 PDU 会话由多个用户面的数据流组成。
- 拥塞和过载管理：该功能支持在拥塞和过载情况下请求 NG-RAN 实现对用户的移动管理和会话管理。

NG 接口的用户面（NG-U）定义为 NR gNB/ng-eNB 和 UPF 之间的逻辑接口。NG-U 协议栈如图 4-5 所示。网络层也是基于 IP 传输，UDP/GTP-U 位于 IP 层之上。NG-U 接口不能提供 NR gNB/ng-eNB 和 UPF 之间用户面 PDU 会话数据包的可靠传输，即业务数据包可能会传输中丢失。NG-U 接口需要支持以 PDU 会话为粒度的 GTP-U 隧道，即一个 PDU 会话至少对应一个独立的 GTP-U 隧道。

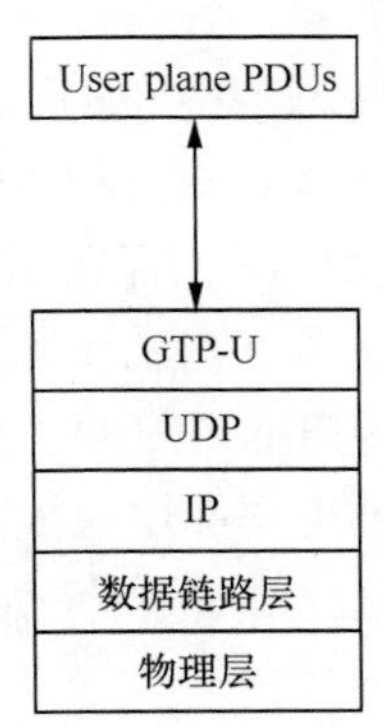

图 4-5　5G NG-U 协议栈

NG-U 支持的控制传输功能属于 RNL，它利用 NG-U 用户面协议栈来控制用户数据包的传输。

2. Xn 接口

Xn 逻辑连接着两个 NG-RAN 节点，即 gNB 和 / 或 ng-eNB 之间。Xn 接口的设计原则如下：

- Xn 接口应该是开放的；
- Xn 接口应支持节点间的信令和数据交互，此外应支持和对端基站之间的数据转发；
- 从逻辑上来看，Xn 接口是节点之间端到端的接口，端到端的逻辑接口即使在节点间没有直接的物理连接下也是可达的；

- Xn 接口应支持用户面和控制面分离；
- Xn 接口应实现无线网络层和传输网络层的分离；
- Xn 接口应具备扩展性，可以支持不同的新需求，新业务和新功能。

Xn 接口的控制面（Xn-C）定义为两个相邻 NG-RAN 节点之间的控制面。Xn-C 协议栈如图 4-6 所示。SCTP 提供可靠的信令传输，位于网络 IP 层之上。应用层信令协议为 Xn 应用层协议（XnAP，Xn Application Protocol）。

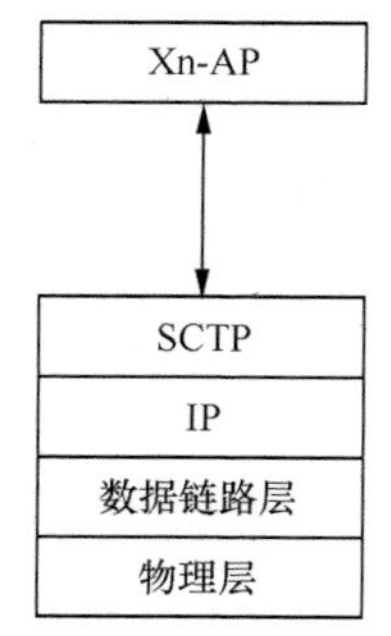

图 4-6　5G Xn-C 协议栈

Xn-C 接口支持以下基本功能。

- Xn 接口管理：管理 Xn-C 接口。包括：错误指示、Xn 接口建立、重置 Xn 接口、更新 Xn 接口配置、Xn 接口删除。
- UE 移动管理：管理连接态或者 INACTIVE 状态下的 UE 在 NG-RAN 的节点间移动。
- RAN 寻呼：在 RAN 寻呼范围内寻呼 UE。
- 双连接：支持利用 NG-RAN 第二节点资源的功能。
- 干扰协调：管理小区间干扰。
- 自优化：自动调整无线参数。

Xn 接口的用户面（Xn-U）定义为两个相邻 NG-RAN 节点之间的用户面。Xn 接口的用户面协议栈如图 4-7 所示。网络层基于 IP 传输，UDP/GTP-U 位于 IP 层之上，不能提供业务数据包的可靠传输。

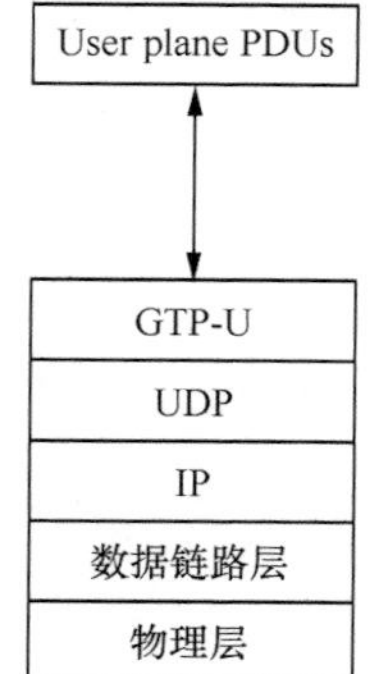

图 4-7　5G Xn-U 协议栈

Xn-U 支持以下功能。

- 数据转发：数据无线承载 DRB 在节点间移动时，保证业务数据包不被丢失。
- 流控：双连接操作中，辅节点反馈和控制下行数据分流。

Xn-U 支持的控制传输功能属于 RNL，它利用 Xn-U 用户面协议栈来控制用户数据包的传输。Xn 接口必然会涉及不同基站之间协作多点传输的多连接操作的功能，因此在 5G UDN 部署下非常重要。随着基站的密集化部署，CoMP 传输是抑制小区间干扰、提升系统性能的关键手段。

3. F1 接口

在随后的子章节中，笔者将会介绍另外一种“非扁平化”集中式的部署方式，即 gNB 可以分离成为两个独立的逻辑单元 gNB-CU 和 gNB-DU，下面先把与它相关的接口简单介绍一下。

F1 是连接 gNB-CU 和 gNB-DU 实体之间的逻辑接口，它的接口设计原则如下：

- F1 接口应该是开放的；
- F1 接口应支持节点间的信令和数据交互，此外应支持和对端之间的数据转发；
- 从逻辑上来看，F1 接口是节点之间端到端的接口，端到端的逻辑接口即使在节点间没有直接的物理连接下也是可达的；
- F1 接口应支持用户面和控制面分离；
- F1 接口应实现无线网络层和传输网络层的分离；
- F1 接口应该支持 UE 相关信息以及与 UE 非相关信息的交换；
- F1 接口应具备扩展性，可以支持不同的新需求、新业务和新功能；
- 一个 gNB-CU 和所辖的多个 gNB-DU 应该以同一个整体 gNB 的形式对外呈现，内部对其他 NG-RAN 逻辑节点不可见。gNB-CU 还可以被切分为控制面和用户面独立单元。如何实现控制面和用户面逻辑单元的分离还在进一步研究（注：ng-eNB 的 CU/DU 高层分离，是否也支持类似 F1 的接口还在研究中）。

F1 接口的控制面（F1-C）定义为 NR gNB-CU 与 gNB-DU 之间的控制面。NG 接口的控制面协议栈如图 4-8 所示。网络和传输层协议和 Xn-C 保持一致。应用层协议是指 F1 应用层协议（F1AP，F1 Application Protocol）。

F1-C 接口支持以下基本功能。

- GTP-U 隧道管理：基于承载业务请求，在 gNB-CU 和 gNB-DU 之间建立 GTP-U 隧道。包含为隧道的两个方向分配标识的功能。
- F1 接口管理：管理 F1-C 接口。包括：错误指示、F1 接口建立、重置 F1 接口等。
- gNB-DU 管理：gNB-DU 由 O&M 管理还是由 gNB-CU 管理还需要进一步研究。

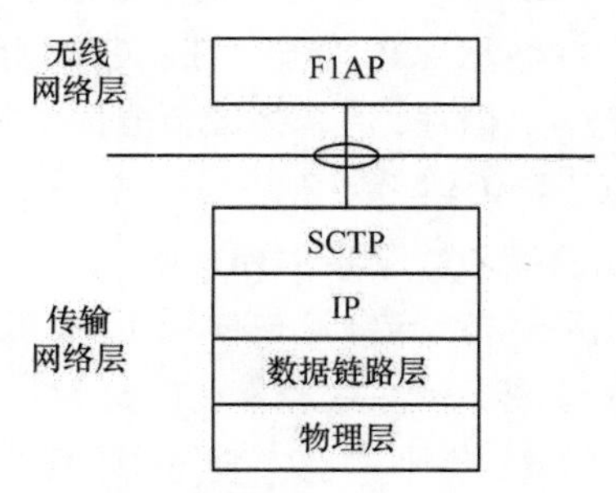

图 4-8　5G F1-C 协议栈

• gNB-DU 和 gNB-CU 测量报告：用于分别独立报告 gNB-DU 和 gNB-CU 的测量结果。

• 负载管理：允许 gNB-CU 和 gNB-DU 分别请求来自 gNB-DU 和 gNB-CU 的负载信息。

• 寻呼：gNB-DU 依据调度信息，负责传输寻呼消息。

• F1 接口 UE 文本管理：支持初始 UE 文本建立，F1 接口 UE 文本建立请求由 gNB-CU 发起，gNB-DU 根据接入控制条件选择接收或拒绝。F1 接口管理功能也支持对 gNB-DU 中以前建立的 UE 文本的释放。UE 文本的释放可以由 gNB-CU 触发，也可以来自于 gNB-DU 的请求。

• 承载管理：在 gNB-DU 中 UE 文本可用时，负责对用户数据传输承载资源的建立、修改和释放。无线承载资源的建立和修改由 gNB-CU 触发，并由 gNB-DU 依据资源预留情况以及 QoS 信息做出接收或拒绝响应。QoS Flow 与无线承载的映射关系由 CU 执行，且 F1 接口承载管理的粒度为无线承载级别。

• RRC 消息传输：允许在 gNB-CU 和 gNB-DU 之间传输 RRC 消息。

F1 接口的用户面（F1-U）定义为 gNB-CU 与 gNB-DU 之间的用户面，如图 4-9 所示。网络和传输层协议和 Xn-U 保持一致。

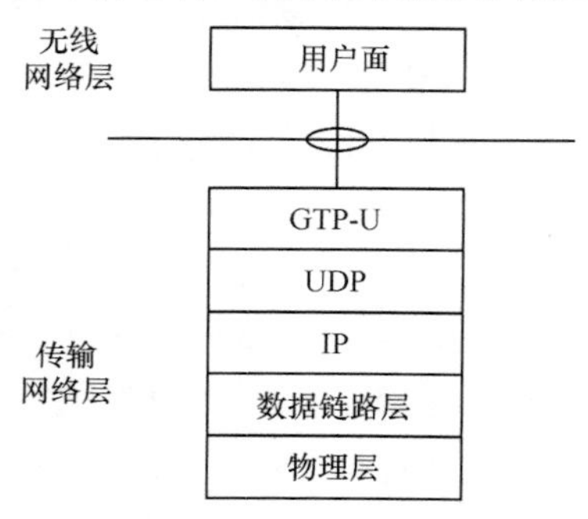

图 4-9　5G F1-U 协议栈

F1-U 支持以下功能。

• 数据转发：数据无线承载 DRB 在 gNB-DU 间移动时，保证业务数据包不被丢失。

• 流控：gNB-DU 反馈和控制 gNB-CU 的数据下发。

F1-U 的控制传输功能属于 RNL，它利用 F1-U 用户面协议栈，来控制用户面数据包的传输（注：它和上述 Xn-U 接口的用户面数据传输控制功能有一定的类似性，但具体细节方面也可能有所不同）。尽管如此，根据“统一性原则”，3GPP 仍然希望 F1-U 和 Xn-U 在流控等功能方面能统一起来，用一本协议去规范描述。观察上述 NG、Xn、F1 接口控制面和用户面各自协议栈，发现它们几乎保持一致，这也体现了 5G 标准化中“统一性原则”，统一趋同的标准化方式，能够减少产品业务市场的分裂，降低标准化和开发成本，提升产业规模效应。

F1 接口本质上将 gNB 基站内的（Upper Layer）上层锚点资源和（Low Layer Cell Group）下层无线资源解耦开，有利于网络侧的配置实现和空口侧

的配置实现，彼此间保持一定的独立性。基于类似的思想，以及 X2/Xn 基站之间的双 / 多连接操作，在针对 Split/Switched bearer 功能流程方面，也可以类似地进行上下层 Harmonize 解耦处理。F1 接口也会涉及不同 gNB-DU 节点之间的 CoMP 传输和多连接操作的功能，因此在 5G UDN 部署下也非常重要。随着 gNB-DU 节点的密集化部署，CoMP 传输是抑制小区间干扰、提升系统性能的关键手段。

4.2 基于 C-RAN 概念的集中式部署

4.2.1 CU/DU 分离集中式部署

在现网部署的 3G/4G 网络中，通过“射频模块光纤拉远”的方式，分布式地部署基带处理单元（BBU，Building Base band Unit）和射频拉远单元（RRU，Remote Radio Unit）已经成为一种流行、常规的方式。LTE eNB 基站内的 BBU 和 RRU 之间的前传接口（Fronthaul）是通过公共无线电接口（CPRI，Common Public Radio Interface）的接口协议实现的，由于 CPRI 上，传输的是已经经过物理层编码调制等处理后的 IQ 信号，因此含有数据量翻倍的巨量比特流，从而 CPRI 对前传链路传输时延、带宽的要求都很高，否则 BBU 和 RRU 之间难以达到处理的同步要求，不能实现数据传输协作。

随着蜂窝移动技术发展到后 4G 和 5G 时代，由于高阶 Massive MIMO、更高阶调制、更高维 CA 操作和高频超带宽毫米波技术等的引入，使得 gNB 基站对应产生的空口数据速率急剧地增大，比如，当 5G 空口数据速率提升到数十 Gbit/s 的量级后，传统 CPRI 的传输带宽需求，将至少要上升到 Tbit/s 的级别。当前 CPRI 协议已不能满足如此高的性能需求，或者，即使通过协议扩展未来能勉强满足，也要付出巨大的网络传输成本。因此重新定义 5G gNB 基站内协议模块间的切分分离方式，重新设计新的前传接口（New Fronthaul），综合考虑到传输带宽、传输时延、方便灵活部署等因素的需求，愈发变得有意义，这种诉求也对 5G UDN 的成功部署应用起到至关重要的影响。后面读者将会看到，CU/DU 分离集中式的部署，会大大增强系统资源的利用效率和系统整体性能。

对于大部分普通运营商而言，非理想前传接口（Non-ideal Fronthaul）意味着部署的较低成本，很有吸引力；而对于某些中高端运营商而言，高性能的前传链路网络，也可部分地承受和使用，因为设施高投入通常能带来更好的网络综合性能，比如，更容易提升网络节点间的协作度和无线资源利用率，提升对某些超低时延业务的支持等。因此运营商大网中，通常是理想前传和非理想前传组合混搭的部署配置，根据不同服务区域和业务特点去适配。

无论基站内协议模块间的哪种切分分离方式，CU/DU 分离切分总的指导思想就是，将时延不敏感的网络协议功能放在基站集中处理单元（gNB-CU，Centralized Unit）中，形成云化资源池，这样可实现基带资源池的复用增益，而将那些时延敏感的网络协议功能放在基站分布处理单元（gNB-DU，Distributed Unit）中，这样仍然能保持基站对空口无线动态变化情况的敏感性和快速适配能力。gNB-CU 与 gNB-DU 实体之间通过理想和 / 或非理想的前传链路相连接。如果前传链路越理想、性能越好，那些对时延敏感的网络功能，就能越往 gNB-CU 内放；反之，更多的网络功能就必须往 gNB-DU 内放。CU/DU 分离使得单个 gNB 能同时服务很多小区和覆盖很广的物理区域，由于处于 gNB-CU 内的 SDAP/PDCP 协议实体锚点不变，因此服务于特定 UE 的 DRB，不需要因为移动性而频繁重建立或重配，只需要重建立或重配下层 gNB-DU 内的 RLC 承载配置，这种“固定控制锚点的做法”对系统资源效率以及 UE 移动性能都很有利。只有当 UE 跨 gNB-CU 移动的时候，才会出现类似过去跨 eNB 那样的重配置流程。

CU/DU 集中式部署下的网络架构如图 4-10 所示。

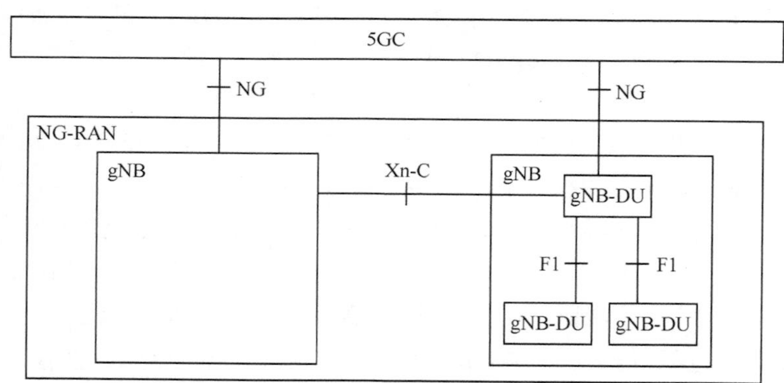

图 4-10　5G gNB CU/DU 集中式部署的网络架构

在 LTE 中，单个 eNB 最大可配置 256 个 LTE 服务小区，而 5G 一个集中式部署 gNB，理论上能支持最大 16，384 个 NR 服务小区。集中部署式 gNB 可以包含一个 gNB-CU 和所辖的多个 gNB-DU，它们之间通过前传链路逻辑接口 F1 连接，上面的子章节已对 F1 逻辑接口进行了简单介绍。一个 gNB-

DU 只能连接到一个 gNB-CU 并被其管理控制，gNB-DU 和相邻的 gNB-DU 之间没有直接的逻辑接口，但仍然可以有基于厂家实现的私有接口用于 gNB-DU 之间的快速协同。为了保证可靠性，从实际部署的角度考虑，一个 gNB-DU 实体也可能会同时连接到多个 gNB-CU 实体，形成 F1 Flex 操作。具有“垂直类”属性的 F1 接口，一定程度上，削弱了“水平类”属性的 Xn 接口作用(例如，在 UE 移动性和多连接操作方面)，因为 F1 可支持巨型集中式 gNB 的服务部署，形成超大物理范围的覆盖。常规移动范围内的 UE，可一直处于巨型单 gNB 的覆盖管控之下，不会触发与相邻基站的 Xn 接口流程，UE 只会做同一 gNB-CU 内的 gNB-DU 之间的移动和双 / 多连接操作。

从集中部署式 gNB 外部看，NG 和 Xn 的控制面和用户面接口都可以终结在 gNB-CU 实体上，gNB-DU 具体部署和配置对外不可见，仅仅属于集中部署式 gNB 内的一部分。从外部 5GC、其他相邻的 gNB/ng-eNB 或者 UE 的角度看，gNB-CU 和所辖的 gNB-DU 都是作为一个整体集中部署式 gNB 而存在的，因此它们之间的 NG、Xn、Uu 空口和“一体扁平化”gNB 的部署连接方式相同，但是由于 F1 接口的存在和非理想回程链路的因素，通常会导致集中部署方式下，更多的信令流程交互和流程总时延的增大，因此并不适用于某些 URLLC 业务。

4.2.2　CU/DU 分离的候选方案

在 NR SID 研究阶段，3GPP 仔细分析评估了各种可能的 CU/DU 分离切分方案，早期暂以 LTE eNB 的空口协议栈为基线参考，如图 4-11 所示，CU/DU 可能的功能分离划分方式如下。

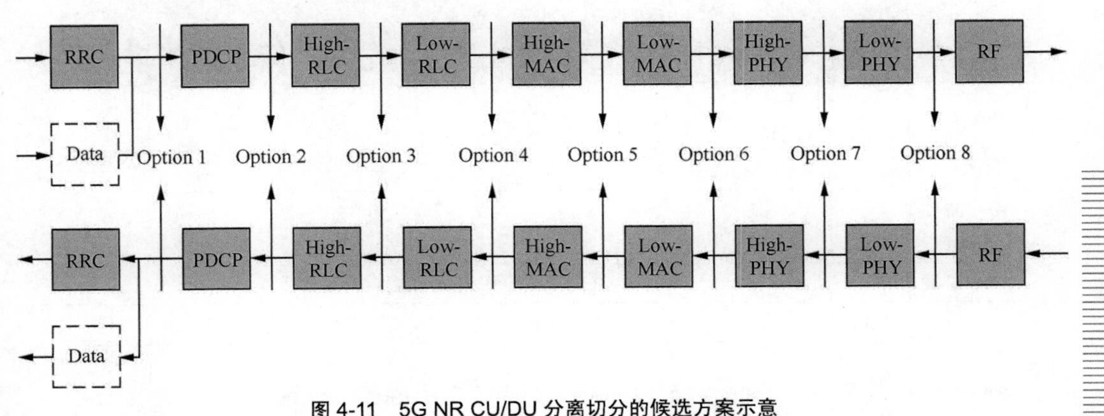

图 4-11　5G NR CU/DU 分离切分的候选方案示意

Option 1（RRC-PDCP 分离，类似 LTE-A DC 1A 用户面分流架构）：本选项的功能分离类似于双连接（DC）中的 1A 用户面分流架构。RRC 位于 CU 之内，PDCP、RLC、MAC、PHY 及 RF 等功能均位于 DU。即整个空口 UP 协议功能都位于 DU 内。

Option2（PDCP-RLC 分离，类似 LTE-A DC 3C 用户面分流架构）：本选项的功能分离类似于双连接（DC）中的 3C 用户面分流架构。RRC 和 PDCP（还有 SDAP）位于 CU 之内，RLC、MAC、PHY 及 RF 等功能均位于 DU 内。

Option 3（RLC 高层 -RLC 低层分离）：低层 RLC（RLC 的部分对时延敏感功能）、MAC、PHY 以及 RF 部分位于 DU 之内，PDCP 和高层 RLC（RLC 的部分对时延不敏感）等功能均位于 CU。

Option 4（RLC-MAC 分离）：MAC、PHY 以及 RF 部分位于 DU 之内，PDCP 和 RLC 等功能均位于 CU。

Option 5（MAC 高层 -MAC 低层分离）：部分低层 MAC 功能（如 HARQ）、PHY 及 RF 部分均位于 DU 内，其他高层功能位于 CU 内。

Option 6（MAC-PHY 分离）：PHY 以及 RF 部分位于 DU 之内，PDCP、RLC、MAC 等功能均位于 CU 内。

Option 7（PHY 高层 -PHY 低层分离）：部分低层 PHY 功能及 RF 部分均位于 DU 内，其他高层功能位于 CU 内。

Option 8（PHY-RF 分离）：RF 部分位于 DU 之内，其他高层功能均位于 CU 内，类似当前 CPRI 的分离方式。

上述各种不同的 CU/DU 功能分离划分方案的特征对比，见表 4-1。

表 4-1　5G gNB CU/DU 分离切分各个方案的特点对比

<table>
<tr><th></th><th>Option 1</th><th>Option 2</th><th>Option 3-2</th><th>Option 3-1</th><th>Option 5</th><th>Option 6</th><th>Option 7-3（only for DL）</th><th>Option 7-2</th><th>Option 7-1</th><th>Option 8</th></tr>
<tr><td>是否有基线参考</td><td>否</td><td>是（LTE-A DC）</td><td colspan="8">否</td><td>是（CPRI）</td></tr>
<tr><td>用户面数据聚合</td><td>否</td><td colspan="9">是</td></tr>
<tr><td>ARQ 位置</td><td>DU</td><td colspan="9">CU 非理想回程下可能更具有健壮性</td></tr>
<tr><td rowspan="2">CU 中资源池效应</td><td>最低</td><td colspan="8">介于中间（越往右越高）</td><td>最高</td></tr>
<tr><td>RRC only</td><td colspan="4">RRC + L2（partial）</td><td>RRC + L2</td><td colspan="3">RRC + L2 + PHY（partial）</td><td>RRC + L2 + PHY</td></tr>
</table>

续表

	Option 1	Option 2	Option 3-2	Option 3-1	Option 5	Option 6	Option 7-3（only for DL）	Option 7-2	Option 7-1	Option 8
前传网络传输时延需求	低				FFS	高				
前传网络传输带宽需求	N/A	最低	介于中间（越往右越高）							最高
	No UP req.	基带 bit 流						量化的 IQ（*f*）		量化的 IQ（*t*）
	-	和 MIMO 层成正比							和 antenna ports 成正比	
多小区 / 载波协同	多个调度器（independent per DU）				中心调度器（can be common per CU）					
先进接收机要求	FFS						NA	FFS	Yes	

1. CU/DU 高层切分 HLS 典型方案

如图 4-12 所示，不同的 CU/DU 分离切分方案各具优缺点，对于运营商而言，它们希望把所有分离切分的选项分类成“高层切分”（HLS，High Layer Split）和“低层切分”（LLS，Low Layer Split）两大类，并且从中各选出一个最佳的方案选项，对应于不同的部署场景。在 NR SID 研究阶段，上述选项中 Option 2 和 Option 3-1 当时是最可行的高层切分潜在方案，下面笔者将对这两种典型方案进行分析比较。

（1）Option 2 技术分析

Option 2 是在 PDCP 和 RLC 协议实体之间进行分离切分，即 PDCP 及 PDCP 以上的协议实体，如业务数据适配协议（SDAP，Service Data Adaptation Protocol）都放在 gNB-CU 实体内，RLC 及 RLC 以下的协议实体都放在 gNB-DU 内。

① 从传输要求方面分析

Option 2 对 CU/DU 之间的 F1 接口传输容量需求相对比较小（如，200MHz 的系统工作带宽，F1 传输前传容量为 7 ~ 8Gbit/s），并且由于与调度相关的 RLC/MAC 功能全都集中在 DU 内，因此对 CU/DU 之间的 F1 接口传输时延要求也不高，在 1.5ms ~ 10ms 之间，因此 F1 前传链路的部署成本也会比较低。相反，低层切分选项 Option 4 到 Option 8 对 F1 接口的前传传输容量和时延要求就非常高，因此 gNB-DU 的大规模和远距离的部署，就受限很多且不灵活，必然增加了部署成本和难度。

② 从网络架构方面分析

在 MR-DC 场景中，LTE-A DC 中 3C 的用户面分流架构，被认为是解决 MR-DC 优先级最高的数据分流方案，那么 Option 2 和 DC 中 3C 用户面分流架构就非常匹配。如果 LTE 作为主节点 MeNB，且 NR gNB-DU 具有除了 PDCP 之外的所有空口低层 UP 功能，那么 MeNB 就可以绕过 NR gNB-CU 实体，和 NR gNB-DU 实体之间直接建立用户面的连接，从而缩短了数据分流传输的时延。

③ 从网络性能方面分析

对于 Option 2，PDCP 及以上功能都集中部署在 gNB-CU 实体中，即 gNB-CU 是用户面数据的集中汇聚锚点，对于 CU 下所辖的多个 gNB-DU，当 UE 在这些 DU 之间移动时，可以直接由 gNB-CU 将 UE 的 PDCP PDU 路由到新的目标 gNB-DU 上，而不需要触发执行和核心网 S1 路径转换流程。一方面，这能节省大量的核心网信令开销；另一方面，也能降低小区间切换的时延，因此 Option 2 可增强 NR 系统内的移动性能。

在 5G UDN 部署场景下，如果单个 gNB-CU 可以控制较多个 gNB-DU，且覆盖较大的物理范围，这无疑对网络系统性能十分有利，比如，通过资源池共享技术，提高 PDCP 等基带资源的利用率，提升网络负荷均衡能力和终端移动性能。与此相对比的是，对于 Option1，由于没有一个集中的用户面数据汇聚锚点，因此，当 UE 在 DU 之间移动时，必须触发执行路径转换流程，这会增加核心网的信令开销，同时 DU 之间还需要有数据前传过程，增加了业务数据传输时延，用户面传输性能和扁平化部署场景几乎无异。UE 在 Inter-DU 间硬切换的流程示意如图 4-12 所示。gNB-CU 基于 UE 的空口测量报告，选定目标 gNB-DU，并做好 UE 上下文建立和资源预配置，之后通过源 gNB-DU 发送切换命令，并且停止在源 gNB-DU 上的数据调度传输，之后当 UE 成功接入了目标 gNB-DU 之后，就可以恢复数据传输，gNB-CU 可能会删掉在源 gNB-DU 内的 UE 上下文。

基于上述几点理由，最终 Option 2 被选为 5G gNB CU/DU HLS 唯一的标准化方案，在 3GPP TS38.47x 系列中规范。如果 ng-eNB 未来也能支持 CU/DU 分离切分功能，那么根据标准“统一性原则”，Option 2 也很可能是 5G ng-eNB 的 HLS 的唯一方案。

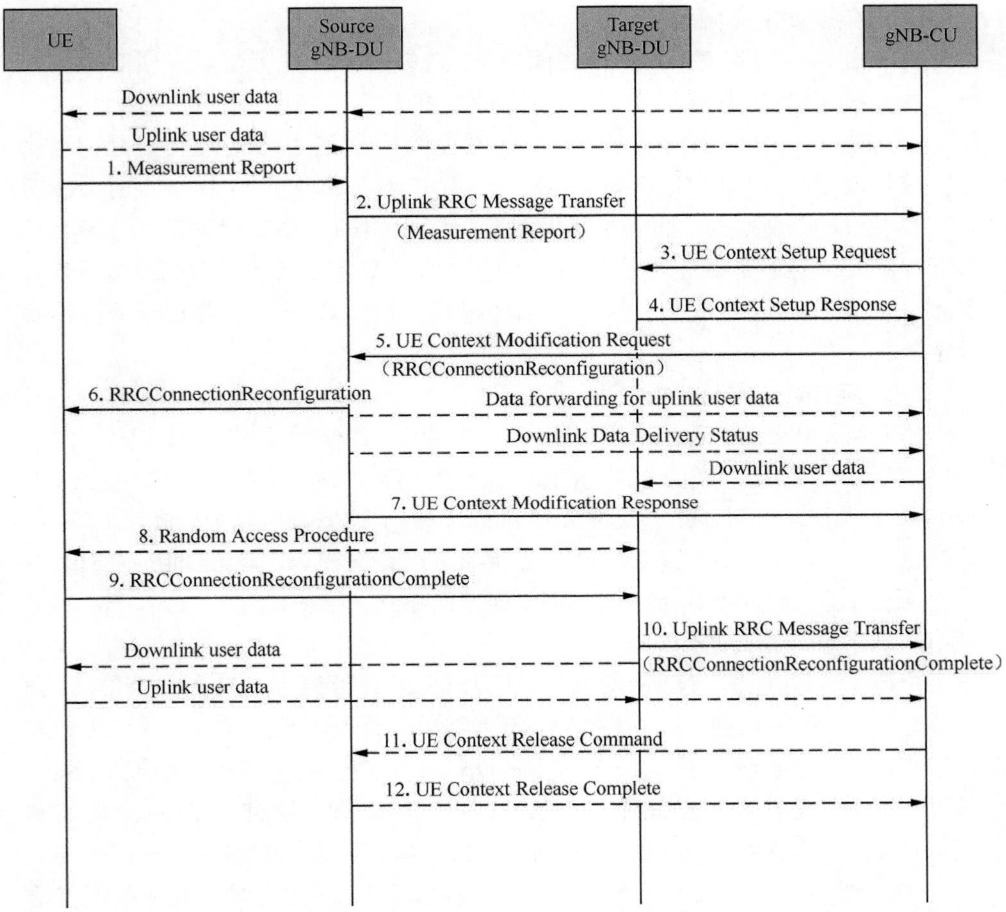

图 4-12　同 CU 内 Inter-DU 间切换的流程示意

（2）Option 3-1 技术分析

当时与 Option 2 形成较大竞争的是 Option 3-1 方案。Option 3-1 选项是在 RLC 内部进行功能切分，即部分 RLC 高层功能、PDCP 及 PDCP 以上放在 gNB-CU 实体内，部分 RLC 低层功能及以下的协议实体放在 gNB-DU 实体内。在本文描述中，将 CU 中的部分 RLC 定义为 RLC-H，以及将 DU 中的部分 RLC 定义为 RLC-L。其中，RLC-H 功能为非时延敏感的功能，包括 ARQ、非调度相关的预分段等操作。RLC-L 功能为对时延相对敏感的功能（比如实时的（重）分段功能），需要根据 MAC 调度指示信息，对来自 gNB-CU 的 PDU 中间数据包进行实时的处理。

① 从传输要求方面分析

Option 3-1 方案对 CU/DU 之间的 F1 接口前传传输容量需求相对也比较小(如，200 MHz 系统工作带宽，F1 传输容量需求为 7 ~ 8 Gbit/s)。由于 ARQ 功能放在 gNB-CU 内，F1 接口时延会造成一定的 ARQ 重传时延，因此为了减轻该影响，相比 Option 2，Option 3-1 对 CU/DU 之间的 F1 前传传输时延要求相对更高一些。另外，如果选择 Option 3-1，在支持 MR-DC 聚合场景下，Option 3-1 需要用户面部署额外的 gNB-CU 实体(含有 RLC-H 部分)，因此 Option 3-1 会存在前传和回传两段时延，相比 Option 2 数据分流传输时延会增加一些。

② 从网络架构方面分析

对于 MR-DC 3C 用户面分流架构，如果 LTE 作为主节点 MeNB，由于 NR gNB-DU 只具有部分低层 RLC 的功能，那么 MeNB 用户面需要与 NR gNB-CU 也建立接口连接，让分流来的 PDCP PDU 数据包先经过高层 RLC 功能处理。由于 gNB-CU 覆盖的范围可能非常广，它和 MeNB 之间的物理距离也可能比较远，因此不利于彼此间接口连接的建立和维护。

③ 从网络性能方面分析

由于 ARQ 功能在 gNB-CU 内，CU 可以根据对端 RLC AM 的反馈信息(先从 UE 到 DU 再上报到 CU)，灵活地选择更好的 DU 分支进行初传或重传，总的重传时延可能会略小于 Option 2。在 Option 2 中，由于 ARQ 功能在 gNB-DU 内，ARQ 重传约束在只能在一条 DU 分支内进行，只有当 ARQ 重传达到最大配置的重传次数之时，发送无线链路失败后，PDCP 层才可能会在另一条 DU 分支上重传 PDCP PDU 数据，这样，在发生 RLF 的时候，业务数据传输时延相比于 Option 3-1 会增大一些。

但在实际 UE 单连接的应用场景中，由于无线信道恶化，而需要进行跨 DU 分支 ARQ 重传的场景少，大部分场景下，跨 DU 分支传输需要进行资源的重配和预留，通过跨分支重配重传反而会慢。在高频部署场景下，可通过更换的波束切换方式来实现快速重传，波束切换过程只需要触发 MAC/PHY 的流程来实现，因此响应速度更快。

2. CU/DU 低层切分 LLS 典型方案

CU/DU 低层分离切分方案主要是指：Option5、Option6 和 Option7。注：Option8 类似今日的 CPRI 方案，可单独考虑。针对 Option 6(MAC-PHY)，CU/DU 间的前向接口除了要传输用户业务数据、协议的控制配置信息外，很多调度相关的动态控制信息也需要在 CU/DU 之间交互，如果接口不理想且时延

大，将会极大影响 HARQ 定时和空口传输的正常运行，从而降低调度传输效率，CU/DU 之间交互的总信息量也偏大。

Option7 再进一步细分的子切分方案如图 4-13 所示，每种子切分方式，表 4-2 和表 4-3 又给出了具体的容量分析。从大部分传统网络设备厂家来看，是不愿意进行 LLS 方案标准化的，因为一旦标准化，将意味着蜂窝设备市场会出现“瘦基站节点”或“轻量级 DU 节点”，极大地削弱了传统基站厂家通过高集成度所带来的设备市场价值和利润。由于 LLS 导致更多高层协议的实现集成放在了 gNB-CU 内，因此这部分功能价值也很可能被不同的设备厂家所争夺获取和利益稀释，比如，有些 IT 类厂家，虽不善于 PHY/RF 模块的开发，但却善于空口高层协议模块的开发集成，于是在 5G 基站设备市场中就可能有更多获利的机会。从某些中高端运营商看，它们很支持 LLS 的标准化工作，因为这不但可能带来更好的网络整体综合性能，还能改善、优化未来 5G 网络设备侧的供应生态链。

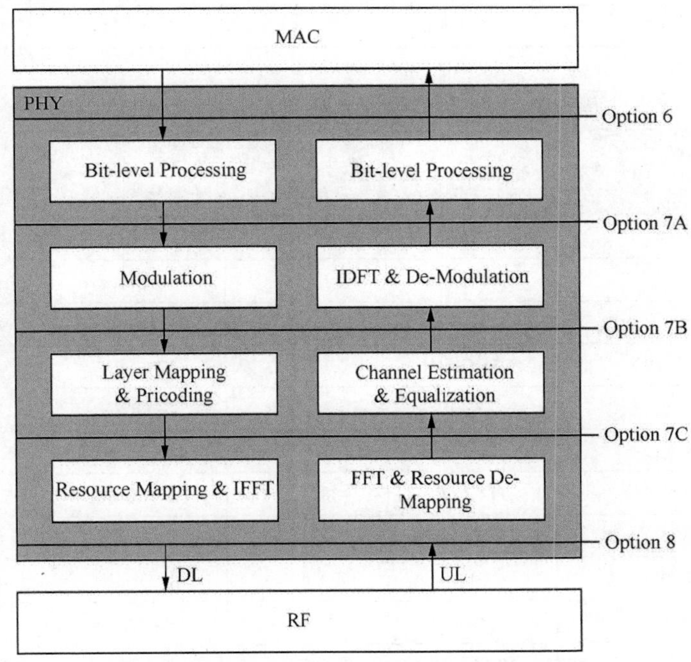

图 4-13　5G gNB CU/DU 分离 LLS 低层切分示意

表 4-2　Option 6 ～ Option 8 所需的下行比特速率对比

CU/DU 分离 LLS 切分方式	系统工作带宽			
	10 MHz	20 MHz	200 MHz	1 GHz
6	0.2 Gbit/s	0.39 Gbit/s	3.9 Gbit/s	19.6 Gbit/s

续表

CU/DU 分离 LLS 切分方式	系统工作带宽			
	10 MHz	20 MHz	200 MHz	1 GHz
7A	0.55Gbit/s	1.1 Gbit/s	11 Gbit/s	54 Gbit/s
7B	2.2 Gbit/s	4.3 Gbit/s	43 Gbit/s	215Gbit/s
7C （2 天线）	0.55 Gbit/s	1.1 Gbit/s	11 Gbit/s	54 Gbit/s
7C （8 天线）	2.2 Gbit/s	4.3 Gbit/s	43 Gbit/s	215 Gbit/s
7C （64 天线）	17.2 Gbit/s	34.4 Gbit/s	344 Gbit/s	1 720 Gbit/s
7C （256 天线）	69 Gbit/s	138 Gbit/s	1 376 Gbit/s	6 881 Gbit/s
8（2 天线）	1 Gbit/s	2 Gbit/s	20 Gbit/s	100 Gbit/s
8（8 天线）	4 Gbit/s	8 Gbit/s	80 Gbit/s	400 Gbit/s
8（64 天线）	32 Gbit/s	64 Gbit/s	640 Gbit/s	3 200 Gbit/s
8（256 天线）	128 Gbit/s	256 Gbit/s	2 560 Gbit/s	12 800 Gbit/s

表 4-3　Option6 ～ Option8 所需的上行比特速率对比

CU/DU 分离 LLS 切分方式	系统工作带宽			
	10 MHz	20 MHz	200 MHz	1 GHz
6	0.2 Gbit/s	0.39 Gbit/s	3.9 Gbit/s	19.6 Gbit/s
7A	1.84 Gbit/s	3.6 Gbit/s	36 Gbit/s	184 Gbit/s
7B	0.92 Gbit/s	1.84 Gbit/s	18.4 Gbit/s	92.2 Gbit/s
7C （2 天线）	0.55 Gbit/s	1.1 Gbit/s	11 Gbit/s	54 Gbit/s
7C （8 天线）	2.2 Gbit/s	4.3 Gbit/s	43 Gbit/s	215 Gbit/s
7C （64 天线）	17.2 Gbit/s	34.4 Gbit/s	344 Gbit/s	1 720 Gbit/s
7C （256 天线）	69 Gbit/s	138 Gbit/s	1 376 Gbit/s	6 881 Gbit/s
8（2 天线）	1 Gbit/s	2 Gbit/s	20 Gbit/s	100 Gbit/s
8（8 天线）	4 Gbit/s	8 Gbit/s	80 Gbit/s	400 Gbit/s
8（64 天线）	32 Gbit/s	64 Gbit/s	640 Gbit/s	3 200 Gbit/s
8（256 天线）	128 Gbit/s	256 Gbit/s	2 560 Gbit/s	12 800 Gbit/s

4.2.3　gNB-CU 和 gNB-DU 分离后的典型流程

基于上述 Option2 的 gNB 高层分离切分 HLS 方案在 Rel-15 标准化，

gNB-CU 和 gNB-DU 之间可以通过标准化的 F1 逻辑接口相连接，F1 接口拥有和 NG 接口类似的“垂直类接口”的特点，比如，上下游节点的逻辑地位和功能权力不同，F1 接口一定程度上增加了控制面信令和用户面数据传输时延和可能丢包率等，因此需要新机制去优化。

图 4-14 是 UE 进行随机接入的典型流程，可以看出，在 gNB 高层分离切分的情况下，UE 需要更多的消息条数（F1 接口多出了 8 条消息）和时延才能完成随机接入过程，这对于某些用户业务是不利的，其他 NG 和空口 Uu 上的流程消息和 gNB 不进行分离切分情况下的相同。虽然 F1 接口是开放的，但同厂家仍然可以把 gNB-CU 和 gNB-DU 逻辑节点，通过实现的手段集成在同一物理基站设备内，从而可以避免一些协议功能分离而带来的缺点，比如，缩短传输时延。

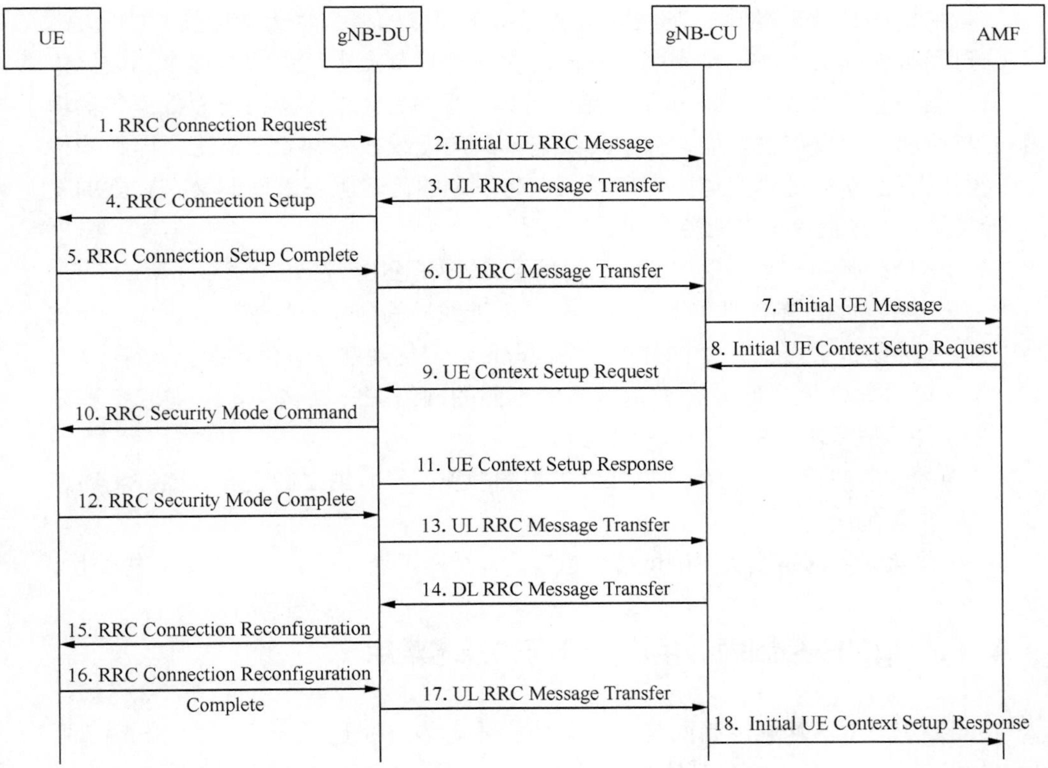

UE
gNB-DU
gNB-CU
AMF
1. RRC Connection Request
2. Initial UL RRC Message
3. UL RRC message Transfer
4. RRC Connection Setup
5. RRC Connection Setup Complete
6. UL RRC Message Transfer
7. Initial UE Message
8. Initial UE Context Setup Request
9. UE Context Setup Request
10. RRC Security Mode Command
11. UE Context Setup Response
12. RRC Security Mode Complete
13. UL RRC Message Transfer
14. DL RRC Message Transfer
15. RRC Connection Reconfiguration
16. RRC Connection Reconfiguration Complete
17. UL RRC Message Transfer
18. Initial UE Context Setup Response

图 4-14　5G gNB CU/DU HLS 下 UE 随机接入流程示意

4.3 gNB 控制面、用户面分离式部署

4.3.1 控制面、用户面实体分离需求

过去 4G LTE 和今日的 5G NR 在核心网侧，控制面和用户面实体一直都是分离的，如 MME 和 SGW、AMF 和 UPF。在 ng-eNB、gNB 基站内，虽然控制面和用户面的功能一直都是从逻辑上分开定义的，但在 3GPP 标准层面，它们必须处于同一个逻辑实体之中，即不能在逻辑实体上分开。

在 5G UDN 网络中，基站节点被超密集部署的概率将大大增加，UE 大部分时间可能都会同时连接到多个不同的物理传输节点上，以增强信令和数据传输性能。gNB 基站控制面和用户面分离具体是指：终端 UE 用户面数据传输功能与控制面信令传输功能，分别终结在不同的无线接入网元节点上，即无线接入网既有独立的逻辑实体为 UE 提供控制信令的传输服务，同时又有独立的逻辑实体为 UE 提供用户业务数据的传输服务。

gNB 控制面与用户面的分离，可能会带来如下几点益处。

- 集中化的控制面功能具有进一步增强无线异构网性能的潜力，例如，通过集中统一的 RRM 协同处理、资源分配、干扰规避、负荷均衡协调等手段。
- 可以灵活地适配复杂异构网络中不同的网络拓扑结构、不同地域资源条件，以及不同特性的用户业务需求。
- 控制面或用户面实体各自独立承担的功能，具有独立的实现、演进和动态扩展的能力。
- 优化无线网络设备侧的供给生态链，支持多厂家之间的设备 IoT 互操作性。

4.3.2 gNB 控制面、用户面分离的技术难点

最初，gNB 基站控制面与用户面功能分离的研究是以 3GPP TR38.913 列出的 LTE 架构和协议栈基本网络功能为起点的，LTE 网络架构和基本功能如图 4-15 所示。

从图 4-18 中灰色方框部分开始，RRC 层的功能属于控制面，它控制了几乎所有无线资源的管理控制。灰色方框之上的跨小区 RRM 功能、RB 控制、移

动接续性、无线接入控制、eNB 测量配置以及动态资源分配等功能也属于控制面功能，而用户业务数据的传输则属于用户面功能。

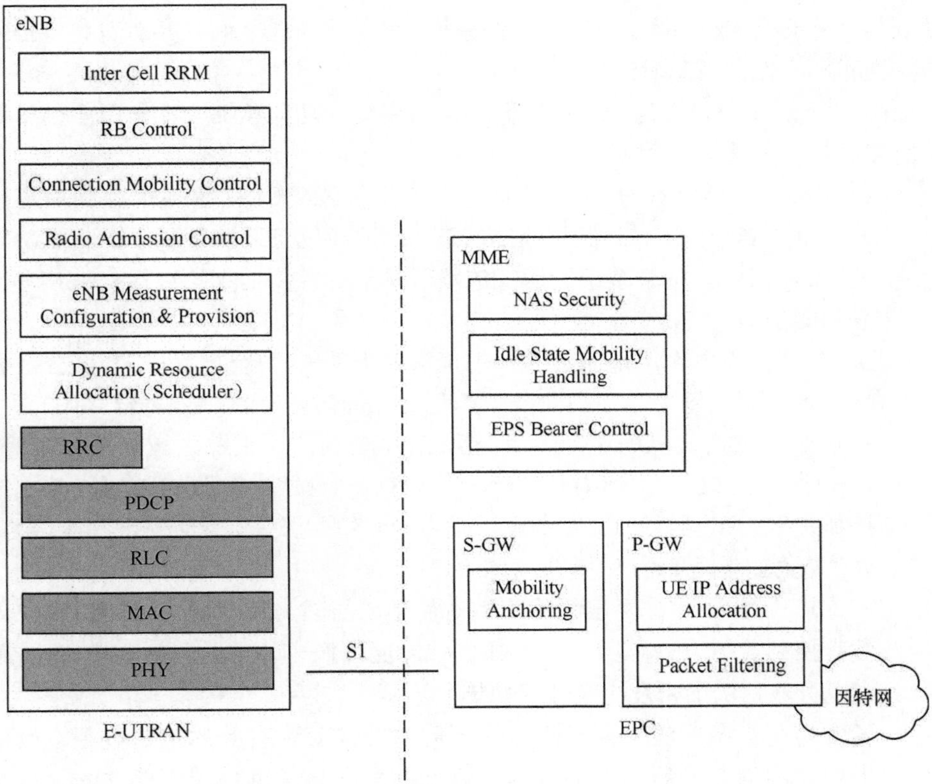

图 4-15　LTE 网络节点功能架构

目前，gNB 基站控制面与用户面分离的结构有两种基本方式，涉及不同的程度：

- 一种扁平化的控制面和用户面分离结构，如 LTE 中控制面与用户面的各自所有功能都分离；
- 一种分层化的控制面和用户面分离结构，其中 LTE 中某些需要同时用到控制面与用户面功能的并未分离，取而代之的是某些对时间不敏感且彼此不依赖的控制面和用户面功能可以分离。

由于 NR gNB 的系统架构和协议栈基本是基于 eNB 的，对应的跨小区 RRM 功能、RB 控制、移动接续性、无线接入控制、eNB 测量配置以及动态资源分配等功能属于 NR 控制面功能，其他所有协议层都是由控制面和用户面共享的。所有高层 RRC 控制信令和用户业务数据传输都会利用相同的空口用户面协议。无论 LTE 还是 NR，其空口协议栈都经过了精心设计，只有在同时考虑控制面和用户面功能紧耦合在一起的情况下，5G 空口的性能才能达到最优，物理分离后势必会降低性能。gNB 基站内大部分低层功能之间其实有着比较强的依赖性和耦合性，因此很难强行分离。

在 LTE Uu 空口上，一些控制面功能与用户面功能紧耦合在一起的例子如下所述。

- 物理层：包括 PBCH、PDCCH、PDSCH、EPDCCH 等多个控制信道以及数据信道 PDSCH。但是数据信道 PDSCH 也可以携带属于控制面功能的 PCH 信息。整个系统的运行依赖于其他的控制信令，包括空口参考信号和同步信号等。
- MAC 层：主要作用是对数据包进行格式上的一致化处理，不会区分数据到底是控制信令还是用户业务数据包。但同时，MAC 层里仍然有一些控制功能，包括 RACH 过程、小区激活及去激活、跟踪区域相关命令等。对某个 UE 来说，在当前服务 eNB 内只有一个 MAC 实体。该实体负责全部控制信令及用户数据的调度传输，因而从网络的角度看，是无法把 MAC 层实体分离为控制面及用户面单独实体的。
- RLC/PDCP 层：这两层的功能相对简单，虽然为用户面协议，但其中仍然有控制 PDU 的概念，比如 RLC 状态反馈报告、对上层 RRC 信令及用户业务数据的加密及完整性保护等。
- 调度功能：调度的主要目的是为不同的信源分配有效的传输资源，包括上层控制信令及用户业务数据。调度的规则是通过控制面建立的，并且会影响到接下来控制面的设置，同时也是用户面资源分配机制的核心。单 MAC 为了达到最佳的集中式调度效果，需要掌握各个 UE 实时的上下行用户面数据量状况。因此，调度功能同时涵盖着控制面和用户面功能。
- 逻辑信道复用：这项功能在于把来自不同逻辑信道的数据复用到相同的时频域资源上。显然，这是一项为了提升用户面数据传输性能的用户面功能。然而，复用操作是受控制面的配置和策略控制的，这样使得复用就不再可能是单纯的用户面功能。

综上所述，5G NR 协议栈各协议实体的控制面功能与用户面功能之间也存在着极强的依赖性和耦合性，这使得 gNB 在控制面与用户面功能分离方面，特别是低层的协议实体，变得困难重重，标准化的难度很高，且不一定对网络性能有明显的增益。但是对于某些高层的协议实体，它们之间的依赖性和耦合性稍微减弱，可能存在标准化的可能性。

4.3.3　gNB 控制面、用户面实体分离和 CU/DU 实体分离的关系

虽然 gNB 内整个空口协议栈 CP/UP 的逻辑实体分离很困难，但仔细研究后发现：处于相对高层的控制面 RRM/RRC 和用户面 SDAP/PDCP 对应的协议功能，相对于时延不太敏感，并且彼此间的依赖性和紧耦合度不高。因此在结合已标准化的 HLS Option 2 情况下，gNB-CU 实体内可能实现 CP/UP 的逻辑实体分离，但是 gNB-DU 实体仍然需要保持紧耦合，不能被逻辑实体分离。

图 4-16 所示是基于 CU/DU Option 2 高层分离方案的一种部署场景，同时结合应用了双连接技术，即虽然 gNB-DU 实体不能被分离，但可以为 gNB-CU-CP 控制面实体和 gNB-CU-UP 用户面实体分别配置不同的 gNB-DU 分支，从而控制面信令和用户面数据在空口也可以被彻底分离。这样就实现了一种基站内控制面与用户面的分离部署，使得 gNB 基站内功能运行和资源分配变得更加灵活，比如，把 SDAP 和 PDCP 相关资源全云化移至集中式网元 gNB-CU-UP 内，直接对接核心网用户面实体 UPF，同时把 RRM/RRC 功能全部集中在宏小区基站内，或者上移至集中式控制面网元 gNB-CU-CP 内，直接对接核心网控制面实体 AMF，这样的分离部署架构，允许用户面功能资源和控制面功能资源的独立扩展、演进和利用。

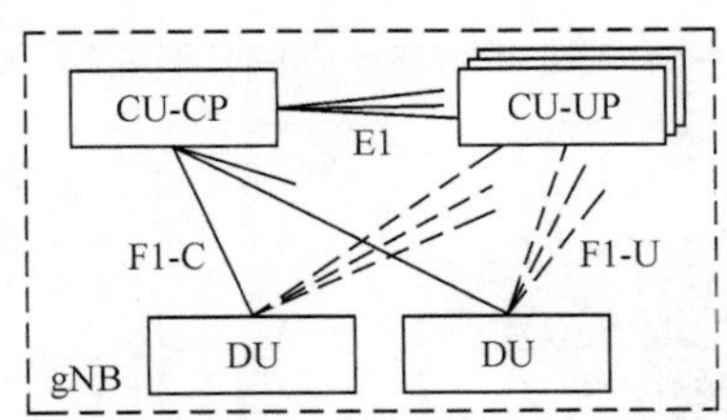

图 4-16　基于 CU/DU Option 2 高层分离方式的 CP/UP 分离部署示意

gNB-CU-CP 控制面实体和 gNB-CU-UP 用户面实体之间，可以有待标准化的新接口 E1，它用来传输控制面对用户面的相关配置。gNB-CU-CP 和 gNB-CU-UP 也可以同时连接在同一个 DU 上，此时控制面信令和用户面数据在空口不是彻底的分离，如图 4-17 所示。

进一步地，gNB-CU-CP 和 gNB-CU-UP 除了都是集中式部署之外，还可以分别是分布式部署，此时它们分别和 DU 实体处于同一层次，如图 4-18 和图 4-19 所示。这种灵活的部署方式可以根据业务需要，分别减少控制面或用户面的空口传输时延。当 gNB-CU-CP 和 gNB-CU-UP 都分布式部署时，都和 DU 实体处于同一层次，此时就回退到传统的扁平化基站部署方式。

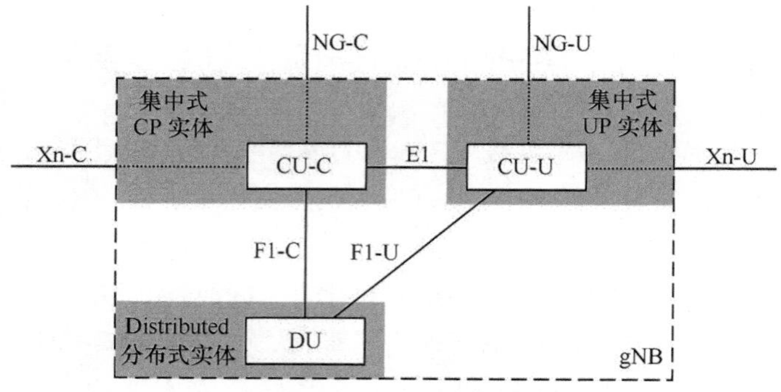

图 4-17　CU-CP 和 CU-UP 集中式部署示意

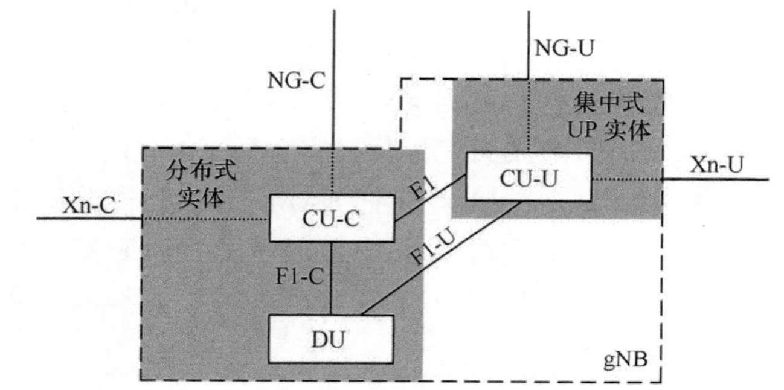

图 4-18　CU-CP 分布式 CU-UP 集中式部署示意

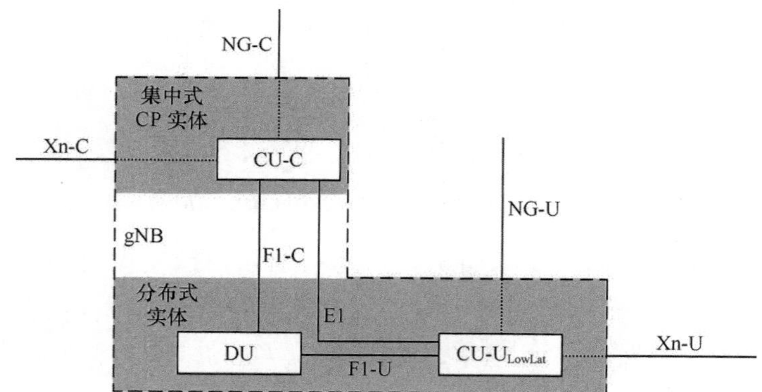

图 4-19　CU-CP 集中式 CU-UP 分布式部署示意

4.3.4　gNB-CU 实体的控制面 / 用户面分离后典型流程

gNB-CU 中的 CP/UP 功能实体分离之后，将会影响到原本涉及用户面处

理的所有流程，如 PDU 会话建立、修改和释放，以及移动切换、双连接操作等流程，因此标准层面会带来较大的工作负荷。那些原本只需要厂家内部私有实现的流程，需要被 E1AP 协议在消息信元级标准化定义。除此之外，还会引入一些新的流程，比如在图 4-20 中，CU-CP 控制锚点实体不变，而 CU-UP 用户锚点实体发生了迁移，这种流程在以前是不对外呈现的，而现在却需要新的标准化流程定义来支持。在 CU-CP 和 CU-UP "解耦性原则" 的指导下，在 CP/UP 分离部署下的网络侧，UE 和 CU-CP 实体与 CU-UP 实体之间的连接及其移动性管理，也可以是相对独立的，即可能移动中的 UE 连接的 CU-CP 实体保持不变，但 CU-UP 实体发生了切换改变，或 UE 连接的 CU-UP 实体保持不变，但 CU-UP 实体发生了切换改变，或者 CU-CP 和 CU-UP 实体都发生了切换改变。

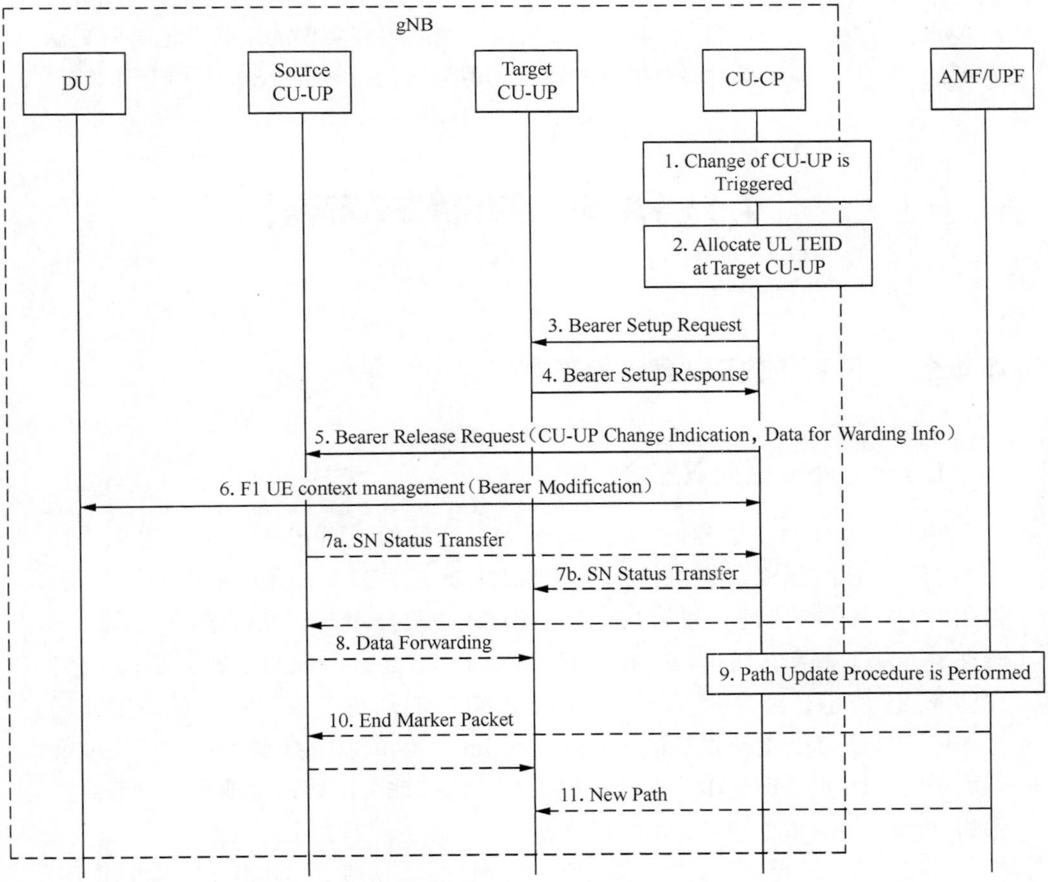

图 4-20　CU-CP 控制锚点不变，CU-UP 用户锚点发生迁移

基于 gNB CU/DU 高层分离之上的 CP/UP 分离，已于 2017 年 12 月全会上 WID 立项成功，旨在 Rel-15 阶段标准化 E1 接口，具体可参见 TS38.46x 系列协议。标准化的 E1 接口和 E1AP 协议，理论上有利于不同厂家节点设备之间的 IoT 对接互操作，从而为运营商部署组网、设备采购提供更多的选择便利。但如前面所说，具有“水平类接口”属性的 E1，在实际应用中并不是必需的，比如，同厂家的设备之间可以通过私有接口去实现，所以 E1 在未来的实际部署中是否会获得成功，还需通过后续的市场实践来检验。CU/DU 分离和 CP/UP 分离，对于单个网络设备商而言，在产品内部实现层面，其实并无太大的技术障碍；但对于寻求 IoT 对接互操作的异网络设备商而言，在节点功能和接口的标准化层面，确实有点儿“自找麻烦”“费力讨好运营商”的味道，因为，CU/DU 分离和 CP/UP 分离不但会增加大量的标准化工作负荷，还会增加额外的功能流程等方面的算法、开发、测试、维护工作量和成本。因此业界还有一种观点：CP/UP 分离可以完全仅仅做到网络产品内部实现的层面，也可满足运营商的 CP/UP 节点灵活部署扩容的需求，但无需进行 Stage3 的标准化工作。

|4.4　异构双/多连接方式部署|

4.4.1　NR 系统内双/多连接部署

1. Inter gNB 之间双连接

与 4G LTE-A DC 类似，在 NR 域内，相邻的不同 gNB 之间，可以支持同频 NR-DC 的操作，它也是基于类似 LTE-A DC 的系统架构和工作方式。但和 LTE-A DC 不同，同频 NR-DC 不仅可以支持 MgNB 和 SgNB 之间的异频部署、配置关系，还可以支持 MgNB 和 SgNB 之间的同频部署、配置关系，如图 4-21 所示。因为 MgNB 和 SgNB 的空口都是基于 NR RRC 的，因此同频 NR-DC 既可以支持“Single RRC Model”，也可以支持从 MR-DC 模型继承而来的“Dual RRC Model”，此时主辅节点彼此可以解析、理解对方节点产生的 Inter Node RRC message 内容。

同频 NR-DC 部署操作，在空口控制面支持 MCG Split SRB 和 SRB3（即 SCG SRB）。从网络侧的配置看，在空口用户面支持 4 种 DRB 类型，即，

MCG 承载、MCG Split 承载、SCG 承载、SCG Split 承载，其中 SCG Split 承载类型是过去 LTE-A DC 不能支持的。SCG Split 承载类型在 SgNB 中高频场景下尤其适用，比 MCG Split 承载、SCG 承载类型更加灵活高效。从 UE 侧看，MCG Split 承载和 SCG Split 承载可以统一成 Split 承载，因为 UE 不需要知道 NR PDCP 锚点在主辅节点哪侧的分支上。再进一步地，随着新 MR-DC 用户面分流架构 2C（MN Terminated SCG 承载）、2X（SN Terminated MCG 承载）的引入和模型统一化处理原则，空口用户面最终能支持下面 4 种 DRB 类型：MCG 承载、SCG 承载、MN Terminated 承载和 SN Terminated 承载，其中 MN/SN Terminated 承载又分为 Split 和 Non-Split 的配置模式。在网络侧和空口侧"解耦性原则"的指导下，网络侧的多连接配置操作和空口侧的多连接配置操作，可以是彼此相对独立的，相关组合呈现可以是：2+2 模式（两条网络侧连接 + 两条空口无线连接），2+1（两条网络侧连接 + 一条空口无线连接），2+0（两条网络侧连接 + 无空口无线连接，即 DC+RRC_INACTIVE 状态），1+2（一条网络侧连接 + 两条空口无线连接）等。

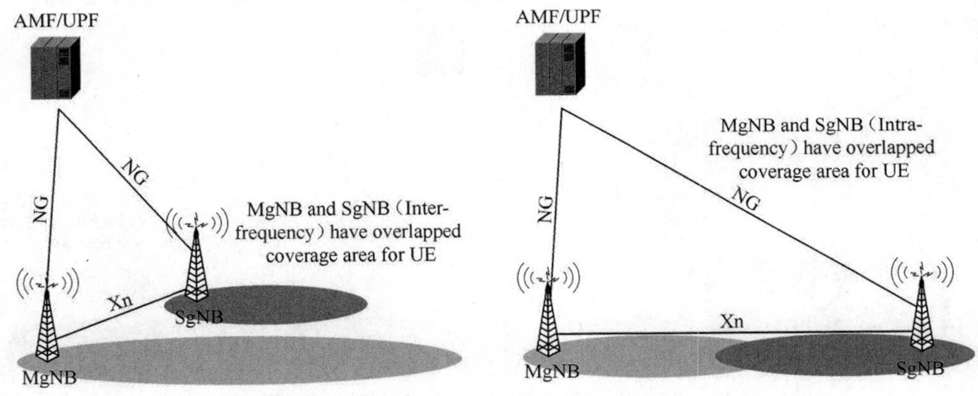

图 4-21 MgNB 和 SgNB 之间的异频和同频双连接部署

UE 在同频 NR-DC 相关部署场景下的各种基本操作流程和 LTE-A DC 的类似。但和 LTE Rel-8 初始版本不同，NR Rel-15 从初始版本开始，即可深度支持异构微蜂窝的部署方式，因此大部分 NR 能力的终端，就能具备无线链路双连接能力，未来的演进版本还可进一步支持多连接的能力。因此从网络部署的角度看，系统容量能够更加灵活、有针对性地进行配置。比如，当网络热点突然出现的时候，可以动态地开启 5G NR 增容小小区。从终端的角度看，泛在的双连接操作意味着用户在峰值速率、平均数据吞吐率、链路健壮性等方面均能得到较大的改善，尤其当 UE 处于小区边缘和中高速运动下，用户各类数据业务性能的一致性更容易得到维护。

2. 异频 DU 之间双连接

随着集中式部署 gNB 支持 CU/DU HLS 高层分离，单个 gNB 可以由单个 gNB-CU 实体外加多个 gNB-DU 实体组成，因此当 UE 同时和两个 gNB-DU 节点建立了无线链接，网络侧就有两个独立的 MAC 实体在进行独立的数据调度传输，按照当前定义，这也是一种双连接操作。但此时由于 UE 还是只连接着一个物理 gNB 实体，因而不存在主辅节点的概念，Xn 接口双连接相关的流程也不起作用。

和同频 NR-DC 情况类似，同频 DU 之间的双连接，不仅可以支持 DU1 和 DU2 之间的异频部署、配置关系，还可以支持 DU1 和 DU2 之间的同频部署、配置关系，如图 4-22 所示。因为此时只有一个 NR RRC 实体，因此异频 DU 构成的双连接操作天然就是“Single RRC Model”，两个关联 DU 都只需要透传通过 F1AP 消息容器承载的 RRC 消息，并且传输从 / 去 gNB-CU 的 PDCP PDU 数据包。

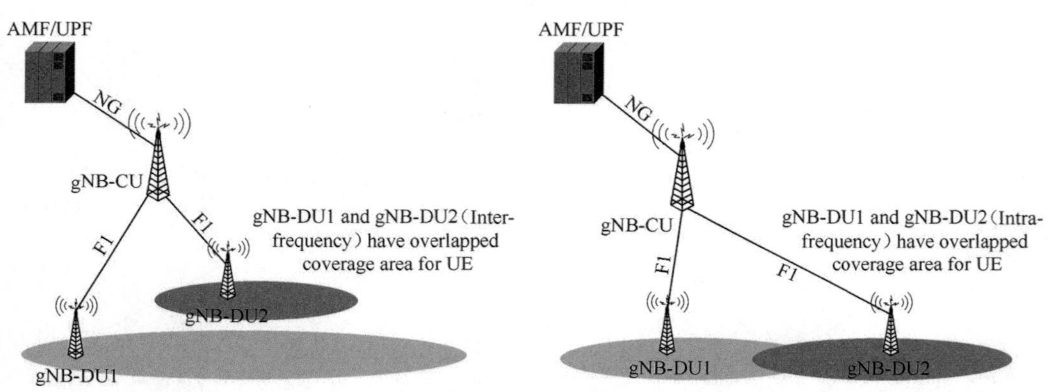

图 4-22 CU 和 DU 之间的异频和同频双连接部署

和 LTE 扁平化节点的特征不同，NR Rel-15 从初始版本开始，即可深度支持 CU/DU HLS 分离部署方式，即众多 gNB-DU 实体共享高层协议相关的基带资源池，从而进行大范围的协同覆盖。因此从网络部署的角度看，系统的基带资源利用效率将得到大大提升，比如，当出现通信“潮汐效应”之时，基带资源利用效率不会下降，当突发通信超级热点之时，基带资源不会出现拥塞。从终端的角度看，虽然用户面和控制面的传输时延，因为 F1 接口的存在而稍微变大，但用户在峰值速率、平均吞吐率、链路健壮性等方面也能得益于异频 DU 之间的双 / 多连接操作，在同频部署 DU 的覆盖边界，用户业务数据性能的一致性也易于维护。

当 gNB-CU 同时为 UE 配置了两个或以上的 gNB-DU 时，也不一定非要像双 / 多连接操作那样，同时在多个无线链路上传输用户数据，也可以进行所谓集中式传输操作，即当一条 RL 发生链路故障时，可以快速切换到另外一条“预配置好的备份 RL”上，继续进行 PDCP PDU 数据包的传输和重传。当之后源 RL 恢复正常时，也可以快速切换回去。这种集中式传输操作比起异频 DU 之间的硬切换操作更加流畅，易于维持用户业务体验。集中式传输操作流程示意如图 4-23 所示，其中 UE 和 gNB-CU 有单一的 RRC 连接，却和 gNB-DU1 和 gNB-DU2 有相同的 DRB 配置。gNB-CU 基于 F1-U 用户面控制帧 DDDS，得知 gNB-DU1 和 gNB-DU2 的无线链路的实时情况，决定在哪条无线链路上收发数据，但某段时间内只能在一条无线链路上收发数据。

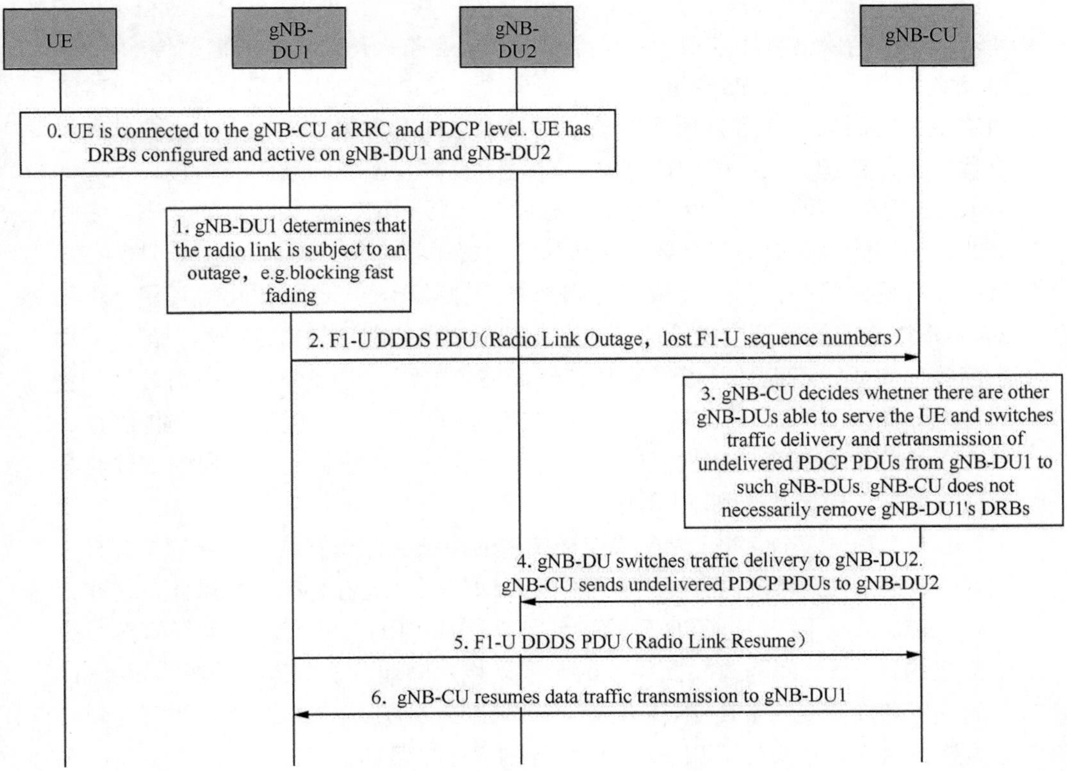

UE　gNB-DU1　gNB-DU2　gNB-CU

0. UE is connected to the gNB-CU at RRC and PDCP level. UE has DRBs configured and active on gNB-DU1 and gNB-DU2

1. gNB-DU1 determines that the radio link is subject to an outage，e.g.blocking fast fading

2. F1-U DDDS PDU（Radio Link Outage，lost F1-U sequence numbers）

3. gNB-CU decides whetner there are other gNB-DUs able to serve the UE and switches traffic delivery and retransmission of undelivered PDCP PDUs from gNB-DU1 to such gNB-DUs. gNB-CU does not necessarily remove gNB-DU1's DRBs

4. gNB-DU switches traffic delivery to gNB-DU2. gNB-CU sends undelivered PDCP PDUs to gNB-DU2

5. F1-U DDDS PDU（Radio Link Resume）

6. gNB-CU resumes data traffic transmission to gNB-DU1

图 4-23　集中式传输操作流程示意

上述是基于同一 gNB-CU 内异频 DU 之间的双 / 多连接操作，标准也不排除基于多个 gNB-CU 之间的双 / 多连接操作，此时异频 gNB 之间和异频 DU 之间的双 / 多连接场景将组合混搭在一起。同理，在 EN-DC 部署下，MeNB

和 NR 域内的异频 DU 之间的双 / 多连接场景也将组合混搭在一起，这些都属于 5G UDN 异构部署场景下的异构多连接操作。

4.4.2 多 RAT 之间双 / 多连接部署

1. NR 和 LTE 双连接部署

过去，当 2G/3G/4G 蜂窝网络共存时，终端（单 SIM）是无法同时和 2G/3G/4G 的网络基站节点建立多条独立的无线链接的，即不支持跨不同 RAT 之间的双 / 多连接操作。UE 在 RRC 连接态下，只能通过切换 / 重定向等流程手段来执行 Inter-RAT 跨系统服务小区之间的移动。切换 / 重定向流程不仅需要消耗较多的网络侧和空口上的信令资源，还会带来用户业务数据的传输中断，以及数据包的丢失（Packet Loss）等弊端。此外，在实际部署的 2G/3G/4G 网络中，它们只有在各自所属的核心网网元之间有逻辑接口，进行必要的跨系统移动协作流程，2G/3G/4G 基站节点之间没有直连的标准化逻辑接口，因此多 RAT 网络之间，实际处于网络资源和工作状态相对彼此隔离的状态，它们彼此之间不能实时地交互必要的网络和无线资源状态信息。因此，从不同 RAT 组成的异构网络整体看，无线资源和网络资源都无法充分且优化地利用。不同 RAT 系统之间的负荷均衡管理，或者各种无线链路移动性管理操作，都不能动态高效地完成，不但消耗着较多的控制面信令资源，还损失着用户面数据传输的性能。如果 5G UDN 部署还是沿用上述这种“异 RAT 间隔离”的传统，那么可以推算“系统资源和性能的损失”将可能进一步被放大，用户通信体验在跨系统的移动中无法得到本质的提升。

随着 LTE-A DC 和 LWA 双连接技术的持续演进和发展，未来的蜂窝异构大网中，同 RAT 系统内和多 RAT 系统之间的基站进行紧耦合互操作，将成为一种主流方向，因为它能更好地聚合所有 RAT 内的网络资源和无线资源，克服上述“异 RAT 间隔离”而导致的一系列技术弊端。从 NR 初始版本 Rel-15 开始，运营商便要求 NR gNB 必须要能和 LTE eNB 或者 ng-eNB 进行逻辑接口直连，从而进行类似 LTE-A DC 那样的双连接紧耦合互操作。

NR en-gNB 和 LTE eNB 直连是基于 X2 接口增强升级的，但基站仍然连接在 EPC 核心网上，相关的紧耦合互操作编号为 Option3 系列或者称为 E-UTRA NR-DC 双连接（EN-DC，E-UTRA NR Dual Connectivity），如图 4-24 所示。而 NR gNB 和 LTE ng-eNB 直连是基于 5G Xn 接口的，基站都连接在 5GC 核心网上，相关的紧耦合互操作编号为 Option7 和 Option4

系列，或者分别称为下一代 E-UTRA NR 双连接模式（NGEN-DC，Next Generation E-UTRA NR Dual Connectivity）和 NR E-UTRA 双连接模式（NE-DC，NR E-UTRA Dual Connectivity），分别如图 4-25 和图 4-26 所示。

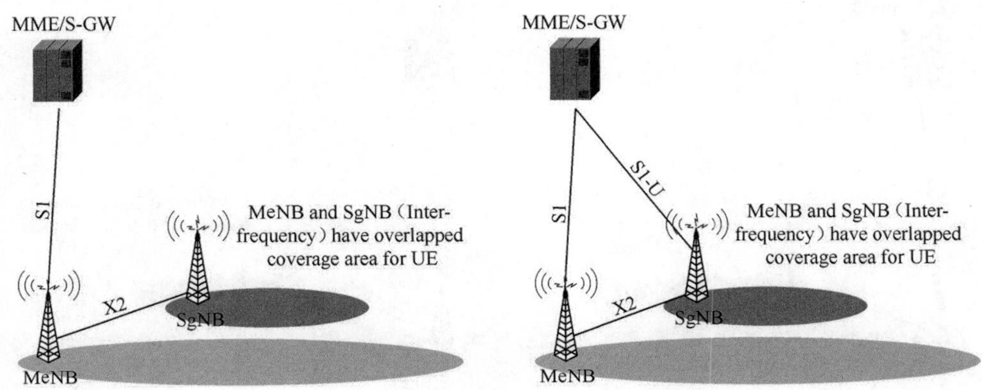

图 4-24　Option3 下 MeNB 和 SgNB 之间双连接部署

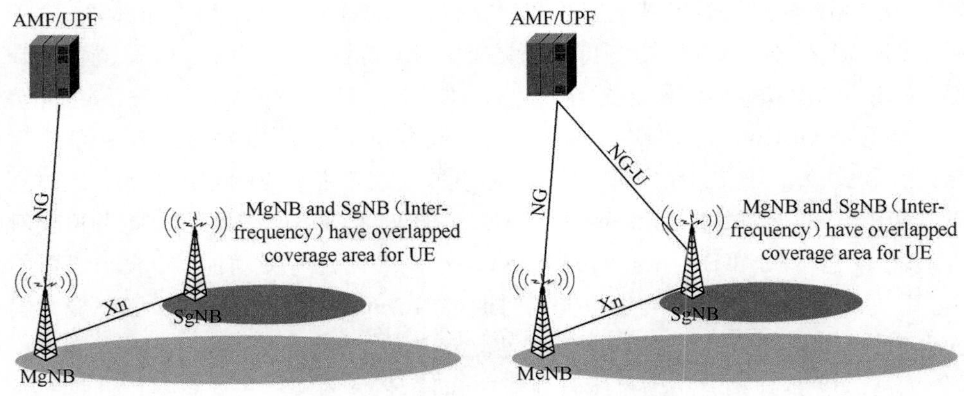

图 4-25　Option7 下 MeNB 和 SgNB 之间双连接部署

Option3 系列下 NR en-gNB 的部署是为了满足部分中高端运营商迫切希望尽早利用 5G NR 技术去部署、应用 5G 相关业务，此时的 gNB 称为 en-gNB，它虽能支持全新的 5G NR 特性，比如，灵活帧结构、新编码波形、不同的 Numerology/（TTI，Transmission Timing Interval）长度、单工作载波内灵活的 BWP 配置等，但从系统网络接口的角度看，它仍然是一种“超级 4G+ 基站”，因为它仅仅支持 X2-C、X2-U 和 S1-U 逻辑接口，且即使具备 NR 能力的 UE 也不能独立接入 en-gNB（注：在 Option3 下，en-gNB 不能支持 S1-C 逻辑接口，因此 en-gNB 在 Option3 下，不能以独立或主节点的方式工作)。Option3下的SgNB也可以是一种配置状态，它也可能同时通过NG接口连接着5GC，因此能力层面也可能是5G gNB基站。X2接口控制面流程和用户面都为EN-DC功能进行了增强升级。

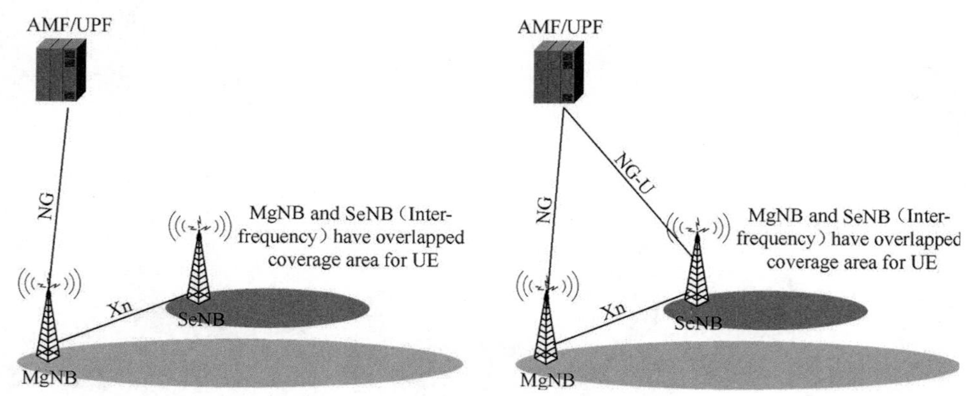

图 4-26 Option4 下 MgNB 和 SeNB 之间双连接部署

Option7系列是为了满足运营商能充分利用5G NR技术和全面部署5G相关业务，此时不仅gNB能支持全新的5G NR特性，从网络接口看，全新升级的ng-eNB和gNB还能支持5G Xn-C、Xn-U和NG-C、NG-U逻辑接口。注意在Option7下，作为辅节点的gNB(SgNB)不需要配置NG-C逻辑接口，因此该gNB在Option7下，不能以独立或者主节点的方式工作。此时全新升级的ng-eNB总是Master节点(MeNB)，它和SgNB可以支持NR全新的QoS架构(PDU Session/QoS Flow)和网络切片等新功能。Option7下的SgNB是一种配置状态，它也可能同时通过NG-C接口连接5GC，因此能力层面也可能是能独立工作的5G gNB基站。

Option4系列是为了满足运营商能在5G NR技术和相关业务已广泛且充分部署之时，仍然能尽量延续使用过去eNB遗留资源，以保护网络投资。此时全新升级的ng-eNB和gNB都能支持Xn-C、Xn-U和NG-C、NG-U逻辑接口。注意在Option4下，作为辅节点的SeNB不需要配置NG-C逻辑接口，因此该eNB在Option4下，不能以独立或者主节点的方式工作。此时gNB总是MgNB，而全新升级的ng-eNB总是SeNB，它们也都可以支持NR全新的QoS架构(PDU Session/QoS Flow)和网络切片等新功能。Option4下的SeNB是一种配置状态，它也可能同时通过NG-C接口连接着5GC，因此能力层面也可能是能独立工作的5G ng-eNB基站(注：Option4下，MgNB只能双连接去聚合升级后的5G ng-eNB，而不能去聚合未升级的LTE遗留eNB，

因为它们不能支持 Xn 和 NG 逻辑接口）。

在 5G 网络部署的早期，Option3 和 7 系列部署应用得比较广泛，因为 MeNB 可提供较成熟稳定的宏小区覆盖，而 SgNB 多以小小区的部署方式为主，比如，用于热点容量增强，此时 SgNB 不需要支持 gNB 的全部空口功能，如系统广播消息、S1-C 或者 NG-C 逻辑接口功能等。一种最典型的部署场景：SgNB 部署、配置在高频段，采取波束扫射的工作方式，以增强特定目标服务区域内的容量和无线覆盖。随着 5G 系统的成熟，以及 5G 用户数目越来越多，5G 新业务市场应用的普及深入，还有 2G/3G 遗留系统的逐渐退网，部分低频段内的优质无线载波资源被释放出来，5G gNB 逐渐更值得以独立方式去大规模地部署，进而担任主节点的角色，提供宏小区的覆盖。此阶段，由于现网仍然存留大量的 ng-eNB 设备，因此可以通过 Option4 的部署方式来继续聚合利用，运营商的网络资源能够得到保护和价值寿命的延续。上述部署路径，是业界一种主流的看法，对当前蜂窝市场既得利益方相对更有利。但对于新兴系统厂家，比如，LTE 现网市场份额较小的设备厂家，则可能有不同的部署路径策略，以推动 5G NR 系统能更快、更广地部署和利用。

上述 LTE 和 NR 系统之间各种 MR-DC 紧耦合的部署方式，既可以是针对扁平化的同（异）站同（异）址基站，又可以和集中式部署 CU/DU 高层分离的 en-gNB 和 gNB 组合混搭在一起，这些都属于 5G UDN 异构部署场景之一。

2. NR 和 WLAN 双连接部署

如前面的章节所述，LTE-A 系统可以支持 LWA 功能，实现主锚点基站 MeNB 对 WT 节点（WLAN 域内的 AP 资源）无线资源的聚合利用。类似地，作为主锚点基站的 MgNB，理论上也可以对 WT 或其演进节点进行类似的聚合利用。这种部署场景下，WLAN 设备厂家，也可以参与到 5G 蜂窝移动市场的大产业链之中，且能在一定意义上为运营商们提供更多的方案选择。WLAN AP 无线节点设备，通常要比 3GPP 无线基站设备更“简约轻量化”一些，单站采购的价格也更便宜，因此大规模部署的成本相对更低，这对某些“资金方面捉襟见肘”的运营商无疑很有吸引力。业界还有另外一种观点：NR gNB 未来不一定会支持类似 LWA 的功能，因为 gNB 在传输带宽（特别是高频的部署应用）方面，远超过了 LTE-A eNB，所以 gNB 和 WLAN AP 节点在数据传输能力方面的差异性将被进一步拉大，进而会造成“胖带瘦节点间的协作失衡效应”，这并不有利于实际的部署应用。

根据当前 NR 的标准进展，这种部署场景被低优先级了，但是根据“兼容性原则”，NG 和 Xn 逻辑接口其实已经做好了未来和下一代 WT 设备直连互操作的准备。根据“用例性原则”，如果未来局部的蜂窝市场有强烈的需求，后续版本的 NR 应能顺利地支持类似 LWA 功能。5G NR LWA 操作和 4G LWA 基本类似，gNB 可以同基站内集成 WT，也可以通过新逻辑接口 Xw'(也可能是 Xn 接口)直连 WT 节点，如图 4-27 所示。

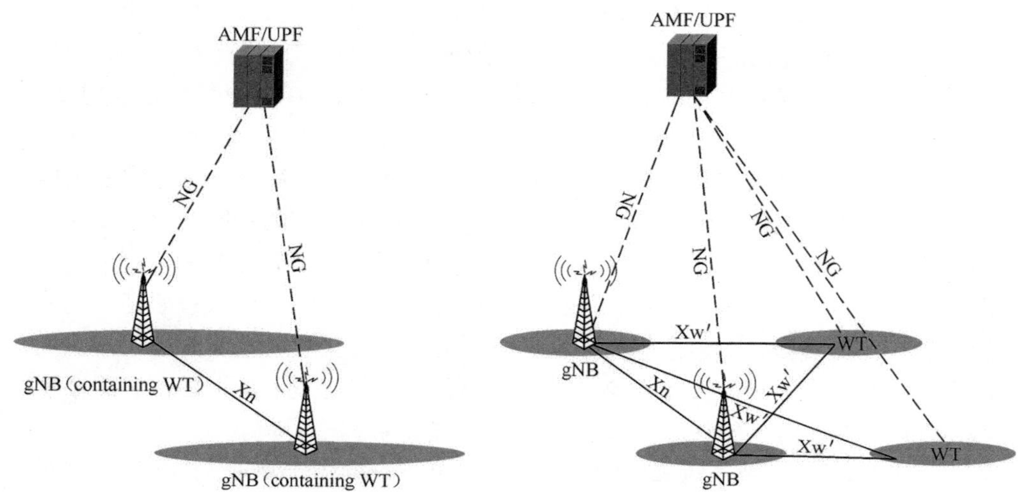

图 4-27　MgNB 和 WT 之间的双连接部署

进一步地，和 4G LTE-A LWA 不同的是，某些运营商甚至希望 5GC 核心网也能支持下一代 WT 节点和固网 W-5GAN 节点(Wireline 5G Access Network)以独立方式工作，能像 gNB 和 ng-eNB 那样，WT 节点也可以进行独立的部署组网工作，即 WT 也可通过 NG-C 和 NG-U 接口直连在 AMF/UPF 上独立工作。这种部署下，WLAN 设备将能彻底摆脱被 MgNB 束缚控制，自己不仅仅能起到用户数据分流的作用，UE 甚至可以直接通过下一代 WLAN AP 设备入网注册到 5GC，进行正常移动性操作等。很显然，这种方式不是 3GPP 传统运营商和网络设备商所期望的，但是符合某些阵营的商业利益。

4.4.3　高低频独立 SA/ 非独立 NSA 部署

1. NR 高低频非独立部署

高低频部署是指 gNB、ng-eNB 或者 WLAN 基站，被部署、配置在哪个频段上，通常 3GPP 认为 6 GHz 是高低频段的分界线。6 GHz 以下的频谱具备低频载波信道的传播特征，如，在路径损耗、信号散射 / 折射 / 反射 / 衰落等

方面特征，而 6 GHz 以上的频谱具备高频载波信道的传播特征。由于高频信道的路径损耗很强，且高频段无线信号很容易被空间障碍物遮挡，无法穿墙且对天气环境等较为敏感（如雨、雾霾），因此高频基站通常都是以小小区的方式来部署。

独立 / 非独立（Standalone/Non-Standalone）部署是指 gNB、ng-eNB 或者 WLAN 基站，能否直接让 UE 随机接入，完成和核心网 5GC 的入网注册和直接用户业务数据的传输。简单来说，独立部署要求基站能够支持 5G 网络接口和空口控制面、用户面的所有必要功能，这样才能支持传输必要的控制信令，以完成特定流程；而非独立部署则不要求基站能够支持 5G 全部网络接口和空口控制面的所有功能，仅仅需要支持部分网络接口和空口用户面的必要功能，这样至少能够辅助分流传输下行或上行的用户面业务数据。

独立 / 非独立部署主要是从 gNB、ng-eNB 或者 WLAN 基站的配置角度出发的，通过删减 / 去激活不必要的控制面功能，非独立部署方式可以减少非独立基站的开发测试、组网运维的成本。目前和未来非独立部署主要都是通过上述各种双（多）连接技术、紧耦合互操作技术来实现的。但反过来，在双（多）连接、紧耦合互操作中的 gNB、ng-eNB 或者 WLAN 基站，它们的设备能力仍然可以支持独立部署，因此可能也同时允许其他 UE 独立自主地接入使用。

2. NR 低频独立部署

gNB、ng-eNB 和 WLAN 基站理论上都可支持低频的独立部署。从 5G 网络接口和网络侧流程的角度看，在 5GC 统一的管理下，在网络接口流程方面，它们之间并不存在本质性的差异，只是各个流程消息中配置的参数需要根据不同 RAT 特性而各有不同。从空口流程的角度看，由于它们提供了不同 RAT 接入制式，因此无论是物理层技术，如编码波形、数据调度传输方式，还是具体空口协议栈的处理，都会有很大的不同。

总体来说，由于 gNB 相比 ng-eNB 和 WLAN 基站，有着更强的 NR 性能设计目标，如频谱效率、最大 MIMO 天线数以及总工作带宽能力等方面。由于低频段信道的无线传播条件相对较好，但剩下可用的总带宽资源比较有限，因此 3GPP 很重视对低频段 NR 频谱效率的提升、开发。过去，蜂窝移动技术从 1G → 2G → 3G → 4G → 5G，其中一个最本质的、核心的变化就是伴随着更强的空口物理层技术，低频段的无线频谱效率越来越高了。因此若去除掉现网和成本方面约束的考虑，gNB 在低频段的大量部署，有利于网络系统性能和 5G 业务开展的。NR 低频段部署的优势在于无线覆盖和服务链路的健壮性和连续性；而劣势在于系统容量瓶颈，但通过 5G UDN 部署可以得到缓解。

3. NR 高频独立部署

gNB、ng-eNB 和 WLAN 基站理论上也都可以支持高频段的独立部署，只需去调整、适配空口物理层的相关技术和空口协议栈的某些处理细节。但如前述，高频段信道的无线条件相对比较苛刻，因此信号链路的健壮性较差，这对于某些业务，比如，超可靠低时延通信（URLLC，Ultra Reliable Low Latency Communication）类用户业务，不容易被这种部署方式所承载服务好，需要引入其他更强的机制去保护数据传输的健壮性。由于高频段跨度很广泛，因此可利用的带宽载波资源比较充裕，因此在高频段上的频谱效率提升，没有像低频段上那么迫切和关键。目前，全球主流运营商为了能提供全业务范围（QCI，QoS Classification ID），实现电信级无线链路的健壮性要求，基本不采用高频段独立部署的方式，大部分倾向利用高频基站非独立部署方式来进行数据分流传输。

高频段通信通常会使用大规模天线阵列，以及波束赋形等先进技术，高频天线的物理尺寸都比较小（正比于波长），因此 UE 更容易内置毫米波天线阵列。通过大天线以及波束赋形操作，高频服务小区和服务波束覆盖下的 UE，可以分布驻留在不同的波束下工作，并且快速实现波束之间的跟踪切换，从而使高频基站和 UE 之前的通信链路客观上具备较好的空间隔离度，因此高频服务小区间的无线干扰协调抑制，可能并不是像低频段那样必需，或者没低频服务小区之间要求的那么强烈。

高频段通信虽然对服务小区间的干扰不敏感，但对空间障碍物的遮挡很敏感，甚至 UE 侧微小的位移或物理翻转也很容易发生波束链路失败，因此 NR 物理层对波束快速恢复有着重点研究的性能目标，空口高层 RRC 协议也能支持波束为粒度的 RRM 测量和结果信息上报等。

4.5 基于授权 / 非授权频谱资源的部署

授权频谱意味着一个或者多个运营商，购买和独占使用某频段内的若干载波资源，其他运营商或者无线设备不能同时使用它们。传统的 3GPP 系统都是以在授权频谱载波上，部署、配置服务小区为主要工作方式，随着 Rel-13 LTE-A LAA 技术的引入，逐渐实现了以授权载波为主服务小区（Pcell）辅助，通过 CA 方式去聚合、利用非授权频谱上的载波资源。但是，3GPP 系统至今还不能支持任何一种 RAT 制式的基站，能独立地在非授权频谱载波上部署工作，这种做法

是为了维持传统运营商和设备市场的商业准入门槛。否则，会有大量没有授权载波资源的企业，或者没有基于授权载波技术开发背景的设备厂商，比如一些 IT 类公司或者 Wi-Fi 阵营厂商，也能参与到蜂窝移动市场的价值利润竞争之中。

非授权频谱意味着某些频段频谱上的载波资源，任何运营商或者无线设备都能以公平竞争的原则去竞争使用。通过采取 LBT 策略手段，当检测到某个非授权频谱信道上资源空闲的时候，便可以尝试去占用和使用一段时间，随后释放掉刚刚使用的无线资源。由于基站节点间不确定竞争和各种手段的存在，非授权频谱无法提供可预期的载波资源供给利用，因此不合适去承载某些 QCI 要求高的业务。目前，运营商为了能提供全范围 QCI 的业务，实现电信级无线资源可配性和可控性，基本不采用在非授权频谱载波上独立部署基站的方式，大部分倾向利用非授权载波资源进行数据分流传输。

4.6　LTE 和 NR 共享频谱资源的部署

LTE 作为现有大规模部署的蜂窝系统，占据了很多优质的低频载波资源，具有室内外宏覆盖方面的先发优势。已经拥有大量 LTE 设备市场的优势厂家和既得利益方，希望后进蜂窝市场的 NR gNB 也能被 LTE 系统所控制或约束，不能完全、充分、独立地组网运行。在中高频段 > 6 GHz，由于 NR 系统引入了更先进的物理层技术，客观上比 LTE eNB 更适合部署运行，因此不存在和 LTE eNB 在空时频域上的资源竞争关系。如上述，LTE 系统对 NR 系统的控制，只能通过高层的双 / 多连接紧耦合互操作这类方式来实现，对 NR gNB 设备而言，还是相对处于资源利用比较自由的状态。但在低频段，由于总带宽资源很有限，gNB 的部署可能和现网 eNB 在空时频域有一定的重叠和冲突关系，比如，某些运营商要求 LTE NR 基站同载频、同覆盖下部署，此时就要求 gNB 和 eNB 之间能够和谐共存，共享着使用载波资源而进行联合互操作。这种共享频谱下 LTE NR 基站共存诉求的背后，既有客观的技术原因，也有巨大的商业利益原因。

（1）当前低频段有大量 FDD 方式部署的 LTE 系统，由于当前大部分移动数据业务的下行数据量大于上行数据量，因此上行载波资源有相当一部分是空闲或者没被充分利用，因此运营商们希望这些闲置的上行载波资源能够被 NR 系统所充分利用，以最大限度地发挥出高价购买的授权频谱资源的价值。

（2）这种共享频谱资源共存的部署方式，有利于强化 LTE 现有设备市场厂家的既得利益，在 gNB 和 eNB 共站共存的部署情况下，异厂家无法切入，从而LTE现网性能会因为NR系统的融入而再次增强，既得利益厂家的利益会被进一步地巩固、加强。在gNB和eNB异站共存的情况下，如果后进厂家想把自己的gNB设备切入到别人现有的蜂窝市场中，就必须通过基站间的X2和Xn接口，和对方厂家基站以半静态方式协调共享频谱内的时频资源，这其实会给共存互操作带来额外的复杂度以及较大的工程实现成本，如同不同厂家设备间的IoT对接在实践中几乎不可能实现。

（3）从移动用户升级的角度看，某些区域5G NR用户数和相关业务的渗透会慢慢地演进，为了避免NR专有的授权频谱资源的闲置和不饱和的利用，运营商们倾向采用无线资源Refarming的软过渡方式，即初始阶段只给NR系统分配较少的空（反映了部署的gNB基站数目和覆盖大小）时（上下行子帧资源配比）频（NR的载波工作带宽）资源。随着未来5G NR用户和相关业务量的增多、深入，逐步分配给更多的空时频资源给NR系统，直到5G NR系统值得独立地去专享某些空时频资源，完全独立地部署。这种Refarming软过渡方式可以平衡好运营商的授权频谱资源投入和市场价值收益。

（4）在NR系统某些工作频段下，如3.5GHz，在室内环境下，上行无线覆盖的能力可能稍弱，如果gNB基站单纯地利用自己的NR上行载波，可能上行性能达不到5G的综合要求，因此通过补充上行载波（SUL，Supplementary UL Carrier）技术可以利用已有低频LTE的上行载波资源，如1.8 GHz、900 MHz。这样当出现上行覆盖问题时，gNB基站可以动态利用LTE上行载波资源来弥补上行性能的不足，后续会更详细地介绍SUL机制。（注：针对NR gNB在3.5 GHz频段上会有上行覆盖缺陷的说法，业界另外一种观点是：如果充分考虑NR新空口的特性，通过终端侧多天线MIMO等技术的增强实现，NR在3.5 GHz频段上完全能提供足够好的上行覆盖，从而不依赖于SUL资源）。

因此LTE和NR基站在低频段的频谱共享共存技术有着多方面的现实意义和应用场景，这对于已拥有LTE现有蜂窝市场的厂家较为有利，因为它能为同厂家NR gNB的后续切入部署保驾护航，甚至完全共站内5G化设备升级。但这对蜂窝设备后进新兴厂家则挑战巨大，因为它们会受到现有LTE设备的强烈约束和控制，所以需要努力摆脱和现有不同厂家LTE设备的强耦合关系。最理想的方式当然是本厂家的gNB能够在专有授权载波上独立地部署运行，这样可完全摆脱被异厂家LTE设备的束缚。

除了上述由于LTE NR需要共享空时频域的无线资源而带来的频谱共享共存问题之外，上行低频载波的两次谐波干扰问题也会使得eNB对gNB基站的正常工作产生一定的负面影响，比如，1.8 GHz的上行载波发送信号的两次谐波会影响到3.5 GHz频段的下行载波信号接收，因此当处于MR-DC操作的终端 UE 在 1.8 GHz 发射上行 LTE 或者 NR 信号时，它无法在 3.5 GHz 频段内同时正常地接收 NR 或 LTE 下行信号。这也提升了 LTE 和 NR 基站之间协同互操作的诉求，对异厂家 NR 设备的市场切入，又进一步提升了技术门槛。

4.7　5G 网络切片化部署

随着运营商们更丰富的蜂窝数据业务和盈利模式的发展，它们迫切地需要单个物理蜂窝网络能够提供多个虚拟的端到端子网络，这些相对独立且彼此隔离的子网络称为网络切片。运营商可以让各个网络切片独立地运营、承载不同的租户对象和业务，以实现对物理网络资源的最大和最灵活的利用。过去 LTE 虽然能支持多 PLMN 运营商共享网络，但网络共享技术并不能保证各个运营商之间的运维完全隔离，因为时而会发生资源冲突和调度串扰。5G 网络切片式部署在强调网络资源高效共享的同时，也非常强调子网切片之间的良好隔离，彼此能独立地配置和运维，彼此的工作状态不会影响到对方，这使得单个物理蜂窝网络能够更好地去适配不同的租户对象和业务应用的开展需要。

网络切片并不意味着对无线接入网 NG-RAN 资源和空口资源进行硬切分，这些资源还是以最大限度共享的方式利用。NG-RAN 基站节点需要能有效、及时地跟踪、锁定待服务对象的网络切片标识，进行对应的资源分配和调度以及有针对性的隔离化处理和保护，从而使 NG-RAN 对外呈现出网络切片化的处理能力，如图 4-28 所示。

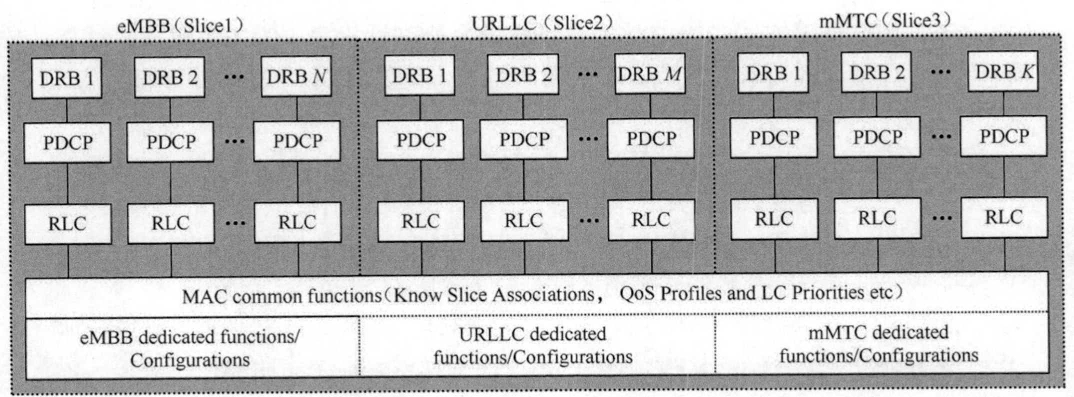

图 4-28　NG-RAN 基站切片化处理示意

单个 UE 最多可以和 8 个网络切片同时关联，并接收不同切片的业务数据服务，但 UE 仍然只能连接到一个 AMF 上。在 5G UDN 中，网络切片化部署可以通过多节点来实现，即并不需要每个基站节点支持所有的网络切片能力，但它们的合集可以支持所有的网络切片能力。UE 的多切片关联也可以通过多节点连接方式来实现。

4.8 5G UDN 部署中的工程化挑战

由于过去 2G、3G、4G 网络基站服务的长期运维遗留，继续服务广大的移动用户，2.6 GHz 以下的优质低频段内的载波资源可能无法在短期内被释放出来供 5G NR 使用，而 2.6 GHz 以下又没有更多的其他空白频谱资源专门分配给 5G NR 独立部署使用，因此预计早中期，5G gNB 基站较难部署在 2.6 GHz 以下。从实际部署场景看，6 GHz 以下的低频段主要用于宏覆盖，而 6 GHz 以上高频段主要用于热点区域覆盖，经过研究发现：3.5 ~ 5 GHz 之间的空白频谱资源用于 5G 广覆盖也比较合适，但该频段内的空白频谱资源也不是很多了。

基于无线电波的传播特性，频段越高，相同距离内的无线传播损耗就越大，换言之，相同无线覆盖面积内，需要的基站站点就会越多，有仿真表明：相同覆盖下，3.5 GHz 部署的基站数是 800 MHz 的 16 倍 / 是 1.8 GHz 的 4 倍。因此 5G gNB 即使被部署在 3.5 GHz 的低频段，为了实现完整连续的宏覆盖，相关的基站数目也要超过现有的 2G、3G、4G 网络基站数目；至于部署在 26 GHz 的高频段，其基站的数目可能激增到很大数值，乃至不可能实现连续微覆盖。

5G UDN 部署方式带来的基站数目激增会给站址机房、管线承载、天线架设等方面提出新的要求和挑战。若沿用宏基站传统的有线回程的部署结构，5G UDN 部署需要具备大量的光纤资源，这在运营商的部分部署地区是无法达到的。由于在传统市区等人群密集的环境下，过去 2G、3G、4G 网络基站已经消耗掉了大量的站址机房资源，因此新增加的 5G UDN 基站，需要以合理的方式布入，比如，设备共站模式，5G UDN 基站的大天线阵列要避免对周围环境人群的辐射污染、减轻平台配套和能耗方面的开销等。

未来 NR gNB 集中式 CU/DU 高层分离部署，应该会得到普遍的应用，加之传统的 BBU+RRU 低层分离模式，5G UDN 部署对前传和回程管线承载的资源需求更大，这对前期管线资源较少的运营商是个挑战，而对管线资源预留较充裕的运营商，则需要提前做好规划和利用。后面读者将会看到，利用无线自回程技术可以缓解运营商在有线管线承载资源缺乏方面的压力。

第5章 5G UDN 空口高层关键技术

蜂窝移动网络中最重要的接口就是空中接口 Uu，简称空口。空口技术通常分为物理层低层技术和高层技术两大块，5G UDN 在空口高层技术方面，持续地做了众多的局部创新，主要体现在：NR 协议栈、多连接操作、新 RRC 状态、新移动管理和新系统消息处理机制等方面。

5G UDN 既是一种未来蜂窝移动常见的部署场景，也需要一整套 5G 关键技术去支撑，否则 5G UDN 部署会出现成本高和性能低效等一系列问题。如前面所述，5G UDN 关键技术全面覆盖了：从 5G 上层业务应用到系统架构，再到无线接入网络、空口高层和物理层等一系列先进技术。其中 5G 业务应用、系统架构和网络部署这些方面的内容，在前面若干章节已进行了分析阐述。本章节，将进一步深入到更为关键的空口高层和物理层关键技术。这些技术中，有些遵守了"重用性原则"，体现了对 LTE 核心技术机制的尽可能沿用、发展，有些则是以 5G NR 新技术标签的身份，相对全新地设计引入。无论哪种技术策略，它们都是基于"用例性原则"和"性价比原则"，紧密结合 5G 的性能目标，去更好地服务 5G UDN 这一部署场景，更高效地解决 5G UDN 下一系列棘手难题。

5.1 NR 用户面

5.1.1 空口协议栈概述

本子章节主要对 5G NR 系统中空口用户面的层 2 各子层的协议结构和相应功能进行简要的介绍，对应于 gNB 和 UE 之间的空口层 2 协议栈。NR 层 2 分为以下子层：媒体接入控制协议层（MAC，Medium Access Control）、无线

链路控制协议层（RLC，Radio Link Control）、分组数据汇聚协议层（PDCP，Packet Data Convergence Protocol）和业务数据适配协议层（SDAP，Service Data Adaptation Protocol）。图5-1和5-2分别表示了在空口下行和上行层2架构，其中：

- 物理层PHY向MAC子层提供了传输信道（Transport Channel）；
- MAC子层向RLC子层提供了逻辑信道（Logic Channel）；
- RLC子层向PDCP子层提供了RLC信道（RLC Channel）；
- PDCP子层向SDAP子层提供了无线承载（Radio Bearer）；
- SDAP子层向5GC/UPF提供QoS Flow的承载。

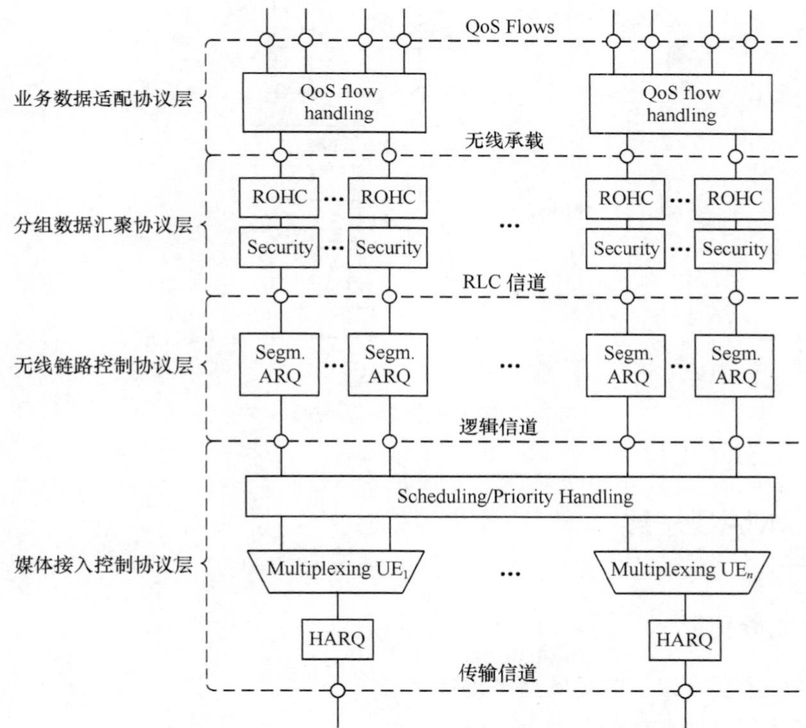

图5-1　5G NR下行用户面架构

其中无线承载（RB）分为两大类：用于用户面业务数据的数据无线承载（DRB），以及用于控制面的信令无线承载（SRB）。NR用户面架构和协议栈整体上继承了LTE空口用户面架构和协议栈的主要特点（契合了对gNB进行HLS分离切分的假设），包括各级信道承载的类型定义和各个子层的主要功能，

但还是有一些重要区别，具体介绍如下。

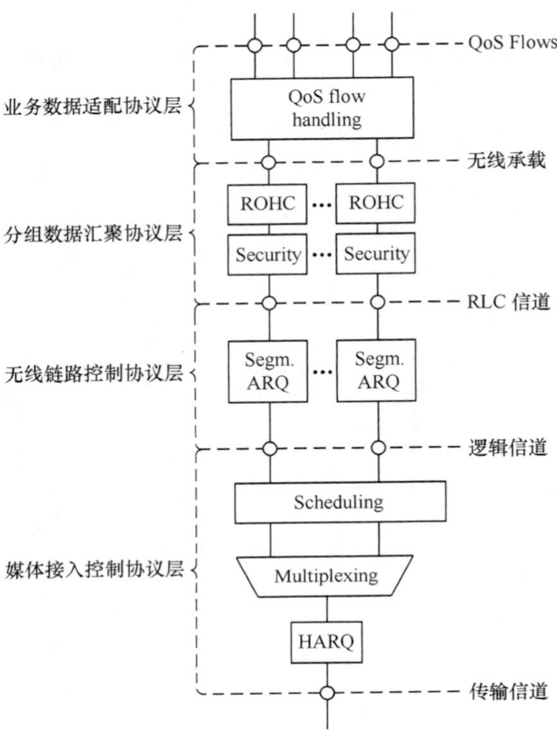

图 5-2 5G NR 空口上行用户面架构

5.1.2 MAC 子层

1. 业务功能

MAC 子层有以下主要的业务功能：

- 逻辑信道和传输信道之间的映射；
- 来自相同或者多个不同逻辑信道的 MAC 业务数据单元 SDU 的串联复用和分解解复用；
- 上行调度请求信息上报 SR；
- HARQ 传输；
- 通过动态调度实现终端之间的优先级处理；
- 多个不同逻辑信道之间的优先级处理 LCP；

• 填充功能。

在过去 3G UMTS 系统中，基本工作载波带宽是固定的 5 MHz，没有子载波也没有子载波间隔（SCS，Sub Carrier Spacing）的概念，而传输单位时长（TTI）是有限的几个静态配置值，如 2 ms、10 ms、20 ms 等；在 4G LTE 系统中，基本工作载波带宽是有限的几个静态配置值，如 3 MHz、5 MHz、10 MHz 等，子载波 SCS 通常是固定的 15 kHz（MBMS 服务小区 SCS 还有特殊的 7.5 kHz、1.25 kHz 以及 NB-IoT 上行的 3.75 kHz），但 TTI 则是固定的 1 ms。从 Rel-15 开始，随着 Short TTI 功能的引入，LTE-A 可额外支持 TTI = 0.5ms，甚至更短的 Subslot（1 Slot = 3 Subslots）。3G/4G 系统中上述 Numerology/TTI Duration 的定义很简约且有限，因此缺乏更灵活的、对更细小物理时频资源块的切割使用方式的支持。

在 5G UDN 网络中，由于存在非常丰富、复杂多样的各种用户业务、应用，以及广阔动态的 QoS 范围，因此 NR PHY，无论在基本工作载波带宽，还是 TTI 方面，都给出了更丰富且灵活的定义，可以支持更多样且动态的 Numerology/TTI Duration 和 BWP 的配置，比如，SCS 可为 15 kHz、30 kHz、60 kHz、120 kHz、240 kHz；TTI 长度可为一个 Mini-slot、单个 Slot，或者多个 Slots。比如，某些超低时延类型 URLLC 业务，需要用 0.25 ms 的 TTI 来传输；而某些 eMBB 高速率类型业务可用 100 MHz 工作带宽的单载波来传输；某些 Bursty 类小数据包业务可以配置在单载波的 BWP 上，以让终端更加省电。从而上述灵活的 Numerology/TTI Duration 使用机制对 NR MAC 有着较大的影响。

单个 NR MAC 实体可以支持一种或多种 Numerology/TTI Duration 的混合配置，即可根据不同 QoS 的需要，把不同用户的不同的逻辑信道映射到不同的 Numerology/TTI Duration 之上。同 UE 内的逻辑信道优先级处理，也要考虑到一个或多个逻辑信道，可映射于一个或多个 Numerology/TTI Duration 之上。在 5G UDN 中，为了更好地支持不同数据业务的不同 QoS 需求，不同的小小区内也可配置不同的 Numerology/TTI Duration，不同的小小区也可支持不同的网络切片功能。因此，NR MAC 实体具备更精细的调度能力，以及对物理时频资源块的利用能力。

2. 逻辑信道

MAC 子层支持不同种类的数据业务。每一个逻辑信道种类定义了用于哪种类型信息的传输。逻辑信道分为两大类：控制信道和业务信道。

控制信道仅用于传输控制面的控制信令。

- 广播控制信道（BCCH）：用于广播系统信息的下行信道。
- 寻呼控制信道（PCCH）：用于传输寻呼信息和系统信息更改通知的下行信道。
- 公共控制信道（CCCH）：当用户和网络还没建立起RRC连接时，用于双向传输用户和网络之间的控制信令的信道。
- 专用控制信道（DCCH）：当用户和网络已建立起RRC连接时，用于双向传输用户和网络之间的控制信令的信道。

业务信道仅用于传输用户面的数据信息。

- 专用业务信道（DTCH）：该信道为针对单个用户的点对点的业务数据传输信道，可以双向，也可以单向。

注：NR Rel-15暂不支持CTCH、MTCH公共/组播类业务信道。

3. 逻辑信道到传输信道的映射关系

在下行传输中，存在着以下传输信道和逻辑信道之间的映射关系：

- BCCH可以映射至BCH；
- BCCH还可以映射至DL-SCH；
- PCCH可以映射至PCH；
- CCCH可以映射至DL-SCH；
- DCCH可以映射至DL-SCH；
- DTCH可以映射至DL-SCH。

在上行传输中，存在着以下传输信道和逻辑信道之间的映射关系：

- CCCH可以映射至UL-SCH；
- DCCH可以映射至UL-SCH；
- DTCH可以映射至UL-SCH。

4. HARQ

从3G UMTS系统开始，MAC子层即有HARQ功能，它用于克服短时间内的信道快速衰落问题。通过快速的空口适配重传机制，保证了基站和UE之间层1数据块传输的准确性。MAC实体内每个工作载波可以对应一个HARQ实体，每个HARQ实体内可配置多个独立的HARQ进程，以利用空口特定的传输往返时间（RTT，Round Trip Time）。上下行传输中，在没有采用空间复用的情况下，一个HARQ进程仅仅能对应一个传输块（TB，Transport Block）；在采用了空间复用的情况下，单一HARQ进程可对应一个或多个传输块TB。NR MAC支持上下行HARQ异步操作，上行重传不需要依赖类似

PHICH 的信道。MAC 子层的具体详情可进一步参考协议 3GPP TS 38.321。

5.1.3 RLC 子层

1. 传输模式

RLC 子层支持 3 种基本的传输模式：

- 透传模式（TM）;
- 非确认模式（UM）;
- 确认模式（AM）。

在 RLC 子层的配置中，每个逻辑信道并不直接关联到低层的 Numerology/TTI Duration 映射，因此 ARQ 进程可假设在任何 Numerology/TTI Duration 长度的逻辑信道映射上操作。对于初始接入使用的 SRB0，寻呼信道和系统广播信道（BCCH），使用的都是透传模式，即 RLC 实体不对相应的逻辑信道进行任何处理和操作；对于其余的 SRB，如，SRB1、SRB2、SRB3 使用的都是确认传输模式，以保证信令传输的可靠性；而对于 DRB 来说，确认和非确认传输模式均可使用，取决于用户具体的数据业务类型，比如，语音视频流类的业务常用 UM 传输模式，而文件传输、邮件类业务常用 AM 传输模式。

2. 业务功能

RLC 子层包含以下主要业务功能：

- 传输上层 PDCP PDU;
- 加装独立于 PDCP 的序列号 RLC-SN（UM 和 AM），用于排序；
- ARQ 纠错（AM）;
- 对 PDCP PDU 进行分段（AM 和 UM）和重分段（AM）;
- 业务数据单元重组（AM 和 UM）;
- 重复检测（AM）;
- RLC 业务数据单元 SDU 丢弃（AM 和 UM）;
- RLC 重建立功能；
- 协议误差检测（AM）。

注：NR RLC 没有对同一逻辑信道内的多个数据包进行级联的功能。

3. ARQ

从 3G UMTS 系统开始，RLC 子层即有自动重传请求（ARQ）功能。ARQ

用于克服稍长时间尺度内的信道衰落问题，通过 RLC 层重传来保证基站和 UE 之间 PDCP PDU 数据包传输的准确性。ARQ 功能仅仅用于 RLC AM 确认传输模式，用于提供后向纠错功能。当 RLC 层重传达到最大重传次数时，说明无线信道的质量已经非常糟糕，需要触发 RRC 重建立。RLC 子层的具体详情可进一步参考协议 3GPP TS 38.322。

5.1.4 PDCP 子层

1. 业务功能

PDCP 子层对用户面数据有以下主要的业务功能：

- 加装 PDCP 序列号 PDCP-SN，用于排序；
- 支持 IP 包头压缩和解压缩功能，仅采用健壮性头压缩（ROHC）算法；
- 传输用户业务数据；
- 重排序和重复性检测；
- PDCP 协议数据单元 PDU 路由功能（RLC 承载分离的情况下）；
- PDCP 业务数据单元 SDU 重传恢复功能；
- 加密、解密功能和完整性保护功能；
- PDCP 业务数据单元 SDU 丢弃功能；
- 在 RLC 的确认传输模式下，提供 PDCP 重建和数据恢复功能；
- 复制重复 PDCP 协议数据单元 PDU 的功能，用于提升健壮性。

PDCP 子层对控制面信令有以下主要的业务功能：

- 加装 PDCP 序列号 PDCP-SN，用于排序；
- 加密、解密和完整性保护功能；
- 传输控制面的信令数据；
- 重复性检测功能；
- PDCP 协议数据单元 PDU 复制重复传输功能，用于提升健壮性。

2. 数据包冗余发送

高可靠的数据包传输是未来某些 5G 业务成功部署的一个重要使能技术。网络高层技术、空口用户面技术、物理层技术都可以从不同方面去提升数据包传输的可靠性或健壮性。在 5G UDN 网络环境下，利用 UDN 小小区在空间域和频域密集部署的优势，可以通过多个聚合的小区或多连接链路中的重复数据包传输来提高数据包传输的可靠性。当 RRC 决定为一个无线承载（DRB 或 SRB）

配置冗余重复传输后，需要为它配置一个额外的 RLC 承载支路供 PDCP PDU 副本传输使用。因此 PDCP PDU 的冗余重复传输就是将相同的 PDCP PDU 在不同的小区或链路上尽可能地同时传输两次，以提供多小区 / 多链路分集收发增益。PDCP 原始 PDU 和其副本不能在相同的载波或小区或链路上重复地传输，因为这会削弱分集增益效果，但原始 PDU 和副本 PDU 传输所用的两个不同逻辑信道，可被映射到同一个 MAC 子层（载波聚合情况）或者不同的 MAC 子层上（双连接情况）。对于基于 CA 的冗余传输来说，通过 MAC 子层对逻辑信道向传输信道映射关系的限制，可使得原始 PDU 和副本 PDU 不会在同一个载波上传输；而基于 DC 的冗余传输，原始 PDU 和副本 PDU 天然就不会在同一个载波上传输。在 RRC 配置之后，MAC 控制单元 CE 就可以动态地去控制、激活 / 去激活特定 RB 上的冗余传输。PDCP 子层的具体详情可进一步参考协议 3GPP TS 38.323。

3. DRB 完整性保护

和 LTE 系统有一些不同，5G-NR 也可以针对用户面 DRB 施加完整性保护功能。基站可以通过 RRC 切换信令流程（去）配置 UE 对某些 DRB 上的用户数据进行完整性保护。由于用于完整性保护校验的 MAC-I 的引入，会增加一些空口的无线资源开销，因此不要求对所有的 DRB 都施加完整性保护，比如仅对某些内容关键类业务使用。

5.1.5 SDAP 子层

由于 5G 系统引入了全新 QoS 架构和新 PDU 会话的概念，不再继承过去 LTE 时代从 EPS 承载到 E-RAB，再到 DRB 的一对一的静态映射关系，因此 NG-RAN 也为此引入了一个新的协议子层 SDAP，用于对接适配处理从 UPF 往来的 PDU 会话和 QoS Flow 数据包。

SDAP 子层有以下主要的业务功能：

- QoS Flow 与数据无线承载 DRB 之间的映射；
- 对下行和上行的 QoS Flow 数据包进行 QoS Flow ID 标记功能（QFI，QoS Flow ID）和 RQI 标识。

在 NR 系统中，强调以用户业务体验为中心，提出了网络资源管理分层的概念，用于对不同种类的业务提供相应的不同服务等级的处理。因此相比于 EPC 系统中单一的承载映射机制，NR 新增了 SDAP 协议实体，用来实现在 NG-RAN 侧对上述用户业务差异化处理的功能。每一个独立的 PDU 会话可配置一个独立的SDAP协议实体，单个SDAP实体负责把单个PDU会话内的多条QoS Flows，根据基站本地不同的策略和资源情况，灵活映射到Default DRB或者其他若干的DRB上，于是就形成了多对多的多层承载映射关系。SDAP子层的具体详情可进一步参考协议3GPP TS 37.324。

5.1.6 空口层2数据流示意

图5-3所示是空口层2数据流转换示意，从图中可见：一个MAC子层产生的传输块TB，可以是由无线承载（RB*x*）的两个RLC PDU和另外一条无线承载（RB*y*）的一个RLC PDU所组成。其中RB*x*的两个RLC PDU来自两个上层的IP数据包（*n*和*n*+1），经过上层各协议的逐级处理转换，而RB*y*的一个RLC PDU来自一个上层的IP数据包（*m*），经过上层各协议的逐级处理转换。注：H是指包头或者子包头。

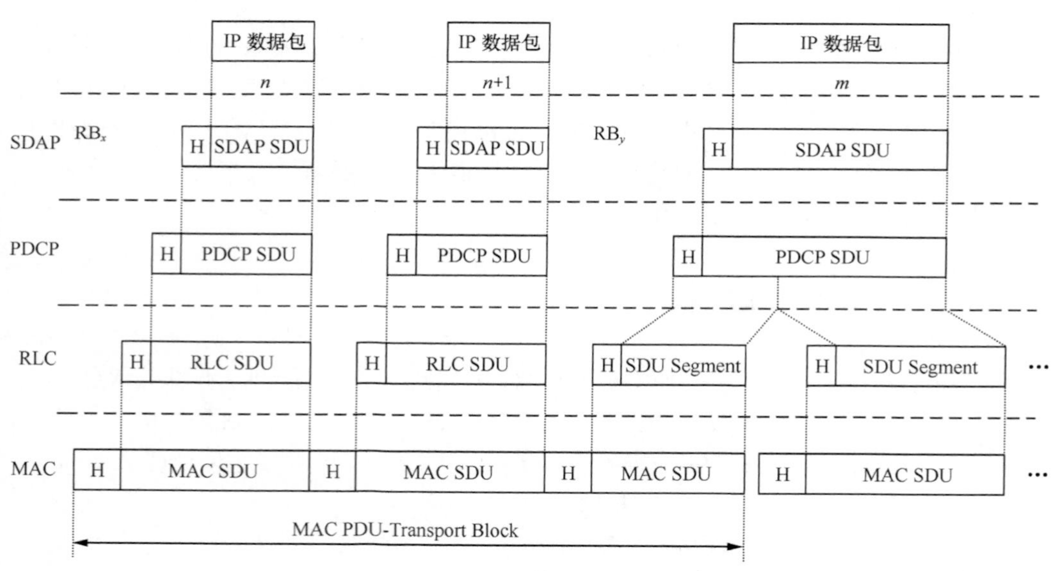

图5-3 5G NR空口层2数据流处理示意

新空口用户面基本延续了LTE的经典处理原则和方式，但是又根据5G的新变化和要求，如，新QoS架构、PDU Session/QoS Flow、网络切片业务数据之间的隔离、不同Numerology/TTI Duration映射关系的需求、MAC PDU编解码效率等方面，进行了适度的创新、调整。

事实上，无论是前面叙述的网络节点间的接口流程、空口RRC流程，还是

空口用户面的处理方式，都遵守了 3GPP 工程标准化“重用性原则”，尽可能地沿用 LTE 的经典方式，这可以极大地减轻 5G NR 系统的标准化复杂度和风险，以及相关平台或产品的开发成本。实践经验证明：越是经典成熟的机制技术，就相对越稳定，越容易被各技术阵营广泛地认可接受，因为 IPR 专利风险相对较小，更容易被各个厂家快速开发出来且被蜂窝移动市场接受。未来 5G UDN 部署一直面临着不断降低微基站 / 小小区工程实现成本等方面的巨大挑战，因此 NR 系统大量重用 LTE，甚至 UMTS 的一些经典原则机制和技术理念，确实是不错的选择。

5.2　LTE 和 NR 系统间双 / 多连接操作

在 5G 系统之前，不同 3GPP RAT 制式基站之间是彼此相对隔离的。它们之间没有直连的逻辑接口，不能进行无线资源和工作状态方面的协同，也不能进行所谓的紧耦合类互操作。UE 只能通过移动流程来使用不同 RAT 内的资源和业务。随着 LTE-A DC 和 LWA 技术的引入和铺垫，3GPP 业界普遍达成共识：紧耦合类互操作确实能带来诸多的优点，如，推动蜂窝大产业融合、提升部署组网的灵活性和选择面、提升网络的系统容量、增强 UE 数据吞吐率和用户业务体验等。因此，5G 系统从引入的第一个初始版本开始，便要求必须能和 4G 系统进行紧耦合类互操作。5G UDN 部署客观上也使得在同一物理区域内，存在着大量 4G、5G 制式 UE 重叠覆盖的情况，因此该技术有着特别重要的实际意义。

5.2.1　MR-DC 概述

在 NR gNB 引入部署的早期阶段，由于运营商可能普遍依赖于 EPC 系统，现网中还有大量的遗留 LTE eNB 覆盖和大量的遗留用户，因此在网络早期演进过程中，会出现一种 NR en-gNB 与 LTE eNB 之间的 DC 架构，称之为 EN-DC。

随着运营商们逐渐从 EPC 过渡到全新 5GC 上，大部分 eNB 也可以升级成 ng-eNB，便会出现一种 LTE ng-eNB 与 NR gNB 之间的 DC 架构，称为 NGEN-DC。随着 NR gNB 能够以独立方式工作，并且实现了大范围的部署，特别是宏小区部署，从而 gNB 可以作为主节点，便会出现一种 NR gNB 与 LTE ng-eNB 之间的 DC 架构，称为 NE-DC。上述 3 种典型的 DC 架构都统称为 MR-DC，在 3GPP TS37.340 协议层 2 中有详细描述。

在 MR-DC 的架构中，一个多 Rx/Tx 能力的 UE，可以同时利用通过非理想回程链路连接的两个不同 RAT 类型调度器提供的无线资源。这两个调度器分别位于主节点（MN，Master Node）和辅节点（SN，Secondary Node）之中，可以彼此完全独立地工作。MR-DC 中依据连接的核心网 CN 类型和 MN 类型，可分为以下两大类情况。

（1）MR-DC with EPC

E-UTRAN MeNB 通过 EN-DC 技术来支持 MR-DC 的方式，它和 3GPP TS36.300 中规范的 Intra-E-UTRA Dual Connectivity（LTE-A DC）类似，但主要在 3GPP TS37.340 协议中规范。

在 EN-DC 中，UE 分别连接到一个 MeNB（作为 MN）和一个 SgNB（作为 SN）。MeNB 分别通过 S1 和升级的 X2 接口连接到 EPC 和 SgNB。EN-DC 中，TS36.300 中定义的双连接基本架构的原理和流程基本适用，但也增加了一些新功能和内容，比如，不同 RAT 间"Dual RRC Model"的原因导致一些新变化，SN 节点可拥有更多的流程自主权和 RRC 参数配置权。EN-DC 普遍被认为属于 4G+ 增强技术，它的 Rel-15 版本在 2017 年年底已初步完成。

（2）MR-DC with 5GC

NG-RAN 节点通过 NGEN-DC 技术或 NE-DC 技术来支持 MR-DC 的方式。注：作为一种特例，相同 RAT 类型的 NG-RAN 节点，比如，gNB 和 gNB、ng-eNB 和 ng-eNB 之间，其实也可以支持 NGEN-DC 技术或 NE-DC 技术。

① NGEN-DC

在 NGEN-DC 中，UE 分别连接到一个 MeNB（作为 MN）和一个 SgNB（作为 SN）。MeNB 分别通过 NG 和 Xn 接口连接到 5GC 和 SgNB。NGEN-DC 是 EN-DC 的 5G 升级版，支持 EN-DC 的所有新功能和新流程。

② NE-DC

在 NE-DC 中，UE 分别连接到一个 MgNB（作为 MN）和一个 SeNB（作为 SN）。MgNB 分别通过 NG 和 Xn 接口连接到 5GC 和 SeNB。NE-DC 不能支持 NGEN-DC 的某些新功能和新流程，比如 SCG Split 承载和 SRB3。

③ NN-DC

在 NN-DC 中，UE 分别连接到一个 MgNB（作为 MN）和一个 SgNB（作为 SN）。MgNB 分别通过 NG 和 Xn 接口连接到 5GC 和 SgNB。NN-DC 也是 EN-DC 的 5G 升级版，支持 EN-DC 所有的新功能和新流程。在 CU/DV 分离的情况下，两个相邻 gNB-DV 之间也可以进行 NN-DC 配置操作。

5.2.2　MR-DC 工作架构

1. 网络架构

从系统架构来看，MR-DC 操作所需的网络接口与 LTE-A DC 很像，主要区别在于：不同的核心网类型、不同的基站类型所导致的网络接口和空口类型不同。网络架构可以分别从网络控制面和网络用户面的角度进行介绍。

（1）网络控制面

针对某个被服务特定的 UE，MR-DC 中网络控制面 MN 和 SN 的连接方式如图 5-4 所示。

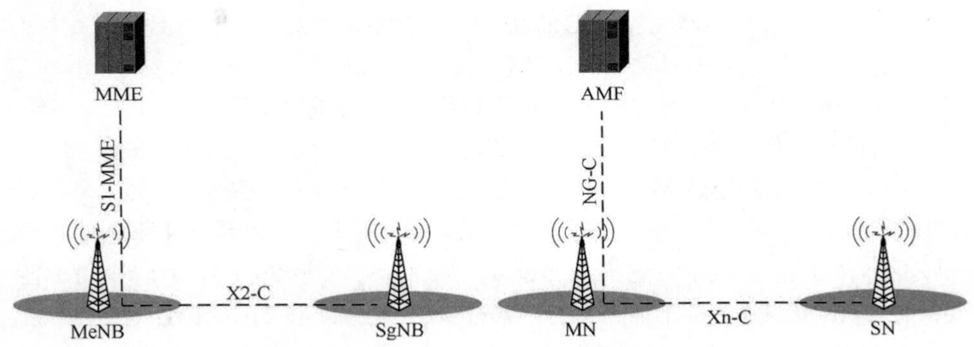

图 5-4　EN-DC（图左）和 MR-DC with 5GC（图右）控制面连接方式

MR-DC with EPC（EN-DC）涉及的核心网实体是 MME。S1-MME 的连接终结点为 MeNB，MeNB 和 SgNB 通过增强的 X2-C 接口相连接。

MR-DC with 5GC（NGEN-DC、NE-DC、NN-DC）涉及的核心网实体是 AMF。NG-C 的连接终结点为 MN，MN 和 SN 通过 Xn-C 接口相连接。

由于 EN-DC 仍然连接到 MME，因此处于 EN-DC 模式下的 UE，仍然使用 4G 的 AS/NAS 信令，不属于 5G 终端。由于 NGEN-DC、NE-DC、NN-DC 连接到 AMF，因此处于 NGEN-DC、NE-DC、NN-DC 模式下的 UE，使用 5G 的 AS/NAS 信令，属于真正的 5G 终端。

（2）网络用户面

对于被服务特定的 UE，MN 和 SN 之间有多种可选的网络用户面配置方式，网络用户面配置由 MN 选择的 DRB 承载类型所决定，从网络侧看，有下面 6 种基本类型。

- 对于 MCG 承载，CN 实体的用户面连接终结于 MN。这种承载配置下，经由空口 Uu 传输的用户业务数据不经过任何 SN。

- 对于 MN Terminated Split 承载，CN 实体的用户面连接终结于 MN，但同时 PDCP PDU 数据块通过 MN 和 SN 之间的网络用户面接口传输。这种承载配置下，经由空口 Uu 的用户业务数据与 MN 和 SN 都相关。
- 对于 MN Terminated SCG 承载，CN 实体的用户面连接终结于 MN，但同时 PDCP PDU 数据块全部通过 MN 和 SN 之间的网络用户面接口传输。这种承载配置下，经由空口 Uu 的用户业务数据仅仅和 SN 相关。
- 对于 SCG 承载，CN 实体的用户面连接终结于 SN。这种承载配置下，经由空口 Uu 传输的用户业务数据不经过任何 MN。
- 对于 SN Terminated Split 承载，CN 实体的用户面连接终结于 SN，但同时 PDCP PDU 数据块通过 MN 和 SN 之间的网络用户面接口传输。这种承载配置下，经由空口 Uu 的用户业务数据与 MN 和 SN 都相关。
- 对于 SN Terminated MCG 承载，CN 实体的用户面连接终结于 SN，但同时 PDCP PDU 数据块全部通过 MN 和 SN 之间的网络用户面接口传输。这种承载配置下，经由空口 Uu 的用户业务数据仅仅和 MN 相关。

为了减轻 UE 处理不同 DRB 承载类型之间转换的复杂度，对于 MCG/SCG Split 承载，3GPP 决定在所有的 MR-DC 模式下（包括 EN-DC），都统一使用 NR-PDCP 版本，这样从 UE 看，MCG Split 承载和 SCG Split 承载合成一种 Split 承载，UE 不需再区分 NR-PDCP 是终结在 MCG 侧还是 SCG 侧，只需要有对应 NR-PDCP 的配置即可。对于锚点在 eNB 或 ng-eNB 上的非 Split 承载，MN 也可以选择直接配置 NR-PDCP，这样可直接和 Split 承载之间进行 DRB 承载类型转换。针对某个被服务特定的 UE，MR-DC 中网络用户面 MN 和 SN 的连接方式如图 5-5 所示。

MR-DC with EPC(EN-DC)：X2-U 作为连接 MeNB 和 SgNB 的网络用户面接口；S1-U 则为连接 MeNB/SgNB 和 S-GW 的网络用户面接口。

MR-DC with 5GC(NGEN-DC、NE-DC、NN-DC)：Xn-U 作为连接 MN 和 SN 的网络用户面接口；NG-U 则为连接 MN/SN 和 UPF 的网络用户面接口。

2. 空口架构

（1）空口控制面

任何一种 MR-DC 模式下，UE 都只有一个 RRC 状态，即正常激活情况下的 RRC_CONNECTED 连接态，这一状态基于 MN/MCG 侧的 RRC 状态，不受 SN/SCG 侧的 RRC 状态影响。在 NR Rel-15 中，UE 非激活的 RRC_INACTIVE 状态和 MR-DC 暂时不能完全地兼容，UE 要想进入 RRC_INACTIVE 状态，通常优先退出 MR-DC 双连接工作模式，回到单连接工作模式。在 NR 后续版本中，

可能会对 RRC_INACTIVE 状态和 MR-DC 的共存进一步研究。以实现 UE 能从 RRC_INACTIVE 状态快速恢复到双连接模式，避免双 / 单连接模式之间切换相关的信令损耗和用户数据传输大时延。

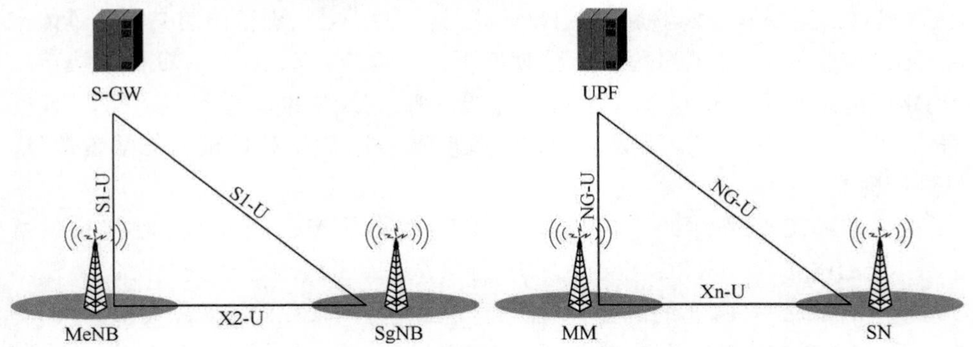

图 5-5　EN-DC（图左）和 MR-DC with 5GC（图右）用户面连接方式

图 5-6 描述了 MR-DC 的空口控制面架构。因为在 MR-DC 操作中，MN 与 SN 使用不同的 RAT，也就是说，不同 RAT 背后的 RRC 编码规则与其所涉及的各协议层资源（尤其是 PHY）配置和表达方式均不相同，因此与 LTE-A DC 的情况不同，在 MR-DC 操作中，主辅节点和对应的 UE 内 RRC 模块实体，都有和不同 RAT 所关联绑定的 RRC 版本（eNB 对应着 E-UTRA RRC 版本，gNB 对应着 NR RRC 版本），两个 RRC 实体都能独立产生 RRC PDU 的完整消息，并且不需要另外一个 RAT 节点或 UE 内部模块进行解析。这种"Dual RRC Model"一定程度上解耦了 LTE 和 NR 之间潜在的兼容绑定关系，允许各自独立地功能演进。

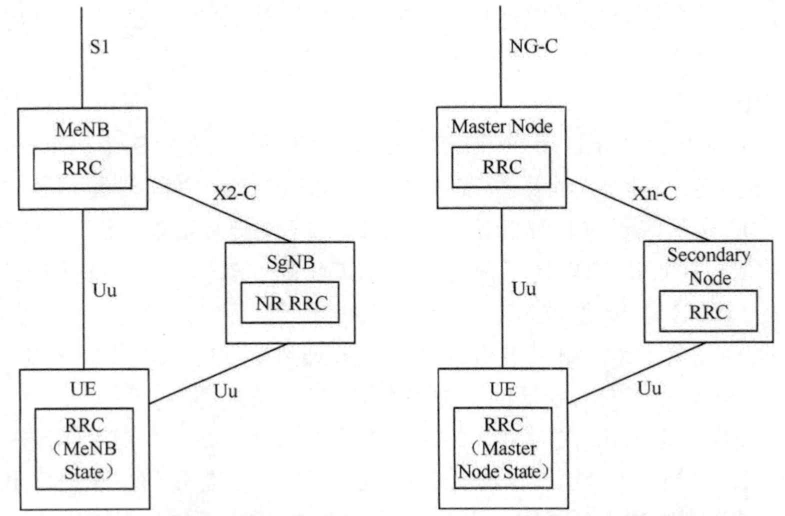

图 5-6　EN-DC（图左）和 MR-DC with 5GC（图右）的空口控制面架构

下面介绍 MR-DC 模式下，一些有代表性的空口控制面流程和处理方式。

① 混合着 MN/SN 联合 RRC 消息内容的处理

既然 SN/SCG 也可以独立地产生 RRC PDU，那么和 SN/SCG 相关的 RRC 消息，至少需要能够通过 MN/MCG 侧和 UE 之间进行传递交互，具体来说，SN 产生的 RRC 消息可以通过 MN 下行传输给 UE，UE SCG 侧模块产生的 RRC 消息也可以通过 MN 上行传输给 SN。MN 协助传输来自 SN/SCG 的 RRC PDU 过程中，MN 不会解析、修改或者添加 SN/SCG 相关的配置信息，只进行透传。

在 MR-DC 操作中，下行方向，UE 除了会从 MCG SRB 上收到只包括 MCG Config 的单一 RRC 消息外，UE 还会从 MCG SRB 上收到同时包括 SCG Config 和 MCG Config 的混合 RRC 消息；上行方向，MN 除了会从 MCG SRB 上收到只包括 MCG Config 的单一 RRC 消息外，MN 还会从 MCG SRB 上收到同时包括 SCG Config 和 MCG Config 的混合 RRC 消息。那么对于 RRC 消息是否能成功地配置、执行而言，UE 需对混合 RRC 消息执行联合成功 / 失败的判定程序。任何一条 MCG SRB 上传输的 RRC 消息（包括上述的单一 RRC 消息和混合 RRC 消息，无论是 MCG Config 还是 SCG Config）的配置发生失败，都会触发 RRC 重建过程。在 MCG Config 和 SCG Config 都成功配置的情况下，MN 和 SN 都需要有对应的 RRC 重配置完成反馈消息，即 UE 会发送一条联合的 RRC 重配置完成反馈消息，UE 内 SCG 侧的 RRC 重配置完成反馈消息就封装在这条联合 RRC 消息里，而 MN 把 SCG 侧 RRC 重配置完成反馈消息再通过 X2/X*n* 接口消息透明地发送给 SN。除了 RRC 重配置完成反馈消息，其他 RRC 消息还可以通过 X2/X*n* 接口上的 RRC Transfer 流程消息来传递。

② SRB3

为了分担 MCG SRB 上的 RRC 消息传输负荷，SCG SRB（SRB3）支持 SN/SCG 侧的独立 RRC 消息能直接在 UE 和 SN 链路之间传输。当 SN 侧某些 RRC 重配置不需要与 MN 侧协商，比如，RRM 测量配置，SCG 侧的 PHY、MAC、RLC、PDCP 等参数配置等，SN/SCG 侧 RRC 消息可直接通过 SRB3 发送给 UE，UE 直接通过 SRB3 反馈 RRC 重配置完成消息。如果配置了 SRB3，SCG 侧的 RRM 测量报告也可以直接通过 SRB3 从 UE 发送到 SN，这样可以减少在 MN 侧的信令迂回，加快空口控制面的流程。

只有当 SN 是 gNB 的时候，SRB3 才能被配置，所以 NE-DC 操作下不能配置 SRB3。当 MN 是 eNB 时，SN 自己决策是否需要建立 SRB3 和 SRB3 具体配置信息，如适用于 SRB3 的加密和完整性保护算法。SRB3 是否存在对

MN 透明。SRB3 的建立、修改和释放可以在辅节点添加流程和辅节点改变过程中完成。辅节点 SCG 释放时，SRB3 和 SN 侧的所有 DRB 资源和配置也都随之释放。

目前，SRB3 可用于发送 SN 侧 RRC Connection Reconfiguration、RRC Connection Reconfiguration Complete 和 Measurement Report 消息，SN 侧 RRC 上下行配对消息必须映射在同一条 SRB 上。注：通过 E-UTRA MCG SRB 发送的 SN RRC 消息采用 E-UTRA MCG SRB 侧的安全性保护（这种情况下并不采用 SN NR 侧的安全性保护）。

③ MCG Split SRB/RRC Diversity

基于 MR-DC 部署场景的复杂性与无线信道条件的多变性，为了保证单一 RRC 消息或联合 RRC 消息的传输可靠性，MR-DC 中对 MCG SRB 引入了 Split/Duplication 的复制传输机制，也就是用两条无线链路来复制传输 MCG SRB 中的消息内容。所有 MR-DC 场景都支持 MCG split SRB，都允许 MN 产生 RRC PDCP PDU 的复制数据包，达到 RRC Diversity 目的。3GPP 标准目前暂不支持SCG split SRB，即SN不能对SRB3进行Split/Duplication操作，不能进行 RRC Diversity 传输。

MCG 侧的 SRB1 和 SRB2 都支持 Split SRB/RRC Diversity，但 SRB0 不支持。MN 在辅节点添加和修改的过程中，可以利用 SN 侧提供的“MCG Split SRB 小腿”的配置来配置 MCG Split SRB。一个 UE 可以同时配置 MCG split SRB 和 SRB3，因为两者的用例和使用目的完全不同。SRB3 自己的“大腿”和 MCG Split SRB 的“小腿”可以独立地配置。

④ SN/MN Failure Handling

除了上述 MN/SN 联合 RRC 消息在配置过程中可能会成功 / 失败之外，在 MR-DC 操作中，SN/MN 侧其他失败的各种情况还很多，本小节进行综合阐述。

如果 UE 检测到 MCG 侧无线链路失败，UE 会在 PCell 上发起 RRC Connection Re-establishment 流程，继而整个 MR-DC 数据传输操作都会被中断，RRC 重新建立。如果 UE 检测到 SCG 侧的无线链路失败，UE 只会挂起中断 SCG 侧的无线承载部分和相关数据传输，但 UE 对 SCG 侧的 RRM 测量继续执行，UE 可将 SCG RLF 失败事件报告给 MN，但并不会触发 RRC 重建过程，只待MN采取一定的重配动作。除 SCG RLF 事件之外，当 MN 是 eNB 时，至少还支持如下几种 SN 侧的失败情况：

- SN 侧发生 RLF；
- SN 节点改变失败；
- SN 自身内部配置失败（只针对 SRB3 上的 RRC 消息）；

• SN 侧 SRB3 上的 RRC 消息完整性检测失败；

• SN 侧 DRB 上的用户数据完整性检测失败。

(2) 空口用户面

如前所述，MR-DC 最多可支持 6 种不同的 DRB 承载类型：MCG 承载、MN Terminated Split 承载、MN Terminated SCG 承载、SCG 承载、SN Terminated Split 承载、SN Terminated MCG 承载。但如果不考虑 PDCP 锚点在 MN 和 SN 之间的差异，这 6 种不同 DRB 承载类型其实可以进一步统一成 3 种空口用户面架构，即 MCG 承载、Split 承载、SCG 承载。图 5-7 和图 5-8 分别描述了 MR-DC with EPC(EN-DC) 下，从 UE 侧看和从网络侧看的空口用户面架构。其中，值得注意的是只有 PDCP 锚点在 E-UTRA 侧的 MCG 承载，才有可能使用 E-UTRA PDCP，其他承载类型都使用 NR PDCP。统一后的 MCG 承载和 SCG 承载不再以 PDCP 锚点为依据，而是以 RLC 承载为依据：MCG 承载对应着用 E-UTRA RLC 承载去承载，SCG 承载对应着用 NR RLC 承载去承载，而统一后的 Split 承载对应着同时用 E-UTRA RLC 承载和 NR RLC 承载去承载。

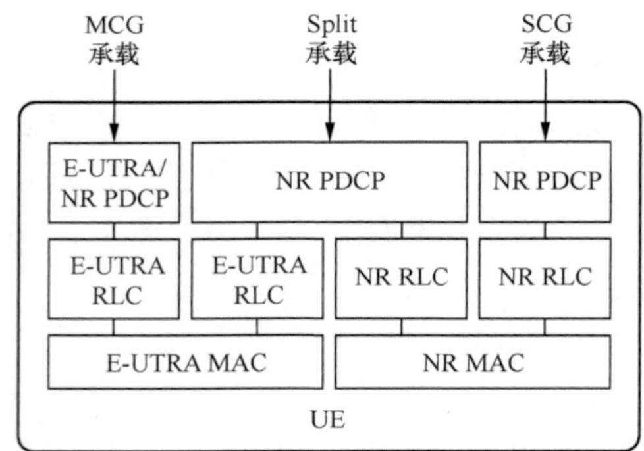

图 5-7 EN-DC 下从 UE 侧看的空口用户面架构

图 5-9 和图 5-10 分别描述了 MR-DC with 5GC(NGEN-DC、NE-DC、NN-DC) 下从 UE 侧看和从网络侧看的空口用户面架构。其中值得注意的是，此时已经没有了 E-UTRA PDCP，所有的承载类型都使用 NR PDCP。统一后的 MCG Bearer 和 SCG Bearer 不再以 PDCP 锚点为依据，而是以 RLC Bearer 即 CellGroup 无线资源为依据：MCG Bearer 对应着用 MN RLC Bearer 去承载，SCG Bearer 对应着用 SN RLC Bearer 去承载，而统一后的 Split Bearer 对应着同时用 MN RLC Bearer 和 SN RLC Bearer 去承载。

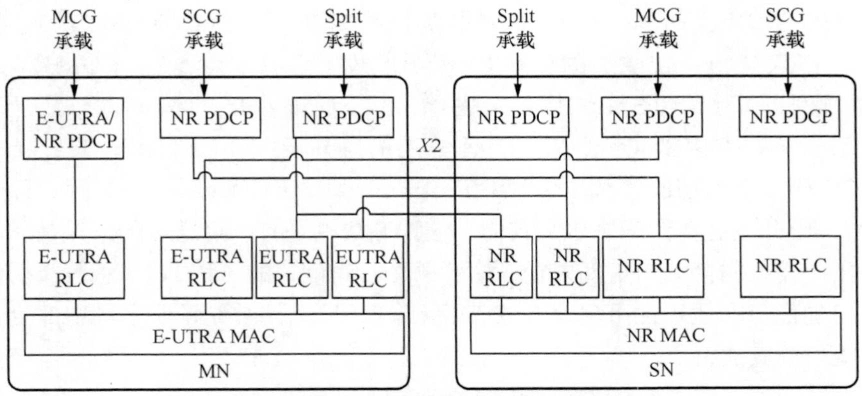

图 5-8　EN-DC 下从网络侧看的空口用户面架构

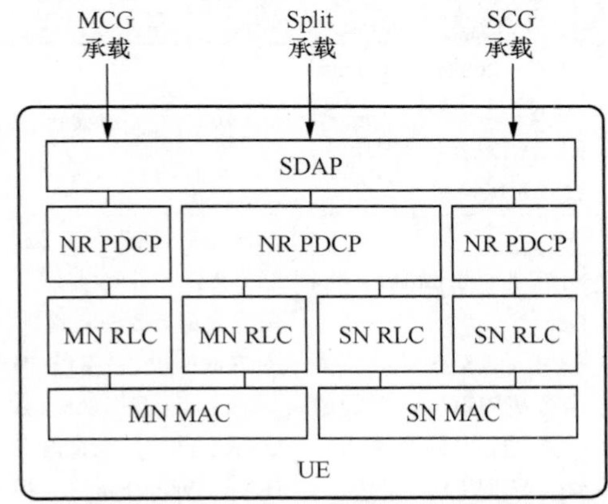

图 5-9　NGEN-DC、NE-DC、NN-DC 下从 UE 侧看的空口用户面架构

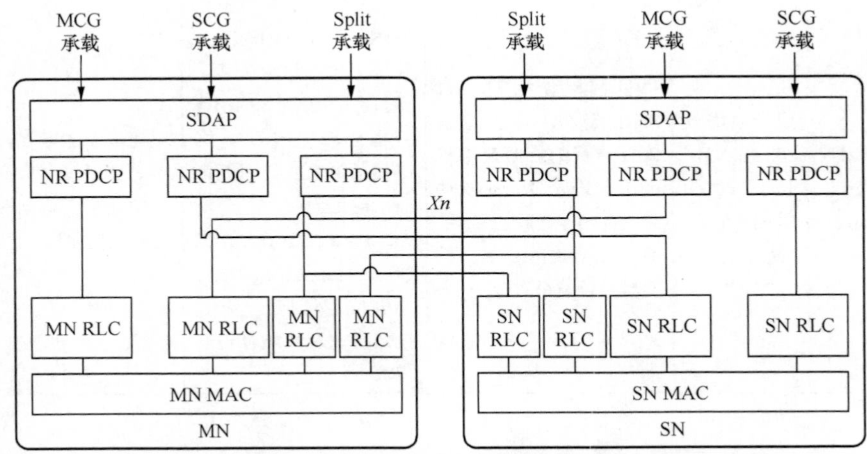

图 5-10　NGEN-DC、NE-DC、NN-DC 下从网络侧看的空口用户面架构

MR-DC 从最初的 4 种 DRB 承载类型扩充到后来的 6 种 DRB 承载类型，有一些厂家认为：新增加的 2 种 DRB 新承载类型其实就是已有 DRB 承载类型的特例，即 MCG Split Bearer 去除掉 MCG 侧小腿的情况，对应于 MN Terminated SCG Bearer（2C 用户面分流架构）；还有 SCG Split Bearer 去除掉 SCG 侧小腿的情况，对应于 SN Terminated MCG Bearer（2X 用户面分流架构），因此没必要专门去定义它们。这种说法也是有一定道理的，只是从另外一种用户面架构模型的角度去看。笔者暂时回到最初的 4 种 DRB 承载类型，它们各自的优劣和适用性可用表 5-1 来概括。表 5-2 则补充说明了其中部分重要承载类型的其他特点。

表 5-1　4 种承载类型的优缺点及适用性

承载类型	描述	优点	缺点	适用业务
MCG Bearer	用户面锚点在 MeNB，且只使用 MeNB 资源	没有 Fronthaul/Backhual Delay 数据锚点在 MeNB，不会频繁触发锚点改变	不能使用 SeNB 资源	VoIP 之类对速率要求不高但对业务稳定性要求较高的业务。 移动速度比较快的业务
SCG Bearer	用户面锚点在 SeNB，且只使用 SeNB 资源	没有 Fronthaul/Backhual Delay 使用 SeNB 资源可以提供更高的速率、更低的时延（e.g. SeNB 使用高频大带宽时）	SeNB 覆盖范围有限，当 SeNB 改变时需触发用户面锚点改变流程。 当 SeNB 出现 RLF 时（e.g. 出现 Blockage/Deafness 时），只能触发 Bearer Type Change 回退到低频	对速率和时延都有较高要求的业务，以及慢速移动的业务（e.g. 不怎么移动的 URLLC）
MCG Split Bearer	用户面锚点在 MeNB，且同时使用 MeNB 和 SeNB 资源	可以同时使用 MeNB、SeNB 资源。可以通过 Split 承载的路由策略避免 Blockage/Deafness 时带来的信令过程。 数据锚点在 MeNB，不会频繁触发锚点改变	PDCP 处理能力集中在 MeNB，当 MeNB 覆盖范围大时，问题尤其突出。且考虑到 SeNB 自身也会具备 PDCP，网络层面 PDCP 处理能力会出现冗余 Fronthaul/Backhual Delay、Reordering Delay 会引入额外时延，且 X2 接口带宽及性能有较高需求。	对速率要求较高，但对时延迟没有太高要求的业务。移动速度比较快的业务

续表

承载类型	描述	优点	缺点	适用业务
SCG Split Bearer	用户面锚点在 SeNB，且同时使用 MeNB 和 SeNB 资源	可以同时使用 MeNB、SeNB 资源（MeNB 资源更多用来做备份，当 SeNB 链路出现短暂问题时使用）。 分散了 PDCP 的处理压力，避免 PDCP 处理能力冗余。 可以通过 Split 承载的路由策略避免 Blockage/Deafness 时带来的信令过程。	Fronthaul/Backhual Delay、Reordering Delay 会引入额外时延。但如果仅将 MeNB 作为备份，只在 SeNB 出问题时使用，则此问题会减弱。 SeNB 覆盖范围有限，当 SeNB 改变时需触发用户面锚点改变流程 对 X2 接口带宽有一定需求，但较 MCG Split 承载需求要小	对速率、时延、可靠性都有较高要求，但移动速度不快的业务

表 5-2　承载类型的特点补充说明

承载类型	SCG 承载 （1A）	MCG Split 承载 （3C）	SCG Split 承载 （3X）
MN 和 SN 之间无线资源的利用	同一个承载不可能，需要至少两个 DRB 在 MN 和 SN 处承载用户面业务	同一个承载可以	同一个承载可以
动态卸载	需要包含 MME，非常静态	受 MN 控制，只要 SCG 建立就可以是动态的	受 SN 控制，只要 SCG 建立就可以是动态的
额外的 NW 处理容量需求	无	MN 有额外的 PDCP 处理容量需求用于处理 SCG leg	SN 有额外的 PDCP 处理容量需求用于处理 SCG leg
缓冲需求	SN 处 CN 承载完全终止，将 PDCP 缓冲从 MN 卸载	承载分离意味着 MN 和 UE 处更多的重排序缓冲需求	承载分离意味着 SN 和 UE 处更多的重排序缓冲需求
每个用户吞吐量的增强	只有一个承载的话增益很少。有两个承载的话，增益取决于 MCG 和 SCG 承载的数据量。	只有一个承载的话，增益稍高于 1A；确切的增益值取决于 MCG 和 SCG 中可用的吞吐量	只有一个承载的话，增益稍高于 1A；确切的增益值取决于 MCG 和 SCG 中可用的吞吐量
UE 移动时的中断	MN 无法支持 SN 承载所以中断可见	MN 能为分开的承载传输数据，中断有限	对于 UE 从 SN 覆盖转移到没有任何 SN 方案覆盖的区域时，MN 能为分开的承载传输数据，中断有限。但对于 UP 终结点从 SN 变换到 MN 的方案，中断可见

续表

承载类型	SCG 承载 （1A）	MCG Split 承载 （3C）	SCG Split 承载 （3X）
进/出 SN 覆盖时的 CN 信令负荷	对 CN 可见	对 CN 隐藏	对 CN 可见
MN－SN 回环需求	MN 回环中没有额外的吞吐量需求	Xx/Xn 接口需要提供 5～30ms 的延迟和足够的容量。回环方面比 1A 更高的吞吐量需求：回环需要应付 NR 比特率	Xx/Xn 接口需要提供 5～30ms 的延迟和足够的容量。回环方面比 1A 更高的吞吐量需求：回环需要应付 LTE 比特率
用户面延迟	无额外的用户面延迟	MN 和 SN 不协同定位的话，SCG 路径需要额外的用户面延迟	MN 和 SN 不协同定位的话，MCG 路径需要额外的用户面延迟
用例	满足以下条件： • 回环准备有限； • NR 比特率远高于 LTE 比特率； • UE 缓冲需求有限； • MN 和 SN 缓冲容量有限	满足以下条件： • 回环准备充足； • NR 比特率和 LTE 比特率差不多； • MN 有足够的处理能力； • MN 和 UE 有充足的缓冲容量	满足以下条件： • 回环准备充足； • NR 比特率和 LTE 比特率差不多； • MN 没有足够的处理能力； • SN 和 UE 有充足的缓冲容量

3. MR-DC 典型流程示意

在初步了解了 MR-DC 的网络和空口各自的控制面和用户面架构之后，下面笔者将以辅节点添加流程（SgNB Addition 和 SN Addition）来举例，进一步简要地阐述 MR-DC 操作中的一些典型流程，其他各种场景下或目的的具体流程，可进一步参考 3GPP TS37.340。

（1）EN-DC 辅节点添加流程

图 5-11 中，EN-DC 辅节点添加流程 SgNB Addition，由 MeNB 发起 SgNB Addition Request 消息，用于在 SgNB 内建立生成 UE 的 RRC 上下文，从而请求提供从 SgNB 到 UE 的 SCG 侧无线资源。这一流程用于添加 SCG 侧的第一个锚点 cell(PSCell) 和其他 Scells。

① MeNB 请求 SgNB 为特定 UE 被分流的 E-RAB 分配无线资源，SgNB Addition Request 消息包含 E-RAB 全特征参数（E-RAB QoS 参数、对应承载类型的 TNL 地址信息等）。此外，MeNB 提供所需的 SCG 侧配置辅助信息，

包括 UE 总能力和 UE 能力协调的结果。MeNB 还可提供最新的 RRM 测量结果，SgNB 基于这个结果选择和配置目标 SCG cells。MeNB 还可能会请求 SgNB 为 MCG Split SRB 分配无线资源，而 SRB3 的添加建立则由 SgNB 独立决定。在决定配置 SCG Split 承载的情况下，MeNB 还要给被分流的 E-RAB 提供 X2 DL TNL 地址信息，以及 MeNB 所能支持的最大 QoS 分量。SgNB 也有可能会拒绝辅节点添加请求。

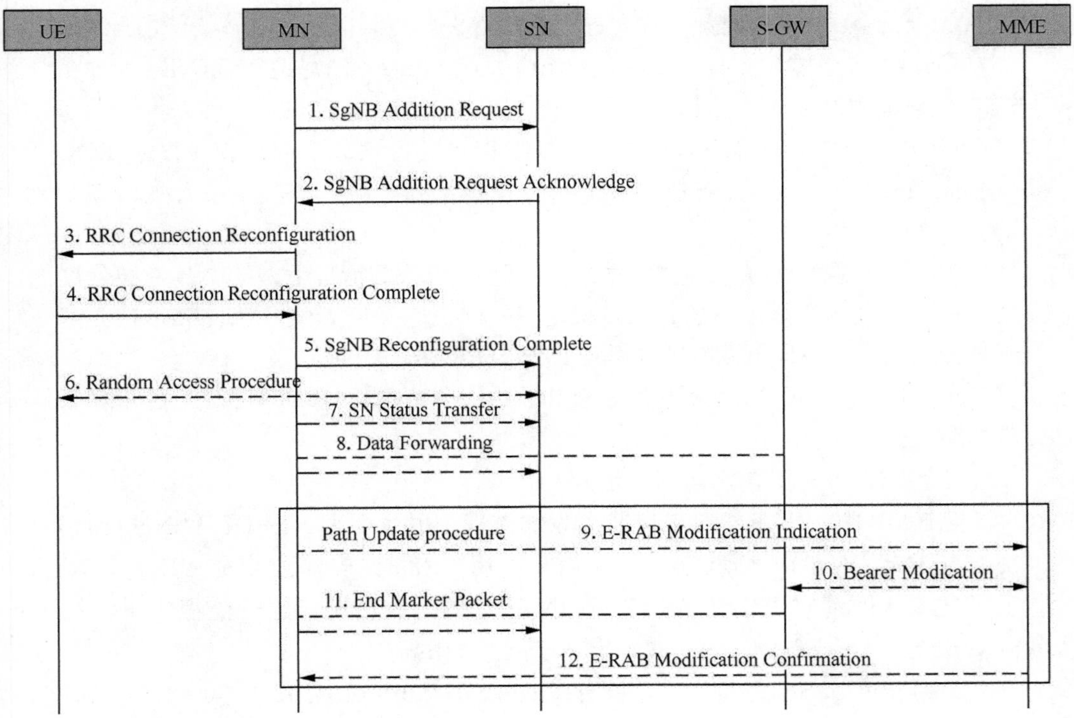

UE　MN　SN　S-GW　MME
1. SgNB Addition Request
2. SgNB Addition Request Acknowledge
3. RRC Connection Reconfiguration
4. RRC Connection Reconfiguration Complete
5. SgNB Reconfiguration Complete
6. Random Access Procedure
7. SN Status Transfer
8. Data Forwarding
Path Update procedure
9. E-RAB Modification Indication
10. Bearer Modication
11. End Marker Packet
12. E-RAB Modification Confirmation

图 5-11　EN-DC 下辅节点添加流程

② 如果 SgNB 中的 RRM 实体判决能够满足无线资源的请求，它会分配相关的 SCG 无线资源，并参照请求的承载类型分配相应的 TNL 地址信息。SgNB 触发随机接入命令来实现 UE 对 SgNB 侧无线资源配置的同步。SgNB 确定好 PScell 和其他 SCG Scells，并且通过 SgNB Addition Request Acknowledge 消息，将新的 SCG 无线资源配置信息发送给 MeNB。对于 SCG 承载和 SCG Split 承载类型，SgNB 需要为被分流的 E-RAB 提供新的 SCG 无线资源配置和 S1 DL TNL 地址信息。对于 MCG Split 承载，SgNB 还会提供 X2 DL TNL

地址信息。对于 SCG Split 承载，SgNB 也会为被分流的 E-RAB 提供 X2 UL TNL 地址信息和相关的无线资源配置。

③ MeNB 将 RRC Connection Reconfiguration 消息发送给 UE。这一消息中包含 SCG 侧无线资源配置信息，MeNB 可以不做任何的解析和改动，直接透传发给 UE。

④ UE 采纳执行 SCG 侧配置，并向 MeNB 反馈 RRC Connection Reconfiguration Complete 消息。如果 UE 无法按照 RRC Connection Reconfiguration 完成配置，就会进入重配置失败的流程。

⑤ MeNB 通过 SgNB Reconfiguration Complete 消息通知 SgNB：UE 在 SCG 侧重配置过程成功。

⑥ UE 在空口对 SgNB 中配置的 PSCell 进行接入同步，UE 发送 RRC Connection Reconfiguration Complete 消息和随机接入流程是没有先后顺序的。

⑦~⑧在配置应用 SCG 承载和 SCG Split 承载的情况下，MeNB 对被分流的 E-RAB 进行数据包前送，以及发送 SN 标识以保证无损分流，MeNB 会基于被分流的 E-RAB 承载特征来尽量减少传输服务的中断。

⑨~⑫ 对于 SCG 承载和 SCG Split 承载，MeNB 更新指向 SGW 的用户面数据路径。

（2）NGEN-DC 辅节点添加流程

图 5-12 中，NGEN-DC 辅节点添加流程（也适用于 NE-DC 和 NN-DC）由 MN 发起 SN Addition Request 消息，用于在 SN 内建立生成 UE 的 RRC 上下文，从而请求提供从 SN 到 UE 的 SCG 侧无线资源。这一流程用于添加 SCG 侧的第一个锚点 Cell(PSCell) 和其他 Scells。

① MN 请求 SN 为特定 UE 被分流的 PDU Session/QoS Flows 分配无线资源，SN Addition Request 消息包含 PDU Session/QoS Flows 全特征参数（QoS Flow QoS 参数、对应承载类型的 TNL 地址信息等）。此外，MN 提供所需的 SCG 侧配置辅助信息，包括 UE 总能力和 UE 能力协调的结果。MN 还可提供最新的 RRM 测量结果，SN 基于这个结果选择和配置目标 SCG cells。MN 还可能会请求 SN 为 MCG Split SRB 分配无线资源，而 SRB3 的添加建立则由 SN 独立决定。在决定配置 SCG Split 承载的情况下，MN 还要给被分流的 PDU Session/QoS Flows 提供 Xn DL TNL 地址信息，以及 MN 所能支持的最大 QoS 分量。SN 也有可能会拒绝辅节点添加请求。

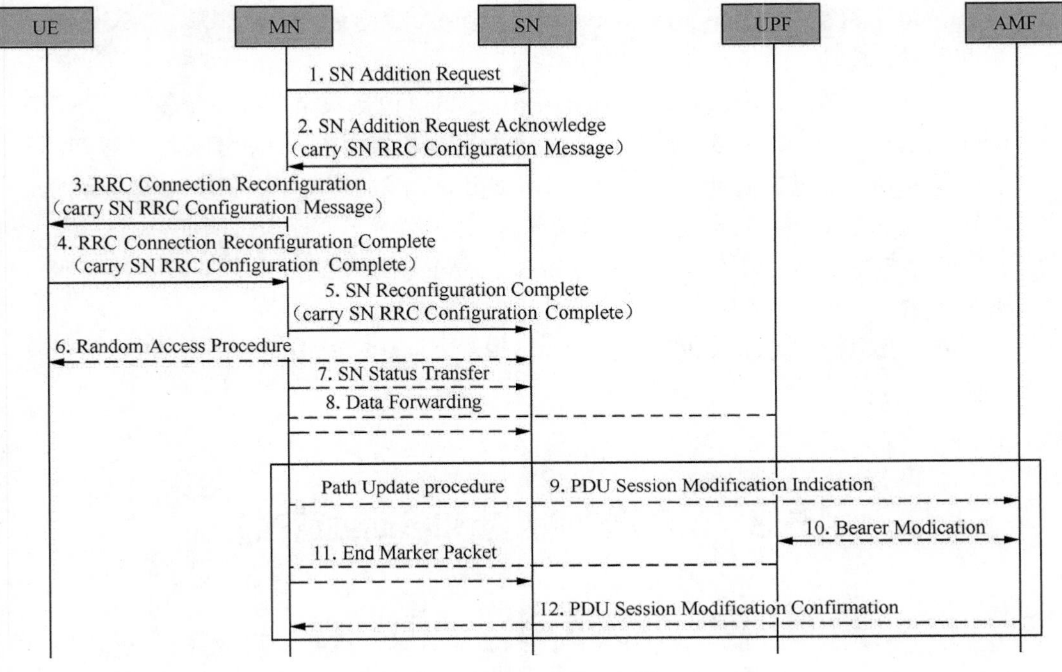

图 5-12 MR-DC 与 5GC 下辅节点添加流程

② 如果 SN 中的 RRM 实体判决能够满足无线资源的请求，它会分配相关的 SCG 无线资源，并参照请求的承载类型分配相应的 TNL 地址信息。SN 触发随机接入命令，来实现 UE 对 SN 侧无线资源配置的同步。SN 确定好 PScell 和其他 SCG Scells，并且通过 SN Addition Request Acknowledge 消息，将新的 SCG 无线资源配置信息发送给 MN。对于 SCG 承载和 SCG Split 承载承载类型，SN 需要为被分流的 PDU Session/QoS Flows 提供新的 SCG 无线资源配置和 NG DL TNL 地址信息。对于 MCG Split 承载，SN 还会提供 Xn DL TNL 地址信息。对于 SCG Split 承载，SN 也会为被分流的 PDU Session/QoS Flows 提供 Xn UL TNL 地址信息和相关无线资源配置。

③ MN 将 RRC Connection Reconfiguration 消息发送给 UE。这一消息中包含 SCG 侧无线资源配置信息，MN 可以不进行任何的解析和改动，直接透传发给 UE。

④ UE 采纳执行 SCG 侧配置，并向 MN 反馈 RRC Connection Reconfiguration Complete 消息。如果 UE 无法按照 RRC Connection Reconfiguration 完成配置，就会进入重配置失败的流程。

⑤ MN 通过 SN Reconfiguration Complete 消息通知 SN：UE 在 SCG 侧重配置过程成功。

⑥ UE 在空口对 SN 中配置的 PSCell 进行接入同步，UE 发送 RRC Connection Reconfiguration Complete 消息和随机接入流程是没有先后顺序的。

⑦ ~ ⑧在配置应用 SCG 承载和 SCG Split 承载的情况下，MN 对被分流的 PDU Session/QoS Flows 进行数据包前送，以及发送 SN 标识以保证无损分流，MN 会基于被分流的 PDU Session/QoS Flows 承载特征，来尽量减少传输服务的中断。

⑨ ~ ⑫ 对于 SCG 承载和 SCG Split 承载，MN 更新指向 UPF 的用户面数据路径。

5.3 NR RRM 测量和移动性管理

LTE-A Rel-11 前后，3GPP 已开始着手评估、改善 LTE 系统的硬切换机制，以及优化 UE 在异构微蜂窝网中的性能，并提出了各种可能的改进措施。虽然很多基于 LTE 硬切换的改进方案，并不能从根本上解决异构微蜂窝网中小小区间频繁切换，以及硬切换过程中伴随的数据传输中断、用户通信体验下降等问题。但由于在 LTE 早中期，LTE 小小区的部署密度并不大，经过一些简单优化的硬切换方案，被认为基本可以满足运营商 LTE 现网的要求。随着 5G UDN 的深入部署，小小区部署的密度会不断增加，无线节点间频繁的控制面、用户面流程，必然加强了对 5G 新网络接口 Xn、F1 和 NG 接口流程的工作效率要求。由于 UE 在不同基站节点之间发生移动切换和数据分流的频率大大增强，因此以 Delta 差量配置为基准的无损切换，以及缩短节点间的切换时延和中断时间的意义将变得更大。因此，3GPP 业界期待有更高级先进的移动性增强管理方案来解决上述问题及缺陷，使得切换更加无损且不中断、流畅。此外，随着 URLLC 类业务出现（比如，对于 32 字节、1ms 用户面时延的单个数据包传输，一般的 URLLC 可靠性要求是 1×10^{-5}）和 UE 更高移动速率（比如高达 500 km/h），还有各类空中飞行器在非地面环境下的移动性增强管控，这些目标挑战也要求 5G 系统能支持更强的移动性管理。这里的移动性特指 UE 在不同服务小区间的传统层 3 协议层面的切换（Layer3 切换），以及在不同工作波束间的层 2/1 协议层面的切换。

从 CM_Connected 状态下网络的角度看，在 5G UDN 部署下，UE 存在三

大类型切换，即系统内同 RAT 下切换、系统内异 RAT 间切换、跨系统切换，LTE 经典的切换流程和 RRC Container 方式基本被重用。

（1）系统内同 RAT 下切换：gNB 之间，或者 ng-eNB 之间，gNB 内的不同 gNB-DU 之间，可以走 NG 或者 Xn based 切换流程，可实现无损切换，支持 DRB Level 和 PDU Session level 级别隧道的 Data Forwarding。

（2）系统内异 RAT 间切换：gNB 和 ng-eNB 之间，也可以走 NG 或者 Xn based 切换流程，可实现无损切换，也支持 DRB Level 和 PDU Session level 级别隧道的 Data Forwarding。

（3）跨系统切换：gNB 和遗留 eNB 之间，ng-eNB 和遗留 eNB 之间，只能走 S1/NG based 切换流程，不能实现无损切换，支持 PDU Session level 级别隧道的 Data Forwarding。注：5G NR 基站不能支持和 2G、3G 系统基站之间的切换，只能通过 UE 小区重选来完成跨 RAT 的移动性。

处于单连接或双 / 多连接模式下的 UE，都可以触发各种切换的流程，并引发诸如“单变单”“单变双”“双变单”“双变双”等组合流程，但是从用户通信体验的角度看，基于单连接的切换属于硬切换，不容易实现 0ms 中断，所以在 5G UDN 场景下要尽量避免，尽量走双 / 多连接模式下 DRB 承载类型变化的流程。

5.3.1　层 3 移动性管理

作为最基础的层 3 移动性管理手段，基于下行测量的层 3 移动性管理在 5G UDN 网络中将依然作为基本层 3 移动性管理手段保留使用。然而不同于现有网络，5G 网络将可以使用 > 6 GHz 的高频频段，尤其是 5G UDN 网络，一般用在室内热点覆盖、城市密集覆盖等场所，根据 3GPP 的需求 3GPP TR38.913，这些场景下都将支持使用高频频率，比如 30 GHz、70 GHz 等。为对抗高频频率的高路损、高空气吸收度（氧气吸收、雨衰落、雾衰落）、高阴影衰落等问题，高频网络将采用天线阵列和波束赋形技术来获取足够高的天线增益和定向发射效果。因此相比于传统使用低频频率的网络，5G 高频 UDN 网络中，基于下行测量的层 3 移动性管理首先需要考虑波束赋形对下行测量的影响，进行针对性的设计。

图 5-13 所示是 5G UDN 中的 RRM 测量模型，该测量模型充分考虑了波束赋形对测量的影响。

- UE 物理层分别对小区中的多个波束进行测量和层 1 过滤（A），并将滤波后的结果通知给 RRC 层（A1）。
- 为将多个波束的测量结果转化为小区的测量结果，RRC 在层 3 滤波之前引入波束合并 / 选择功能，将从物理层得到的最好波束和 N-1 个超过门限的波束的测量结果进行平均后得到小区的测量结果。

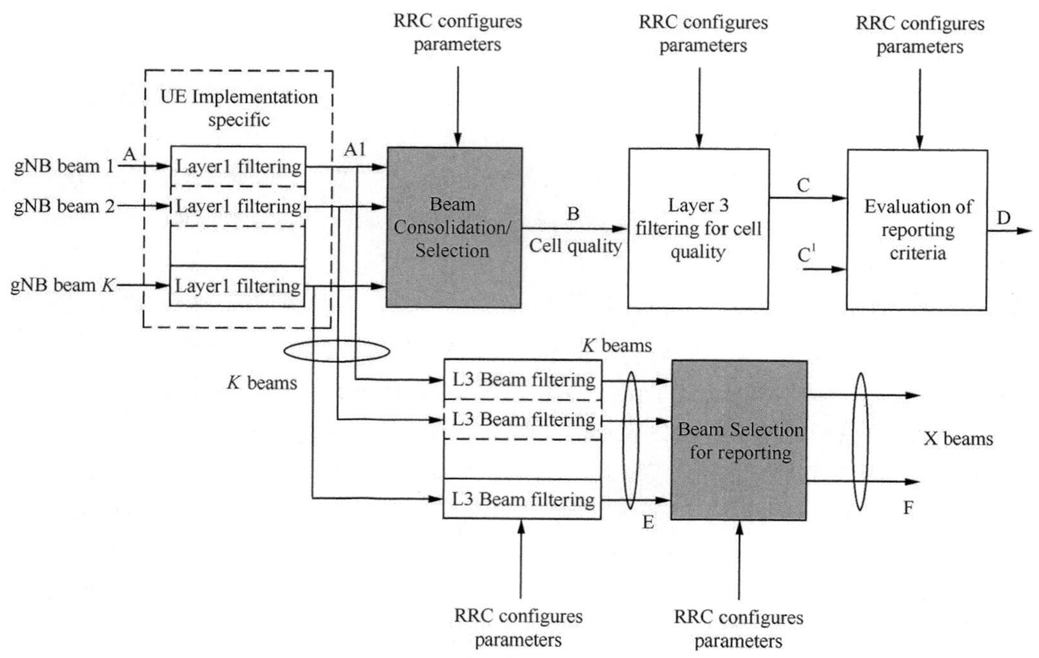

图 5-13　5G-NR 高频 RRM 测量模型

- 为了辅助网络做出更合理的移动性判决，辅助网络在目标小区上选择波束，从而配置合理数量的非竞争的随机接入资源，网络可以要求 UE 在测量报告中除了上报小区的测量结果之外，还上报波束信息。为此，RRC 层额外引入了针对波束的层 3 过滤和波束选择功能。

区别于传统基于下行测量的层 3 移动性管理，引入波束赋形后，当把 UE 从源服务小区切换到目标服务小区时，UE 需要选择波束进行接入。因此在 5G UDN 网络中，网络将基于波束配置随机接入资源，比如基于波束分配 Preamble、基于波束分配物理随机接入时频域资源等。除了基于波束配置公共的随机接入资源之外，在切换过程中，基于 UE 上报的波束信息，网络可以在目标小区上选择合适的波束，在这些选定的波束上配置专用随机接入资源。当 UE 收到切换命令后，如果目标小区上有波束被配置了专用的随机接入资源，则 UE 优先选择这些波束，使用专用的随机接入资源接入目标小区。

同样的，在 5G UDN 系统中，当采用基于下行测量的层 3 移动性管理进行切换时，层 3 要求 UE 在基站的控制下，能够从源服务小区尽可能快速无损（Lossless）地切换到目标服务小区中。这里无损的含义是：在避免重复发送

数据包的前提下不丢弃任何数据包。此外，5G UDN 网络中，小区部署更加密集、小区覆盖进一步缩小，因此相比于传统宏网络，切换将变得更加频繁。因此，为了进一步缩短切换时延、减少数据传输中断（3GPP 提出的最小中断为 0 ms）、提升用户通信流畅体验，5G UDN 网络中需要进一步考虑移动性增强方案，比如至少可以考虑以下增强方案：

- 先建后断（Make before break）方案；
- 预切换（条件切换）方案；
- RACH less 移动性方案；
- 基于上行测量的移动性方案。

1. 先建后断

（1）先建后断概述

虽然同样基于 OFDM 的物理层基本机制，但不同于 4G LTE 系统，5G 移动通信的设计目标要求达到 0 ms 的切换中断时间。

切换中断时间一般定义为：从 UE 收到源基站发送的切换命令，到 UE 能在目标基站上进行数据传输的时间。以 LTE 系统为例，切换中断时间高达 45 ~ 50 ms。事实上，切换中断时间作为移动性能的重要指标之一，会直接影响到用户业务体验，甚至某些低时延业务的成功应用，因此一直以来都颇受关注，3GPP 业界过去也一直试图降低切换中断时间。比如，在 LTE Rel-14 阶段，3GPP 就有专门立项来研究降低切换中断时间，采取先建后断、RACH-less 等增强技术，可以将切换中断时间降低到 5ms 甚至最低可以降至 1 ms。5G NR 系统将会综合考虑已有的 LTE 成果，继续寻求增强方案，努力将切换中断时间降低到 0 ms。

（2）LTE 中的先建后断

先建后断方案是通过在接收到切换或辅基站变换命令之后、目标小区上的第一次收发之前保持源连接来减少移动性引起的中断时间。先建后断方案只适用于 intra-frequency 的情景。下面的部分是专门来支持先建后断方案的。

- 在停止源小区上的收发之后，延迟层 2 的重置。
- 源基站（或者用于辅基站变换的源主基站）通过请求目标基站在 RRC 消息中添加用于移动性事件的先建后断指示，来决定先建后断切换或者辅基站变换。当切换或者辅基站变换被接受之后，目标基站在途经源基站发送到 UE 的 RRC 消息中加入先建后断指示。

在配置先建后断切换的情况下：

- 在接收切换命令之后，UE 执行到目标小区的初始上行传输之前，维护与源小区

的连接;

- 源基站决定何时停止向 UE 的传输。

在配置先建后断辅基站变换的情况下:

- 在接收辅基站变换命令之后，UE 执行到目标小区的初始上行传输之前，维护与源辅基站的连接;
- 源辅基站决定何时停止向 UE 的传输。

可以同时为 UE 配置先建后断切换，如图 5-14 所示和 RACH-less 切换。

先建后断切换与普通切换不同的地方主要体现在:

步骤 7，在接收带有 mobilityControlInformation 的 RRCConnectionReconfiguration 消息之后，UE 执行到目标小区的初始上行传输之前，维护与源小区的连接。

先建后断 SeNB change 流程如图 5-15 所示。

先建后断辅基站变换与普通的辅基站变换不同的地方主要体现在:

步骤 4/5，在接收带有 mobilityControlInfoSCG 的 RRCConnectionReconfiguration 消息之后，UE 执行到目标小区的初始上行传输之前，维护与源小区的连接。

(3) NR 中的先建后断

5G NR 在研究进一步降低切换中断时间时，基本目标如下。

- 情况 1：对于只支持单个无线链路接收 / 发送能力的 UE，NR 移动方案致力于将切换中断时间减小到尽量趋近于 0ms。
- 情况 2：对于同时可以在两个无线链路上接收 / 发送操作的 UE，NR 致力于设计 0ms 中断时间切换方案。

对于情况 1，NR 可以沿用 LTE 已定义的移动性增强方案(比如，LTE REL-14 的先建后断，RACH-less 切换等)，而对于情况 2，NR 则可以考虑利用双连接技术，来真正达到 0ms 中断时间的目标，即 UE 可以同时与源基站和目标基站进行数据收发，其具体方案过程，目前来看可能有两类。

- 第一类方案，将整个切换过程分为两步，首先源基站作为主节点将目标基站添加为辅基站辅节点，然后辅基站再转变为主基站主节点并释放源基站。从空口用户面上来看，添加目标基站为辅基站时，建立的承载类型为 Split Bearer，这种方案空口用户面类似 LTE DC 的 3C 用户面架构。
- 第二类方案在空口控制面流程上，类似传统的切换流程，只不过在切换过程中 UE 同时与源基站和目标基站进行数据收发。从空口用户面来看，这种方案类似 LTE DC 的 1A 用户面架构。

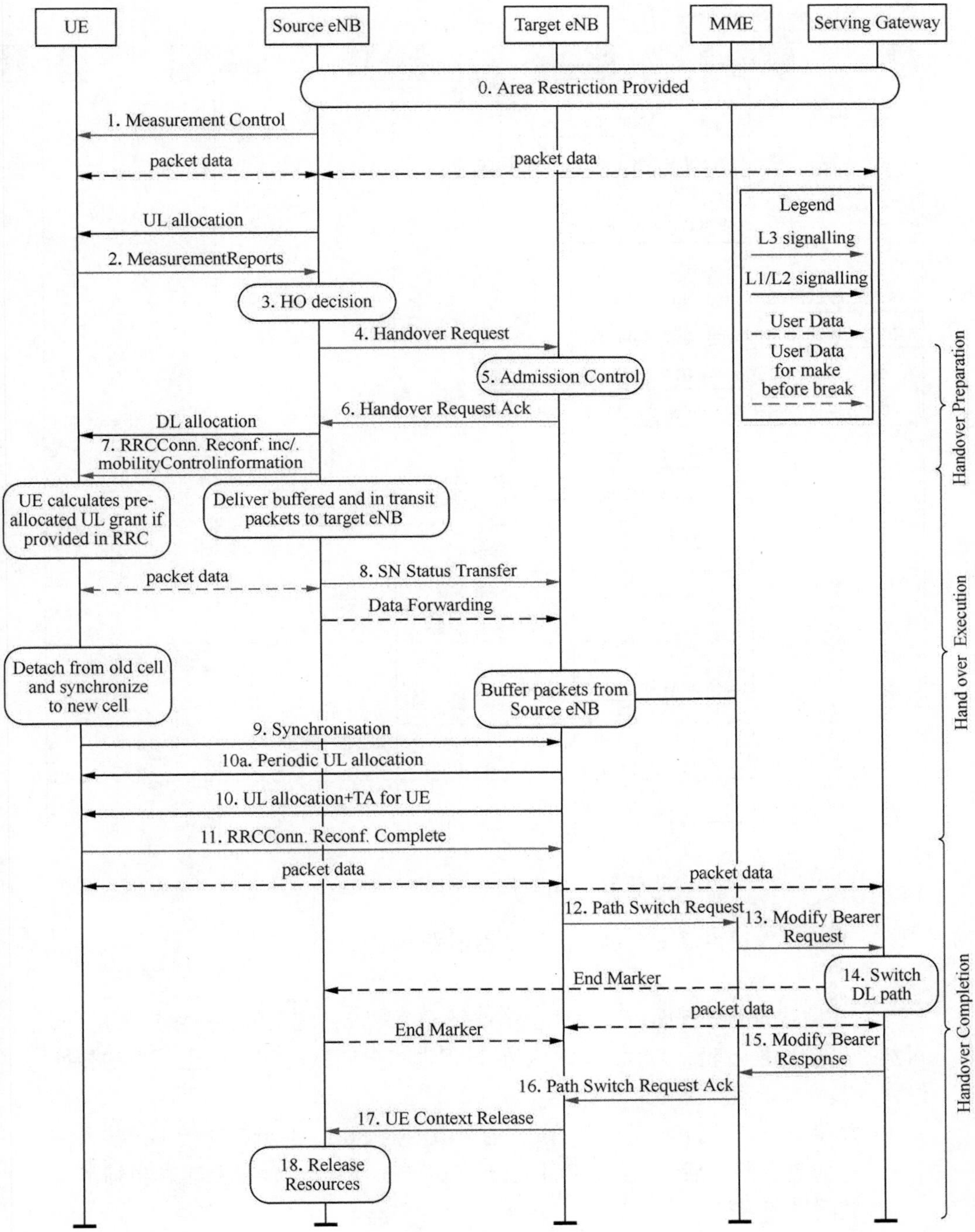

UE
Source eNB
Target eNB
MME
Serving Gateway
0. Area Restriction Provided
1. Measurement Control
packet data
packet data
Legend
L3 signalling
L1/L2 signalling
User Data
User Data for make before break
UL allocation
2. MeasurementReports
3. HO decision
4. Handover Request
5. Admission Control
6. Handover Request Ack
DL allocation
7. RRCConn. Reconf. incl. mobilityControlinformation
Handover Preparation
UE calculates pre-allocated UL grant if provided in RRC
Deliver buffered and in transit packets to target eNB
packet data
8. SN Status Transfer
Data Forwarding
Detach from old cell and synchronize to new cell
Buffer packets from Source eNB
Hand over Execution
9. Synchronisation
10a. Periodic UL allocation
10. UL allocation+TA for UE
11. RRCConn. Reconf. Complete
packet data
packet data
12. Path Switch Request
13. Modify Bearer Request
End Marker
14. Switch DL path
packet data
End Marker
15. Modify Bearer Response
16. Path Switch Request Ack
17. UE Context Release
18. Release Resources
Handover Completion

图 5-14　LTE 下 先建后断切换

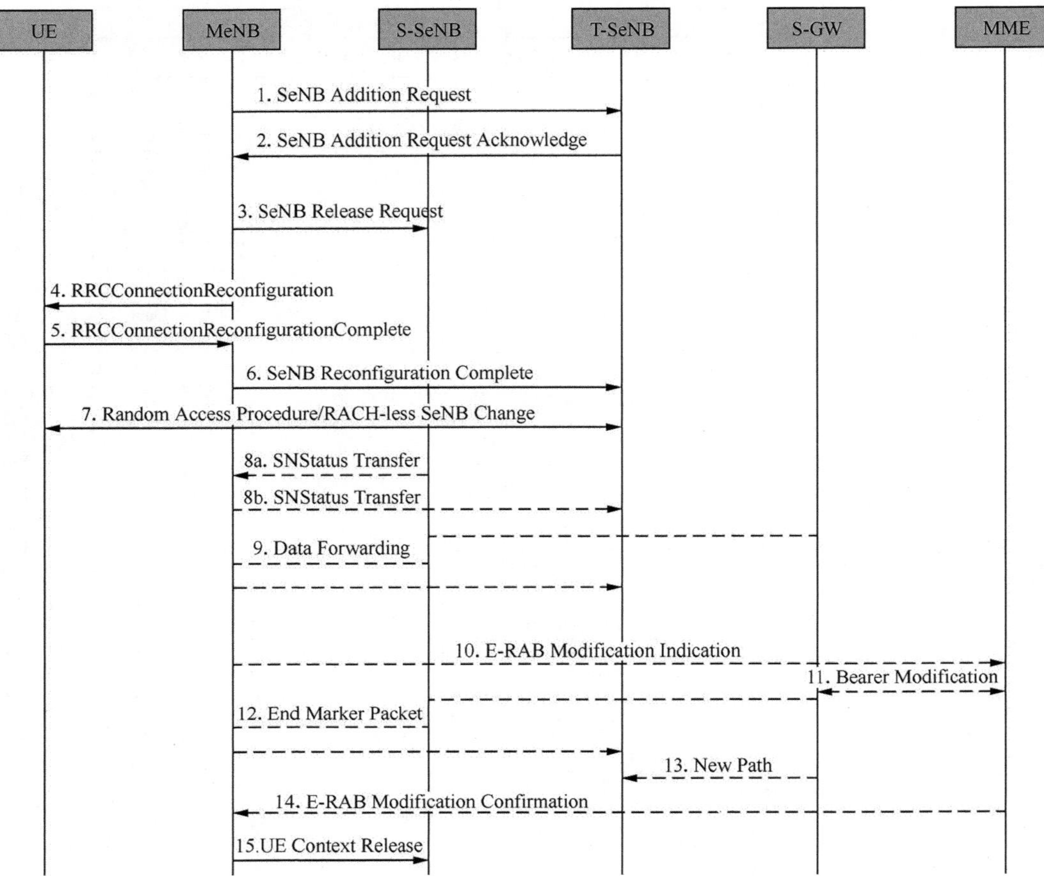

图 5-15 LTE 下先建后断辅基站变换

下面将具体讨论基于双链接的移动性增强方案。

① 控制面流程

第一类方案的控制面流程总体上类似于一个双连接定义的辅基站添加过程，再加上一个切换过程，后面的这个切换过程也可以叫作辅节点到主节点的转换过程。其大体流程如图 5-16 所示。

- 方案一中，添加辅节点时，所有的承载变为 Split Bearer，当 UE 接入并与辅节点同步后，数据就可以通过 Split Bearer 同时在主节点和辅节点之间进行传输。
- 第二步的 Role Change 过程是以前没有定义的，但总体信令流程类似切

换过程，只不过 UE 不需要和辅节点重新同步，也不需要再进行随机接入过程，因为在第一步中的辅节点添加时，这些就已经完成了。

第二类方案基本上和切换过程类似，也可以认为是将第一类方案中的步骤进行合并，其总体流程如图 5-17 所示。

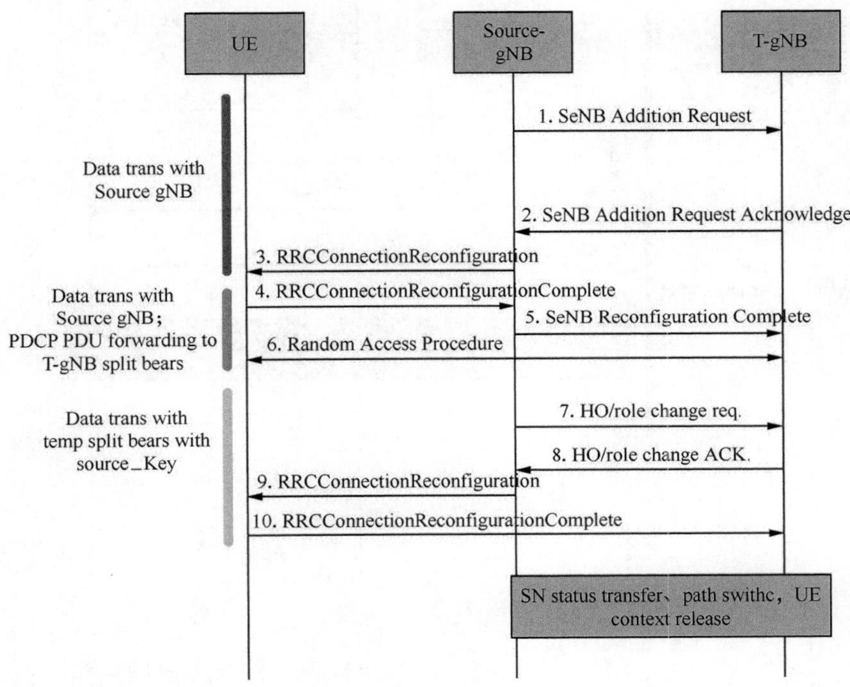

图 5-16　第一类方案

（a）切换请求与 LTE 相同，可能需要在发送切换请求时通知目标要进行的是 0 ms 间隔切换。

（b）切换请求确认，在此期间数据只在源 gNB 与 UE 之间传输，目标基站建立自己的用户面协议栈，包括 PDCP 等，将配置和目标基站的 PDCP 使用的密钥等包含在 ACK 中通知给源 gNB。

（c）源 gNB 发送切换命令（RRC conn reconf），并通知 UE 这是 0ms 间隔切换，需要支持同时两个链路收发。

- 源 gNB 仍然利用原来的连接服务 UE，继续传输。
- 开始转发 PDCP SDU 给目标 gNB，由于源侧数据传输没有中断，所以源 gNB 没有办法发送 SN 状态给目标 gNB。SN 全部由源 PDCP 分配，并连同 PDCP SDU 转发给目标 PDCP。

• 目标 gNB 对前传过来的 PDCP SDU 进行缓存并处理，使用源 gNB 分配的 SN。

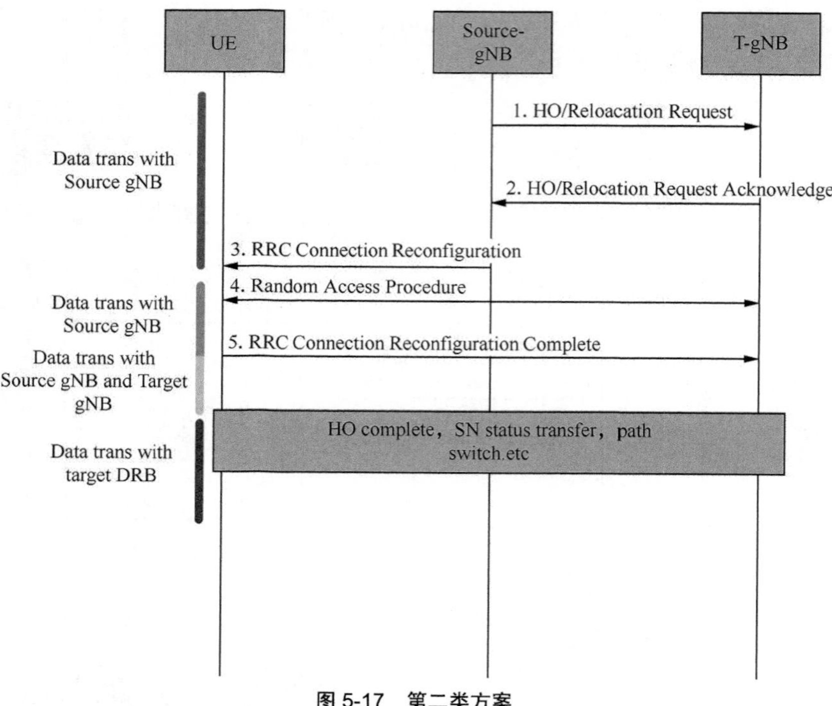

图 5-17 第二类方案

• 哪些 PDCP SDU 在源侧传，哪些在目标侧传输由源侧决定，且可以重复，即同一个 SN 的 PDCP SDU 可以发送给目标侧，同时也在源侧传输，但是源侧也可以将 SDU 进行划分，避免重复，这些都是实现问题。

(d) UE 与目标 gNB 建立连接（同步、RACH 等），发送 RRC conn reconf CoMPlete 给目标 gNB。这样 UE 就可以和目标站点进行收发。并且在源 gNB 和 UE 断开之前，UE 可以同时和目标 gNB 通信，每个承载在源 gNB 和目标 gNB 上都有一个完整的协议栈，包括 PCCP、RLC 等，只不过两个协议栈中 PDCP 使用的密钥不同。

(e) 执行切换完成步骤，包括 SN 状态转移、路径变换、UE 上下文释放等步骤。

② 用户面处理

(a) 第一类方案用户面构架

第一类方案的关键点在于 Role Change 的过程中怎样保证数据不中断，目

前讨论的方案有很多，其中比较有代表的有下面几种。

方案 1 如图 5-18 所示。

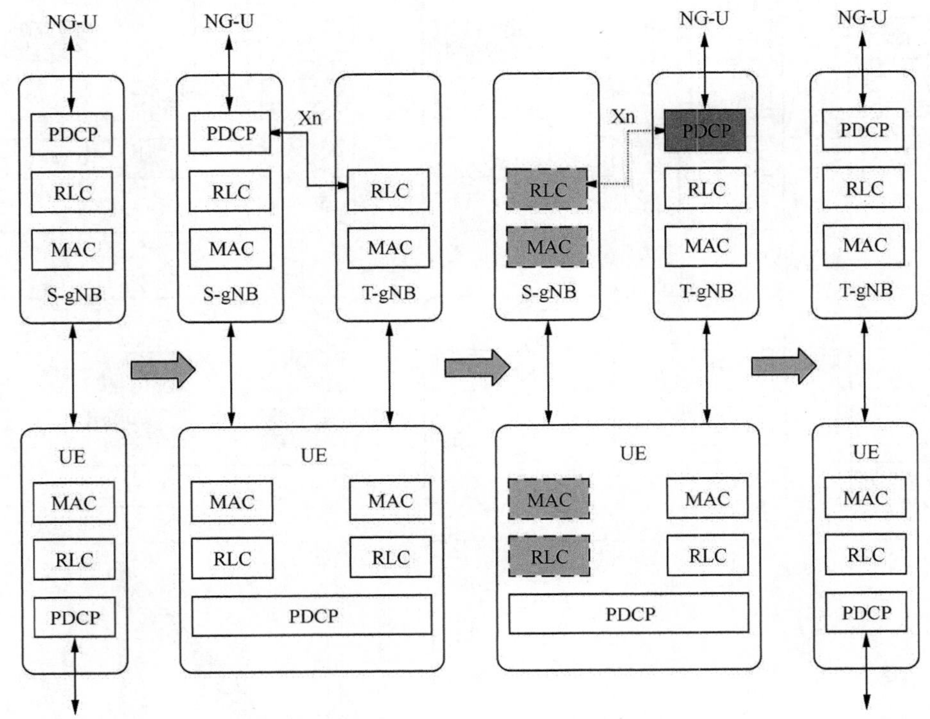

图 5-18　第一类用户面架构方案 1

- 首先经过辅节点添加以后，所有的承载变为 Split Bearer。
- 决定执行 Role Change 时，PDCP 锚点从源重定位到 Target，并且 Master Node 和 Secondary Node 的角色互换。
  - PDCP 重定位时，使用的密钥必然发生更改，以下行为例，UE 侧的接收缓冲器里面可能包含使用两种密钥加密的数据。
  - 若用户面数据使用了完整性保护，则 UE 可以尝试使用两种密钥对数据进行解密并校验，从而正确地得到解密后的数据。
  - 若没有完整性保护，则 UE 需要知晓数据包使用的是哪个密钥，这就需要在每个数据包的包头中携带指示，用于 UE 判断该数据包使用了哪种密钥。
- 原来源 gNB 的 Split 分支可以保留，也可以移除。

方案 2 如图 5-19 所示。

- 首先经过辅节点添加以后，所有的承载变为 Split Bearer。

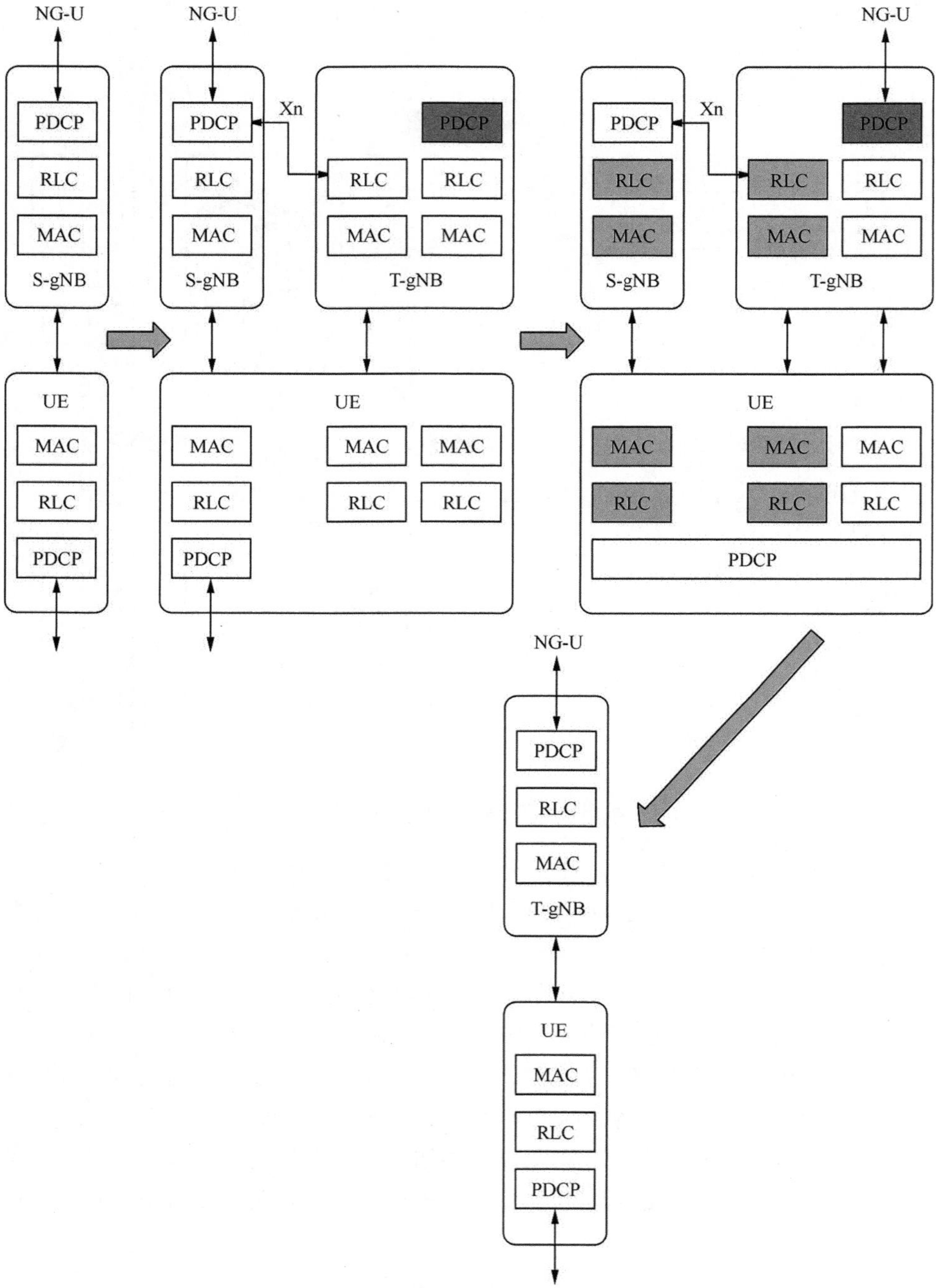

图 5-19　第一类用户面架构方案 2

- 决定执行角色改变时，在目标节点上建立完整的协议栈，包括 PDCP，该 PDCP 使用目标 gNB 自己的密钥。主节点和辅节点的角色互换。
  - 原来的 Split Bearer 使用旧密钥，新建的协议站点使用新的密钥，但是，以下行为例，UE 侧的接收仍然可以使用统一的重排序，但是对应 Split Bearer 的数据要使用旧密钥进行解密，对应 Target 新建立的协议栈要使用新密钥进行解密。
- 角色变换完成后，Split Bearer 释放

（b）第二类方案用户面架构（如图 5-20 所示）

- 切换准备阶段，目标 gNB 建立完整的协议栈，包括 PDCP，但是在目标 gNB 收到源节点发送的 SN 状态转换消息之前，序号 SN 仍然由源节点来分配，并可以将分配了 SN 号的 PDCP SDU 前传给目标节点。
- 切换执行阶段，UE 侧根据接收到的切换命令，在保持与源节点的通信和相应协议栈的同时，也建立对应目标的协议栈，该协议栈包括 PDCP 的部分功能，例如加解密等，实现中可以与原来的 PDCP 合并为一个 PDCP 实体，但是该 PDCP 实体对应两套密钥，一套对应源链路，一套对应目标链路。
- 当 UE 和目标 gNB 建立连接后，UE 可以同时和源 gNB 和目标 gNB 通信，每一个承载的数据都可以在源 gNB 或目标 gNB 上传输，即一个承载对应两套协议栈，其序号分配和排序是统一的，但是加解密则是独立的。
- 切换完成后，目标 gNB 收到源 gNB 发送的 SN 状态转换消息，确认源 gNB 不再进行序号分配，则目标进行序号分配，并完成路径变换等过程，最终释放 UE 在源 gNB 上的上下文和资源，完成切换。

2. 预切换（条件切换）

（1）预切换（条件切换）概述

传统切换的基本过程是基站为 UE 配置下行测量，UE 基于基站的测量配置周期性测量当前服务小区和邻区的下行参考信号。当 RRM 测量事件触发条件满足时（比如 A3 事件，邻区信号质量高于当前服务小区信号质量一个偏移量），UE 上报测量事件。基站接收到测量报告后，选择相关目标小区，与该目标小区之间执行切换准备流程，切换准备完成后，源基站通过显示的 RRC 切换命令通知 UE 切换到目标小区。目前的移动通信系统中的 RRM 测量配置，在参数配置时，可以通过 SON 技术来兼顾切换失败概率和乒乓概率等因素，从而取得相对不错的切换效果。

在 NR 系统中，采用基于下行参考信号的切换流程的一个主要关注点是切

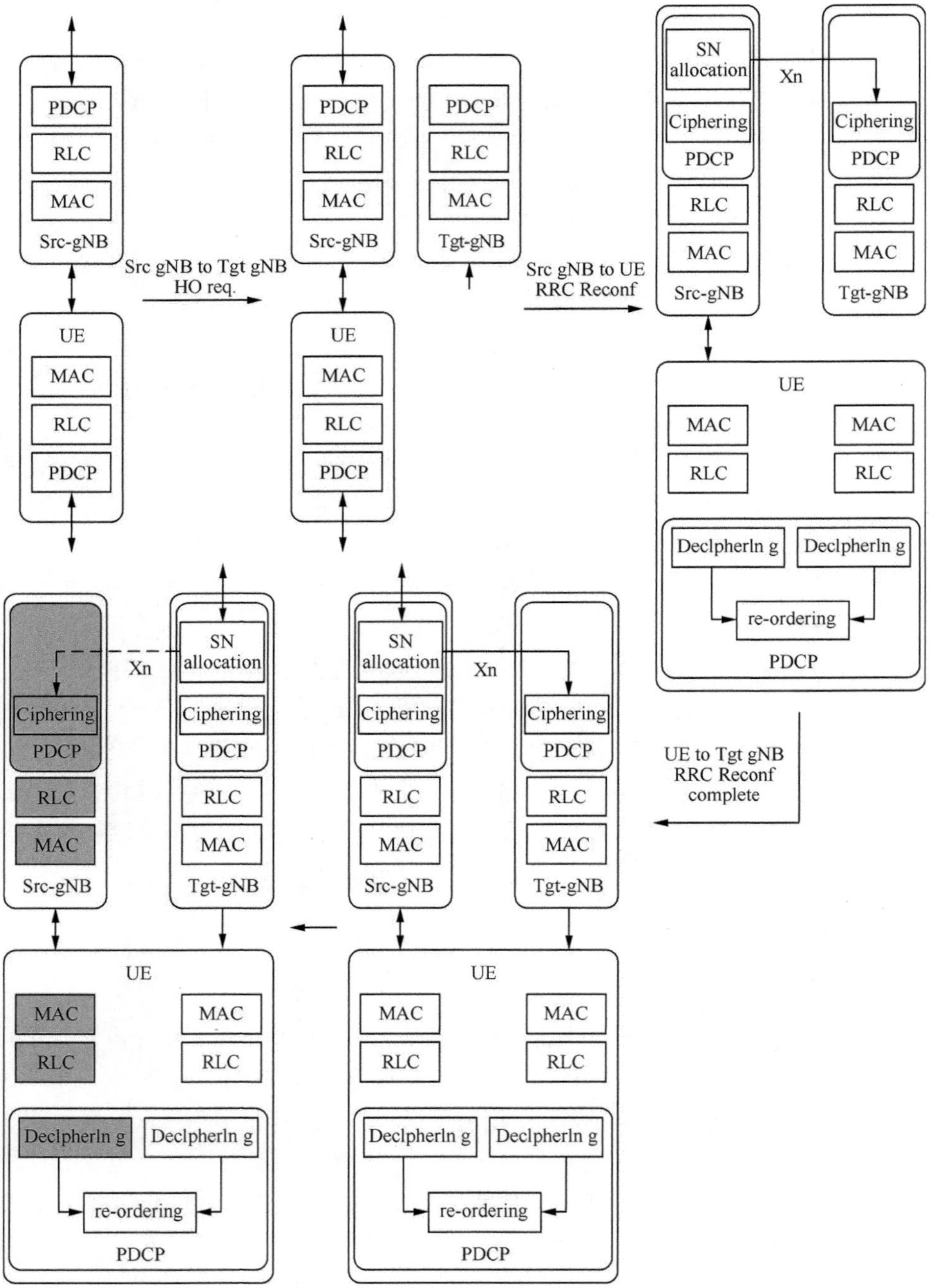

图 5-20 第二类用户面构架方案

换过程的健壮性。由于无线信道突然的波动，RRM 切换报告、切换命令可能在 TTT 到期之后，无法成功地传送到 UE。通过现网观测，这是 LTE 中硬切换失败的一个主要原因，而在 NR 高频部署中，这种情况会更加严重，因为高频无线链路的健壮性更差。当 UE 移出当前工作波束的有效覆盖范围，不太可能通过实时的 RRC 信令来完成切换流程。为了从切换失败中恢复无线链路，UE 必须去执行 RRC 重建，这会导致服务更长时间的中断和更多的信令开销。

（2）预切换（条件切换）过程

导致切换失败（HOF，Handover Failure）的主要因素是，服务于移动性的 RRM 测量配置，其参数设置没有兼顾好切换失败概率和乒乓概率，导致过早或者过晚地切换，有时长时间的切换准备过程之后（典型值：持续 50ms），源服务小区的信号质量已经恶化，导致测量报告 / 切换命令无法成功地发送 / 接收。

为了提升切换的健壮性，尤其是提高 RRM 测量报告和切换命令的成功收发概率，5G-NR 系统中提出了预切换概念。预切换的基本思想是：基站在配置传统 RRM 测量事件之外，还要为 UE 配置预切换测量报告的触发条件，预切换测量报告的触发条件将使得 UE 在满足真正触发切换的测量报告（切换测量报告）之前，提前上报预切换测量报告。当 UE 本地满足预切换测量报告触发条件时，UE 提早向源基站上报预切换测量报告，源基站根据 UE 上报的预切换测量报告，选择一个或多个潜在的目标小区，发起预切换准备过程。预切换准备过程完成后，源服务小区向 UE 发送预切换命令，预切换命令中包含了已经完成预切换准备过程的一个或多个潜在目标小区。

根据预切换测量报告的触发条件的不同，以及 UE 根据预切换命令，执行切换的不同决策，预切换过程可以有不同的方案。

（a）预切换方案 1

当提前收到来自 UE 的第一次预切换测量报告（它可以在测量报告之前的任意时间发送）时，网络侧可以将预切换准备信息发送给 UE。切换准备信息可能包含不同的条件，比如 UE 专属切换目标小区聚合、切换辅助信息可用时间的定时器等。其中，目标小区集合可能包含源小区喜欢的用于切换的目标小区（指示为切换准备的目标小区集合）。

当切换测量报告发送到网络侧时，UE 会开启定时器。该定时器可以由网络侧通过估计 UE 在发送切换测量报告之后，何时应该收到切换命令来配置。需要注意的是，UE 已经提前收到了切换辅助信息。图 5-21 和图 5-22 展示了计时器触发自主切换如何工作的例子。当触发配置的事件或者 TTT 到期时，UE 遵循当前 LTE 的切换流程，发送切换测量报告到 gNB。在 UE 发送测量报告之后，UE 开启计时器。计时器的时长应该是对 UE 到源 gNB 往返时间的估值加上 X2 接口时延的 2 倍。此时，如果源 gNB 决定不再切换 UE，它可能会发送一条 RRC 消息到 UE，指示不需要执行切换。当源小区决定进行切换，源 gNB 发送切换请求消息到目标 gNB。在收到来自目标 gNB 的确认之后，源 gNB 发送切换命令给 UE。在图 5-21 中，UE 一定可以收到切换命令，因此，UE 停止计时器并执行切换流程。图 5-22 展示了发生阻塞或者不良信道状况的情景，切换命令无法被 UE 接收。在这种情况下，当计时器到期时，UE 可以使用基于竞争的随机接入过程来执行到目标 gNB 的自主切换。

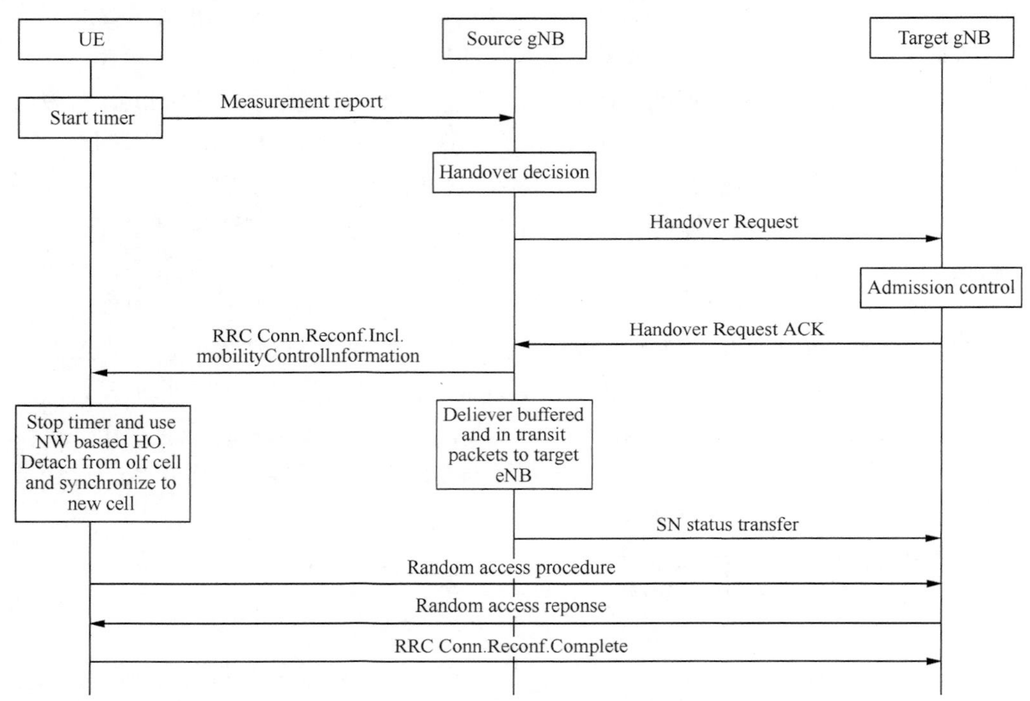

图 5-21 基于网络侧的计时器触发的自主切换

(b) 预切换方案 2

典型移动场景如图 5-23 所示。

根据不同的切换场景，进行不同的预切换处理。在真正的切换或者移动性发生之前，UE 提前发送第一条预切换测量报告(测量报告 1)到源 gNB。收到测量报告 1 之后，源 gNB 发起到目标 gNB 的切换流程并提供“有条件的移动性信息”给 UE(目标小区和在目标小区里的 UE 的资源配置)。在接到“有条件的移动性信息”之后，UE 开启计时器(Timer1)，进驻在源 gNB 中，并继续对目标 gNB 进行测量。在此之后，如果是第二条预切换测量报告(测量报

告 2)，这条测量报告会显示实际的切换是触发在 Timer1 到期之前还是到期之后，UE 执行切换取决于来自源 gNB 的切换命令是否在另一个定时器（Timer2）的时限内被接收。当测量报告 2 被触发时，UE 内的 Timer2 开启。如果切换命令在 Timer2 的时限内被接收，UE 会根据切换命令执行切换。否则，UE 会根据之前存储的“有条件的移动性信息”执行切换。如果直到 Timer1 超时，测量报告 2 都没有被触发，UE 将丢弃之前存储的“有条件的移动性信息”。

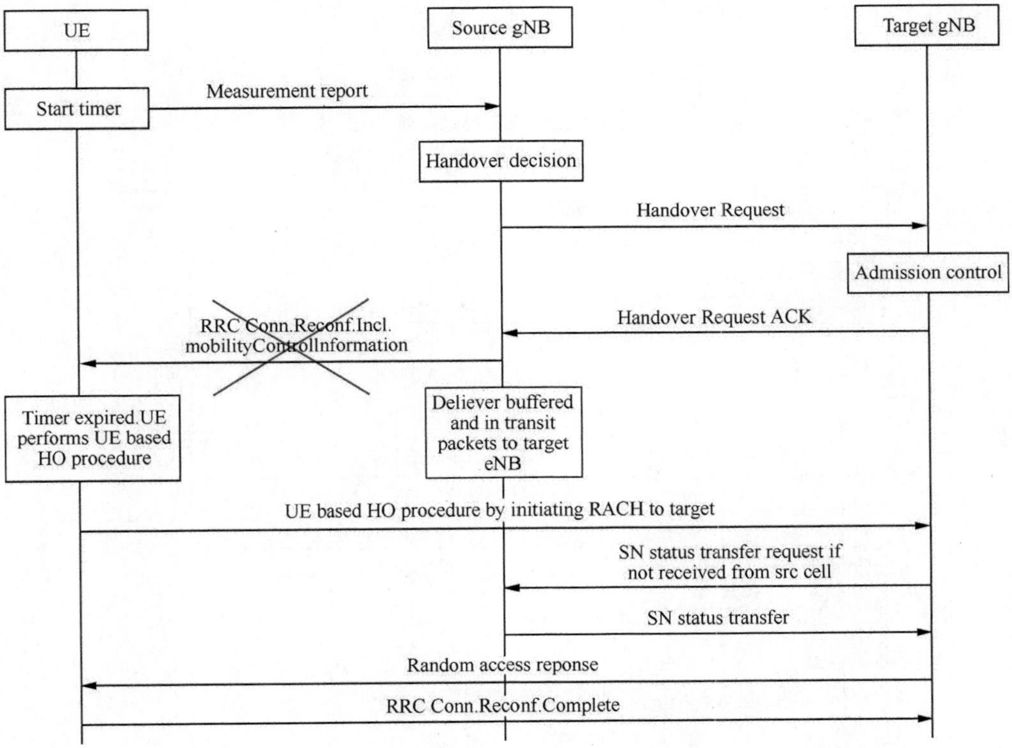

图 5-22　当没有收到切换命令时，计时器触发的自主切换

移动性实例 1：测量报告 2 被触发了，但测量报告 2 或者切换命令的传输失败了。

针对实例 1 的“有条件的”移动性流程如图 5-24 所示。在这样的条件下，UE 中的测量报告 2 被触发了。然而，由于图 5-25 所示的建筑物的阻挡，测量报告 2 或者 RRC Connection Reconfiguration with Mobility ControlInfo 消息（切换命令）在空口中丢失了。之后，当 Timer2 超时，UE 基于存储的“有条件的移动性信息”发起到目标 gNB 的切换。

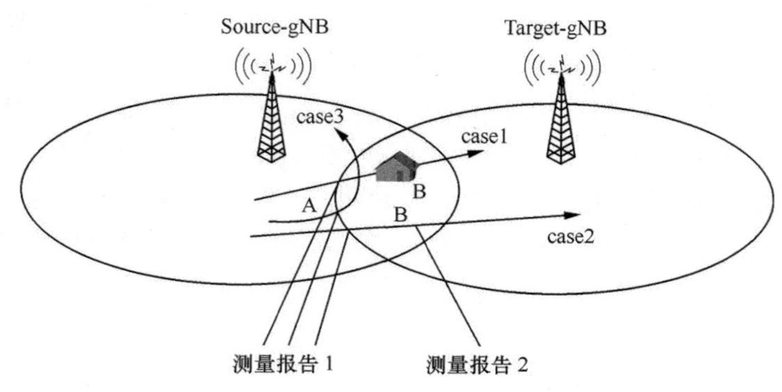

图 5-23　典型移动场景

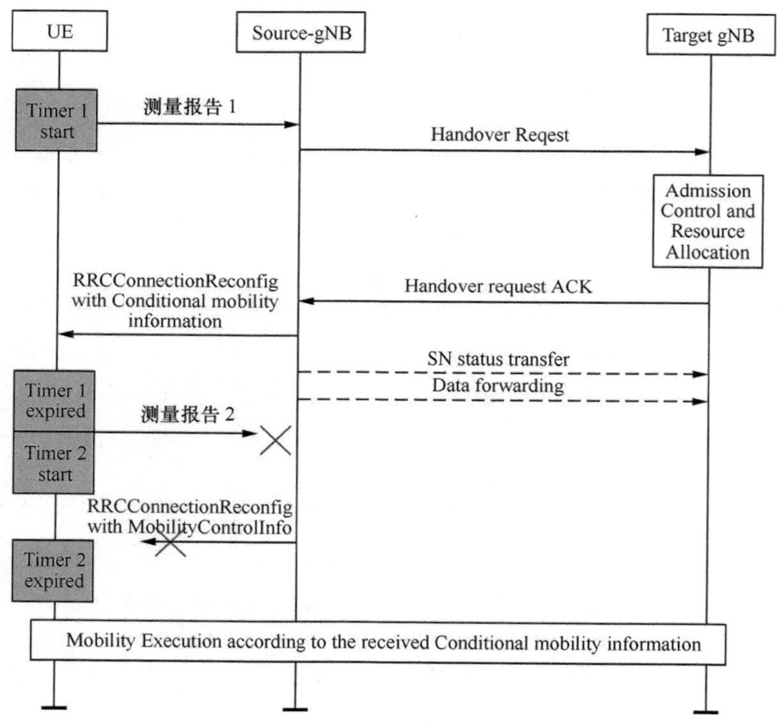

图 5-24　针对移动性实例 1 的“有条件的”移动性流程

移动性实例 2：测量报告 2 被触发，测量报告 2 和切换命令的传输成功。

针对实例 2 的“有条件的”移动性过程如图 5-25 所示。在这样的条件下，UE 中的测量报告 2 也被触发。并且很幸运地，测量报告 2 和切换命令都在空口上成功传输。所以，UE 基于收到的移动性控制信息，发起到目标 gNB 的切换。

移动性实例 3：测量报告 2 在 Timer1 的时限内没有被触发。

针对实例 3 的“有条件的”移动性过程如图 5-26 所示。参照图 5-21，由于 UE 转身回到了源 gNB，测量报告 2 在这种情况下没有被触发。所以随着 Timer1 超时，UE 丢弃了存储的“有条件的移动性信息”，并保留在源 gNB。

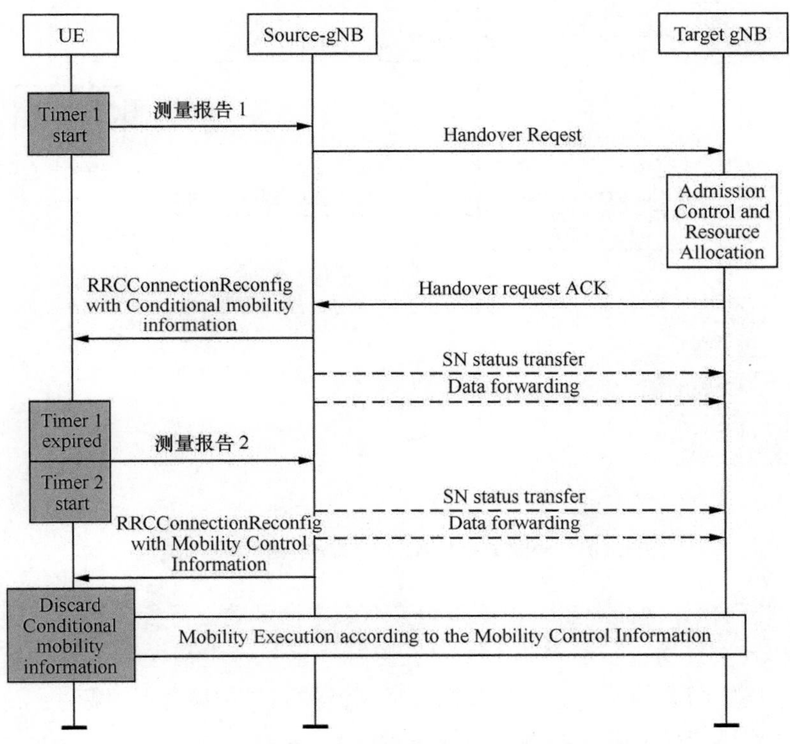

图 5-25　针对移动性实例 2 的“有条件的”移动性流程

(c) 预切换方案 3

目前的移动通信系统中，一般基于下行参考信号测量，第五代移动通信系统中，在基于下行参考信号进行测量的基础上，还可以引入基于上行参考信号的测量。预切换方案 3 就是一种上行辅助的预切换方案。

基于上行辅助测量的预切换方案，UE 基于下行测量发送预切换测量报告给基站，收到预切换测量报告后，基站执行预切换准备。本方案中，预切换准备过程中，目标基站向源基站返回的切换准备响应消息中，除了包含一个或多个目标小区的配置信息之外，还包含一个或多个目标小区为 UE 配置的上行参考信号配置信息。源基站根据目标基站返回的预切换准备结果向 UE 发送预切换命令，预切换命令中除包含一个或多个潜在目标小区的配置信息之外，还包含了 UE 在一个或多个潜在目标小区上发送上行参考信号的配置信息（见图 5-27 中步骤 3b）。

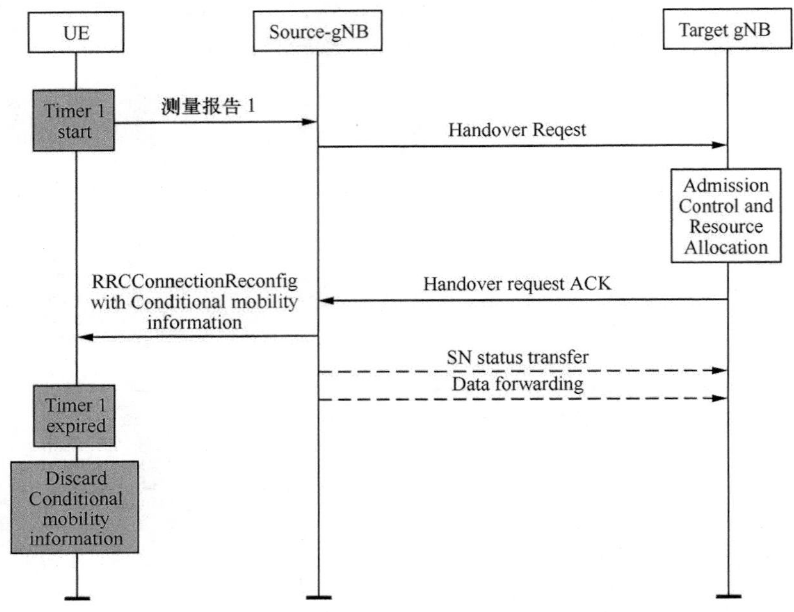

图 5-26 针对移动性实例 3 的“有条件的”移动性流程

UE 收到预切换命令后，根据预切换命令中指示的上行参考信号配置，在潜在目标小区上发送上行参考信号，潜在目标小区执行上行参考信号测量，并将测量结果通知给源基站，源基站根据目标基站的测量结果选择目标小区，向 UE 发送切换到所选择的目标小区的切换指示。

以上预切换方案为第五代移动通信系统讨论过程中提出的方案，到本书出版时，预切换尚处于讨论阶段，并没有确定最终是否在 5G 移动通信中使用，也并没有选择最终的定稿方案。

3. RACH less 移动性

（1）RACH less 移动性概述

RACH-less 方案顾名思义就是切换过程中 UE 不需要向目标小区发起 RACH 接入过程，通过避免包括切换和辅基站变换等移动场景中的 RACH 过程，来减少移动性引起的切换中断时间。RACH-less 方案只能由目标基站来决定，适用于上行传输时序不变（同一基站节点内部）或者等于“0”（小小区场景）的场景。此外，下面的部分是专门来支持 RACH-less 方案的。

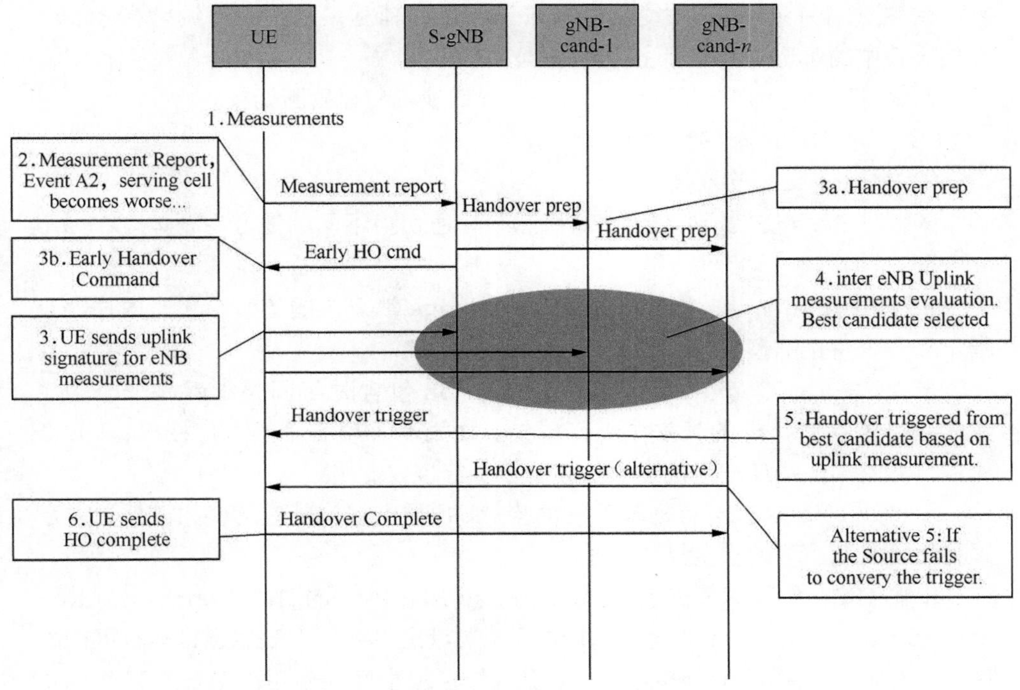

图 5-27　基于上行辅助测量的预切换

- 切换命令中指示用于目标小区的上行时序（NTA）选项，不变？ 0？

切换命令中指示预分配的上行传输授权。预安排的上行传输授权的最小间隔是 2ms。在预安排的上行传输授权中，非适应性重传的优先级要高于新的传输。在预安排的上行传输授权中，HARQ 重传的冗余版本固定设为“0”。直到 RACH-less 切换成功完成，预分配的上行传输授权才会被释放。

- 来自目标基站的集装箱中包括时序调整指示和一个可选的预分配上行传输授权。
- UE 通过在 RRC 消息中下发的预分配上行传输授权进入目标小区。如果 UE 没有收到预分配上行传输授权，UE 会监测目标小区的物理下行控制信道 PDCCH 来接收一个上行传输授权。UE 使用与目标小区同步后的第一个可用上行传输授权。
- UE 执行与目标基站的同步。UE 导出目标基站的专用秘钥，并配置目标小区相关的安全算法。
- 当 UE 已经收到上行传输授权，UE 发送 RRCConnectionReconfigurationCoMPlete message （C-RNTI）给目标基站来确认成功切换。

在 RACH-less 辅基站变换的场景下，目标辅基站包括时序调整指示和一个集装箱中的可选的预分配上行传输授权。

网络可以同时为 UE 配置 RACH-less 切换和先建后断切换。

（2）RACH-less 移动性流程

① RACH-less 切换流程

RACH-less 切换，如图 5-28 所示与普通切换不同的地方主要体现在以下几方面。

步骤 6：Handover Request Acknowledge 消息中的集装箱包含时序调整指示和一个可选的预安排上行授权。

步骤 7：RRCConnectionReconfiguration 包含时序调整指示和一个为了进入目标基站的可选的预安排上行授权。如果不含预安排的上行授权，UE 会检测目标基站的物理下行信道来接收一个上行授权。

步骤 9：UE 执行与目标基站的同步。UE 导出目标基站的专用密钥，并配置将用于目标小区的安全算法。

步骤 10a：如果 UE 在包含 mobilityControlInfo 的 RRCConnectionReconfiguration 消息中无法得到周期的预安排上行授权，UE 通过目标小区的物理下行控制信道接收上行授权。UE 使用与目标小区同步后的第一个可用的上行授权。

步骤 11：当 UE 接收到上行授权，UE 发送 RRCConnectionReconfigurationCoMPlete 消息（C-RNTI）来确认切换。

② RACH-less 辅基站变换流程

RACH-less 辅基站变换，如图 5-29 所示与普通辅基站变换不同的地方主要体现在以下两方面。

步骤 1/2：目标辅基站包括集装箱中的时序调整指示和一个可选的预安排上行授权。

步骤 7：如果 RRCConnectionReconfiguration 消息中不包含预安排的上行授权，UE 会通过监测目标辅基站的物理下行控制信道来获取上行授权。

4. 上行移动性

（1）基于上行测量的移动性过程

传统的移动性流程都是基于 UE 下行参考信号测量而触发的，基于上行测量的移动性过程，并不适用于所有移动性过程，有其特定适用的范围，比如，有公司提出基于上行测量的移动性过程，更适用于一些存在移动性挑战的场景，比如，高速列车场景、密集部署场景。UE 处于 INACTIVE 状态（或深度节能

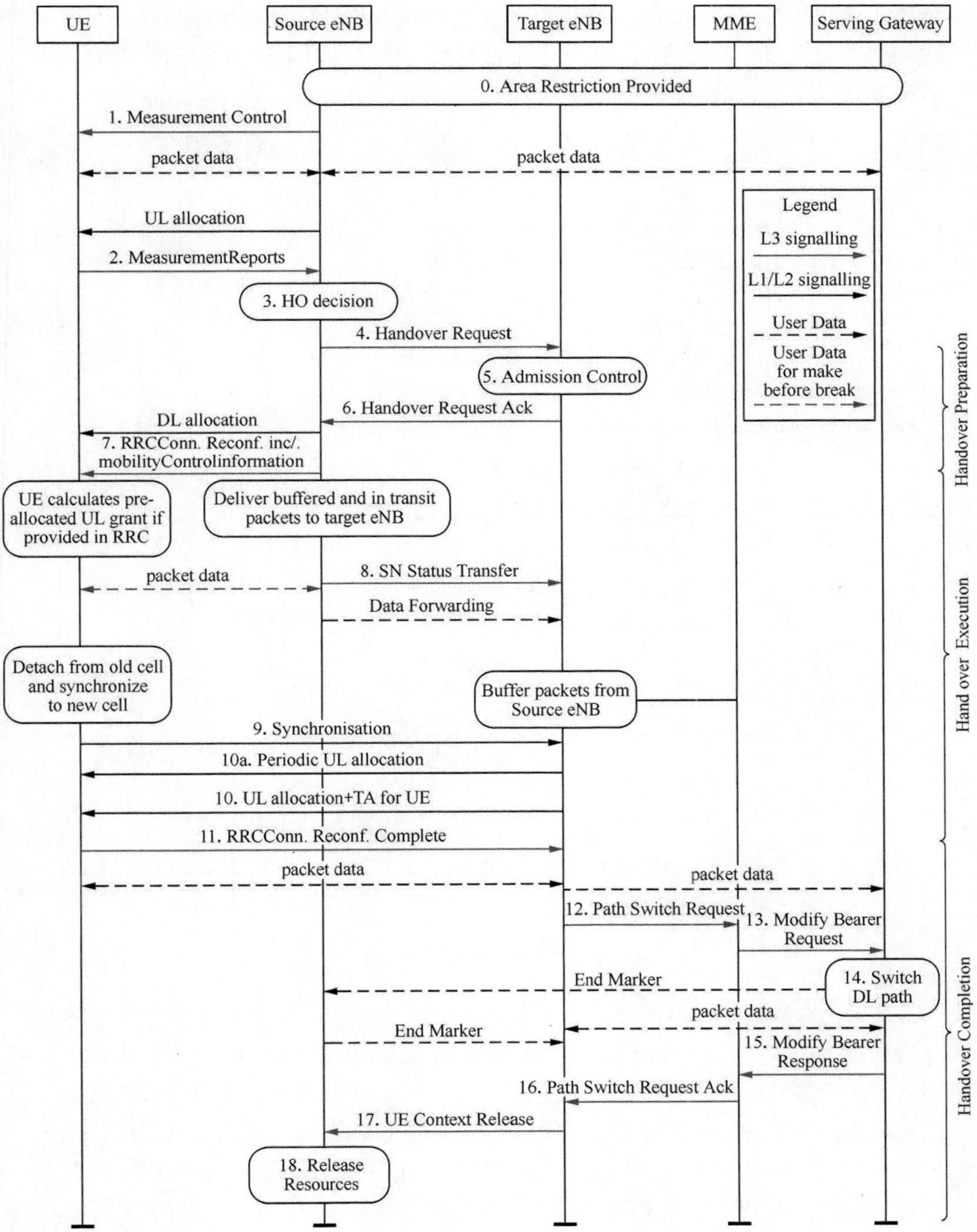

图 5-28　RACH Less 切换

状态)的场景等，在这些场景下，基于下行测量的移动性过程可能会存在一些限制和弊端，因此，有可能引入基于上行测量的移动性过程作为一种补充手段，以提高某些特定场景下的移动性能。

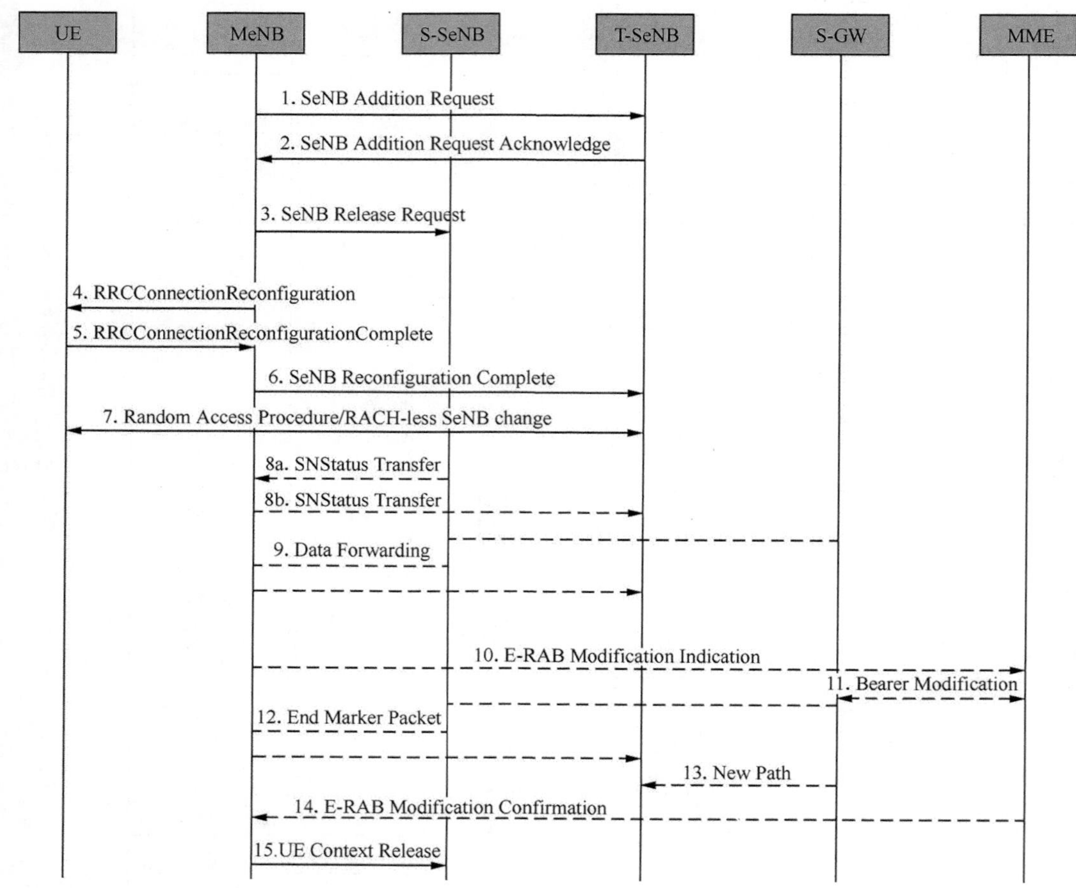

图 5-29 RACH Less SeNB 变化

基于上行测量的移动性过程，可能应用于 RRC 连接态，也可能应用于节能状态，尤其是 INACTIVE 状态。考虑到不同 RRC 状态的特性，不同 RRC 状态下的上行参考信号的设计可以不同，比如在 RRC 连接状态，上行参考信号可以复用 5G-NR 系统中已经设计的上行导频信号 (SRS，Sounding Reference Signal)，或者设计全新的专有上行参考信号，而对于 INACTIVE 状态，则有可能是设计全新的上行参考信号。基于不同的上行参考信号设计，基于上行测量的移动性过程也可以有不同的方案。

基于上行参考信号测量的移动性过程 1 有如下特征。

- 适用于同步网络，如图 5-30 所示，引入了移动区域的概念，Zone 内的各个节点（基站 /TRP/DU）时间同步。以 CU-DU 网络部署结构为例，同一 CU 下的众多 DU 之间可以构成不同的 Zone，如图 5-31 所示。

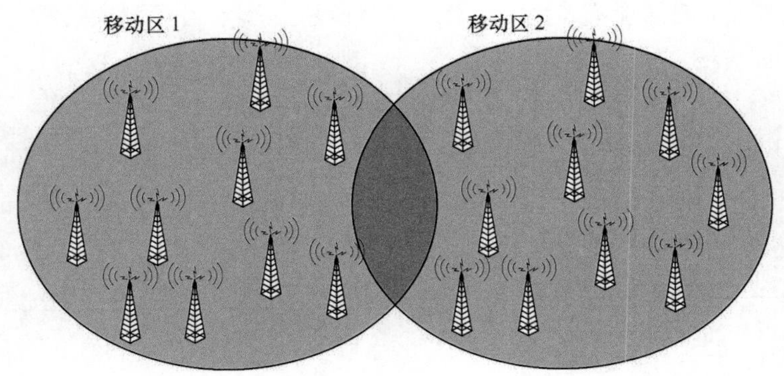

图 5-30　移动区概念

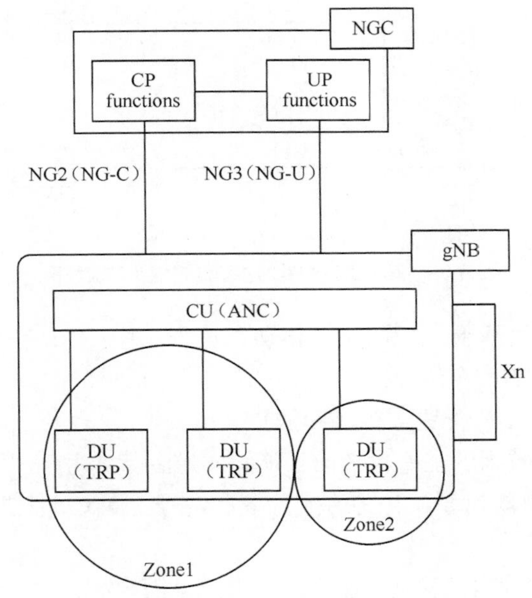

图 5-31　移动区 Zone 结构

- Zone 内的各个节点以 SFN（Single Frequency Network）方式发送同步信号，为了区分不同的 Zone，每个 Zone 会有唯一的 Zone ID。

• 网络会为 UE 在 Zone 范围内分配一个唯一的 UE ID。

在 RRC 连接态的 ACTIVE 状态下采用探测参考信号（SRS）类型的上行参考信号，在 RRC 连接态的 INACTIVE 状态下，采用基于随机接入的上行参考信号。

以图 5-31 的部署模型为例，图 5-32 所示是基于上行测量的移动性过程 1 的流程图。

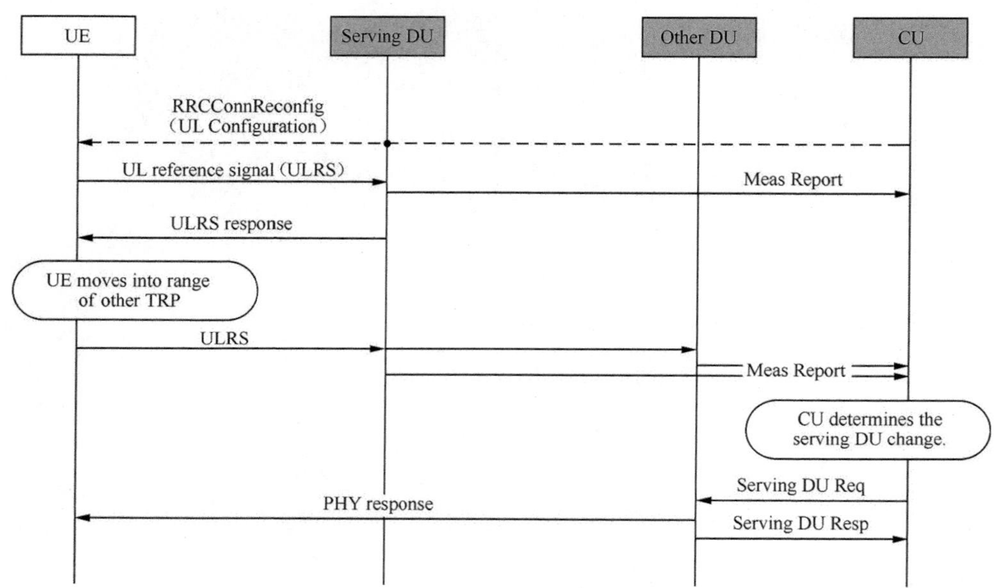

图 5-32 基于上行测量的移动性过程 1 的流程图

图 5-34 所示为基于上行测量的移动性过程 1 中，UE 在同一个 Zone 内不同 DU 之间移动时的信令过程。

① 服务 DU 为 UE 配置上行参考信号。

② UE 根据接收到的上行参考信号配置发送上行参考信号。

③ 服务 DU 测量到 UE 发送的上行参考信号，向 CU 上报测量报告并发送反馈信息给 UE。

④ 当 UE 检测到自己移动到相邻 DU 覆盖范围内时，发送针对这些相邻 DU 的上行参考信号。

⑤ 服务 DU 和相邻 DU 测量 UE 发送的上行参考信号，向 CU 上报测量报告。

⑥ CU 接收到来自服务 DU 和相邻 DU 的测量报告后，执行移动性判断，决策将 UE 从服务 DU 迁移到相邻 DU。

⑦ CU 向相邻 DU 发起服务 DU 迁移请求，服务 DU 接纳迁移请求后，向 UE 发送反馈信息。

图 5-32 所示为基于上行测量的移动性过程 1 的流程图中，上行参考信号可以复用 SRS，也可以是新设计的基于随机接入的上行参考信号。以基于随机接入的上行参考信号为例，图 5-33 所示为基于上行测量的移动性过程 1 中，UE 对上下行物理信号的处理时序图。

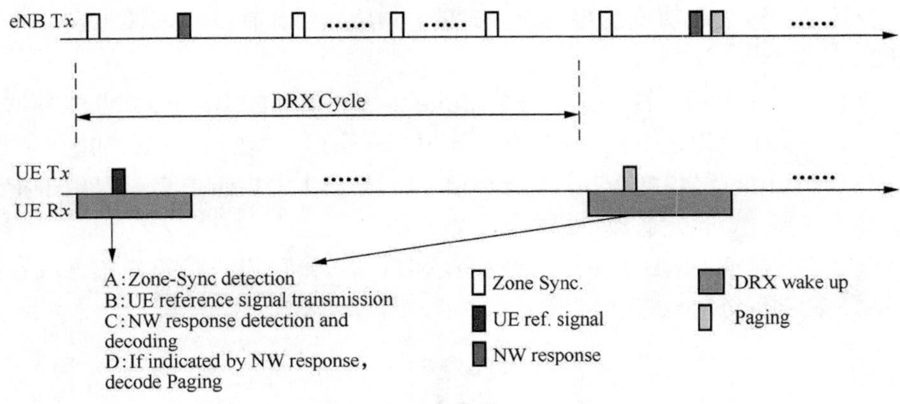

图 5-33　UE 处理时序图

在图 5-35 中，新设计了 3 种物理信道。

• UMICH(Uplink Measurement Indication Channel)：用于发送上行参考信号。

• PKACH(Physical Keep-Alive Channel)：用于发送下行响应信号。

• PCICH(Physical Cell Identification Channel)：用于发送物理小区标识。

图 5-33 的时序处理过程如下所述。

步骤 A：UE 获取 Zone 级别的下行同步，并进行 Zone 级别的下行参考信号测量。

① SS 在 Zone 内以 SFN 方式发送，SS 信号中包含 Zone ID，UE 通过 SS 可以获取 Zone 级别的同步、Zone ID。

② UE 测量 Zone 级别的下行参考信号测量，用于对步骤 B 中发送 UMICH 进行外环功率控制。

步骤 B：UE 在 UMICH 上发送上行参考信号 。

在 UMICH 上发送的 UL RS 如图 5-34 所示。

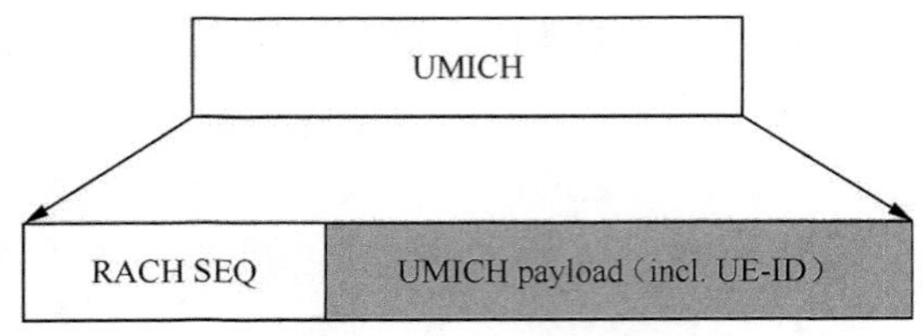

图 5-34　UMICH 信号示意

步骤 C：网络成功检测出某个 UE 的 UMICH 后，在 PKACH 上发送下行响应。

基站可以在 PKACH 信道上响应 Zone 内多个 UE 的 UL RS，也即基站可以在一个消息中复用多个 UE 的响应，不同 UE 通过不同的 UE-ID 加扰。

PKACH 中可以包括 1 bit 的指示信息，该 1bit 的指示信息可以用于指示终端接收寻呼信息，发送数据或者读取系统消息等。

步骤 D：根据 PKACH 的 1bit 的指示信息，UE 可以直接发送数据或者接收寻呼、读取系统消息等。

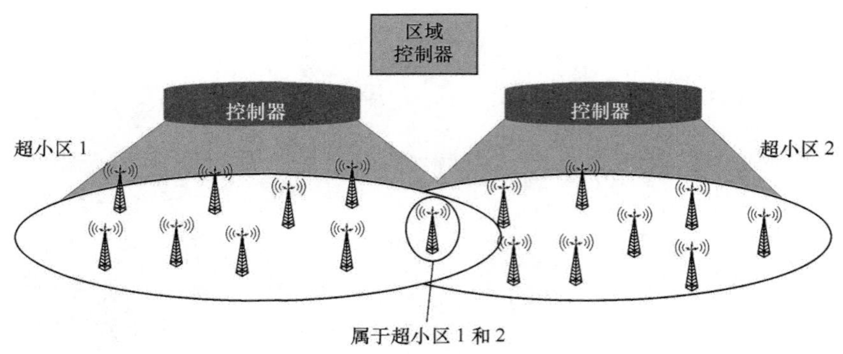

图 5-35　超小区的概念

基于上行测量的移动性过程 2 有如下特征。

① 类似于基于上行测量的移动性过程 1 中引入的区域（Zone）的概念，基于上行测量的移动过程 2 中引入了超小区（Hyper Cell）的概念，如图 5-35 所示，包含一组 TRP 的一个逻辑实体叫作超小区，它可以用来服务一个 UE。对于超小区覆盖区域和边界的配置取决于网络拓扑结构、UE 分布和通信负载情况。

② 同样类似于基于上行测量的移动性过程 1，超小区发送内的各个节点发送超小区级别的同步信号和系统消息，每个超小区有一个唯一的 ID。

③ 网络会为 UE 在超小区范围内分配一个唯一的 UE ID。

④ 在 ACTIVE 态，基于 UE 专用上行探测参考信号（UE-Specific Uplink Sounding Reference Signal）或上行追踪信号；在 INACTIVE 状态，基于上行追踪信号，时频资源和时域事件在这两种上行信号之间会有所不同。

⑤ 既适用于超小区内部的移动性，也适用于超小区之间的移动性。

图 5-36 所示为在上行测量的移动性过程 2 中，超小区内部移动性的流程图。

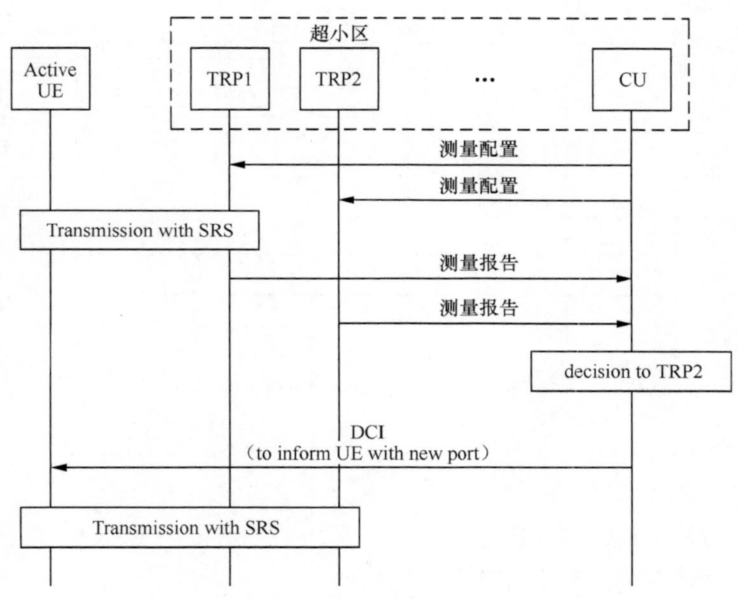

图 5-36　超小区内部移动性流程

图 5-37 所示为在上行测量的移动性过程 2 中，超小区之间的移动流程图。

超小区内部移动性中，直接利用物理层信令 DCI 完成命令 UE 在同一个 CU 内的不同节点（TRP）之间迁移，而超小区之前的移动性中，需要利用 RRC 信令命令 UE 在不同 CU 的不同节点之间切换。

（2）基于上行测量的移动性过程的优势与劣势

引入基于上行测量的移动性过程，其本意是克服在一些场景下基于下行测量的移动性过程存在的问题与挑战，从而提高移动性能。然而，基于上行测量的移动性过程，是否能克服这些问题与挑战，或者说基于上行测量的移动性过程相对于基于下行测量的移动性过程，到底有哪些优势与劣势，是否值得最终引入，到本书出版时尚未有定论。

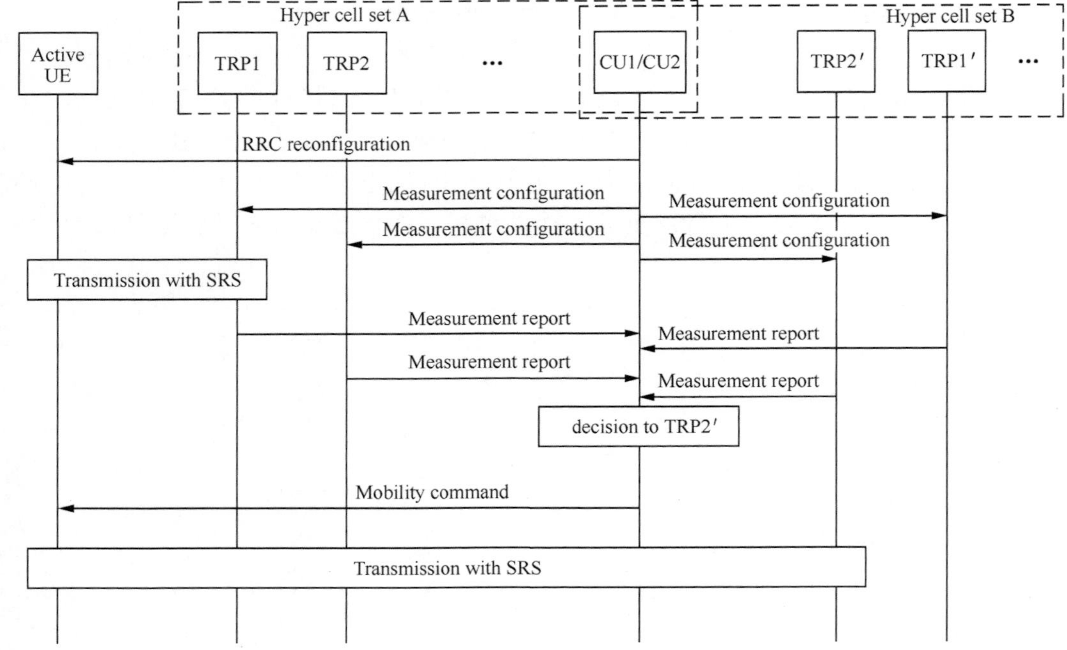

图 5-37 超小区之间移动性流程

潜在的优势：

- 降低 UE 功率消耗；
- 改善寻呼和通话建立延迟；
- 减少网络资源（参考信号和寻呼）；
- 降低移动性失败率；
- 避免了随机接入过程，因此降低了数据传输时延，特别是节能/省电模式操作中的瞬时小数据传输；
- 基于网络侧对于上行信号的分析，可能有助于网络在任意时刻精准确定 UE 位置，同时可以预测 UE 移动性和将来使用的 TRP/DU/gNB。

潜在的劣势：

- 较高的节点间信令开销，节点间协调上行参考信号资源的信令开销、节点之间交互测量报告的开销；
- 可能会提高切换失败概率，节点之间交互测量报告引入的时延可能增加切换失败概率，错误的选择开启上行参考信号测量的相邻节点也将增大切换失败的概率；
- 上行测量的小区选择标准可能不会产生最好的下行小区；

- UE 需要发送大量上行参考信号，在上行测量中，为了频率间的移动性，UE 可能需要在多个频率上发送上行 SRS；
- UE 的上行功率开销大，UE 可能需要在多个频率上向多个相邻节点发送上行参考信号，尤其在高频频率上，上行参考信号需要以波束扫描方式发送，UE 的上行功率开销大；
- 在 IDLE 状态下很难适用，在 IDLE 状态下，由于在 RAN 级别没有 UE 上下文，网络如何配置 SRS 资源以及如何为上行测量协调 TRP 还是不清楚的；
- 很难支持大量 UE 的场景，为了支持大量 UE，需要配置大量 UE 特定的上行参考信号；
- 如何正确选择向哪些相邻节点发送上行参考信号，如果选择不正确，可能导致寻呼信息丢失、切换失败等。

到本书出版时，基于上行测量的移动性尚处于讨论阶段，并没有确定最终是否在第五代移动通信中使用，也并没有选择最终的定稿方案。

5.3.2　波束间移动性管理

为了补偿高频点工作载波带来的大路径损耗，高频段系统通常需要采用天线阵列和波束赋形技术来获取足够高的天线增益和定向发射效果。由于高频发射源端设备和目标接收设备的方位未知，系统需要执行波束训练来完成定向波束的对准。在给定天线权重矢量码本（AWV，Antenna Weight Vector）的情况下，波束训练的目标就是：从所有可控的波束组合中分辨出最优的波束组合，形成定向的无线链路。而波束追踪的目标就是：在发收端设备角度旋转或位置移动下，确保处于所选最优波束的主波瓣覆盖最优发送和接收方向，即维护波束的对准。

1. 波束训练

当前波束训练面临的主要问题就是：训练开销过大。在波束训练过程中，源设备和目标设备需要扫描潜在最优的收发波束组合，测量相应的波束信道质量。在本节，笔者将首先介绍高频段波束训练的相关研究成果，主要来自 IEEE 对于 60 GHz 波段相关标准的研究和制定；其后，说明波束训练的系统模型，最后阐述一些典型的多用户同步波束训练方法。

（1）相关研究

当前已有的一些高频段波束训练方案，如下所述。

① 基于穷举搜索的训练方案

波束训练的直观方案就是穷举搜索：源设备和目标设备扫描所有的收发波束组合，测量所有组合下的各个波束信道质量，最终搜索得到最优波束组合。由于获得了所有波束组合的信道质量信息，穷举搜索方案可以获得优异的波束对准性能，然而其波束训练的时间和电量花销很大。在天线权重矢量码本（AWV）中，如果收发可控定向波束的数目分别是 K_r 和 K_t 时，探测波束组合数（NPP，The Number of Probing Pairs）高达 K_rK_t。

② 基于多层反馈的训练方案

IEEE 802.15.3c 标准给出多层反馈波束训练方案（MLF-BF）：首先，先扫描低分辨率（宽）波束组合，选择获得最优信道质量的波束组合；其次，将所选的发送波束的序号反馈给发送端；然后，扫描上一轮所选的宽波束组合覆盖内的更高分辨率（较窄）波束组合，选择出最优的更高分辨率（较窄）波束组合；可以再将新一轮选择的发送波束序号再反馈给发送端；依次迭代，直到搜索到可获得最优信道质量的最高分辨率（最窄）波束组合为止。需要指出，最高分辨率（最窄）波束是由天线权重矢量码本所指定。通过嵌套迭代搜索的方法，波束训练复杂度相对于穷举搜索训练方案有了大幅度的降低，探测波束组合数 NPP 下降到了 $O(\log(K_rK_t))$。

③ 基于单层反馈的训练方案

虽然 MLF-BF 可以大幅度降低波束训练的复杂度，但是多次迭代反馈下的训练过程相对复杂。IEEE 802.11ad 标准给出了单次反馈波束训练方案（SF-BF）。该方案由 3 个阶段组成：发送波束扫描，有效发送波束的序号反馈和接收波束扫描。其探测波束组合数 NPP 为 K_r+K_t。虽然需要略多的训练开销，但是 SF-BF 方案的训练策略更为简洁。

MLF-BF 和 SF-BF 有一个重要的共同特征：在波束扫描中间阶段需要反馈所选发送波束的序号，从而降低系统不必要的波束扫描。因此，MLF-BF 和 SF-BF 比穷举搜索方案获得了更低的训练复杂度。由于波束扫描中间阶段需要反馈操作，MLF-BF 和 SF-BF 不能同时训练多个设备。如果采用依次训练的方法，训练复杂度会随着设备的增加而急速增加。

④ 基于编码波束的训练方案

针对多设备训练场景，一些文献提出了编码波束训练方案（CB-BF）。源设备将波束训练包广播给所有的设备，而每个目标设备穷举地扫描和测量所有波束组合。虽然此方案所需的训练导频信号独立于网络负载量，但是穷举搜索所带来的训练开销仍然很大。

（2）系统模型与帧结构

为了便于后续的多设备场景下波束训练的讨论和分析，本节将详细介绍收发设备端的射频系统模型和高频段空时信道模型。

假设无线系统的接收机和发送机端的天线阵列分别有 n_r 和 n_t 个天线单元。这些天线单元都拥有相同的发射功率，并且只能对射频信号进行移相，接收机和发送机端的天线单元都连接着单个模拟射频链路。在发送端，单个数据流从多个权重天线单元发送；在接收端，来自多个天线单元的信号加权并汇合成单信号流，如图 5-38 所示。为了便于阐述，下文分析采用最简单的一维均匀线性天线阵列（ULA，Uniform Linear Array），相邻天线阵列单元间距为半个射频波长。这里需要强调，下文的分析均可直接扩展到二维阵列或者其他天线阵列单元间距的情况。

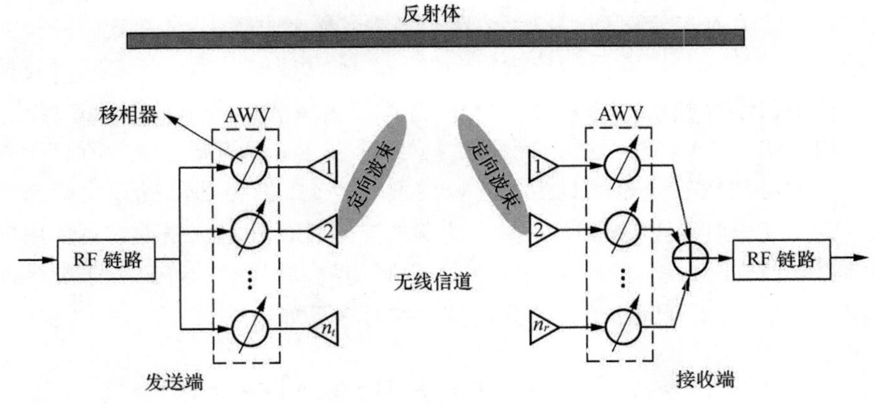

图 5-38　高频段收发端射频模型

RF 射频信号经过散射和衍射后的能量衰减显著，因而关键信道路径仅由直视路径（LOS，Line of Sight）和有限的低衰减反射路径构成。高天线增益波束作为有效的空间域滤波器，可以精细地分辨不同方向到达的 RF 射频信号。因此，定向波束下的空间域信道增益矩阵呈现出稀疏的特性。在本章，该特性称为空间域稀疏性。另外，由于高频极宽的信号带宽，接收机有着很高的时域分辨率。例如，参考 IEEE 802.11ad 标准，60 GHz 短距无线通信系统的 RF 射频带宽为 2.16 GHz，空中码片速率为 1.76 Gbit/s，而其相应的时域分辨率达到 0.56 ns。在 0.56 ns 的时间内，无线电的空气传播距离仅为 16.8 cm。因此，绝大部分的信道路径可以实现时域分辨。在本章，该传输特性称为时域可分辨性。

假定 L 表示符号采样后的离散信道最大时延。因此，L 等于 ceil(T_r/T_s)，其中 T_r 和 T_s 分别表示高频段物理信道的最大时延和符号周期，ceil(·) 表示向上取整函数。φ_l 和 θ_l 表示在相对延迟为 l 的物理信道路径的到达和出射方位角。考虑信号具有很宽的带宽，频率选择性 RF 信道模型是合理的，并表示如下

$$\boldsymbol{R}(m)=\sqrt{n_r n_t}\sum_{l=0}^{L-1}\boldsymbol{g}_l c_l \boldsymbol{P}_l^{\mathrm{H}}\delta(m-l)=\sum_{l=0}^{L-1}\widetilde{\boldsymbol{R}}_l\delta(m-l)$$

其中，$\boldsymbol{g}_l$、c_l 和 $\boldsymbol{P}_l$ 分别表示物理信道路径接收方位矢量、信道系数和物理信道路径发送方位矢量。$\boldsymbol{g}_l=\left[\mathrm{e}^{\mathrm{j}\pi 0\cos(\varphi_l)},\mathrm{e}^{\mathrm{j}\pi 1\cos(\varphi_l)},\cdots,\mathrm{e}^{\mathrm{j}\pi(n_r-1)\cos(\varphi_l)}\right]^{\mathrm{T}}/\sqrt{n_r}$，$\widetilde{\boldsymbol{R}}_l=\sqrt{n_r n_t}\,\boldsymbol{g}_l c_l \boldsymbol{P}_l^{\mathrm{H}}$和$\boldsymbol{P}_l=\left[\mathrm{e}^{\mathrm{j}\pi 0\cos(\theta_l)},\mathrm{e}^{\mathrm{j}\pi 1\cos(\theta_l)},\cdots,\mathrm{e}^{\mathrm{j}\pi(n_t-1)\cos(\theta_l)}\right]^{\mathrm{T}}/\sqrt{n_t}$。令 $\boldsymbol{c}=\left[c_0,c_1,\cdots,c_{L-1}\right]^{\mathrm{T}}$。$\|\boldsymbol{c}\|_0$ 表示信道路径数。

不失一般性，发端发送辅助导频参考信号用于波束训练。该导频参考信号是由已知能量归一化序列 $\boldsymbol{x}=\left[x(0),x(1),\cdots,x(N-1)\right]^{\mathrm{T}}$ 和其循环前缀的 ξ 次重复组成的，其中 N 表示序列的长度并且大于信道最大时延 L。ξ 决定了所提方案的性能和开销，这一点随后的分析将会看到。源设备和目标设备之间没有反馈操作，整个训练导频将连续发送。定义 $\boldsymbol{u}_{r,i}\in\mathbb{C}^{n_r}$ 和 $\boldsymbol{u}_{t,i}\in\mathbb{C}^{n_t}$ 分别表示第 i 个 $\boldsymbol{x}$ 序列接收和发送 AWV。对于各个探测波束的 AWV，$\boldsymbol{u}_{r,i}$ 和 $\boldsymbol{u}_{t,i}$ 中的所有元素都是由 ±1 伯努利随机分布函数生成（需要说明，±1 伯努利随机数生成探测波束 AWV 仅是一种可能模式），不具有明确的方向性，并且互相独立。多用户波束训练的帧结构，如图 5-39 所示。因此，探测波束组合数 NPP 等于 $\boldsymbol{x}$ 序列的发送次数，即 ξ。对于第 i 个 $\boldsymbol{x}$ 序列的接收符号表示如下。

$$y_i(m)=\sqrt{\gamma}\sum_{l=0}^{L-1}\boldsymbol{u}_{r,i}^{\mathrm{H}}\widetilde{\boldsymbol{R}}_l\frac{\boldsymbol{u}_{t,i}}{\sqrt{n_t}}x\left[(m-l)\bmod N\right]+\boldsymbol{u}_{r,i}^{\mathrm{H}}\boldsymbol{n}_i(m)$$

其中，γ 表示接收信号 SNR，$\boldsymbol{n}_i(m)\in\mathbb{C}^{n_r}$ 是零均值单位方差的标准复加性高斯白噪声矢量。接收符号矢量 $\boldsymbol{y}_i\in\mathbb{C}^N$ 等于：

$$\boldsymbol{y}_i=\boldsymbol{X}\boldsymbol{h}_i+\boldsymbol{z}_i$$

其中，$\boldsymbol{X}\in\mathbb{C}^{N\times L}$ 是由矢量 $\boldsymbol{x}$ 的单位循环移位构成，表达式如下。

$$\boldsymbol{X}=\begin{pmatrix} \boldsymbol{x}(0) & \boldsymbol{x}(N-1) & \cdots & \boldsymbol{x}(N-L+1) \\ \boldsymbol{x}(1) & \boldsymbol{x}(0) & \cdots & \boldsymbol{x}(N-L+2) \\ \vdots & \vdots & \ddots & \vdots \\ \boldsymbol{x}(N-1) & \boldsymbol{x}(N-2) & \cdots & \boldsymbol{x}(N-L) \end{pmatrix}$$

信道响应矢量 $\boldsymbol{h}_i=\left[h_i(0),h_i(1),\cdots,h_i(L-1)\right]^{\mathrm{T}}$。因此，信道响应元素 $h_i(l)$ 可以描述为

$$\boldsymbol{h}_i(l)=\sqrt{\gamma/n_t}\,\boldsymbol{u}_{r,i}^{\mathrm{H}}\widetilde{\boldsymbol{R}}_l\boldsymbol{u}_{t,i}=\boldsymbol{c}_l^{\#}\boldsymbol{u}_{r,i}^{\mathrm{H}}\boldsymbol{g}_l\boldsymbol{P}_l^{\mathrm{H}}\boldsymbol{u}_{t,i} \tag{5}$$

其中 $c_l^{\#}=\sqrt{\gamma n_r c_l}$。此外噪声矢量 $z_i=\left[z_i(0), z_i(1), \cdots, z_i(N-1)\right]^{\mathrm{T}}$，其中 $z_i(l)=\boldsymbol{u}_{r,i}^{\mathrm{H}}\boldsymbol{n}_i(l)$ 是零均值 n_r 方差的复加性高斯白噪声。

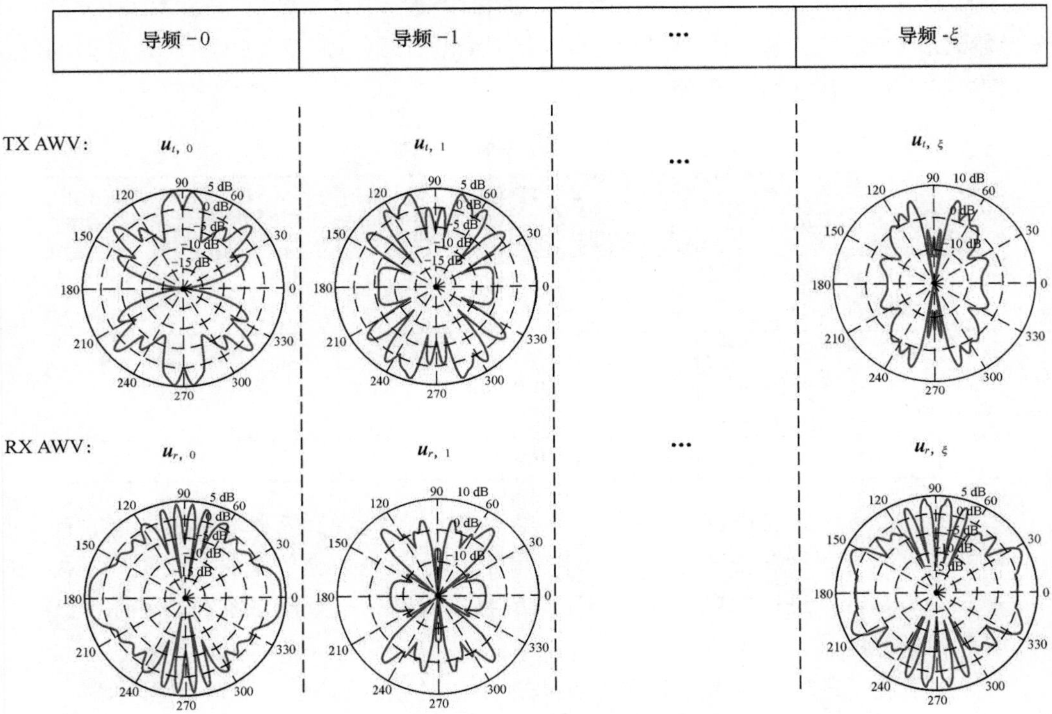

导频 -0	导频 -1	…	导频 -ξ

TX AWV:　$\boldsymbol{u}_{t,0}$　$\boldsymbol{u}_{t,1}$　…　$\boldsymbol{u}_{t,\xi}$

RX AWV:　$\boldsymbol{u}_{r,0}$　$\boldsymbol{u}_{r,1}$　…　$\boldsymbol{u}_{r,\xi}$

图 5-39　多用户波束训练的帧结构示意

2. 波束追踪

波束追踪的常用策略就是对相邻波束组合的扫描搜索。例如，在 16 天线阵列单元的高频段通信系统中，定向波束的半功率衰减波瓣宽度（HPBW）$\theta_{-3\mathrm{dB}}$ 大约为 22.5°，而由人体肘关节和手腕驱动下的设备旋转，可导致高频段收发机在很短的时间内发生波束偏离未对准。一旦波束接收信号功率低于预先设定的门限后，接收端需要通过相邻波束扫描的方法来追踪新的最优波束组合。在这种情况下，波束追踪的备选波束的偏离角可能会大于 $\theta_{-3\mathrm{dB}}/2$，即出现波束未对准。手持类设备的随机移动特性是区别于一般固定设备的主要特征。具体而言，手持类设备的移动是由设备位移和设备旋转两种运动构成。

（1）相关研究

如果目标设备距离源设备 1 m 时，2 m/s 的步行速度所带来的设备位移，在最恶劣的情况下每 196.3 ms 就会发生半功率衰减波瓣宽度 22.5° 旋转。与设备位移相比，设备旋转带来的天线角度的旋转会更为明显。通过智能手机中内嵌的加速度传感器和陀螺仪传感器的测试，某些文献给出了各种常见场景下手持设备的旋转速度，如表 5-3 所示。在极限情况下，手持设备在 28.1 ms 内就会发生 22.5° 旋转。而在常见的阅读和浏览网页时，每 62.5 ~ 375 ms 的时间内就会发生一次 22.5° 旋转。

表 5-3 手持设备的旋转测量

活动	旋转速度 （RPM，Revolutions Per Minute）	每 100ms 内角度旋转
阅读，浏览网页 （屏幕方向未旋转）	10 ～ 18	6° ～ 11°
阅读，浏览网页 （屏幕方向旋转，从水平显示切换到竖直显示，或相反）	50 ～ 68	30° ～ 36°
玩游戏	120 ～ 133	72° ～ 80°

由此可见，当设备位移和旋转同时发生时，仅需要百毫秒左右的时间，高频段接收信号就会发生 3dB 的功率半衰减，用于承载数据传输的定向波束不再对准。因此若不进行定向波束无线链路的维护追踪，高频段系统需要不断执行波束训练过程。

为了便于理解，本节描述了一次波束追踪的执行过程。图 5-40 显示了一对互联站点（STA-a 和 STA-b，其 HPBW 分别为 q_{-3dB}^{a} 和 q_{-3dB}^{b}）之间定向传输数据的场景。假定，在时刻下，站点 STA-a 和 STA-b 之间发起定向波束无线链路传输，$f_a(0)$ 和 $f_b(0)$ 分别表示最小路径损耗的物理路径方向。此时，站点 STA-a 和 STA-b 需要进行波束训练。如果使用穷举搜索的训练策略，两站点需要扫描所有可控的波束组合，测量相应的导频参考信道质量，最后选出最优波束组合，用于随后的数据传输。假设通过波束训练，系统成功地从所有可控波束组合中，选出 STA-a 的波束 a_2 和 STA-b 的波束 b_2 来形成一条波束定向无线链路。但是，由于基站不可预期的旋转或者位移，在 n 时刻最优收发方向分别旋转到了 $f_a(n)$ 和 $f_b(n)$，并且超出了当前最优波束 a_2 和 b_2 的有效覆盖范围。若接收信号衰减超过预设门限，接收端将启动波束追踪。根据高频段无线信道的空时一致性和上一时刻的先验信息，上一时刻的数据传输波束 a_2 和 b_2 以及它们的相邻波束，即波束 a_1、a_3、b_1 和 b_3 构成新的备选波束集合。接收端通过扫描这些备选波束组合和测量相应的导频参考信道质量，进而选择出新的最优的波束组合（a_3，b_3）用于执行后续的数据传输。

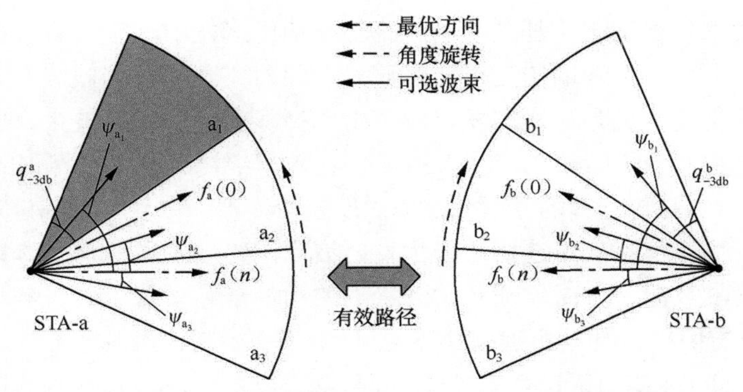

图 5-40　站点 STA 波束训练与追踪场景（阴影部分表示波束 a_1 的半功率衰减波瓣）

（2）多链路波束追踪方案

为了获得显著的天线增益以对抗高路径损耗，高频段无线信号采用波束赋形技术来实现高度定向传输，因此物理无线多径的分集效应被大幅度限制。当终端或其他障碍物发生移动时，一旦物理无线传播链路被遮挡，链路将会直接面临中断。为了解决这种问题，系统需要通过维护多个独立的波束来实现数据吞吐量或无线链路健壮性的提升，如图 5-41 所示。

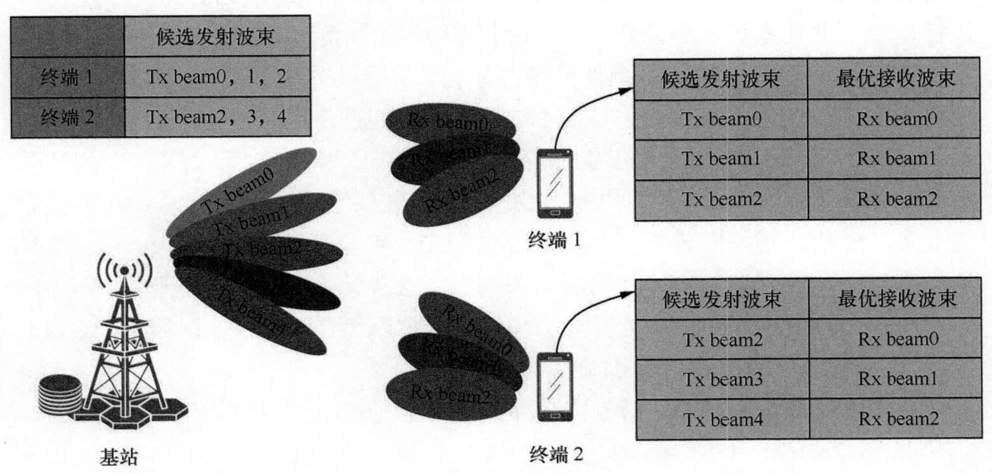

	候选发射波束
终端 1	Tx beam0，1，2
终端 2	Tx beam2，3，4

候选发射波束	最优接收波束
Tx beam0	Rx beam0
Tx beam1	Rx beam1
Tx beam2	Rx beam2

候选发射波束	最优接收波束
Tx beam2	Rx beam0
Tx beam3	Rx beam1
Tx beam4	Rx beam2

图 5-41　高频段通信下多波束维护

终端 1 和终端 2 周期地对基站的多个发射波束进行测量，并对测量结果进行优先级排序，选择测量结果最优的多个发射波束，作为候选发射波束。例如终端 1 对应的候选发射波束为{Tx beam 0，Tx beam 1，Tx beam 2}，终端 2 对应的候选发射波束为{Tx beam 2，Tx beam 3，Tx beam 4}，终端将候选发射波束列表发送给基站，同时终端维护候选发射波束和最优接收波束的对应关系，当基站到终端的无线链路质量恶化时，基站根据候选发射波束的优先级，以及负载情况等从候选发射波束中选择多个最优发射波束，例如对于终端 1 基站选择 {Tx beam 0，Tx beam 1}，对于终端 2 基站选择 {Tx beam 2，Tx beam 3}，并将选择的发射波束标识发送给终端，以便终端确定对应的最优接收波束，然后基站使用选择的最优发射波束向终端发送数据，终端使用最优接收波束接收数据，从而保证基站到终端的通信链路质量。同服务小区内不同 Beam 之间的切换，基站可通过物理层 DCI 命令控制，可基于 UE 针对公共参考信号 ss-Block 或 UE 专有的 CSI-rs 测量上报来判决。

5.4 INACTIVE 新状态和 CS Grant Free 传输

在 3G UMTS 系统中，有 IDLE、Cell_PCH、URA_PCH、Cell_FACH、Cell_DCH 5 种 RRC 基本状态，其中意义比较特别的是 PCH 和 FACH 状态，分别为了在“无数据传输”和“小量数据传输”的情况下，也能保持 UE RRC 连接，但不消耗系统太多资源。在 4G LTE 初始系统中，由于加速系统设计的需要，极大地简化了初始系统架构等需求，重点面向“MBB 宽带大数据传输”业务类型，以实现 LTE 快速标准化和开发商业部署，因此 LTE 并没有继承和沿用 PCH 和 FACH 状态，而仅仅规范了 RRC_IDLE 和 RRC_CONNECTED(相当于 Cell_DCH)状态。相比之下，由于 5G 系统需要支持更加丰富、复杂类型的业务，比如，超低时延高可靠、突发性窄带小数据包等，并且在 5G UDN 部署环境下，要克服 UE 快速移动所带来的频繁切换信令、大量无线干扰等问题，因此 5G NG-RAN 系统决定引入 INACTIVE 新 RRC 状态，以及 CS Grant Free 免动态调度的数据传输机制。

首先，先介绍一下 5G NR 控制面的各种状态的定义关系。从 NAS 层看，UE 可以处于 RM_IDLE 和 RM_CONNECTED 状态，前者表示 UE 还没有入网注册记录或者已脱网，后者表示 UE 已经入网注册且在 5GC 核心网存储了 NAS Context。进一步地，RM_CONNECTED 状态下又包含：CM__IDLE 和 CM_CONNECTED 状态，前者表示 UE 在 NG-RAN 内没有任何的 AS Context，后者表示 UE 已或曾经进入过 RRC 连接态，且在 NG-RAN 内存储了 AS Context。进一步地，CM_CONNECTED 状态又包含：INACTIVE 和 ACTIVE 状态(就是有数据传输的常规 RRC_CONNECTED)，前者表示

UE 虽然有 AS Context，但空口 RRC 连接被悬挂，无线链路被去激活，不能在此状态下进行用户数据传输（AMF 仍可能区分 UE 是否处于 INACTIVE 或 ACTIVE 状态），后者表示 UE 处于常规连接态，空口 RRC 连接和无线链路都处于正常的激活工作状态，UE 在此状态下，可正常进行用户数据的传输。

INACTIVE 状态类似于 URA_PCH 状态，当 UE 处于 INACTIVE 状态，UE 空口 RRC 连接被 Suspend，因此 UE 空口行为和 IDLE 状态基本一致。但由于基站和 UE 都保留着之前 RRC 连接和空口用户面的配置，并用 I-RNTI 标识进行关联索引。UE 在 Xn 和 NG 接口的控制面和用户面连接，仍然处于正常工作状态，行为和 CONNECTED 状态下基本一致。基站可以针对 UE 以 RAN 寻呼通知区（RNA，RAN Notification Area）比如：包含若干个彼此有 X_n 接口连接的相邻基站小区 n 为范围粒度进行 RAN Paging（通常比 CN Paging 范围要小），UE 在 RNA 范围内移动，可不触发小区级的位置更新上报，跨 RNA 的时候需要进行 RNA 更新上报。在 RAN Paging 的同时，核心网 CN 也可以针对 UE 以注册区 RA（Registration Area）为范围粒度，进行传统 CN Paging，UE 在 RA 范围内（TA List）移动，可不触发 TA 级位置更新上报，跨 RA 的时候需要进行 TA 更新上报。

INACTIVE 状态不仅可以大大缩短终端再次进入 CONNECTED 状态的控制面时延，还能保证终端更加省电，极大减轻了空口无线链路维护带来的干扰。可以想象在 5G UDN 环境下，如果终端只能像 LTE 中那样，一直处于 CONNECTED 状态，那么在密集的小小区间的移动，将会导致大量的切换网络侧和空口侧信令，而 INACTIVE 状态可避免这些。同时由于 INACTIVE 状态的终端上下行无线链路保持去激活静默，可大大减轻对周围环境的无线干扰，使得 5G UDN 环境干扰减轻。由于 INACTIVE 状态的终端保留着之前 RRC 连接和空口用户面的配置，因此可快速恢复回到 CONNECTED 状态恢复激活，数据业务的传输时延也被大大地降低。

CS Grant Free 免动态调度的数据传输机制，仅仅适用在 RRC_CONNECTED 状态下，它似乎有一点对照 Cell_FACH 状态的意味，但两者的工作机制完全不同。因为 Cell_FACH 状态涉及 UMTS 系统的公共预留资源和使用，而 CS Grant Free 传输模式涉及的仍然是专有预留资源和使用。SPS 是过去 LTE RRC_CONNECTED 下的一种特殊数据传输机制，为了服务一些周期性规律传输，且数据包大小基本不变的业务，如语音、音频等。SPS 下基站提前给终端预配置好 SPS 上下行资源和 SPS 传输格式，当这些 SPS 上下行资源处于激活态的时候，终端后续可以免动态调度地、周期地传输业务数据包。根据“重用性原则”，类似地，5G CS Grant Free 数据传输机制基于

LTE SPS 的原理，但不再限制于 Pcell 和 PScell 内，Scell 也能支持 CS Grant Free。NG-RAN 基站提前给终端预配置好 CS 上下行资源和 GF 传输格式，终端在每个服务小区或者 BWP 内只能有一个 CS 配置，当这些 CS 上下行资源处于激活态的时候，终端后续可以免动态调度地在各个服务小区或者 BWP 上传输业务数据包。当数据包需要重传的时候，NG-RAN 基站可以退回到 PDCCH 动态调度的传统模式。在 5G UDN 环境下，如果空口的时频资源比较富余且闲置，且被服务的终端数目过多，为了减轻基站对终端大群内动态调度的相关基带处理负荷，可以为某些业务的终端配置 CS 资源和 GF 传输模式，此时空口一些时频资源被半静态地预留备用，这在某些物联网和工业控制领域有较多的实际应用。

总之，5G INACTIVE 新状态和 CS Grant Free 数据传输机制可以较大地增强 5G UDN 网络内的整体性能和丰富用于服务不同终端业务类型的技术手段，它弥补了过去 LTE 系统重点面向“宽带大数据传输”的系统缺陷，使得 5G 系统能更好地服务更多类型业务应用和终端。

5.5 NR 系统消息新广播机制

系统消息是 5G NR 网络能以 Standalone 方式工作的必要前提，它里面承载着网络一些最基本的配置参数，使得 UE 能够独立地完成随机接入和服务小区驻留等。在 5G UDN 之前的时代，系统消息的设计并没有充分考虑到微基站 / 小小区的一些特性，它们以一种相对静态的方式被基站一直周期地广播发送；但在 5G UDN 时代，如果重用之前的静态机制，将会带来很大的资源开销和无线资源利用率降低，因此必须优化。本章节将先对 LTE 的系统消息的构造和发送机制进行一个简单的背景总结，然后在此基础之上，介绍 5G 系统中系统消息的架构，以及因 UDN 部署而导致的主要变化。

在 LTE 中，每个小区都会广播自己的系统消息，当 UE 移动到一个新的小区时，在驻留之前必须先接收、解码这个新小区的系统消息，以确定是否能驻留和获取必要的小区公共参数。虽然 LTE 系统消息的有效性是小区级别的，但是相邻小区之间可能有大量相同的参数。LTE 系统消息主要包括用于 UE 选择驻留与随机接入的基本信息 MIB/SIB1/SIB2、用于小区重选的 SIB3/4/5 信息，当然还包含 SIB6 ~ SIB21 等其他的系统消息，和不同的特征功能所关联。在这些系统消息中，MIB 消息总会在固定的时频资源块上广播，MIB 消息主要包含系统帧号 SFN、小区工作带宽，以及接收 SIB1 所需要的相关信息，例如，

PHICHconfig 等。SIB1 消息的时域位置也是固定的，即在 SFN/8 = 0 的无线帧位置开始，并总在 SFN/2 = 0、子帧号为 #5 的位置上重复发送，而频域位置则可以根据当前的无线资源状态动态地调整，在 SIB1 消息中，主要含有小区选择信息以及其他剩余 SIB 的具体调度信息。UE 成功收到 SIB1 消息后，就可以根据这些调度信息，来接收其他的 SIB 信息。在 LTE 中，具有相同调度周期的 SIB，通常会被放在同一个 SI 中，在同一个时刻、同一个传输块中发送。如果系统消息发生改变，基站会用 paging 或者 SIB1 中的 systemValueTag 来指示 UE，从而触发 UE 再进行一系列 SI 消息的重新读取，与此同时，LTE 中也设置了系统消息的有效时间，当时钟超时，系统消息即失效。

在 5G 系统中，结合 5G UND 场景的特征，系统消息设计中主要引入了如下两大机制。

- 由于 5G UDN 场景小区非常密集且小区服务范围非常小，很多时候某些小区内部可能没有待服务用户，LTE 时的系统广播机制会导致网络侧长时间发送广播信息导致功耗较高。为了解决这个问题，在 5G 中引入了按需系统消息发送技术，即对某些系统消息只有当 UE 请求时才会发送，从而将非关键系统消息从广播方式转换为按需获取方式，大大减少了系统资源开销。对于此机制，在第 5.5.1 章节中会有详尽的描述。
- 随着小小区的密集部署，相邻小区的系统消息会有很大的相似度和重复性。如果继续采用 LTE 中的机制，即使新小区与原小区的某些系统消息完全相同，UE 依然需要在新的小区下再次读取这些系统消息。为了减少 UE 在 UDN 小区间移动时频繁读取系统消息，在 5G 系统中引入了 Stored SI 机制，在这个机制中，某些系统消息不再是小区级别的，而是 SIA（System Inforamaion Area）级别的。对于这些系统消息，UE 在同一区域下的小区间移动时，UE 可以复用之前已经读取的系统消息。针对这个新增的功能，MSI（最小系统消息，相当于 LTE 中的 MIB、SIB1 以及 SIB2）中会广播 SI 以及 Value Tag 等标识，UE 根据这些标识，来判断其是否已经存储了相同的系统消息。当 UE 在密集小区部署环境下移动时，如果发现已经存储了这个 SIA 级别的系统消息，则 UE 将不再读取这些系统消息，从而减小了获取系统消息的时延，降低 UE 接收解码系统消息的功耗。笔者将在第 7.5.2 章节中对此机制做进一步的分析。

5.5.1 On Demand SI 机制

如前所述，对于 5G UDN 场景，为了减少不必要的系统资源开销并降低系统功耗，系统消息不再是完全广播的方式，而是根据必要性分为两类：MSI（Minimum System Information）以及 OSI （Other System Information），其中 OSI 又分为 Broadcast OSI 和 On-Demand OSI。对于 Broadcast OSI，其发送机制与 LTE 中一样，即按照调度信息周期地发送；而对于 On-demand OSI，则仅在用户请求时发送。如果处于连接态，UE 可以通过 RRC 信令携带 OSI 系统消息请求指示，gNB 侧可以通过一条特定消息，例如，RRC 重配置（RRC Connection Reconfigureation）消息携带所有请求的 OSI。但是，如果 UE 在空闲态或者非激活（INACTIVE）状态，UE 则需要发起随机接入过程来请求自己需要的 OSI。进一步地，根据请求方式的不同，按需获取的方式又可以分为两种，第一种是基于 Msg1 的，即在 Msg1 中携带请求 OSI 消息指示；第二种则是基于 Msg3 的，即在 Msg3 中携带 OSI 请求指示。

1. 基于 MSG1 的系统消息请求机制

基于 MSG1 的系统消息请求机制如图 5-42 所示，基站 gNB 收到 MSG1 相应的指示后，先通过随机接入请求响应（RAR，Random Access Response）回复确认，稍后周期地广播所请求的 OSI 系统消息。

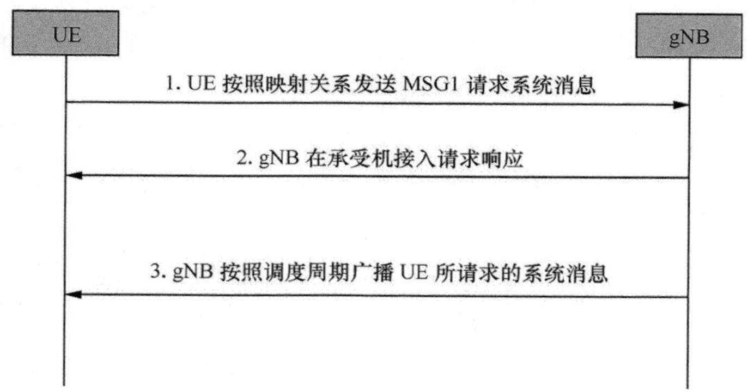

图 5-42　基于 MSG1 方案的系统消息请求流程

在 MSG1 Based 方案中，UE 可以利用不同的 Preamble 时域、频域或者码域资源，来指示出不同的 OSI 系统消息组合。例如在图 5-43 中，基站先在 MSI 系统消息中指示出 Preamble Index 与 OSI 之间的映射关系，这样 UE 按照这个映射关系，来发送对应的 Preamble。在图 5-44 中，只预留一个 Preamble 标识用于 OSI 请求，当 UE 需要请求某个 SI 时，UE 在这个 SI 的窗前几个子帧发送那个固定的 Preamble 标识，然后 gNB 将在随后的 SI 窗中把对应的系统消息广播发送给 UE，这种方法中如果 UE 需要请求多个 SI，UE 需要相应地多次发送 Preamble 请求。

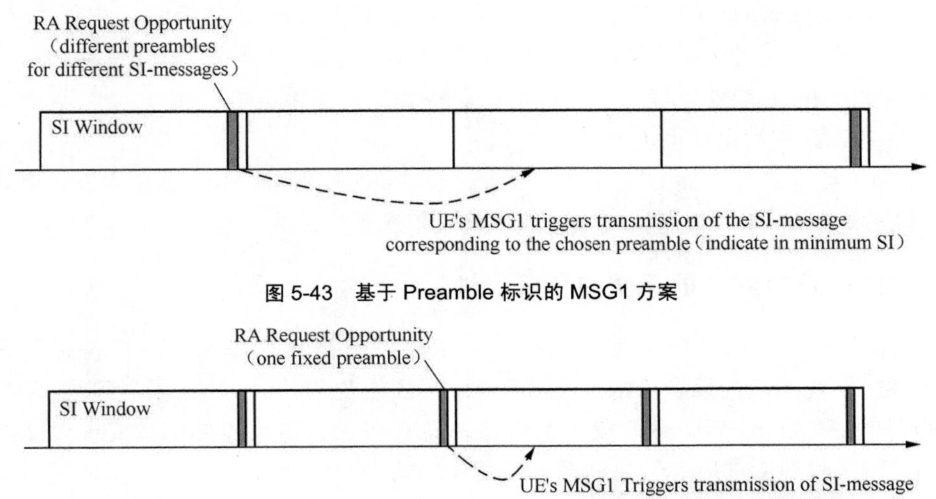

图 5-43　基于 Preamble 标识的 MSG1 方案

图 5-44　基于 Preamble 发送位置的 MSG1 方案

除此之外，也有一些公司提出可以在 Preamble 后面再增加一个数据段用于专门指示请求的 OSI 系统消息（如图 5-45 所示），由于这个方案对物理层机制改动很大，需要物理层针对可行性进行严格的认证，这个方案在 NR Rel-15 版本中暂不会被使用。

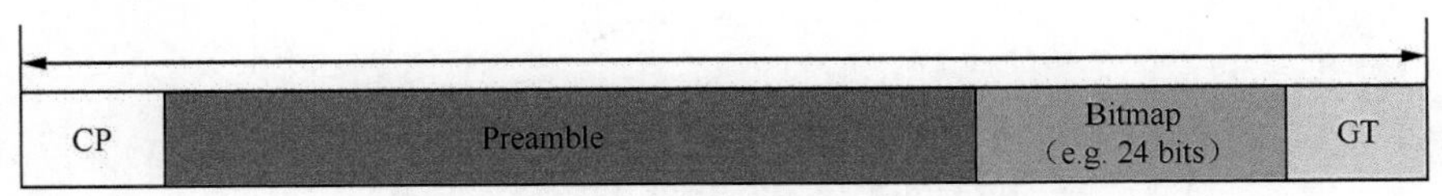

图 5-45　基于 Preamble+ 数据域的 MSG1 方案

对于 MSG1 Based 的方案，除了请求机制外，关于如何回复这个 OSI 请求，在 3GPP 也引起了激烈的争论，曾经引发是否要附加指示的讨论，这个附加指示用于指示当前按需请求获取的系统消息是否正在广播中，从而在 MSI 中，可能会引入这个附加指示来指示那些按需请求获取的系统消息当前正在广播中。基于这个新附加指示，网络厂商阵营一致认为：对于专门用于请求 OSI 系统消息目的的 MSG1，gNB 不需要回复随机接入响应 RAR，因为 UE 在发送 MSG1 请求 OSI 后，可以直接去检测 NR-SIB1 消息中的这个新附加指示，并依此判断 gNB 侧是否收到之前的 OSI 请求，是否需要继续发送 OSI 请求。终端芯片厂商阵营则认为基于如下 3 个问题，gNB 侧必须要发送随机接入响应：

- 如果没有随机接入响应，UE 被迫需要再次接收 NR-SIB1；
- 如果在 NR-SIB1 中没有检测到之前请求的 OSI 下发指示，由于 NR-SIB1 与之前的 SI 请求的时间间隔不确定，从而无法统一规定 Power Ramping 准则，造成下次 Msg1 Based OSI 请求功率不准；
- OSI 系统消息获取的时延变大。

由于终端芯片厂商的阵营势力庞大，目前 3GPP 倾向 gNB 需要回复随机接入响应消息给 UE，但随机接入响应中将只包含前导序列列表信息。

2. 基于 MSG3 的系统消息请求机制

基于 MSG3 的系统消息请求机制的主要思想是 UE 在 MSG3 中携带请求 OSI 的 SI 位指示信息。如图 5-46 所示，UE 先发送 Preamble 前导序列请求，收到随机接入响应后，继而发送 MSG3 消息，在 MSG3 消息中携带请求 OSI 指示，gNB 收到请求后，随后周期广播所请求的系统消息。

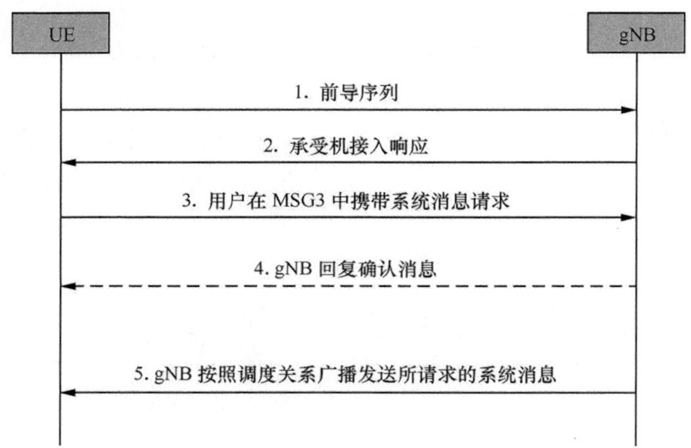

图 5-46 基于 MSG3 方案的系统消息请求流程

关于 MSG3 Based 的方案，3GPP 主要的争论点是：对于 MSG3，gNB 侧是否需要回复对应的确认消息。

网络厂商的观点同 MSG1 Based 的方案，UE 可以通过 NR-SIB1 中的附加指示，作为是否需要重发系统消息请求的指示，但很多终端芯片公司认为，网络在收到 MSG3 时，需要回复请求的系统消息的位指示标识。根据最新达成的共识，网络需要给 UE 发送一个 MSG3 的确认消息，但是该消息的具体格式仍在讨论中。

3. MSG1 与 MSG3 方案比较

本章节将对 MSG1 和 MSG3 两种方案各自的优缺点进行比较。见表 5-4，MSG1 Based 方案由于不需要上行资源发送 MSG3，大大降低了系统公共资源负载，而且对于 UE 而言，只需要发送一个请求消息，所以可以降低 UE 侧功耗。除此以外，当多个 UE 在同一个系统资源块上发送系统消息请求时，由于 Preamble 前导序列本身的正交性，基站可以检测出所有的前导序列，从而拥有天然的抗干扰冲突能力。但 MSG1 Based 方案要通过不同的随机接入资源来指示不同的 OSIs 组合，所以需要预留特定的随机接入资源，专门用于 OSI 系统消息请求，而 MSG3 Based 的方案则不需要预留任何的随机接入资源专门用于 OSI 请求。

表 5-4 基于 MSG1 和 MSG3 方案比较

	MSG3 方案	MSG1 方案
随机接入资源的预留	不需要 ☺	需要 ☹
随机接入负载	需要分配上行资源给 UE 发送 MSG3☹	对随机接入负载没有影响 ☺
终端的功耗	终端功耗较高 ☹	终端功耗较低 ☺
抗冲突能力	同时只能处理一个 UE☹	可以同时处理多个 UE☺

基于两种方案各自的优缺点，3GPP 规定 NR 中可以同时使用两种方案，对于已在 MSI 上指示出 Preamble 映射关系的 OSI，则用 MSG1Based 的方案请求发送，而对于那些没有指示的 OSI，则可用 MSG3 Based 的方式发送。

5.5.2 Stored SI 架构

在 LTE 中，系统消息都是小区级别的，即当 UE 移动到新的小区，必须重新读取该服务小区的系统消息。在 NR 中，随着 UDN 部署中小小区的密集引入，对于相邻一簇的小小区而言，很多系统消息内容可能是相同的。为了减少 UE 在 UDN 小区间移动时频繁地读取系统消息，5G 中引入了 Stored SI 技术。在该技术中，将 OSI 分为两类，一类是小区级别的系统消息，即该系统消息仅在一个小区内部可用； 而另一类是 SIA 级别的，即该系统消息在一个 SIA 范围内或者一组小区内都可用。5G 系统消息架构如图 5-47 所示。

SIA 级别的系统消息必然要引入新的机制，让 UE 移动到新的小区时，能够准确地判断是否需要重新接收某些系统消息。这就要求基站 gNB 在 MSI 中指示出每个 NR-SIB 的标识，UE 移动到新小区时，通过接收 MSI 中的标识，首先判断出哪些系统消息属于小区级别的，哪些是属于 SIA 级别的，然后对于 SIA 级别的系统消息，再根据其他标识进行进一步的区分。针对如何标识 SIA 级别的系统消息，3GPP 集中在如下两个问题的讨论上。

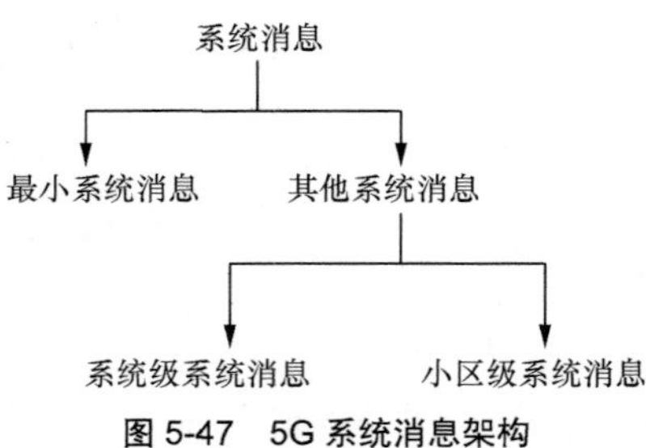

图 5-47 5G 系统消息架构

（1）这个标识是 SI 系统消息级别的，还是 SIB 系统消息块级别的，虽然基于 SI 级别的标识可以减少标识的 bit 数，但是会带来如下两个问题。

- UE 无法判断所需要的目标 SIB 是否已经发生变化，例如，一个 SI 中包含 SIB3/4/5 3 个系统消息块，这样，SIB3/4/5 中任何一个 SIB 的变化都将导致 SI 标识的变化。如果 UE 只想获取 SIB3，但因为 SIB4/5 的变化却导致 SI 标识的变化，UE 就无法根据这个标识变化来判断自己想要获取的 SIB3 是否有变化，从而导致多余的 UE 请求系统消息和读取解码的过程。
- 相邻小小区共享 SI 的灵活性与准确性受到限制，例如，小区 A 中 SIB3/4 拥有相同的周期，可以属于同一个 SI 系统消息内，小区 B 中 SIB3/4/5 拥有相同的周期，可属于同一个 SI 系统消息内，尽管小区 B 中和小区 A 拥有相同的 SIB3/4，但是由于小区 A 的 SI 中并没有包含 SIB5，所以小区 A 和小区 B 必须使用不同的 SI 标识值。

基于如上问题，3GPP 已确定每个 SIB 系统消息块都会有一个独立的标识，因此，UE 知道每个 SIB 内容是否发生变化。

（2）这个标识应当是像 eNB ID 那样全球唯一，还是可以用区域 ID+ 序号这种组合的方式。大多数公司赞同区域 ID 号 + 序号这种组合方式，即可以在 MSI 中广播一个区域 ID，同时针对每个被调度的系统消息块，在调度信息中指示其当前的序号。如图 5-48 所示，对于 UE 移动到新小区时，通过读取 MSI，对于想要读取的 SIB 消息，发现无论是区域 ID 变了，还是序号变了，都将重新读取该 SIB 消息。

对于区域 ID 的定义问题，目前 3GPP 会议已经达成共识，将会使用区域 ID+ 序号这种组合的方式。但这个区域 ID 是小区级别的还是系统消息级别的，即是小区中所有的系统消息都用同一个区域 ID，还是说不同的系统消息可以拥有不同的区域 ID 还没有定论，但大多数厂家认为这个区域 ID 是小区级别的且要保证这个区域 ID 的唯一性。如图 5-49 所示，基站可以将一个跟踪区域 TAI（PLMN+TAC）划分为多个不重叠的 SIA，每个 SIA 给其一个标识 SIAID，这样 TAI+SIAID 将唯一地确定一片区域。

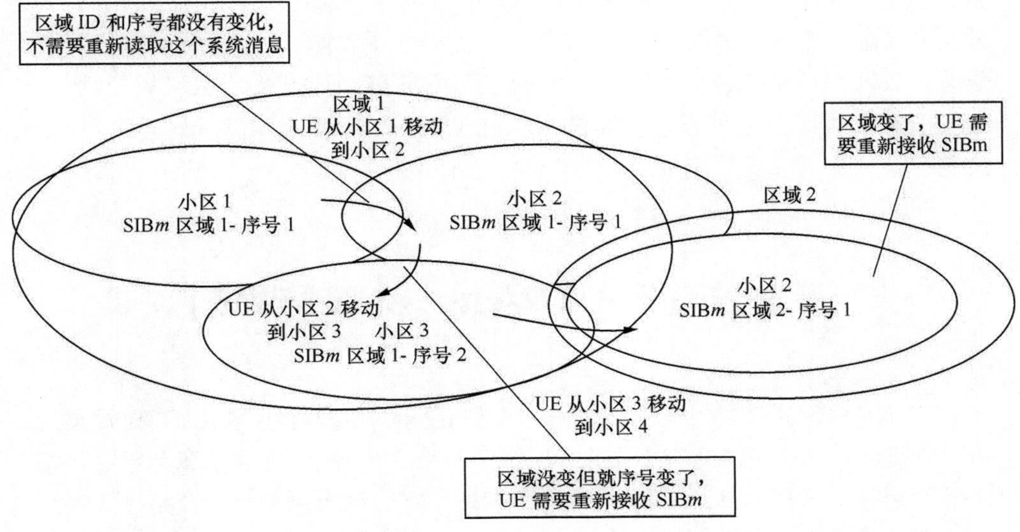

图5-48 5G系统消息区域ID+序号的方案示意

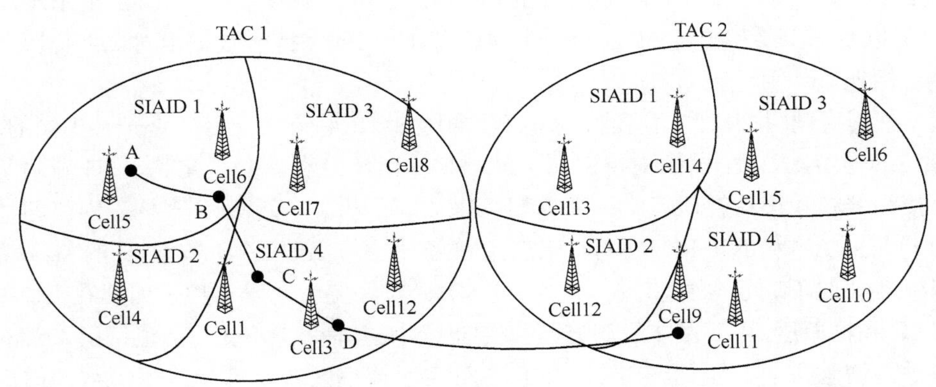

图5-49 5G系统消息基于TA区的区域ID标识方案示意

这个SIAID和TAC一起在MSI中广播发送，同时在NR-SIB1的调度信息中，给每个调度的系统消息块SIB分配一个序列号。这样当UE移动到一个新的TAI下，例如，从图5-49中的D点移动到E点，或者同一个TAI内但是不同的SIAID，从图中的B点移动到C点，或者同一个TAI+SIAID内，但目标SIB的序列号不同，UE都将尝试接收解码新的SIB块。如果该目标SIB块还没有被发送，则UE可以按需请求基站发送。

从上述各种为5G系统新引入的SI优化处理机制可看出，5G UDN部署下的小小区，可以更加灵活动态地配置小区系统消息，避免用户的重复接收，同时也可以避免基站冗余的SI消息空口发送，一方面节省了NR系统公共资源的开销，减轻空口干扰；另一方面也降低了UE在5G UDN内小区驻留的功耗，这从根本上保证了空闲态以及非激活状态（INACTIVE)UE在5G UDN中的性能。

5.6 5G E-UTRA ng-eNB的演进

5G NG-RAN网络中至少包含gNB和ng-eNB两种不同RAT制式类型的逻辑节点（未来可能还有下一代WLAN AP、RN等），前面子章节已经详细介绍了gNB在NR新空口方面的一些新关键技术，这里再进一步介绍一下ng-eNB的一些基本特征功能。

从网络部署看，ng-eNB可以仅仅连接于EPC，或者5GC，或者同时连接于EPC和5GC。ng-eNB中配置的本地E-UTRA服务小区标识Cell ID(28 bit）以及ECGI和传统eNB中的本地服务小区ID保持一致，相对比NR服务小区标识Cell ID(36 bit)。

从网络逻辑接口的角度看，ng-eNB和gNB的特征功能基本是一致相同的。ng-eNB和gNB一样都支持诸如：5G NAS新消息和新安全架构、5G新的统一接纳控制和移动管理策略、5G新INACTIVE状态、新QoS架构、网络切片功能、SDAP和NR PDCP等。从空口的角度看，ng-eNB和gNB的特征功能保持彼此不同且独立演进，因为ng-eNB要保持后向兼容性，因此在RLC、MAC和物理层PHY基本机制方面和传统eNB基本保持不变，但也可引入新的演进式增强内容，例如，Short TTI、SPT、辅小区新状态、新子帧结构信道内容等。即使如此，ng-eNB还是主要以低频部署为主，因此在无线谱效、载波聚合CA能力、Massive MIMO能力等方面没gNB NR那么强大。

初始入网注册阶段，UE在本地高层策略的指示下，可以选择CN类型，注册于EPC或者5GC。之后UE按照选择的CN类型，去执行相应的系统消息读取和接纳控制等。如果UE注册于EPC，则读取E-UTRA相关的系统消息内容，采取E-UTRA旧的接纳控制方式；如果UE注册于5GC，则读取NR相关的系统消息内容，采取NR新的接纳控制方式，因此同一个ng-eNB服务小区可以支持两套不同的机制。

在Inter-RAT RRM测量方面，当UE在ng-eNB的服务小区下，可以继续对 2G、3G 网络的相邻小区进行跨系统测量，利用重定向手段去执行移动性流程。但 UE 在 gNB 的服务小区下，则不需要对 2G、3G 网络的相邻小区进行跨系统测量，只需要对 4G E-UTRA 小区测量，因此不能利用重定向或切换手段直接移动到 2G、3G 相邻小区内。此外，ng-eNB 虽不能支持和 NR 等同的 URLLC 性能，但可支持类似的 URLLC 性能，用于提供低时延高可靠业务。ng-eNB 也不能支持 CIoT 控制面和用户面的优化功能。

第 6 章 5G UDN 空口物理层关键技术

蜂窝移动网络中的物理层低层技术，历来是区分不同 RAT 系统的关键之参考。5G UDN 不仅适用于传统的低频段，还重点面向中高频段的部署应用，进一步强化了波束赋形、多天线、多点协作传输、小区虚拟化等方面的技术能力。这使得 5G UDN 在系统容量和性能方面得到了巨大的提升。

| 6.1 波束赋形在 5G UDN 中的使用 |

6.1.1 模拟 / 数字 / 混合 / 波束赋形特点

波束赋形（BF，Beamforming）技术通过多天线和数字信号处理的方式，来汇聚无线发射、接收信号的能量，可把服务覆盖集中到特定的区域内。在低频段，通常无线信号的传播条件较好，大范围稳定的无线覆盖比较容易实现；但在高频段（6 GHz 以上），由于无线信号的传播条件急剧变差，很难再形成类似低频段那样的稳定覆盖。因此，高频段通信离不开 BF 技术，但 BF 技术本质上，也可以用到低频段的通信上。BF 大致可分为模拟 BF、数字 BF 和混合 BF 三大类。无论 BF 还是 MIMO 技术，其本质都是通过物理层技术（比如，时空编码、射频）在空间构建出多个“虚拟隔离的小小区”，这些小小区在空间呈现出狭长覆盖状，虽容易躲避彼此间的干扰，但也容易被障碍物遮挡，形成 Beam Failure。图 6-1 中给出了一般 MIMO 系统模型图，数据经过基带数字发送预编码 $\boldsymbol{F}_{BB}$，形成数字发送波束，射频端再进行模拟发送预编码 $\boldsymbol{F}_{RF}$，形成模拟发送波束。通过无线信道后，终端采用射频模拟接收权值（射频模拟接收波束）$\boldsymbol{W}_{RF}$ 接收以及采用基带数字接收权值（基带数字接收波束）$\boldsymbol{W}_{BB}$ 进行接收。

1. 模拟 BF

完全采用射频模拟预编码的系统 W_{BB} 和 F_{BB} 的维度均为 1，可以用以下的形式表示。

$$y=W_{RF}HF_{RF}+n \tag{6-1}$$

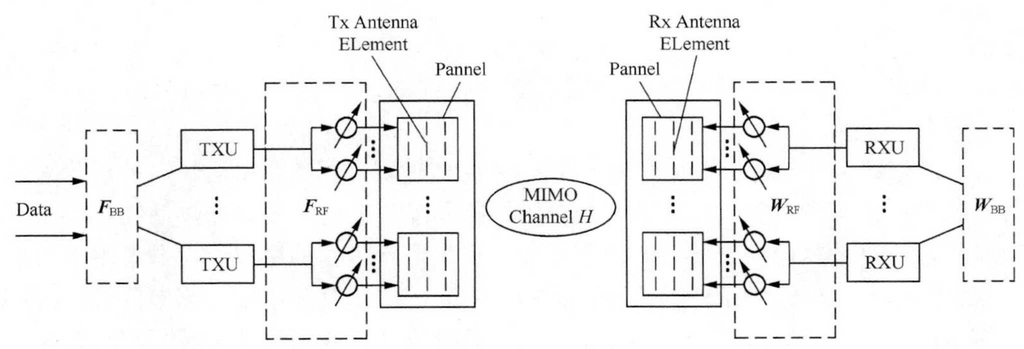

图 6-1　一般 MIMO 系统模型图

射频模拟预编码 F_{RF} 是作用于 Antenna Element 与 TXRU 之间的预编码，这种预编码的特点是：模拟预编码一般通过对时域信号分路到多个阵子，利用调相器对每一路信号的相位进行不同的调整来实现。因此，这种预编码的主要优势是 TXRU 对应的阵子数比较多，相同规模的天线阵只需要较少的 TXRU，而一个 TXRU 只有一个 RF Chain，对应的功放、A/D&D/A 转换器等硬件成本会低很多，而且由于器件不理想因素对同一 TXRU 内部的多个阵子有比较强的相关性，这样对形成的射频波束形状的影响比较小。另外，射频波束反馈主要是针对射频波束方向信息，该方向是一个三维空间的矢量方向，基带预编码系统中反馈的预编码是一个 N_t 维空间中的波束，后者的量化复杂度以及反馈开销要大很多。

射频模拟预编码也有非常明显的缺点，这种预编码必须作用于同一时间资源单位上所有的频域资源，如果这些频域资源调度给不同的终端，需要使用相同的射频预编码。另外，模拟 BF 需要对接收波束进行预置，在数据接收之前需要获知数据的接收波束是哪一个，需要预先进行接收波束训练。射频接收波束的训练需要基于同一发送波束，采用窄的射频模拟波束进行传输，需要较多的导频开销。另外，对于散射丰富的信道，窄的射频模拟波束也不是非常适合，会有明显的性能损失。

2. 数字 BF

完全采用基带数字预编码的系统中，W_{RF} 和 F_{RF} 都是已经预设好的固定值，这些固定值会影响天线的方向增益图，一般来说，W_{RF}^{fixed}、F_{RF}^{fixed} 的维度越大，波束越窄。由于这些值是固定值，不能动态地调整，所以为了保障覆盖是不能采用过窄的波束的。低频终端也经常采用这种设置，此时 $W_{\mathrm{RF}}^{\mathrm{fixed}} \cdot F_{\mathrm{RF}}^{\mathrm{fixed}}$ 的维度为 1。基带数字预编码的系统可以用以下的形式表示。

$$y = W_{\mathrm{BB}}\widetilde{H}F_{\mathrm{BB}} + n \tag{6-2}$$

这里，$\widetilde{H}$ 为空间信道和天线增益联合构成的逻辑信道的信道响应，等于 $W_{\mathrm{RF}}^{\mathrm{fixed}}$、$F_{\mathrm{RF}}^{\mathrm{fixed}}$。

基带数字预编码 F_{BB} 是作用于 TXRU 到传输层之间的预编码，这种预编码的特点是：可以对频域不同的资源分别进行预编码，有比较好的灵活性。在频域可以灵活地复用多个使用不同基带数字波束进行传输的用户。在发送端，如果信道信息准确，对于任何信道，这种预编码都可以有非常好的传输性能。在接收端，终端无需预置接收选择，可以根据接收到的数据信号及导频信号选择最佳基带数字接收权值，理论上这是最优的一种方式。

然而，完全的数字预编码需要每个 TXRU 对应一个阵子，每个 TXRU 有一套 RF Chain，对于大规模天线其成本以及内部功耗都是很难接受的。另一个问题是 FDD 系统中存在的导频开销及反馈问题。一方面，下行需要大量的导频用于信道信息的测量；另一方面，为了充分获取预编码增益，上行需要复杂度的量化反馈以及开销。对于大规模天线系统，这个问题非常严重，制约了性能优势的发挥。

3. 混合 BF

在大规模天线的实际应用时，需要在成本与性能之间进行折中。在实际部署的系统中，大规模天线的基站一般采用的是混合 BF。而对于高频通信，在终端侧，在阵子数目较多时，当天线数目远远大于信道中的多径分量数目时，采用远大于 Ray 数目的 TXRU Number 是一种浪费，因此也适合采用这种混合 BF。这种预编码可以表示为

$$y = W_{\mathrm{BB}}W_{\mathrm{RF}}HF_{\mathrm{RF}}F_{\mathrm{BB}} + n \tag{6-3}$$

其主要的特点是：

- 可变预编码参数较多，W_{RF}、W_{BB}、F_{RF}、F_{BB} 均可以根据信道状态进行调整动态变化；
- 成本、预编码性能、反馈开销介于射频 / 基带预编码之间，主要取决于 TXRU 的数目；
- F_{BB} 的维度可以得到有效的控制，不会出现非常大的维度；W_{RF}、F_{RF} 的波束宽度也不会出现过窄的情况，所以形成的链路不会对移动或阻塞特别敏感。

影响这种混合 BF 系统性能的主要因素为 F_{BB}、F_{RF}、W_{RF}、W_{BB} 的维度和预

编码的准确性。不同的 TXRU 数目及虚拟化方式设置，会导致不同的基带预编码 $\boldsymbol{F}_{\mathrm{BB}}$ 和射频预编码 $\boldsymbol{F}_{\mathrm{RF}}$ 的灵活性，复杂度及成本在不同的场景中也有着不同的性能表现。设备厂商一般会根据需要应用的场景来选择天线数目以及 TXRU 虚拟化方式。

6.1.2 波束赋形工作架构

BF 系统中，一个重要的问题是 TXRU 虚拟化时，如何选择合适的 $\boldsymbol{W}_{\mathrm{RF}}$ 和 $\boldsymbol{F}_{\mathrm{RF}}$。$\boldsymbol{W}_{\mathrm{RF}}$ 和 $\boldsymbol{F}_{\mathrm{RF}}$ 主要存在以下几种形式。

Alt-1：

$$\boldsymbol{W}_{\mathrm{RF}}=\left[\boldsymbol{W}_{\mathrm{RF}}^{1} \quad \boldsymbol{W}_{\mathrm{RF}}^{2} \quad \cdots \quad \boldsymbol{W}_{\mathrm{RF}}^{n-1} \quad \boldsymbol{W}_{\mathrm{RF}}^{n}\right]^{\mathrm{T}}$$

$$\boldsymbol{F}_{\mathrm{RF}}=\left[\boldsymbol{F}_{\mathrm{RF}}^{1} \quad \boldsymbol{F}_{\mathrm{RF}}^{2} \quad \cdots \quad \boldsymbol{F}_{\mathrm{RF}}^{n-1} \quad \boldsymbol{F}_{\mathrm{RF}}^{n}\right]$$

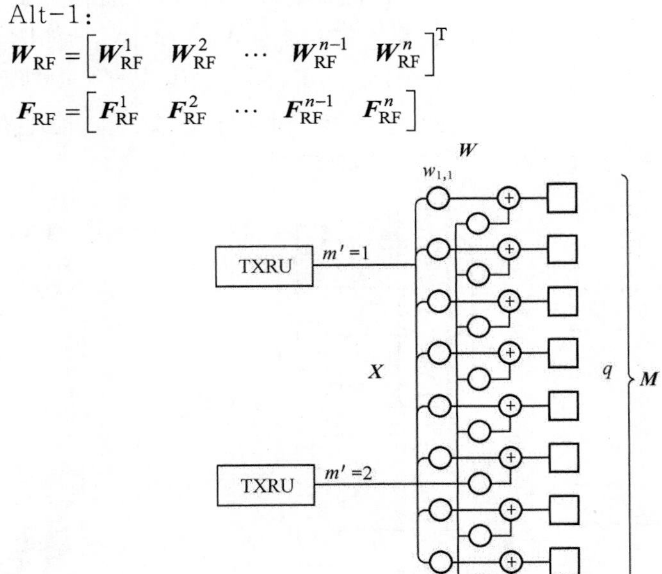

图 6-2 全连接架构

如图 6-2 所示，这种方式是全连接架构，每个 TXRU 被映射到所有的面板天线阵子上，这种方式能够同时形成 $\boldsymbol{M}_{\mathrm{TXRU}}$ 个窄射的射频预编码。基带预编码的作用主要是用于窄的射频波束预编码的选择和加权合并。Alt-1 存在以下一些缺点，在天线数目非常多时这些缺点带来的影响会被放大，主要有以下几个方面：

- Alt-1 的每个 TXRU 都需要大量的移相器、分路器、合路器，带来了更多的成本以及可能产生更多的不理想因素产生源；
- 如果不同的 Antenna Panels 不是 Co-location 的，这种虚拟化模型形成的波束权值设计比较复杂；
- 由于每个 TXRU 都包含了所有的天线元素，这种方式形成的射频波束是最窄的，确定射频波束方向后，这种方式基带数字预编码对方向的调整能力会受到较大的限制，因此需要在第一次波束选择时就有很高的精度，会带来较大的导频开销和信令开销的浪费。

$$\text{Alt-2: } \boldsymbol{W}_{\mathrm{RF}}=\begin{bmatrix}\boldsymbol{W}_{\mathrm{RF}}^{1} & & & & \\ & \boldsymbol{W}_{\mathrm{RF}}^{2} & & & \\ & & \ddots & & \\ & & & \boldsymbol{W}_{\mathrm{RF}}^{n-1} & \\ & & & & \boldsymbol{W}_{\mathrm{RF}}^{n}\end{bmatrix}^{\mathrm{T}} \quad \boldsymbol{F}_{\mathrm{RF}}=\begin{bmatrix}\boldsymbol{F}_{\mathrm{RF}}^{1} & & & & \\ & \boldsymbol{F}_{\mathrm{RF}}^{2} & & & \\ & & \ddots & & \\ & & & \boldsymbol{F}_{\mathrm{RF}}^{n-1} & \\ & & & & \boldsymbol{F}_{\mathrm{RF}}^{n}\end{bmatrix}^{\mathrm{T}}$$

这种方式是典型的 Sub-Array 架构，其特点是每个元素均只被映射到一个 TXRU，每个 TXRU 映射到 $\boldsymbol{N}_{\mathrm{TXRU}}$ 个元素上，$\boldsymbol{N}_{\mathrm{TXRU}}=\boldsymbol{N}_{\mathrm{Total}}/\boldsymbol{M}_{\mathrm{TXRU}}$，如图 6-3 所示。这种方式是 LTE-A Rel-13 FD-MIMO SID 研究阶段的一种典型架构，在 3GPP TR36.897 中，由于每个 TXRU 包含的元素数目不多，因此 $\boldsymbol{W}_{\mathrm{RF}}^{i}$ 考虑到应用简单假设为相同，但在 NR 中还可以考虑 $\boldsymbol{W}_{\mathrm{RF}}^{i}$ 不同的情况。

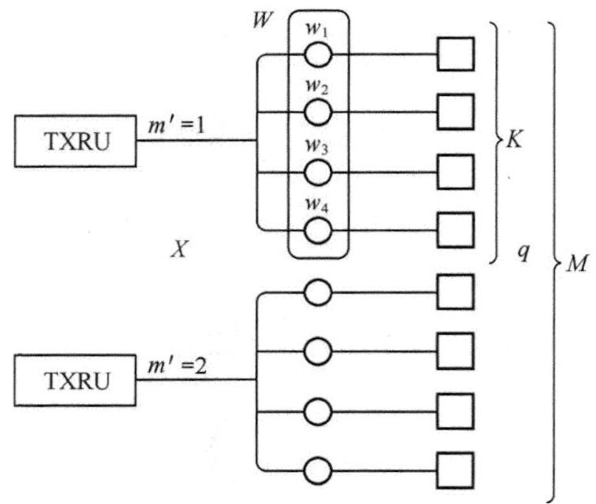

图 6-3　Sub-Array 架构示意

当同一 TXRU 映射到较少的元素时，RF Beamforming 形成较宽波束，此时一般采用相同的 $\boldsymbol{W}_{\mathrm{RF}}^{i}$。这种情况下，射频预编码只利用相对较粗的方向信息，射频波束能够覆盖主要的一些 Rays。数字预编码的作用是对波束进行 Refining，形成较窄的波束，并分辨出多条径进行 Beamforming and Multiplexing。

当同一 TXRU 映射到较多的 Element，各 TXRU 虚拟化权值 $\boldsymbol{W}_{\mathrm{RF}}^{i}$ 可以采用不同的权值形成不同方向的窄波束，主要有以下几方面的应用：

• 如果多个 Antenna Panels 不能认为 Co-location，那么波束方向也会发

生变化，$\boldsymbol{W}_{\mathrm{RF}}^{i}$是不同的；在高频中，这种情况容易出现，比如笔记本和平板电视的多个角上放置的天线，不能认为是共位置的；

- 利用射频波束支持多条不同收发射频链路传输，用于传输相同的信息，可以增强健壮性；用于传输不同的信息可以在射频通过窄波束分辨出更多的路径，提供更高的空分复用自由度；射频窄波束已经能够很好地分辨出多条 Ray，基带预编码的作用主要是对射频上对应多条 Ray 方向的波束进行利用，比如选择、加权合并或者是支持更高 Rank。

Alt-2 有很好的场景适应性，通过对$\boldsymbol{W}_{\mathrm{RF}}^{i}$ 的设计（相同 / 部分相同 / 不相同），可以适应高频低频、不同的 TXRU/Element 数目、Panel 共位置 / 不共位置各种场景，这种方式需要的移相器、分路器、合路器是最少的，成本低，射频 / 基带预编码的优势都能得到比较充分的发挥，基站有很大的灵活性去形成期望的最终波束，在 5G NR 中仍然是一种主要的 TXRU 虚拟化的方式。

Alt-3：

$$\boldsymbol{W}_{\mathrm{RF}}=\begin{bmatrix}\boldsymbol{W}_{\mathrm{RF}}^{1}\cdots\boldsymbol{W}_{\mathrm{RF}}^{k} & & & \\ & \boldsymbol{W}_{\mathrm{RF}}^{k+1}\cdots\boldsymbol{W}_{\mathrm{RF}}^{k+m} & & \\ & & \cdots & \\ & & & \boldsymbol{W}_{\mathrm{RF}}^{n-1}\cdots\boldsymbol{W}_{\mathrm{RF}}^{n}\end{bmatrix}^{\mathrm{T}}$$

$$\boldsymbol{F}_{\mathrm{RF}}=\begin{bmatrix}\boldsymbol{F}_{\mathrm{RF}}^{1}\cdots\boldsymbol{F}_{\mathrm{RF}}^{k} & & & \\ & \boldsymbol{F}_{\mathrm{RF}}^{k+1}\cdots\boldsymbol{F}_{\mathrm{RF}}^{k+m} & & \\ & & \cdots & \\ & & & \boldsymbol{F}_{\mathrm{RF}}^{n-1}\cdots\boldsymbol{F}_{\mathrm{RF}}^{n}\end{bmatrix}^{\mathrm{T}}$$

这种方式是一种 Full-Connection 与 Sub-Array 结合的架构，如图 6-4 所示。其特点是：同一个天线组对应 K 个 TXRU，存在 M_{TXRU}/K 个这样的阵子组，每个 TXRU 被映射到 $K\times N_{\mathrm{Total}}/M_{\mathrm{TXRU}}$ 个阵子组上，每个阵子被映射到 K 个 TXRU 上。

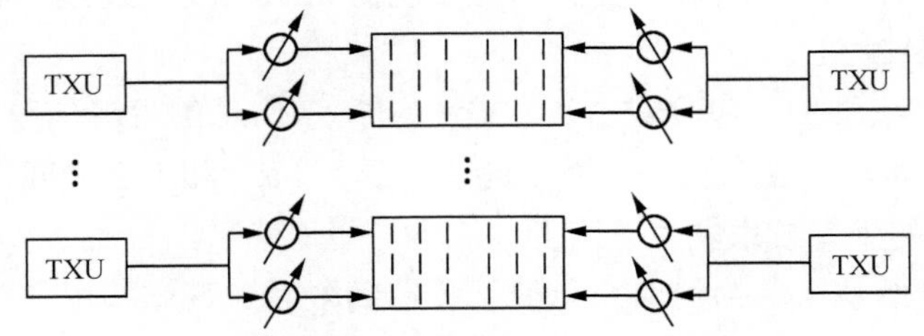

图 6-4 Full-Connected 与 Sub-Array 混合型

对于 Alt-3，相比于 Alt-2，在 N_{Total} 及 M_{TXRU} 相同的情况下，每个 TXRU 包含的阵子数目 N_{TXRU} 是 Alt-2 的 K 倍，因此射频预编码上可以形成更多更窄的波束。所以其主要优势是在射频上有更高的多径分辨率，这种方式基带上的预编码设计会更加简单。

前面介绍的波束赋形是在 LTE-A 后期，即 Rel-13 和 Rel-14 的研究和标准化内容，所考虑的载波频率不是很高在 6 GHz 以下，而且主要用作数据信道的传输。高频通信离不开波束赋形，这不仅体现在数据信道，而且反映在各类的控制信道、同步信道、系统消息广播信道、寻呼信道、随机接入信道上，等等。5G 引入了波束分组的波束管理概念以增强原有的面向单个波束的波束管理。波束管理的整体流程可以细化成基于分组的波束报告和波束指示，波束分组的维护和传输分组之间的切换。

Step 1 波束扫描：关联到一个或多个发送波束的参考信号，例如 CSI-RS，通过多个时频资源发送，而这些参考信号被用户端使用不同的接收波束以进行信道质量的测量。

Step 2 波束分组：根据信道或者波束的观察结果，例如 QCL、下行的到达角，用户端对发送波束进行分组。用户端可以帮助基站端分辨多个路径，并且让基站端隐形地知道用户侧的波束信息。具体而言，用户端的波束实现能力，包括用户 panel 的相干和非相干特性以及推荐的传输模式，即联合传输和空间分集等。

Step 3 波束分组上报：用户执行包含 K 个波束分组的波束反馈报告，而且波束报告中可以囊括 N 个逻辑波束索引，最强波束下的 RSRP/CSI 以及每个波束分组下的分组索引信息。而分组的准则，可以为不同参考信号之间是否能同时接收。

Step 4 分组下的波束指示：基站应该配置扫描波束之间的 QCL 关系，根据用户的报告和其波束赋形的能力。通过配置波束分组 ID 和随后数据传输以及测量 RS 之间的 QCL 假设，用户端可以很好地理解其所期待的波束赋型方案。这种波束指示方法，可以通过多层波束指示的方法来实现，通过联合使用 RRC、MAC-CE 和 DCI 信令。

Step 5 分组维护：包含或者不包含分组指示信息的参考信号被基站触发，以实现波束的细化和波束追踪。需要说明的是，TRP 和 UE 之间的分组可以维持，即使它们的相关波束发生了改变。

Step 6 分组切换：当链路质量低于预期门限后，基站和用户端将探测其他潜在的波束分组。如果测量结果优于当前传输分组，基站端可以进行基于分组的波束指示，这样可以有效地将波束切换所带来的传输中断。

Step 7 波束恢复：如果波束分组切换也不能有效工作，并且控制信号的链路失效发生，用户端将会主动触发潜在新的波束的发起流程，并且波束恢复请求传输也会被使能。通过这种方法，可以在当前传输链路发送中断时，有效地发现新的可用链路，大幅度提高了通信的可靠性。

6.1.3 5G NR 多波束操作

1. 多波束工作系统

在过去的 3G/4G 系统中，服务小区（或者扇区）是网络节点所能管理的最小服务单元，UE 可以同时和多个服务小区通信传输数据，UE 的移动性体现在小区级的更新。在 LTE 中，数据信道在发送时，是可以支持多个网络节点的协作传输，比如动态地进行发送节点选择，或者采用多个发送节点为终端进行联合数据传输。这里说的节点一般是物理基站或者物理天线。

在 5G NR 中，具有多根天线的节点，可以利用前面子章节提到的模拟 / 数字 / 混合预编码方式，生成多个波束。例如，一个三扇区的基站，每个扇区可以形成 16 个波束，如图 6-5 所示。

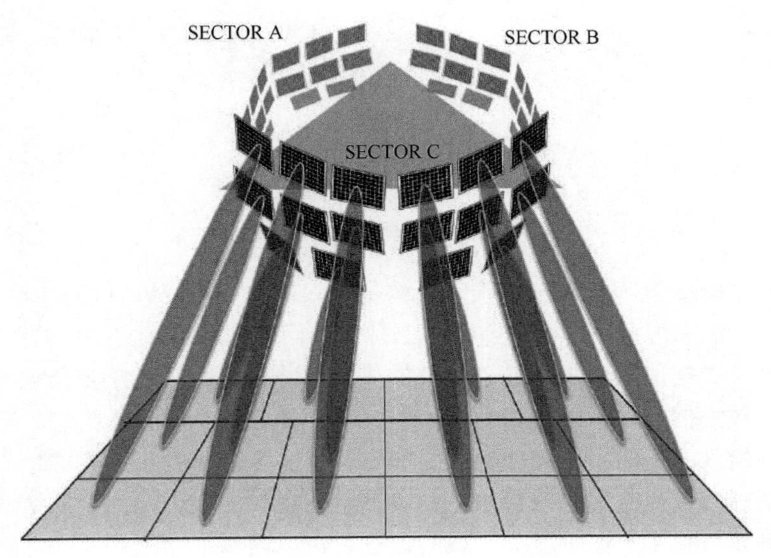

图 6-5 多波束工作系统示意

每个 Beam 可以认为是一个虚拟小区（Virtual Cell），整个服务覆盖区会分裂成非常多的虚拟小区，这些虚拟小区的覆盖主要受到发射波束的权值控制。这些波束是可以灵活开关的。当某波束下存在需要服务的 UE 时，相应的波束会用于调度传输数据。每个终端都可能同时接收到一个或多个波束上发送的参考、控制和数据信号。由于每个波束的覆盖区域并不是很大，所以可以获取充分的波束赋形增益，提升覆盖的稳定度和质量。

5G NR 的多波束系统的覆盖如图 6-6 所示，相比于 4G 系统，基于多波束之间的协作会更加灵活，数据传输性能更好，多天线的增益更高。

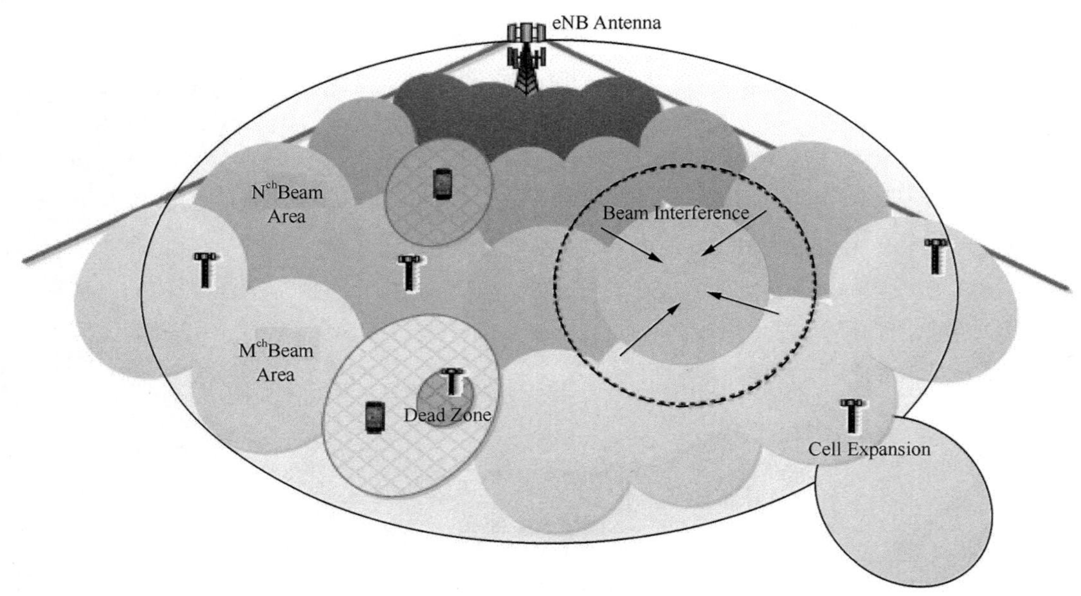

图 6-6　多波束无线覆盖示意

除了数据传输可以进行基于波束的传输，5G NR 还从下行同步信号开始，就支持基于波束进行下行同步操作和上行接入操作。因此，上下行的控制信道、导频信号、数据信道均支持基于波束的传输。终端可以同时从多个波束接收控制信号、数据信号。可以是相同的控制、不同的数据；不同的控制、不同的数据或者是相同的控制、相同的数据，非常灵活。多波束的工作方式也更容易实现面向不同区域内的同时信号传输，也提供了更高的空间复用干扰协调的灵活性。天线数目越多，波束服务区域的划分就可以越精细，这些服务区域可以是水平的、垂直的或者 3D 的。

在 5G UDN 场景下，由于大量小区可能同频部署，它们之间会彼此造成较复杂的无线干扰，即使应用各种 ICIC 类的先进技术，或者终端侧的各种

干扰消除技术，干扰抑制消除的增益总是有限的。随着多天线波束赋形技术的引入，同频小区之间似乎能在空间维度上，实现较高程度的区域隔离，因此小区间的彼此干扰会被更大限度地抑制，进而大大提升 5G UDN 网络的无线环境和系统容量，极限情况下，UE 和网络节点之间，就像是通过一根“极细的虚拟无线光纤”在通信，但这背后的代价是通信对端设备各自复杂的天线阵列和基带处理开销。在如今的技术水平下，已能够以较低的成本去实现。

2. 多波束发送

NR 基站可以使用多个 TXRU(Corresponding to Different Elements 组，Sub-Array Architecture) 发送相同的波束赋形，数字预编码能够对多个 TXRU 在基带进行波束精细化，从而获得更窄的最终发射波束(如图 6-7 中(a) 所示)；基站可以使用多个不同的 TXRU 组，发送不同的波束赋形，TXR 组内的 TXRU 射频波束相同但可以利用组内多个 TXRU 进行基带预编码，从而获得更多、更窄的最终波束，无线信号可以通过更集中的能量对准多方向发送到 UE。如果 UE 能够获得准确的多个波束的最佳合并权值（类似于相干 JT ），则可获得更大的波束赋形增益（如图 6-7 中（b）所示），不同的 beams 还可以用于多层的传输，或者多用户的传输（如图 6-7 中（c）所示）。

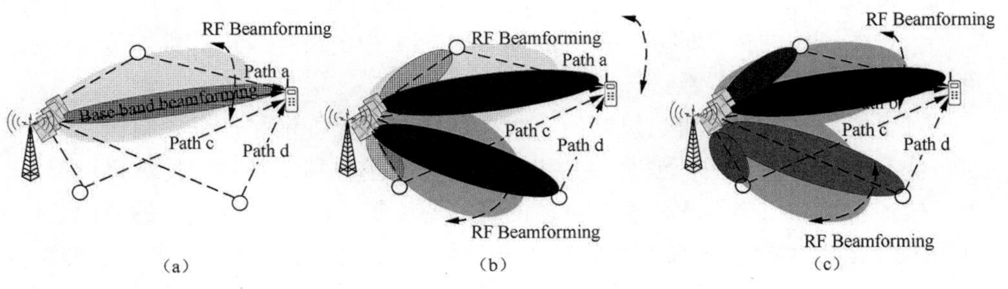

图 6-7 多波束发送举例

NR 基站还可以使用多个 TXRU(包含相同的天线振子，对应 Full-Connection architecture) 采用不同的 RF Beams 为 UE 进行传输（如图 6-8 中 a，b，c 所示)。与前面传输方法的主要区别在于，这种情况下，TXRU 包含的元素的数目会更多，因此相应的射频波束会更窄且 BF 增益更大。如果射频波束能够对准 UE，则能获得大部分的 BF 增益。基带预编码不能像前面的方式一样，实现波束的精细化，其主要作用是实现传输层的射频波束选择，以及多个波束传输一层时加权合并等作用，进一步增强性能。

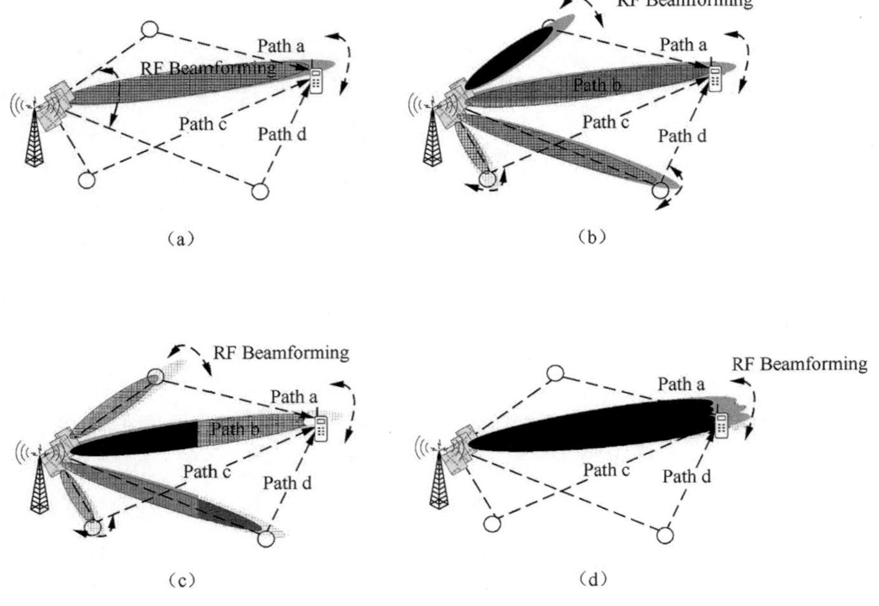

图 6-8 多波束发送举例

上面提到的例子中，如果射频波束非常窄，为了避免 UE 移动或者翻动而导致的波束不准确带来的一系列无线链路的负面影响，可以利用多个 TXRU 分别加入一些不同的方向偏置，而形成图 6-8(d) 中的波束簇进行数据传输，从而提高波束服务的稳定性。

对于多波束发送而言，灵活而高效地进行多波束指示是一个非常核心的问题。作为一种动态流程，波束相关指示需要考虑用户端和基站端的波束赋形能力、信道特性、用户需求以及基站端的资源调度等。由于 DCI 负载的考虑，仅基于 DCI 的波束指示是很难有效应对各种场景的。同时，对于波束指示信息，不同于 CQI 等短时信息，而是一种长时间有效的信息，所以可以借用 RRC 和 MAC-CE 的调度指示来进行有效指示。因此，NR 指示了如下灵活的多层波束指示，通过 RRC、MAC-CE 和 DCI 信令。

Step 1 配置 / 重配置：通过 RRC 信令，配置或者重配置参考信号索引集合。

Step 2 激活 / 去激活：通过 MAC-CE 信令，激活或者去激活参考信号 ID。

激活或者去激活参考信号索引集合是基于基站端的波束赋型能力和资源调度的。激活的参考信号索引将会被动态地组合并配置到 PQI，也称为 TCI，参

考信号集合中，有关于空间接收的参数。

Step 3 指示：通过 DCI 信令，指示一个 PQI 状态用于 DMRS 端口组的指示。通过第二步激活的 PQI 状态承载在 DCI 信令中，用于波束相关的指示。

这种基于 RRC+MAC-CE+DCI 下的 QCL 指示可以有效满足配置和指示灵活性的要求，而且有效地减少了 DCI 的开销。

- 使用 RRC 信令来进行配置和重配置，可以有效地满足不同类型的 UE 和 TRP 能力、用户需求和物理信道特征的要求。在波束报告之后，一个或者多个用于数据传输的波束调度被配置或者被重配置。这些配置或重配置信息可能比较大，而且尺度动态变化，同时对于时延要求较小。
- 用于激活或者去激活的 MAC-CE 信令，可以支持 TRP 资源的灵活配置。对于 MU-MIMO 调度和干扰协调的考虑，部分或者全部的 CSI-RS ID 被基站灵活调度。如果需要对于多个波束进行同时指示时，MAC-CE 会将 RRC 配置的结果进行组合，并且组合后将进行激活处理。
- 用于指示 PQI 的 DCI 信令，通过如上两步的操作，有效的子集可以很好地限制从而节省了花销，同时又很好地满足了实时性要求。

| 6.2　5G NR 随机接入技术 |

在宏小区网络中，随着 UE 和基站 RF 之间距离远近的变化，且随着基站自身时钟误差的累积，UE 需要和基站之间尽量保持时频上的同步，否则基站无法正确接收和解码 UE 的上行信号。因此当 UE 初始接入或者上行发生失步之后，UE 需要立刻执行上行随机接入流程，和基站建立或恢复同步。在小小区部署环境下，由于小小区的无线覆盖范围小，在单个小区内，UE 相对更容易和基站保持上行同步。但是在小小区之间，由于基站之间并不要求保持时钟同步，因此仍然存在 UE 不时地去执行上行随机接入流程的必要性，而且要求 UE 能够更快地随机接入目标新小区。

6.2.1　随机接入触发事件

5G NR 随机接入的基本作用是使 UE 通过随机接入过程与网络建立连接并取得上行时频同步。NR 中的随机接入的触发事件，继承了 LTE 中大部分常见的随机接入触发事件，如下面的事件（1）～（5），并引入一些新的事件，如事件（6）~（9）。

（1）从 RRC_IDLE 状态进行初始接入时建立无线连接。

（2） RRC 连接重建过程。

（3）移动切换过程。

（4）RRC_CONNECTED 态下，下行数据到达，需要随机接入过程，例如上行处于非同步状态。

（5）RRC_CONNECTED 态下，上行数据到达，需要随机接入过程，例如上行处于非同步状态或者没有 PUCCH 资源去传输 SR。

（6） 从 RRC_INACTIVE 到 RRC_CONNECTED 的 状 态 转 换，RRC_INACTIVE 状态是 NR 中区别于 LTE 的一个新 RRC 状态。

以上是已确定的触发事件，还可能引入一些新的用例来触发随机接入流程。

（7）波束请求失败，这是在 UE 侧波束跟踪失败后，需要通过随机接入过程来重建新的波束关联关系。

（8）波束请求失败，按需发送 OSI 系统消息，可由 UE 通过随机接入过程来主动触发 OSI 的下发，MAC 为 SI 发送目的 RACH 流程，预留了特定的 Preamble Sequence。

（9）Paging，寻呼过程中通过寻呼指示触发随机接入过程，并在随机接入过程的信令中传输寻呼消息。

和 LTE 类似，NR 随机接入过程至少支持两种不同的方式：

- 基于竞争（Contention Based）的随机接入过程；
- 基于非竞争（Non-Contention Based 或 Contention-Free Based）的随机接入过程。

6.2.2 随机接入信道

1. 前导结构和格式

无论是基于竞争的随机接入过程，还是基于非竞争的随机接入过程，其第一步至少要发送一次前导。随机接入前导（RAP，Random Access Preamble）是 UE 在非调度方式下发送给 gNB 的初始检测信号。gNB 通过检测解码前导，从而获取前导的索引信息和 gNB 与 UE 之间的传输时延，检测到的前导索引可以用作后续步骤中，继续确认 UE 的身份信息，传输时延可以用来对 UE 进行上行时间校准 TA。

NR 随机接入前导仍然采用常规的 Zadoff-Chu 序列作为基线设计方案，前

导序列仍然通过增加循环前缀（CP，Cyclic Prefix）和保护时间（GP，Guide Period），来解决 UE 非同步状态下传输时延不确定的问题，以及避免对随机接入信道或信号的相关干扰。但与 LTE 不同的是，NR 的随机接入前导格式由三层结构嵌套组成。最外一层结构是：随机接入前导格式由一个或多个随机接入前导块组成，随机接入前导的数量为 N_RP；中间一层结构是：随机接入前导由一个随机接入序列和 CP 组成；最内一层结构是：这个随机接入序列由一个或多个随机接入 OFDM 符号组成，符号数量为 N_OS，总体格式如图 6-9 所示。

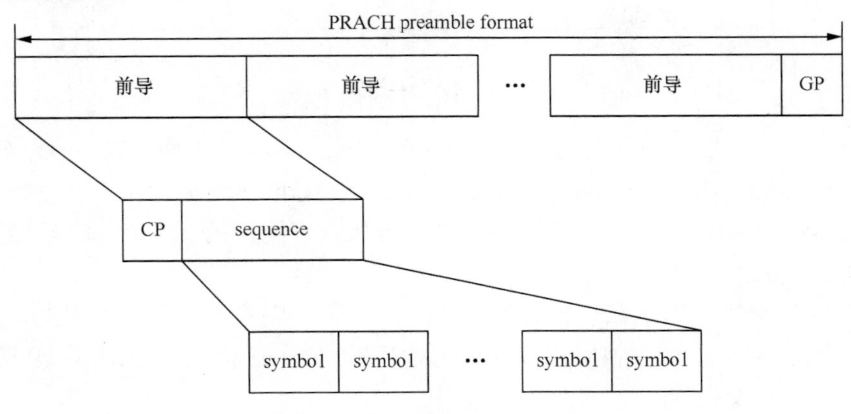

图 6-9　5G 随机接入前导三层结构

通过对嵌套结构中 N_RP 和 N_OS 参数的调整，可以得到多种可能的前导格式的候选方案，NR 至少需要支持 Option1 这种方案，在这种方案中，N_RP=1，N_OS ≥ 1，也就是前导格式中仅有一个前导块，如图 6-10 所示。

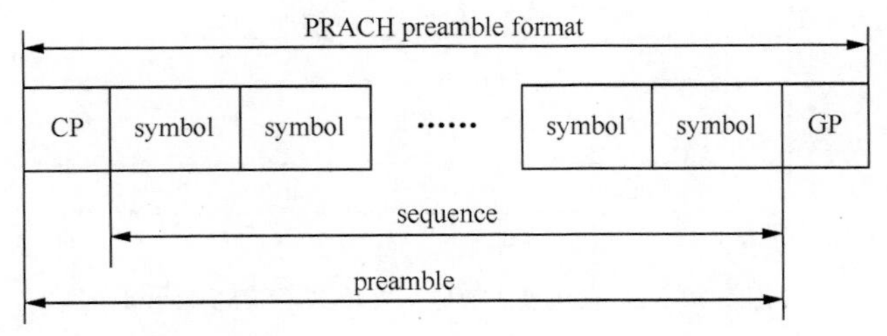

图 6-10　5G 随机接入前导格式 Option1

前导格式中序列里相同的多个 OFDM 符号，可以给 gNB 用作多个接收波束的检测，从上一个符号到下一个符号，就意味着 gNB 接收不同波束的切换。在单个接收波束的情况下，多个符号也可以单纯地用来实现上行覆盖增强的目的，通过对多个符号进行相干或者非相干的合并，可以提高 gNB 侧检测率，降低对 SINR 的需求，从而扩大了随机接入信号的覆盖范围。

NR 还可能支持一些其他格式，如 Option2、4 格式及相应的变形，Option2、4 格式的特点在于 N_RP>1，N_OS ≥ 1，如图 6-11 所示。

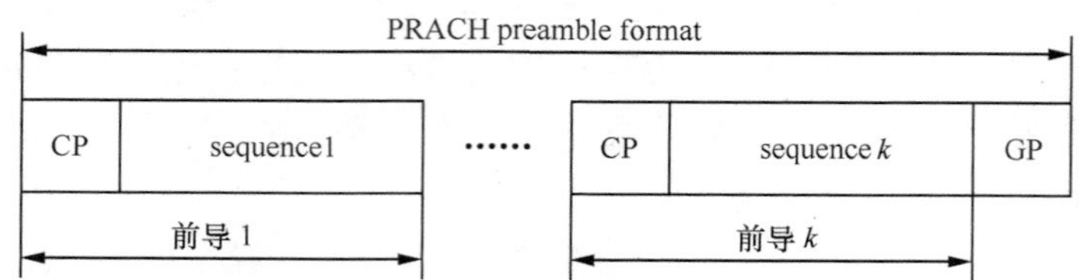

图 6-11　5G 随机接入前导格式 Option2 或 4

当图 6-11 中 sequence1、sequence2…和 sequence *k* 使用同一条序列时，即为 Option2。当 sequence1、sequence2…和 sequence *k* 使用完全不相同序列时，即为 Option4，完全不相同的序列是指：不同根的 Zadoff-Chu 序列或者不同循环移位的 Zadoff-Chu 序列。

特殊情况下，如果 N_RP 为偶数，则扩频码可以施加在多个序列上，用来区分不同的用户，这种格式称为采用 OCC 的 Option2 格式。如图 6-12 所示，N_RP=2，正交码为 [+1，+1]，[+1，−1]。

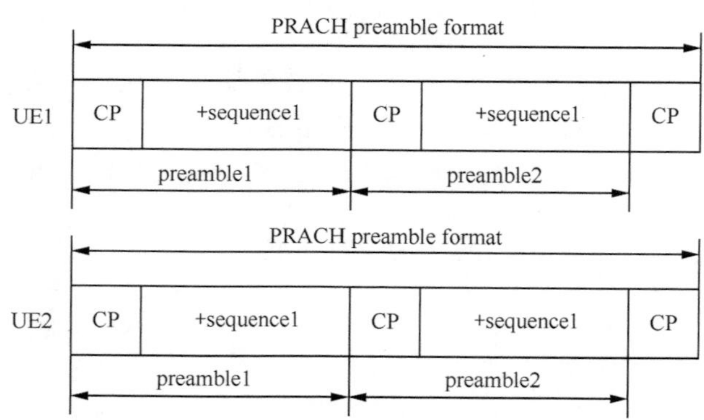

图 6-12　5G 随机接入前导格式 OCC 下的 Option2

PRACH 信号的传输定时应该与服务小区上行符号、时隙或子帧的边缘对齐。

2. 前导格式的参数

NR 支持通常意义上的低频段和高频段，这里低于 6 GHz 的载波频段称为低频段，典型的如 4 GHz 左右频段，高于 6 GHz 的载波频段称为高频段，典型

的如 30 GHz 左右的频段。为适应高、低频段的不同传播特点，NR RACH 信道的子载波间隔（SCS，Sub-carrier Spacing）参数也具备了多样性特点，比如 NR 仍然保留了 LTE PRACH SCS = 1.25 kHz 的部分前导格式设计，增加了对更大子载波间隔 SCS 如 5 kHz、15 kHz、30 kHz、60 kHz 和 120 kHz 的考虑。更大的子载波间隔通常可带来更短的 PRACH OFDM 符号，所以基于不同的子载波间隔，NR RACH 前导格式，可分为长符号格式和短符号格式两种类型。

（1）长符号格式

随机接入前导长符号格式采用固定点数为 839 的 Zadoff-Chu 序列，子载波间隔至少采用了 1.25 kHz，并有可能采用 5 kHz 作为补充。其中保留了 LTE 中 format0 和 format3 两种格式作为 NR format0 和 1，为了满足更大的路径损耗，比如，地下室部署场景，及弥补 4 GHz 载波相对于 2 GHz 左右载波的额外电波传播损耗的需求，在 LTE format2 的基础上增加了一倍的序列重复次数，形成了 NR Format 4，示意如表 6-1 所示。

表 6-1 NR PRACH 前导格式 0.1.4

Format	L	SCS（kHz）	BW（MHz）	N_OS	N_RP	T_SEQ（T_s）	T_CP（T_s）	T_GP（T_s）	Use case
0	839	1.25	1.08	1	1	24 576	3 168	2 976	LTE Refarming
1	839	1.25	1.08	2	1	2×24 576	21 024	21 984	Large Cell, Upto 100 km
4（3.5 ms）	839	1.25	1.08	4	1	4×24 576	4 688	4 528	Coverage Enhancement

$T_s = 1/(30\,720)$ ms

NR 的随机接入还需要应对最高到 500 km/h 车速的场景，一种可能的格式是这样的，5 kHz 的子载波间隔可以有效对抗高车速带来的多普勒频偏，见表 6-2。

表 6-2 NR PRACH 前导格式 3

Format	L	SCS（kHz）	BW（MHz）	N_OS	N_RP	T_SEQ（T_s）	T_CP（T_s）	T_GP（T_s）	Use case
3（1 ms）	839	5	4.32	4	1	4×6 144	3 168	2 976	High Speed Case

Ts = 1/(30 720) ms

（2）短符号格式

随机接入前导短符号格式采用固定点数为 127 或者 139 的序列，子载波间隔可能采用{15、30、60、120}kHz。当使用短符号格式时，随机接入前导格式可能会和其他上行数据信道、控制信道使用相同的子载波间隔。表 6-3 是几种可能采用的短符号格式。

表 6-3　短符号格式

Format	SCS（kHz）	N_OS	N_RP	T_SEQ（T_s）	T_CP（T_s）	T_GP（T_s）
S15-1	15	1	1	2 048	336	176
S15-4	15	4	1	4×2 048	336	176
S15-8	15	8	1	8×2 048	336	176
S60-1	60	1	1	512	144	112
S60-8	60	8	1	8×512	144	112
S60-14	60	14	1	14×512	144	112

T_s = 1/（30 720）ms

随机接入前导长短符号格式作为随机接入配置参数的一部分，由 gNB 在系统消息中配置给 UE，从而 UE 能够以此执行上行随机接入流程。

3. 随机接入序列的容量增强

NR 的随机接入序列所能提供的容量，至少需要达到 LTE 同等的水平。在 NR 确定采用短符号格式后，随机接入序列的容量不足可能成为一个新问题，另外，由于使用更大的子载波间隔、PRACH 前导小区间的复用距离、NCS 限制、空间分离度、小区内尝试随机接入数量的增加、UE 在小区内的分布情况等因素，都有可能限制随机接入序列的容量。考虑采用拓展 PRACH 随机接入时频资源，或者设计新型的随机接入序列，都是解决随机接入序列容量增强问题的可行方法。

LTE FDD 模式下，随机接入序列在一个子帧内的频域上，最多只有一次发送随机接入序列的机会，由于 NR 可以提供更高的工作载波带宽，因此拓展 NR 随机接入序列在频域上的资源复用，可以有效增加随机接入机会。

设计新型的随机接入序列，也可以从码域上提高随机接入序列的容量，基于 ZC 序列使用 m 序列进行扩展的方案就是很有竞争力的方案之一。这个方案分别生成 ZC 序列和 m 序列，然后两个数字序列之间的元素相乘形成新的序列。

$$x_{w,u,v}[n]=x_{w,\mathrm{m\_seq}}[n]\cdot x_{w,u,\mathrm{zc\_seq}}[n],\quad 0\leqslant n\leqslant N_{\mathrm{zc}}-1$$

序列的长度取决于 m 序列的长度，若 m 序列的阶数为 m，则序列长度为 2^m-1。

举例来说，若 6 阶的 m 序列 $x_{\mathrm{m\_seq}}[n]$ 的本原多项式采用

$$g(D)=D^6+D^5+D^4+D^1+1$$

由本原多项式生成的序列通过 BPSK（±1）调制变换为 $x_{\mathrm{m\_seq}}[n]$，然后对这此进行循环移位获得更多的可用 m 序列。

$$x_{\mathrm{w,n\_seq}}[n]=x_{\mathrm{n\_seq}}\left[(n-C_w)\bmod N_{\mathrm{zc}}\right]\text{，}\ 0\leqslant n\leqslant N_{\mathrm{zc}}-1$$

C_w 是循环移位长度，为 $N_{\mathrm{cs,m\_seq}}$ 的整数倍。

$$C_{\mathrm{w}}=\begin{cases} vN_{\mathrm{cs,m\_seq}} & v=0,1\cdots\left\lfloor N_{zc}/N_{\mathrm{cs,m\_seq}}\right\rfloor-1, N_{\mathrm{cs,m\_seq}}\neq 0 \\ 0 & N_{\mathrm{cs,m\_seq}}=0 \end{cases}$$

$x_{w,\mathrm{m\_seq}}[n]$ 就是最终的 m 序列。

6.2.3 随机接入过程

1. 随机接入流程

基于竞争的 NR 随机接入过程，仍然沿用了 LTE 随机接入过程中的四步基本流程，包括 RACH Preamble Sequence Transmission（MSG.1）、RAR（Random Access Response）（MSG.2）、CCCH message 3 和 CCCH message 4。但是 NR 随机接入过程中，对于多波束的处理过程相对于 LTE，存在巨大的区别。gNB 和 UE 都具备多波束的发射和接收能力，但是由于设备实现型态和无线信道条件的影响，每个 gNB、UE 之间的波束互易性是不同的，部分 gNB、UE 之间可能具备良好的波束互易性，部分 gNB、UE 之间则完全不具备波束互易性，还存在部分 gNB、UE 之间的波束互易性，介于有良好互易性和完全不具备互易性之间。

简单起见，NR 下 gNB、UE 之间的波束互易性可以用下面 4 种场景来表示。

- Class 1a（最困难的场景）：gNB 和 UE 都没有波束互易性。
- Class 1b：gNB 没有波束互易性，但是 UE 有波束互易性。
- Class 1c：gNB 有波束互易性，但是 UE 没有波束互易性。
- Class 1d：gNB、UE 都有波束互易性。

下面提供了针对上述 4 种场景的随机接入过程中的波束扫描的示意图，但这些示意并不意味着具体的实施过程中必须严格遵守这些步骤。

在 Class 1a 场景下，gNB 和 UE 两侧都需要通过波束扫描的方式，寻找最合适的接收和发射波束。图 6-13 所示是这种场景下四步法流程中关于波束扫描的特征介绍。

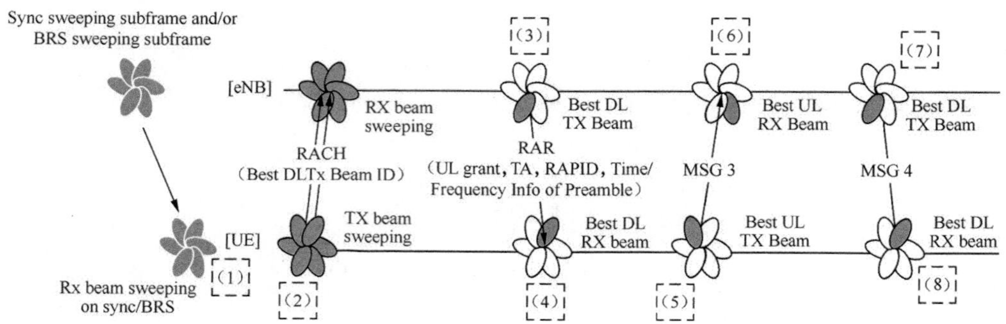

图 6-13　5G 波束扫描 Class 1a 场景随机接入四步法流程

图 6-13 中标记的（1）、（2）、（3）、（4）、（5）、（6）、（7）、（8）解释分别如下。

（1）UE 基于各条波束的下行参考信号，搜索并获取 gNB 的最优发射和 UE 的最优接收波束对。这一步在随机接入过程之前完成。

（2）UE 基于 gNB 的最优发射波束，选择和发射对应的随机接入 MSG1 的资源或前导，gNB 检测随机接入 MSG1，因为 gNB 和 UE 都没有波束互易性，所以（1）中获取的 gNB 的最优发射波束和 UE 的最优接收波束，不能直接用作 gNB 侧的最优接收波束和 UE 的最优发射波束，因此 gNB 和 UE 侧都需要进行多波束扫描这一重复的过程，以获得 gNB 侧的最优接收波束和 UE 的最优发射波束。

（3）gNB 基于上行检测到的随机接入 MSG1 的资源或前导，选择出最优发射波束，进而发送随机接入响应（RAR）消息。

（4）UE 基于（1）中的搜索结果，选择用 UE 侧最优接收波束来接收 RAR。

（5）UE 选择最优发射波束向 gNB 发送 MSG3。和（4）相比，可以看到 UE 的最优接收波束和最优发射波束可能是两个不同的波束。

（6）gNB 侧基于自己的最优接收波束接收 MSG3。和（3）相比，gNB 的最优接收波束和最优发射波束可能是两个不同的波束。

（7）gNB 基于自己的最优发射波束来发送 MSG4。

（8）UE 基于自己的最优接收波束来接收 MSG4，完成随机接入冲突解决。

在 Class 1b 场景下，gNB 需要通过多波束扫描的方式寻找到最合适的接收波束，UE 由于具备波束互易性，所以其最优接收波束和最优发射波束是相同的。图 6-14 所示是这种场景下，四步法流程中关于波束扫描的特征介绍。

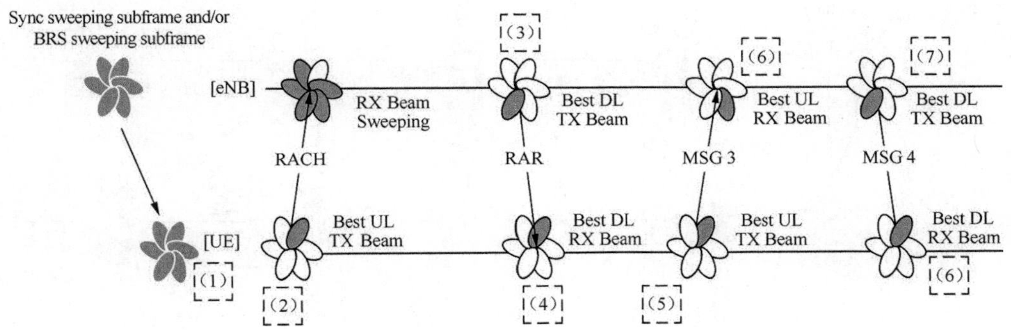

图 6-14　5G 波束扫描 Class 1b 场景随机接入四步法流程

图 6-14 中标记的（1）、（2）、（3）、（4）、（5）、（6）、（7）、（8）分别解释如下。

（1）UE 基于各条波束的下行参考信号，搜索并获取 gNB 的最优发射和 UE 的最优接收波束对。这一步在随机接入过程之前完成。

（2）UE 基于 gNB 的最优发射波束，选择和发射对应的随机接入 MSG1 的资源或前导，gNB 检测随机接入 MSG1。因为 gNB 侧没有波束互易性，所以（1）中获取的 gNB 的最优发射波束，不能直接用作 gNB 的最优接收波束，gNB 需要进行多波束扫描这一重复的过程，以获得 gNB 的最优接收波束。由于 UE 侧有波束互易性，UE 的最优接收波束可以直接用作 UE 的最优发射波束。

（3）gNB 基于上行检测到的随机接入 MSG1 的资源或前导，选择出最优发射波束，进而发送随机接入响应（RAR）消息。

（4）UE 基于（1）中的搜索结果，选择出 UE 侧最优接收波束来接收 RAR。

（5）UE 选择最优发射波束向 gNB 发送 MSG3。和（4）相比，可以看到 UE 的最优接收波束和最优发射波束是相同的波束。

（6）gNB 侧基于自己的最优接收波束接收 MSG3。和（3）相比，gNB 侧的最优接收波束和最优发射波束是两个不同的波束。

（7）gNB 侧基于自己的最优发射波束发送 MSG4。

（8）UE 侧基于自己的最优接收波束来接收 MSG4，完成随机接入冲突解决。

在 Class 1c 场景下，UE 需要通过多波束扫描的方式寻找最合适的发射波束，gNB 由于具备波束互易性，所以其最优接收波束和最优发射波束是相同的。图 6-15 所示是这种场景下，四步法流程中关于波束扫描的特征介绍。

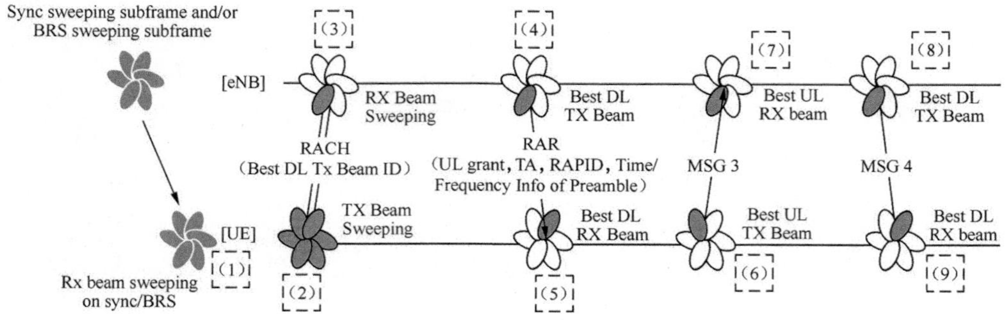

图 6-15　5G 波束扫描 Class 1c 场景随机接入四步法流程

图 6-15 中标记的（1）、（2）、（3）、（4）、（5）、（6）、（7）、（8）、（9）分别解释如下。

（1）UE 基于各条波束的下行参考信号，搜索并获取 gNB 的最优发射和 UE 的最优接收波束对。这一步在随机接入过程之前完成。

（2）UE 基于 gNB 的最优发射波束，选择和发射对应的随机接入 MSG1 的资源或前导，gNB 检测随机接入 MSG1。因为 UE 没有波束互易性，所以（1）中获取的 UE 的最优接收波束，不能直接用作 UE 的最优发射波束，因此 UE 需要进行多波束扫描这一重复的过程，以获得 UE 的最优发射波束。

（3）gNB 基于随机接入 MSG1 的资源或前导，选择出 gNB 侧的最优接收波束来接收 MSG1，根据 gNB 侧波束互易性，gNB 侧的最优接收波束可以直接用作 gNB 侧的最优发射波束。

（4）gNB 基于检测到的随机接入 MSG1 的资源或前导，选择出最优发射波束来发送随机接入响应（RAR）消息。

（5）UE 基于（1）中的搜索结果，选择出 UE 最优接收波束来接收 RAR。

（6）UE 选择出最优发射波束向 gNB 发送 MSG3。和（5）相比，可以看到 UE 侧的最优接收波束和最优发射波束可能是不同的波束。

（7）gNB 侧基于最优接收波束来接收 MSG3。和（4）相比，gNB 侧的最优接收波束和最优发射波束是相同的波束。

（8）gNB 基于自己的最优发射波束来发送 MSG4。

（9）UE 基于自己的最优接收波束来接收 MSG4，完成随机接入冲突解决。

在 Class 1d 场景和随机接入过程中，由于 gNB 和 UE 都具备波束互易性，所以两侧其最优接收波束和最优发射波束总是相同的。UE 不需要通过多波束扫描的方式，去寻找最合适的发射波束，gNB 也不需要通过多波束扫描的方式，

去寻找最合适的发射波束。图 6-16 所示是这种场景下四步法流程中关于波束扫描的特征介绍。

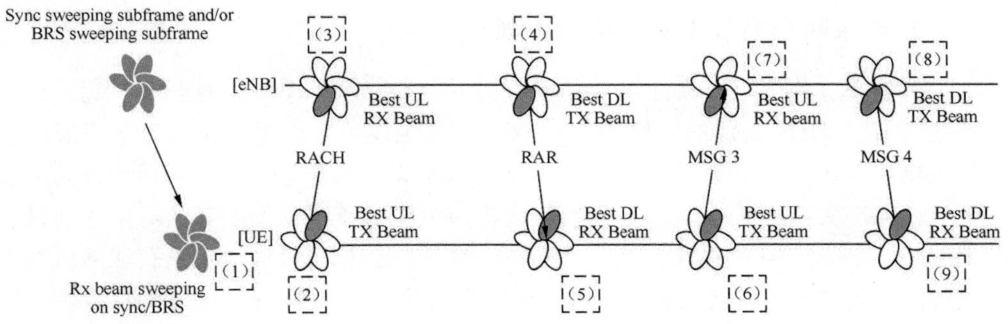

图 6-16 5G 波束扫描 Class 1d 场景随机接入四步法流程

图 6-16 中标记的（1）、（2）、（3）、（4）、（5）、（6）、（7）、（8）、（9）分别解释如下。

（1）UE 基于各条波束的下行参考信号，搜索并获取 gNB 的最优发射和 UE 的最优接收波束对。这一步在随机接入过程之前完成。

（2）UE 基于 gNB 的最优发射波束，选择和发射对应的随机接入 MSG1 的资源或前导，gNB 检测随机接入 MSG1。因为 UE 有波束互易性，所以（1）中获取的 UE 的最优接收波束能直接用作 UE 的最优发射波束。

（3）gNB 基于随机接入 MSG1 的资源或前导，选择 gNB 侧的最优接收波束来接收 MSG1，根据 gNB 侧波束互易性，gNB 的最优接收波束可以直接用作 gNB 的最优发射波束。

（4）gNB 基于检测到的随机接入 MSG1 的资源或前导，选择最优发射波束来发送随机接入响应（RAR）消息。

（5）UE 基于（1）中的搜索结果，选择 UE 侧最优接收波束来接收 RAR。

（6）UE 选择出最优发射波束向 gNB 发送 MSG3。和（5）相比，可以看到 UE 的最优接收波束和最优发射波束是相同的波束。

（7）gNB 基于最优接收波束来接收 MSG3。和（4）相比，gNB 的最优接收波束和最优发射波束是相同的波束。

（8）gNB 侧基于自己的最优发射波束来发送 MSG4。

（9）UE 侧基于自己的最优接收波束来接收 MSG4，完成随机接入冲突解决。

在上述 4 种场景中，Case 1a 是最复杂的，也是随机接入过程所需时间最长的场景，因为 UE 和 gNB 都需要向对方重复进行多波束的扫描。考虑到网

络设备和终端都有可能不具备波束互易性，在 NR 中至少需要支持 Case 1a 的场景。

2. 波束赋形系统中随机接入关键技术

在前一节的波束互易性场景分析所提供的部分示意图中，有一个特定的步骤是 gNB 基于检测到的随机接入 MSG1 的资源或前导选择最优发射波束发送随机接入响应，这是基于一个协议化约定才可以实现的过程。gNB 至少需要配置一种关联关系，关于下行信号或信道与随机接入资源子集或者随机接入前导索引子集之间的关联关系，通过这种关联关系，gNB 可以通过检测获取随机接入资源子集或者随机接入前导索引子集来决定 MSG2，也就是 RAR 的发射波束。

具体来说，终端在随机接入过程前，通过对下行信道或信号如同步块或者 CSI-RS 的波束的测量和搜索，确定了一个接收质量满足接收门限的 gNB 发射波束，结合 gNB 配置的关联关系，终端根据这个发射波束选择了某一随机接入资源子集或者随机接入前导索引子集作为 MSG1 的发射资源。gNB 通过检测随机接入 MSG1，获取了对应的随机接入资源或者随机接入前导索引，从而隐含地获得 UE 上报的合适的 gNB 发射波束。

这一关联关系在 gNB 没有波束互易性的条件下必须配置。在 gNB 有波束互易性的条件下，可以配置此关联关系，也可以不依赖于此关联关系，成功接收 MSG1 的波束可以直接用于后续 MSG2 的发射波束。图 6-17 所示是 gNB 在具备完整的波束互易性、具备部分波束互易性和不具备波束互易性下关联的示意。当 gNB 具备完整波束互易性时，每个下行信道或信号需要关联的随机接入资源最少；当 gNB 完全不具备波束互易性时，因为 gNB 需要扫描上行接收波束，所以每个下行信道或信号需要关联的随机接入资源最多；当 gNB 具备部分波束互易性时，gNB 下行发射波束和上行接收波束有一定的相关度，不需要扫描所有的上行接收波束，所以每个下行信道或信号需要关联的随机接入资源数量居中。

随机接入的传输时机（PRACH Occasion）定义为 PRACH MSG1 的时频资源，PRACH MSG1 使用配置的 PRACH 前导格式进行传输。

NR 中随机接入配置信令至少需要包括 PRACH MSG1 的时频资源、前导索引及前导格式等，相关的配置信令主要由剩余最小系统信息（RMSI，Remaining Minimum SI）承载。

下面提供了一种 PRACH 接入配置信令中的具体配置参数的例子。为了更清楚地说明 PRACH 资源配置方法，首先定义两个重要术语。

PRACH 组（PRACH Group）：PRACH 组是一组 PRACH 时频资源和一

组前导（Preamble）索引的组合。PRACH 组间不相交。

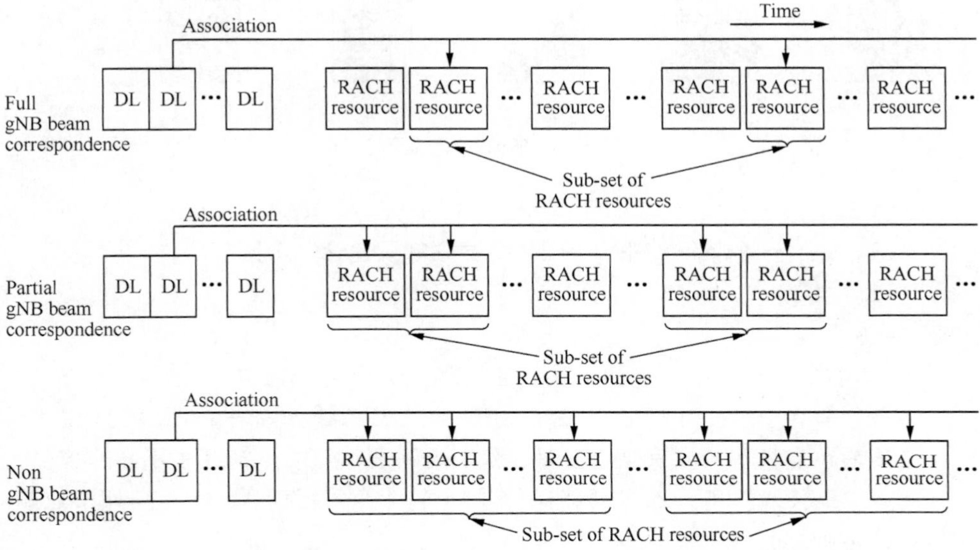

图 6-17　下行信号或信道与随机接入资源子集或者随机接入前导索引子集之间的关联关系

下行信号的数量：当使用 IDLE 态参考信号测量时，定义为实际传输的同步块的数量；当使用 CSI-RS 测量时，定义为 CSI-RS 的端口数量。

随机接入配置信令包含了 A ~ F 共 6 个参数：

A. 下行信号的数量：来自于同步突发集合的配置或者 CSI-RS 的配置。

B. MSG1 前导格式：MSG1 传输的前导格式，可以参考第 2.1 节。

C. MSG1 使用的时域、频域资源：

- RACH 传输时机（Occasion）定义为时频资源；
- MSG1 时间实例（Time Instance）表示为 RACH 传输时机的时间实例，也就是说，可能在一个 MSG1 时间实例上存在多个 RACH 传输时机。

D. PRACH 组周期（Group Period），例如设定多少个 MSG1 时间实例后同样的 PRACH 组进行重复。

E. 每个 MSG1 时间实例内的 PRACH 组个数：同一 MSG1 时间实例内的 PRACH 组个数由独立的频域资源或者前导子集确定。

F. 每个 PRACH 组内的前导个数。

参数 C 类似于 LTE 中 PRACH 资源的描述方式。参数 D × E 定义了周期内总的 PRACH 组数量。当传输节点只有一个下行波束的信号时，类似于 LTE，图 6-18 示意了一个简单的例子 1。

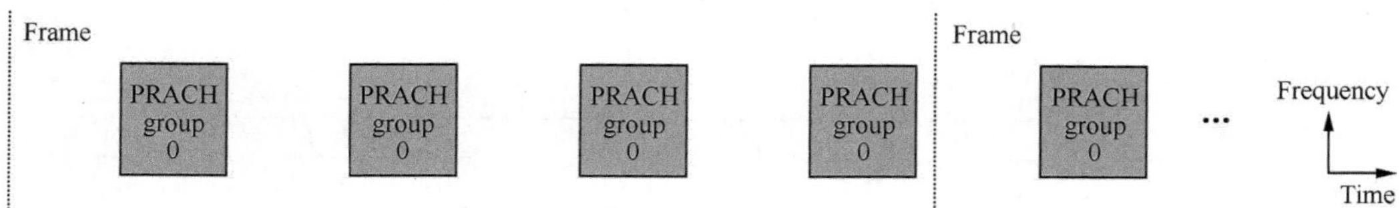

图 6-18　随机接入配置例 1

这个图中：

A=1，只有一个下行波束，在 SS 突发集中只包含一个同步块；

D=1；

E=1；

F= 所有的前导索引，例如，类似 LTE 的 64 个前导索引。

下行信号和 PRACH 组 0 相关联，所有的 UE 都选择同一个 PRACH 组。

当传输节点具备多波束互易性时，分别用例子 2、3、4 描述了不同的情况。

图 6-19 示意了例子 2：不同时间实例上的 4 个下行信号，对应传输节点使用模拟波束的场景。

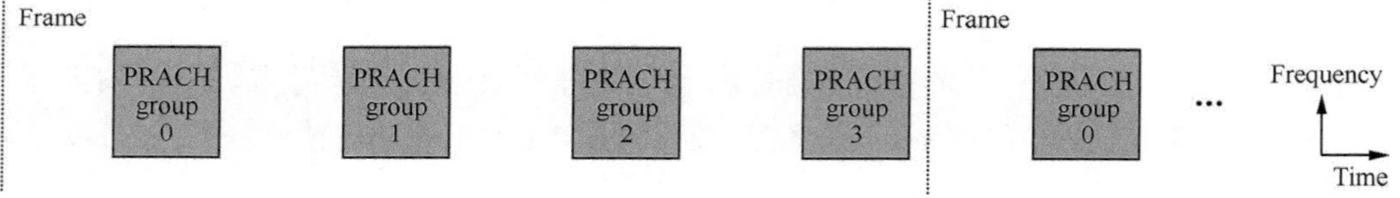

图 6-19　随机接入配置例 2

A=4，4 个不同的同步块使用时间实例发送。

D = 4，组周期为 4，可以用 4 个同步块的索引与 4 个 PRACH 组建立关联。

E = 1，每个时间实例的 PRACH 组个数。

F = 所有的前导索引，例如，类似 LTE 的 64 个前导索引。

图 6-20 示意了例子 3：4 个下行信号，每个时间实例有 2 个下行信号，对应两个使用模拟波束的传输节点或者使用混合波束（数字波束混合模拟波束）的一个传输节点。

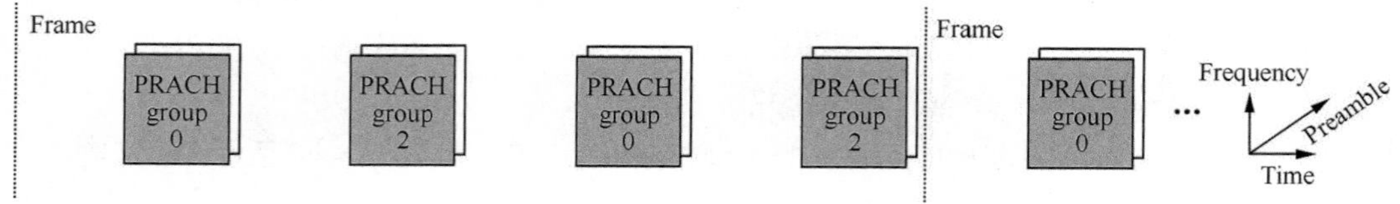

图 6-20　随机接入配置例 3

A=4，有 4 个下行信号，但是每两个下行信号是同时传输的。可以对应两个端口的 CSI-RS 同时传输或者两个传输节点同时传输或者是一个传输节点使用混合波束的情况（2 TXRU）。

D = 2，PRACH 组周期为 2，同样的 PRACH 组每两个 MSG1 时间实例重复一次。在同一个时间实例上发射的两个下行信号应该和同一个 MSG1 时间实例上的两个 PRACH 组建立关联。

E = 2，每个时间实例上有两个 PRACH 组。

F = 一半的前导索引。

在这个例子中，每个 MSG1 时间实例上的两个 PRACH 组使用的前导索引来区别，每个 PRACH 组各用一半的前导索引。

图 6-21 示意了例子 4：8 个下行信号，传输节点使用数字波束。

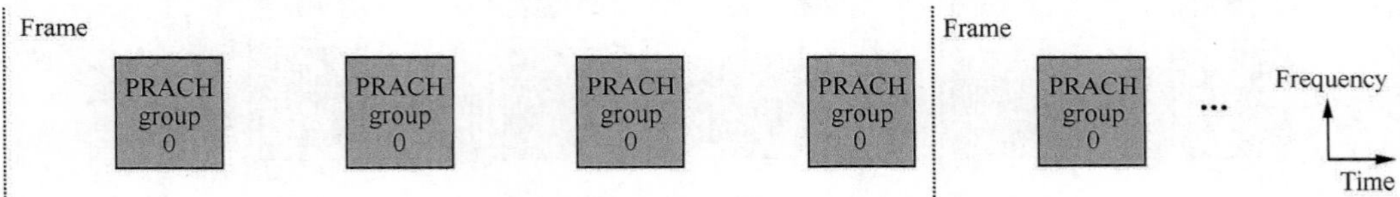

图 6-21　随机接入配置例 4

A=8，8 个下行信号，同时使用 8 个数字波束发送下行信号 CSI-RS。

D = 1，PRACH 组周期。

E = 1，每个 MSG1 时间实例的 PRACH 组个数。

F = 所有的前导索引。

与例子 1 相似，只有一个 PRACH 组，每个时间实例只有一个 PRACH 组，所有的 8 个下行信号和同样的 PRACH 组 0 关联。但是传输节点可以使用数字波束同时接收所有的 RACH 传输时机。并通过波束互易性获得发送 MSG2 的发射波束。

当传输节点不具备多波束互易性时，分别用例子 5、6 描述了不同的可能性。

图 6-22 示意了例子 5：不同时间实例的 4 个下行信号，传输节点使用模拟波束。

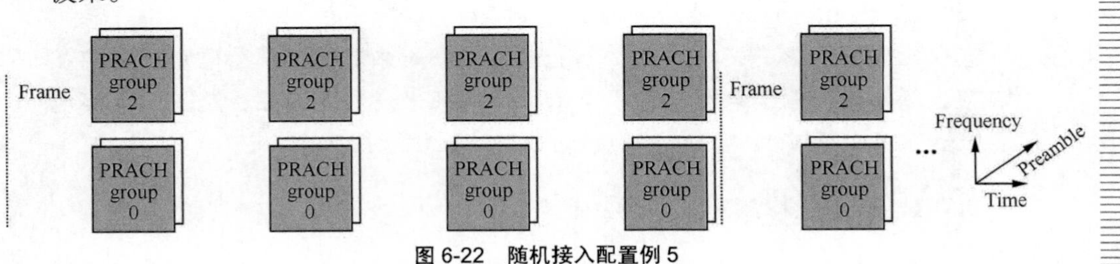

图 6-22　随机接入配置例 5

A=4，4 个下行信号，在不同的时间实例中发射。

D = 1，PRACH 组周期为 1，每个 MSG1 时间实例都会重复同样的 PRACH 组。传输节点的所有接收波束扫描是在一个时间实例内完成的。

E = 4，每个 MSG1 时间实例内的 PRACH 组个数为 4。

F = 一半的前导索引。

通过频率复用的方式，每个 MSG 时间实例内有两个 RACH 传输时机（时频资源），每个 RACH 传输时间又通过前导索引的方式来区分两个不同的 PRACH 组。4 个下行信号可以和 4 个 PRACH 组建立一对一的关联关系。

图6-23示意了例子6：不同时间实例的4个下行信号，传输节点使用模拟波束。

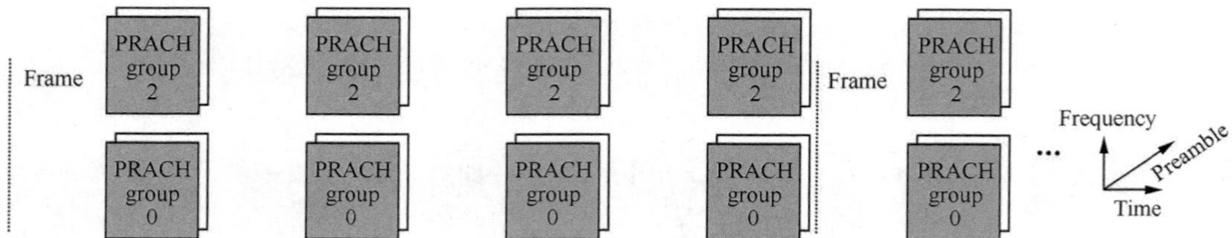

图 6-23 随机接入配置例 6

A=16，16 个下行信号，在不同的时间实例中发射。

D = 1，PRACH 组周期为 1，每个 MSG1 时间实例都会重复同样的 PRACH 组。

E = 4，每个 MSG1 时间实例内的 PRACH 组个数为 4。

F = 一半的前导索引。

这个例子中下行信号的个数 16 远远超过随机接入 PRACH 的组的数量 4。必然出现多个下行信号和同一个 PRACH 组建立关联的情况，比如每 4 个下行信号和同一个 PRACH 组建立关联。

- SS block index 0 ~ 3 → PRACH group 0
- SS block index 4 ~ 7 → PRACH group 1
- SS block index 8 ~ 11 → PRACH group 2
- SS block index 12 ~ 15 → PRACH group 3

这意味着 MSG2 的发射波束并不能通过关联关系的检测获得确定最终的发射波束，基站或传输节点可以选择 4 个下行波束来发送 MSG2，这是一个实现问题。最终可以通过 MSG3 的信息携带来确定最优下行波束。

3. NR 随机接入 MSG1 相关内容

首次传输的 MSG1 很可能由于接收功率不足、不合适的波束或者干扰等原

因接收失败，需要重传 MSG1。传统方法的 MSG1 重传需要在 MSG2 的接收窗口之后才能发起，例如 LTE 的重传过程，这样可以节省不必要的 MSG1 的传输，是 NR PRACH MSG1 重传的基线方案。但是为了进一步优化随机接入时延和可靠性，可以考虑在 MSG2 的接收窗口结束之前重传 MSG1，重传 MSG1 时可以切换 UE 的发射波束，如图 6-24 所示。

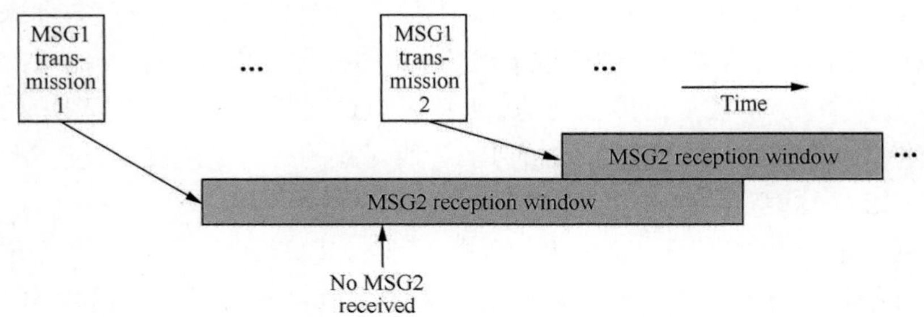

图 6-24 MSG1 传输 2 在 MSG1 传输 1 对应的接收窗口末尾之前传输

这种传输模式称为多 MSG1 传输。特别适合于基于非竞争的随机接入过程。NRMSG1 重传的基线模式类似于 LTE，但是与 LTE 不同的是，除了常规的重传时功率增加外，NR 的 UE 可以切换发射波束，以在重传过程增加接收的成功率。重传中是优先选择波束切换还是选择功率增加，归结于 UE 的实现性问题。但是当 UE 进行波束切换时，功率增加的计数器应保持不变。特殊情况下，当 UE 进行波束切换时，功率增加的计数器已达到最大值时，功率增加的计数器可以进行重新设置，如图 6-25 所示。

NR 四步法随机接入中的 MSG2 也就是随机接入信号响应（RAR）类似于 LTE 的 RAR。

在多 MSG1 没有使用时，UE 总是假设在一个 RAR 接收窗口内只接收单个 RAR，这一点和 LTE 一致。

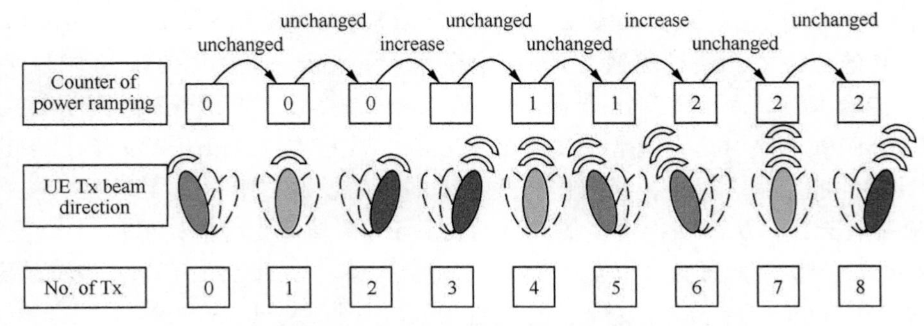

图 6-25 UE 进行波束切换时功率增加的计数器保持不变

在多 MSG1 使用时，UE 假设在一个 RAR 接收窗口内可以接收到多个 RAR。MSG3 的确定需要基于 RAR，在多个 RAR 中选择哪个 RAR，有两种不同的处理方式。第一种就是只接收第一个 RAR，丢弃后面的 RAR；第二种就是接收所有的 RAR，并根据 RAR 中携带的上行接收质量指示选择最优上行接收质量的 RAR 来确定 MSG3。

在 UE 的 IDLE 模式下，UE 可以使用发射 MSG1 的上行波束来发射 MSG3。UE 也可以从 RAR 中获取 gNB 通知的上行波束来发射 MSG3，例如，MSG2 的多个 RAR 被 UE 接收到时，UE 可以通过比较 RAR 中携带的上行接收质量指示选择最优上行接收质量的 RAR 所对应的上行发射波束发射 MSG3。

MSG3 的发射定时也由 MSG2 来通知。

MSG3 的传输类似于 PUSCH 传输，所以 MSG3 的波形可以是 DFT-S-OFDM 或者 CP-OFDM，由网络通过 RMSI(Remaining Minimum SI)信令来通知 UE 采用哪种波形。

| 6.3 5G NR 协作多点传输 |

6.3.1 FeCoMP 操作概述

LTE-A Rel-11 开始，引入一些协作多点技术（CoMP，Coordinated Multi-Point）用于提升 LTE-A 系统的边缘性能，在 Rel-11 CoMP 标准化阶段，主要包括支持基于多个信道状态信息（CSI，Channel State Information）进程的 CSI 反馈，引入 virtual cell ID 以及准共址（QCL，Quasi-Co Location）的概念。在 Rel-12 的 eCoMP 阶段，主要考虑了 inter-eNodeB CoMP 的标准化，通过增强 X2 接口信令用于 eNodeB 间的 CoMP 协作调度。联合传输（JT，Joint Transmission）在 Rel-11 CoMP SI 阶段作为一种主要的 CoMP 技术被讨论，但是在 Rel-11 CoMP WI 标准化阶段，却没有对 JT 进行针对性的增强。另外，随着多天线技术的不断发展，Rel-13 终端最大支持 4 根接收天线，从而使得更多的 MIMO Layers 传输成为可能，但是如果一些 eNode B 仍然只配置为 2 根发送天线，所以对于单个 eNode B 仍然不能支持更多的 MIMO layers 传输，对于上述配置场景，多个 eNode B 间的 JT 操作能够提供更多的空间域自由度，同时可以有效降低密集网络下的干扰问题。

在 Rel-13 阶段还进行了 FD-MIMO（Full Dimensional MIMO）的标准化，但是并没有考虑协作的问题，基于当前 FD-MIMO 框架，更好地支持协作调度协作波束赋形（CS/CB，Coordinated Scheduling / Coordinated Beamforming）需要进一步研究，主要考虑水平和垂直维度的波束赋形协作，如图 6-26 所示。

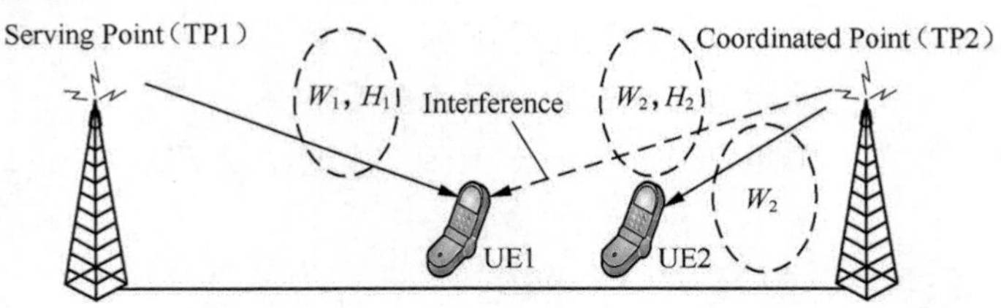

图 6-26　多点协作传输 CS/CB 示意

综上所述，RAN#71 全会又通过了 FeCoMP SID，该 SID 的目标是研究及评估非相干联合传输（NC-JT，Non Coherent Joint Transmission）和 CS/CB 两种技术的性能。另外，该 SID 限制 JT 协作方式只能是非相干的，如图 6-27 所示。

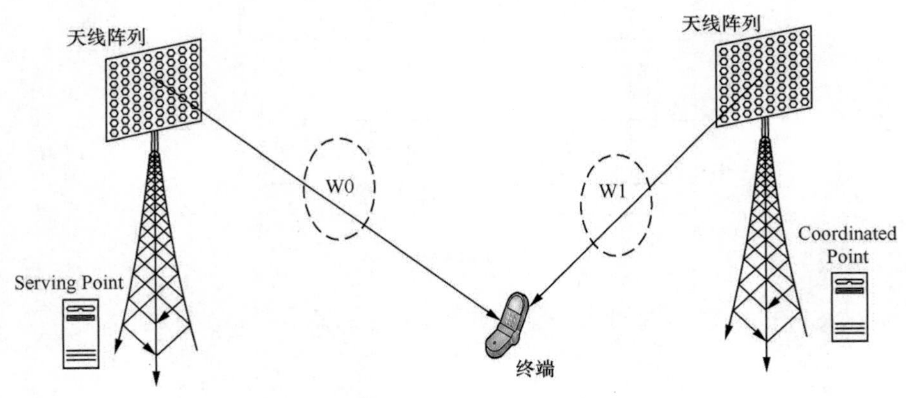

图 6-27　NC-JT 示意

6.3.2　FeCoMP 定义与分类

（1）NC-JT 是指从两个或者更多的传输节点同时为终端传输数据，且多个传输节点间不经过自适应预编码。

• 根据码字（CW）到传输节点的映射关系可以分为以下几种。

Case 1：不同的传输节点发送不同的 CW，每个传输节点独立地进行自适应预编码。

Case 2a：不同的传输节点通过空间分集（例如 SFBC）/ 复用的方式发送相同的 CW。

Case 2b：不同的传输节点通过 SFN 的方式发送相同的 CW。

• 根据不同传输节点的资源分配方式可以分为以下几种。

Scheme 1：不同传输节点的资源分配完全重叠。

Scheme 2：不同传输节点的资源分配部分重叠。

Scheme 3：不同传输节点的资源分配完全不重叠。

（2）CS/CB 定义参见 3GPP TR 36.819，同时结合 FD-MIMO 方法。

6.3.3 仿真评估场景及仿真参数配置

1. 仿真场景

（1）Scenario A：室内场景，如图 6-28 所示。

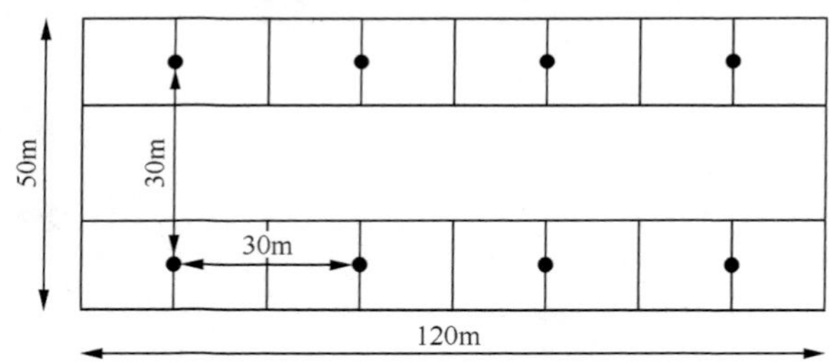

图 6-28 Scenario A

（2）Scenario B：室外宏场景，如图 6-29 所示。

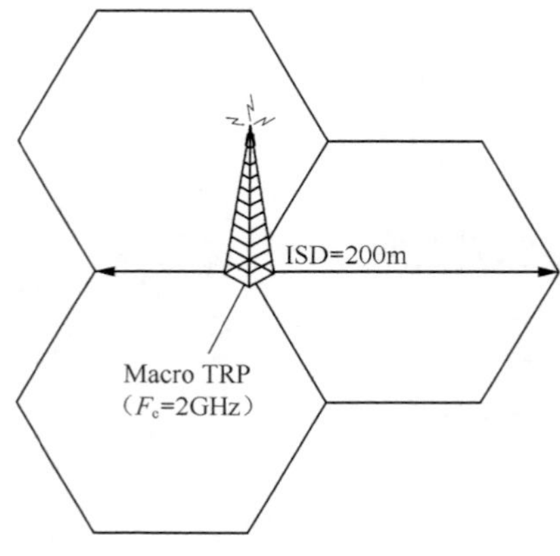

图 6-29 Scenario B

（3）Scenario C：同频异构场景，如图 6-30 所示。

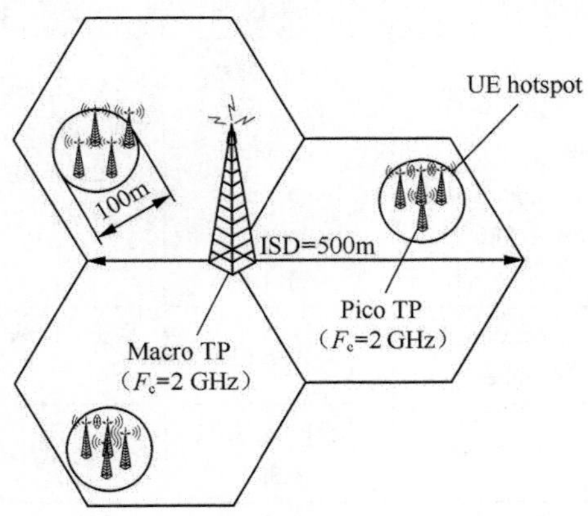

图 6-30　Scenario C

（4）Scenario D：异频异构场景，如图 6-31 所示。

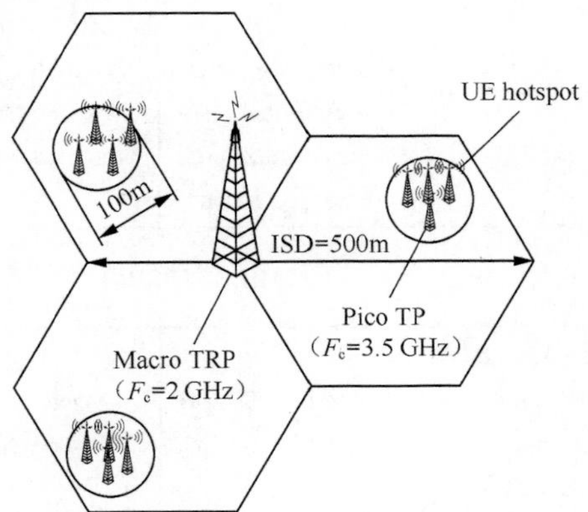

图 6-31　Scenario D

2. 仿真参数配置

仿真参数配置见表 6-4。

表 6-4　仿真参数配置

Parameters	Scenario A	Scenario B	Scenario C/ D
Type	Indoor Hotspot（Figure A-1）	Urban Micro（Figure A-2）	Co-channel and Non co-channel urban macro with small cells （Figure A-3/A-4）

续表

Parameters	Scenario A	Scenario B	Scenario C/ D
Layout	Single layer Indoor TP: Number of TPs: N=8，N=12 （optional） per 120m x 50m	Single layer Macro layer：Hex. Grid [Number of tiers：to be reported]	Two layers Macro layer：Hex. Grid Small cell layer：Random drop N TPs in the small cell cluster N = 4 TPs，N = 10 TPs [Number of tiers：to be reported]
ISD	20m，30m depending on the number of small cell TPs	200m	Macro layer：500m Small cell layer：Random
Minimum distances	According to TR 36.872	According to TR 36.897	According to TR 36.872
Carrier frequency	3.5GHz	2GHz	Macro layer：2GHz Small cell layer: 2.0GHz （co-channel） 3.5GHz （non co-channel）
Coordination cluster size for ideal Backhaul	All sites	3 macro sites，7 macro sites is optional，other coordination cluster size are not precluded	3 macro sites with 3×3×N small cell TPs 1 macro sites with 1×3×N small cell TPs 7 macro sites with 7×3×N small cell TPs is optional，other coordination cluster size are not precluded
System Bandwidth	10MHz （50RBs）		
Channel model	Indoor Hotspot （see TR 36.814 with the application of 3D distance between an eNB and a UE）	Macro：3D UMi（see TR 36.873）	Macro layer：3D UMa Small cell layer：3D UMi（see TR 36.873）
TP antenna configuration （M，N，P）	ULA with M=1，N=1，2 or 4 （optional），P = 2 with polarization Model -2 from TR 36.873	（8，4，2），（8，8，2） optional，（8，1，2） with polarization Model -2 from TR 36.873 Maximum number of TXRUs = 16	Macro cell layer TP: （8，4，2），（8，8，2） optional，（8，1，2） Maximum number of TXRUs = 16 Small cell layer TP: M=1，N=1，2 or 4 （optional），P = 2 with polarization Model -2 from TR 36.873
TP Tx power	24dBm	41dBm	Macro layer：46dBm Small cell layer：30dBm

续表

Parameters	Scenario A	Scenario B	Scenario C/ D
TP antenna pattern	2D omni with 5dBi gain （According to TR 36.814）	3D directional with 8dBi gain （According to TR 36.873）	Macro layer：3D directional with 8dBi gain （According to TR 36.873） Small cell layer: 3D directional with 5dBi gain，θetilt=90 deg，HPBWv= 40 degrees （According to TR 36.819）
TP antenna height	6m	10m	25m for macro cells，10m for small cells
Small cell TP dropping	According to TP layout	N/A	According to TR 36.872
UE antenna height/UE dropping	1.5m，uniform	According to TR 36.873	According to TR 36.873
Association of UE to TP	Association method （including CRE） should be reported		
Maximum CoMP measurement set size	Baseline 3TPs. If a different value is used，it should be indicated.		
UE antenna gain	According to TR 36.873		
UE receiver noise figure	9 dB		
Traffic model	Non full buffer FTP traffic model 1：S = 0.1Mbytes （optional） or 0.5Mbytes Full buffer Note:RAN1 will not draw any conclusions on the performance gains of full buffer traffic model results		
Traffic load （Resource utilization）	<5%，20%，40%，70%，Optional 80% （S=0.1Mbytes）		
UE receiver	MMSE-IRC and CWIC as the baseline receiver （other advanced SU-MIMO receivers are not precluded）		
UE antenna	2Rx，4Rx （only for non-coherent JT），0°/90° polarization slants，0.5 wavelength spacing with polarization Model -2 from TR 36.873		
Feedback assumption	- PUSCH 3-2 for non-reciprocity operation （PUSCH 3-0 for reciprocity based operation） - CQI，PMI and RI reporting triggered per 5ms - Feedback delay is 5 ms - Other parameters should be reported if used		

续表

Parameters	Scenario A	Scenario B	Scenario C/ D
Overhead	3 symbols for DL CCHs，2 CRS ports and DM-RS overhead according to number of scheduled layers		
Transmission mode	TM10 based		
Number of CSI-RS antenna ports	Non coherent JT：2 or more ports per NZP CSI-RS resource CS/CB for FD-MIMO：2 or more ports per NZP CSI-RS resource		
Channel estimation	Realistic		
CRS interference modelling	CRS modelling should be provided		
Handover margin	3dB		
Backhaul link delay	0 ms，2 ms （optional），5 ms，50 ms		
Baseline scheme	Rel-13 FD-MIMO without coordination for CS/CB - DPS/DPB for NC-JT - Other parameters should be reported if used		
Performance Metric/ Parameters	- Mean，5%，50%，95% user throughput - Served cell throughput - Resource utilization（RU） - Packet arrival rate λ		

6.3.4 仿真结果及结论

1. NC-JT

表 6-5 Scenario A （SU-MIMO）

RU	λ = 3 s-1		λ = 15 s-1		λ = 25 s-1	
Scheme	Baseline	Scheme 2-1	Baseline	Scheme 2-1	Baseline	Scheme 2-1
RU in Simulation	5.53%	4.86%	24.00%	16.00%	43.88%	32.00%
Mean UPT gain	55.14%		69.64%		62.54%	

续表

RU	λ = 3 s-1		λ = 15 s-1		λ = 25 s-1	
5% UPT gain	63.77%		43.80%		−6.80%	
50% UPT gain	57.56%		85.09%		141.88%	
95% UPT gain	44.92%		52.51%		54.28%	
RU	λ = 3 s-1		λ = 18 s-1		λ = 25 s-1	
Scheme	Baseline	Scheme 2-2	Baseline	Scheme 2-2	Baseline	Scheme 2-2
RU in Simulation	4.36%	3.93%	28.00%	18.70%	40.40%	28.00%
Mean UPT gain	42.06%		59.59%		59.17%	
5% UPT gain	45.64%		36.49%		1.37%	
50% UPT gain	43.48%		75.61%		76.39%	
95% UPT gain	34.89%		47.31%		44.86%	

表 6-6　Scenario B（SU-MIMO）

RU	λ = 3 s-1		λ = 10 s-1		λ = 22 s-1		λ = 35 s-1	
Scheme	Baseline	Scheme 1-1	Baseline	Scheme 1-1	Baseline	Scheme 1-1	Baseline	Scheme 1-1
RU in Simulation	5.20%	3.78%	18.19%	17.08%	39.68%	23.41%	71.75%	54.99%
Mean UPT gain	21.78%		20.43%		19.82%		22.74%	
5% UPT gain	11.24%		9.63%		-1.49%		11.96%	
50% UPT gain	21.34%		19.56%		19.70%		23.11%	
95% UPT gain	28.63%		27.12%		27.20%		28.76%	
RU	λ = 3 s-1		λ = 18 s-1		λ = 30 s-1		λ = 40 s-1	
Scheme	Baseline	Scheme 1-2	Baseline	Scheme 1-2	Baseline	Scheme 1-2	Baseline	Scheme 1-2
RU in Simulation	3.16%	3.36%	17.82%	13.00%	36.44%	28.78%	66.00%	42.08%
Mean UPT gain	30.02%		27.75%		24.94%		52.02%	
5% UPT gain	22.37%		12.97%		6.33%		-30.38%	
50% UPT gain	17.23%		24.73%		22.76%		40.67%	
95% UPT gain	63.05%		54.53%		50.46%		52.33%	

表 6-7　Scenario D （SU-MIMO）

RU	λ = 2 s-1		λ = 4 s-1		λ = 8 s-1	
Scheme	Baseline	Scheme 1-1	Baseline	Scheme 1-1	Baseline	Scheme 1-1
Mean UPT(Mbit/s)	49.52	58.09	46.09	46.09	39.29	44.48
5% UPT（Mbit/s）	19.67	20.38	16.49	16.49	11.41	11.73
50% UPT（Mbit/s）	58.34	58.51	53.98	53.98	40.49	43.69
95% UPT（Mbit/s）	58.99	98.69	58.99	58.99	58.91	91.88
RU in Simulation	4.00%	5.00%	9.00%	10.00%	20.00%	23.00%

从上述仿真结果可以看到，NC-JT 方法的系统级仿真结果可以带来如下性能增强：

- NC-JT 可以带来 26.36% 的平均用户吞吐量性能增益；
- NC-JT 可以带来 37.26% 的 95% 用户吞吐量性能增益；
- NC-JT 可以带来 24.33% 的 50% 用户吞吐量性能增益；
- NC-JT 可以带来 12.66% 的 5% 用户吞吐量性能增益；
- NC-JT 增益取决于负载情况及传输节点天线数。
- 一般来说，随着 RU 的降低 NC-JT 增益越高。

2. CS/CB

表 6-8　Scenario A（SU-MIMO）

RU	20%			50%			65%		
Scheme	Baseline	Scheme 1-1	Scheme 1-2	Baseline	Scheme 1-1	Scheme 1-2	Baseline	Scheme 1-1	Scheme 1-2
Mean UPT gain	0%	1%	1%	0%	3%	12%	0%	8%	29%
5% UPT gain	0%	11%	23%	0%	19%	65%	0%	34%	132%
50% UPT gain	0%	1%	4%	0%	5%	20%	0%	12%	39%

表 6-9　Scenario B（SU-MIMO）

RU	70%			
Scheme	Baseline	Scheme 1-1	Scheme 1-2	Scheme 1-3
Mean UPT（Mbit/s）	16.32	15.82	17.76	16.89
5% UPT（Mbit/s）	3.13	3.35	4.64	3.88
50% UPT（Mbit/s）	11.15	10.62	12.91	11.82

续表

RU	70%			
RU in Simulation	70.0%	69.0%	68.0%	65.0%
Mean UPT gain	0%	–3%	1.5%	3.5%
5% UPT gain	0%	7%	17.0%	24.0%
50% UPT gain	0%	–5%	4.0%	7.0%
RU Gain	0%	–1.4%	–2.9%	–7.1%

从上述仿真结果可以看到，CS/CB 结合 FD-MIMO 方法的系统级仿真结果可以带来如下性能增强：

- CS/CB 可以带来 18% 的平均用户吞吐量性能增益；
- CS/CB 可以带来 6% 的 95% 用户吞吐量性能增益；
- CS/CB 可以带来 46% 的 50% 用户吞吐量性能增益；
- CS/CB 可以带来 61% 的 5% 用户吞吐量性能增益；
- 增加协作区域范围可以获得更多的 CS/CB 性能增益；
- CS/CB 增益依赖于 RU，RU 越高增益越高。

3. 仿真结论

（1）NC-JT 可以提升系统用户通信体验

- NC-JT 方法通常更加有益于低负载情况。
- 相比于其他 UE，NC-JT 方法通常更加有益于 50%UE 吞吐量和 95%UE（中心用户）吞吐量。
- NC-JT 方法通常有利于 4Rx UE，2Rx UE 也可以获得增益。

（2）CS/CB 结合 FD-MIMO 可以提升系统用户通信体验

- CS/CB 方法通常更加有益于高负载情况。
- 相比于其他 UE，CS/CB 方法通常更加有益于 5%UE（边缘用户）吞吐量。
- 增加协作区域范围可以获得更多的 CS/CB 性能增益。

6.3.5　潜在增强

1. NC-JT 潜在增强方向

（1）CSI 反馈增强

对于 NC-JT 的反馈增强可以区分为两种情况，1 个 CSI 进程和 2 个 CSI 进程。对于 1 个 CSI 进程，多个 CSI-RS 资源需要用于计算聚合 CSI，聚合CSI有利于降低反馈的开销；对于2个CSI进程，每个做JT的TP配置一个CSI进程。另外，对于2个CSI进程情况，目前标准中定义的Layer-codeword映射关系并不能很好地支持JT，根据当前的标准当RI>1时，UE即按照2个码字流计算PMI和CQI，但是对于JT每一个进行联合传输的TP并发传输多层有利于提升密集部署场景的性能，所以对于每个码字流对应多层的CSI反馈需要支持。

NC-JT的一个显著的特征是在联合传输的TP同时传输数据时存在层间干扰或者码字间干扰，如果UE干扰假设进一步考虑层间干扰可以提供更为准确的CSI。另外，SIC等先进接收机可以用于消除码字间干扰，从而获得更为准确的CSI，不同的干扰假设需要应用于不同的码字流。

另外一个问题是，如果来自不同TP的数据的资源分配是部分重叠情况，这时重叠部分相比于非重叠部分将经受更高的干扰，但是目前标准中一个码字流只能对应一个MCS，对于上述问题，例如可以允许更多的码字流或者允许一个码字流可以使用多个调制方式，CSI反馈时UE可以建议eNB使用的一个码字流对应多个调制方式或者多个码字流。

（2）控制信令增强

在当前的标准中，包括Codeword-layer映射、资源分配和调制编码方式等都是假定一个传输节点，控制信令的设计应当支持灵活且独立的NC-JT资源调度及数据传输。例如考虑基于TP Specific的Codeword-layer映射、基于TP Specific的资源分配和MCS、自适应的PDSCH速率匹配及QCL指示等。

（3）参考信号增强

支持在密集部署场景进一步扩展CoMP测量集，类似于非周期CSI-RS，可以用于降低参考信号的开销，基于Beamformed CSI-RS也需要进一步研究，尤其对于TDD场景。

（4）QCL增强

QCL用于将CRS/CSI-RS测量获得的大尺度信道参数关联到DMRS/PDSCH上，在当前标准中，QCL通过PQI指示，且在一个子帧内只支持DMRS/PDSCH与一个TP是QCL的，对于NC-JT，UE同时接收来自两个TP的数据，且不同TP间大尺度信道参数是明显不同的，所以应当进行QCL增强，例如一个子帧内DMRS支持大于一个CSI-RS资源QCL。

2. CS/CB潜在增强方向

（1）CSI反馈增强

CSI反馈增强主要是考虑CQI计算的增强，从而获得更为准确的SINR，

另外在一个 CSI process 里同时配置信道测量导频 CSI-RS 和干扰导频 CSI-RS 的方案可以考虑和进一步研究。

（2）CSI-RS/CSI-IM 增强

在基于 FD MIMO 的 CS/CB 中，由于传输节点的天线数目比较多（比如，8、12、16 个），如果每个传输节点都像传统 CS/CB 那样配置 NZP CSI-RS、ZP CSI-RS、CSI-IM，导频开销将会随着天线数目的增加而线性增长。这种导频的开销是难以承受的，需要进一步研究节省 CSI-RS 导频开销的方法。对于 CSI-IM，FD-MIMO 的 CS/CB 相对于 legacy CS/CB 并不会增加开销。但在 FD-MIMO 中，超密集的小区布局也会考虑到，这时，协作的 TP 可能比较多，从而需要的 CSI-IM 开销也比较大，这时同样可以采用非周期的 CSI-IM，或者进行干扰测量限制、空间域区分 CSI-IM 的方法来减小开销。

（3）QCL 增强

在 CS/CB 中，UE 只接收一个 TP 发送的数据，所以全部的 DMRS 端口是 QCL，但是 UE 可以接收多个 TP 的 CSI-RS，这就意味着这些 CSI-RS 端口不是 QCL 的，因此 eNB 可以通过配置更多的 QCL 参数集解决该问题。

6.4 5G 小区虚拟化技术

6.4.1 小区虚拟化技术概述

随着网络密集化程度的不断提高，干扰及移动性问题变得越来越严重，这对传统的、以小区为中心的架构提出了较大的挑战。为此，在 5G 网络技术研究中出现了以用户为中心的小区虚拟化技术。其核心思想是以“用户为中心”分配资源，使得服务区内不同位置的用户都能根据其业务 QoE（Quality of Experience）的需求获得高速率、低延迟的通信服务，同时保证用户在运动过程中始终具有稳定的服务体验，彻底解决边缘效应问题，最终达到“一致的用户通信体验”的目标。

实际上，目前的通信系统中已经存在一些虚拟化的影子。比如，UMTS 系统的软切换技术就可以看成小区虚拟化的一种简单形式。LTE Rel-11 及 Rel-12 也在逐渐向小区虚拟化的方向发展。在 CoMP 场景 4 中，一个宏小区包含多个低功率的 RRH，它们使用相同的小区标识。针对这个场景，LTE Rel-11 引入了传输模式 10，支持多个 CSI 反馈进程，同时用虚拟小区标识代替物理小区标识产生 CSI-RS 及 DMRS 序列。此外，LTE-A Rel-12 研究的小小区开关技术为形成以用户为中心的虚拟小区提供了更大的灵活性。

然而，目前的虚拟化手段存在一定局限性，不能完全适配网络密集化的要求。例如，UMTS 的软切换技术需要 RNC 实体的支持，以集中式的方式实现。这增加了延迟，提高了成本，不符合网络扁平化的趋势。为了达到较好的协作效果，LTE 的 CoMP 技术要求参与协作的低功率传输节点在宏基站的覆盖范围之内，且具有理想的回程链路并通过私有接口实现协作。在超密集网络中，理想回程链路在很多场景下是难以实现的，它限制了网络部署的灵活性，极大地增加了网络成本（选址 / 回程链路部署等）。此外，不同宏小区的传输节点不能实现较好的协作也使一致用户通信体验的目标难以完美地实现。因此，5G 网络研究中提出了通过一个平滑的虚拟小区（SVC，Smooth Virtual Cell）来解决上述问题。

平滑小区虚拟化技术通过以用户为中心的虚拟小区解决了超密集网络中的移动性及干扰协调问题，为用户提供了更好的一致性服务体验。SVC 基于混合控制机制进行工作，其原理如图 6-32 所示。用户周围的多个传输节点形成一个虚拟小区，用“以用户为中心”的方式提供服务。虚拟小区中的一个传输节点被选为主控传输节点（MTP，Master TP）负责管理虚拟小区的工作过程以及虚拟小区内其他传输节点的行为。不同虚拟小区的主控传输节点之间交互各自虚拟小区的信息（比如资源分配信息），通过协商的方式实现虚拟小区之间的协作，解决冲突，保证不同虚拟小区的和谐共存。由于虚拟小区内各个传输节点之间，以及相邻虚拟小区主控传输节点之间的距离比较近，因此 SVC 可以实现快速控制或协作。另外，如果使用无线自回程技术传输节点之间的信令（SoTA，Signaling over The Air），虚拟小区之内的控制信令以及虚拟小区之间的协作信令的延迟可以进一步降低。

图 6-33 所示为“一致用户通信体验”可行性的初步评估结果。如图 6-33（a）所示，该仿真使用了一个 50m × 50m 的服务区，均匀地部署了 100 个低功率传输节点。仿真结果如图 6-33（b）所示，如果传输节点之间不协作（红色曲线），终端在不同位置的信干噪比将发生剧烈波动（-5dB ~ 22dB），用户通信体验将受到很大影响。如果通过传输节点间协作，关闭某些传输节点（蓝色曲线），用户在不同位置时都可以达到 17dB 的目标信干噪比，从而获得了一致的用户通信体验。

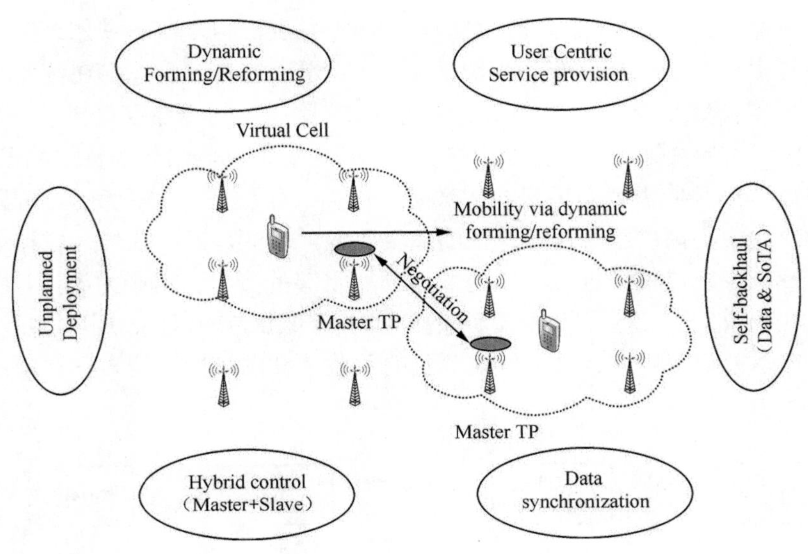

图 6-32　平滑的小区虚拟化示意

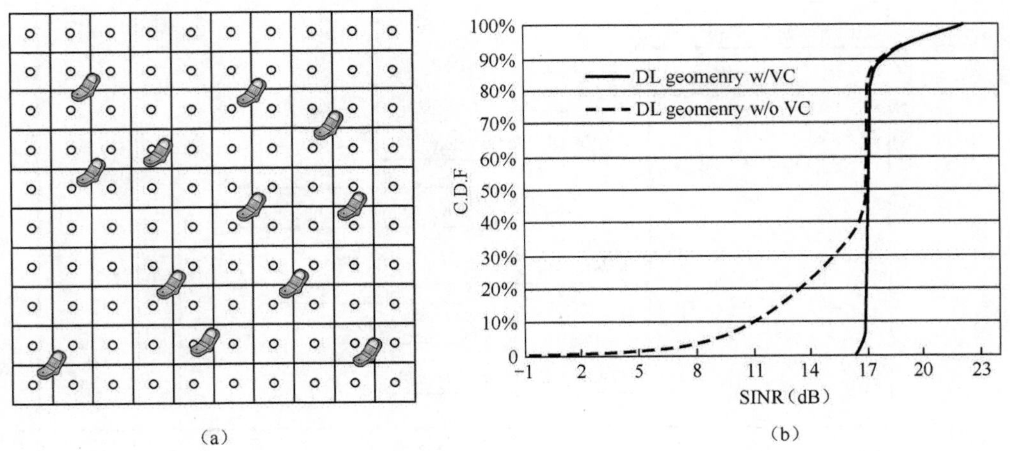

图 6-33　“一致用户通信体验”可行性的初步评估

SVC 包含一些关键的流程。下面以“新传输节点加入虚拟小区的过程”为例，进一步解释虚拟小区的工作过程。图 6-34 所示的例子假定由终端发现新的传输节点。在终端数量多于传输节点数量的时候，这一方式可以更好地节省发现信号的资源。当然，在相反的条件下，也可以由传输节点发现终端。另外，根据网络状态，灵活的切换这两种机制可以更好地减少开销，提升系统性能。

在第 1 步和第 2 步，终端测量未知传输节点的发现信号，并将测量结果反馈给其虚拟小区的 MTP。MTP 根据终端的反馈、虚拟小区的状态、干扰情况判断是否需要添加该传输节点。如果 MTP 决定添加该节点，则在第 4 步向该候选传输节点发送“STP Addition Request”命令。这个命令包含了一些与该虚拟小区相关的关键信息，比如虚拟小区标识、虚拟小区的无线资源配置情况、加入该虚拟小区所需要预留资源的数量，等，具体如图 6-34 所示。资源预留是以用户为中心提供服务这一特征的重要体现。也就是说，在加入虚拟小区之前，传输节点应该根据虚拟小区的要求预留足够的资源，用于为该用户提供一致的用户通信体验。这些预留的资源除了可以用于数据传输以外，还可以用于干扰控制。在超密集网络中，每个传输节点的负载通常比较轻，这为资源预留提供了可能。

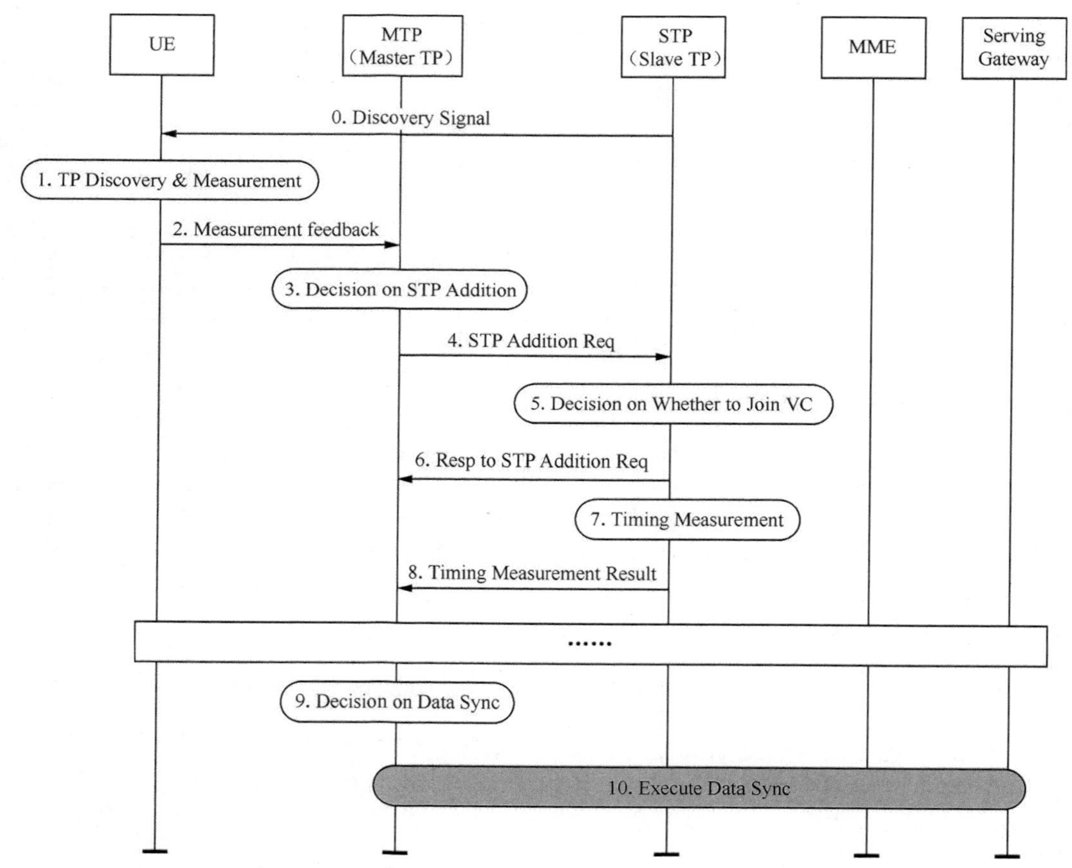

图 6-34 新传输节点加入虚拟小区的流程

在第 5 步，候选传输节点根据自身的资源使用情况以及虚拟小区的资源需

求判断是否可以加入该虚拟小区。如果候选传输节点已经属于另一个虚拟小区，且该虚拟小区与发出加入请求的虚拟小区之间存在资源冲突，则候选传输节点通过“Response to STP Addition Request”命令将资源冲突问题通知新虚拟小区的 MTP。新虚拟小区的 MTP 可以放弃该候选传输节点，也可以与该候选传输节点的当前虚拟小区的 MTP 进行资源协商，待资源冲突问题得到解决之后再重新对该候选传输节点发现虚拟小区的加入请求。如果不存在资源冲突问题，候选传输节点通过“Response to STP Addition Request”通知 MTP，确认加入新的虚拟小区。另外，候选传输节点也可以将自身的一些信息与确认信息复用在一起，通过“Response to STP Addition Request”发送给 MTP。这些信息（比如是否直接与核心网连接）对于后续 MTP 的管理是非常有帮助的。

在决定加入新虚拟小区之后，传输节点就可以开始利用上行参考信号测量上行定时信息，并将测量结果通知 MTP。虚拟小区的上行参考信号的相关配置可以在第 4 步通知候选传输节点。如果该传输节点后续被 MTP 选为终端的服务传输节点，则上行定时信息可以直接由 MTP 发送给终端，有效地降低了服务传输节点转换时的延迟。在新传输节点加入虚拟小区之后，由 MTP 决定什么时候执行数据同步以及数据同步的深度。数据同步指的是虚拟小区内的传输节点在数据内容及封装方式方面与 MTP 达成一致的过程。在实现了数据同步之后，MTP 可以根据当前环境，灵活地为终端选择服务节点，避免对用户通信体验产生影响。

6.4.2　小区虚拟化与移动性

硬切换技术在 LTE Rel-8 阶段引入，主要用于解决宏小区之间的移动性问题。但随着异构网的引入以及网络密集化程度的逐渐提高，硬切换技术暴露出的问题越来越多。下面以 LTE 同一 MME 内的小区切换过程为例（如图 6-35 所示），分析 SVC 在解决移动性问题上的优势。

- 在硬切换过程中，通常需要链路质量在一段时间内持续低于某一个门限后才能做出第 3 步的切换决定。因此，当执行切换时，链路质量已经变得非常差。由于 TCP 具有慢启动特性，即使顺利完成切换，TCP 层也需要很长的时间才能恢复其性能，导致用户通信体验下降。在超密集网络中，终端的数据速率较高，切换频繁，这一问题将变得更加严重。SVC 支持灵活、快速的服务节点选择，使得用户的链路质量变得更加平稳，保证了用户通信体验的一致性。
- 在第 3 步，当源基站做出切换决定之后，向目标基站发送切换请求。此时，

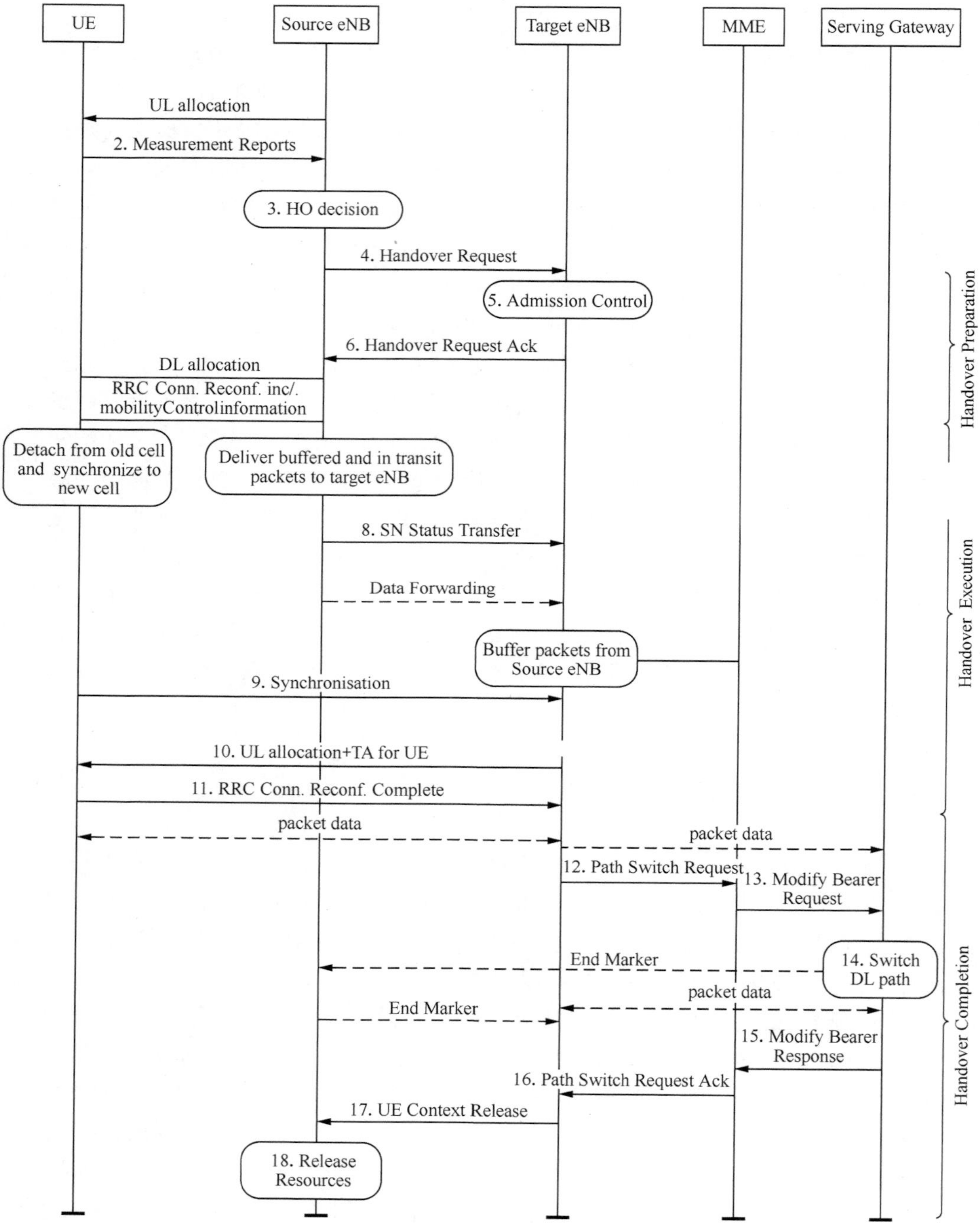

UE
Source eNB
Target eNB
MME
Serving Gateway

UL allocation
2. Measurement Reports
3. HO decision
4. Handover Request
5. Admission Control
6. Handover Request Ack
DL allocation
RRC Conn. Reconf. inc/. mobilityControlinformation
Detach from old cell and synchronize to new cell
Deliver buffered and in transit packets to target eNB
8. SN Status Transfer
Data Forwarding
Buffer packets from Source eNB
9. Synchronisation
10. UL allocation+TA for UE
11. RRC Conn. Reconf. Complete
packet data
packet data
12. Path Switch Request
13. Modify Bearer Request
End Marker
14. Switch DL path
packet data
End Marker
15. Modify Bearer Response
16. Path Switch Request Ack
17. UE Context Release
18. Release Resources

Handover Preparation
Handover Execution
Handover Completion

图 6-35　MME 内基于 X2 接口的硬切换流程

目标基站根据系统负载状况、待切换终端的资源需求情况进行接纳控制，判断是否允许该终端切换到本小区。如果目标基站没有足够的资源，它有可能拒绝源基站的切换请求。这时候就有可能发生切换失败或导致信干噪比的严重恶化。然而，如果使用平滑的小区虚拟化技术，传输节点在加入到虚拟小区之前就已经完成了资源预留。在需要转换服务节点时，不会发生虚拟小区内的传输节点拒绝成为服务节点的情况。因此，终端的链路质量可以保持在平稳的状态，降低了无线链路失败的概率。

- 在第 6 步，当目标基站确认接受源基站的切换请求时，源基站终端执行切换并开始将终端的数据转发给目标基站。这时终端与源基站断开连接，在执行第 11 步之前（即与目标基站建立新连接之前），终端处于数据传输中断的状态。显然，数据传输中断的时间主要由第 9 步到第 11 步的上行同步过程决定。SVC 技术使得传输节点在加入虚拟小区时就完成了上行定时的测量，并不断地进行更新。当 MTP 决定转换服务节点时，可以直接将上行定时信息发送给终端，避免了数据传输中断。
- 对于硬切换，终端与目标基站在第 11 步建立连接之后并不意味着可以恢复较高的数据速率。目标基站在第 11 步收到终端发送的“切换完成确认信息”之后向 MME 发送数据路径转换（Path Switch）请求消息。在收到该消息之后，核心网才会执行数据流的重定向（从第 12 步到第 18 步）。由于受到 X2 接口容量及延迟等因素的限制，源基站的数据转发过程不一定能提供足够多的数据量。因此，即使完成切换且链路质量恢复到较好的状态，在核心网完成数据重定向之前，终端也未必可获得较高的数据速率。SVC 的数据同步过程很好地解决了这一问题：由于服务节点转换之前已经完成了数据同步，新服务节点有足够的数据量，且数据内容及封装方式与原传输节点相同，因此可以立刻为终端提供高速数据服务。

如上所述，虽然双连接技术可以在小小区转换过程中，保持连接的连续性，但却不能很好地解决数据传输速率的波动问题。通过数据同步、资源预留等手段，SVC 可以实现传输节点的快速选择，能够更好地保持数据传输速率的稳定，实现一致用户通信体验的目标。

6.4.3　小区虚拟化与干扰协调

由于业务及干扰的突发性，即使用户处于静止状态，用户通信体验也有可能随时间的变化而变化。小区专有参考信号是超密集网络中主要的干扰源之一，极大地限制了超密集网络的增益。SVC 利用 SoTA 实现虚拟小区之间的分布式协作和虚拟小区内的集中控制，根据用户的业务状态以及干扰环境，动态地打开或关闭传输节点，通过以用户为中心的方式发送参考信号，有效地解决了小区专有参考信号的干扰问题。如图6-36所示，SVC有效地降低了参考信号的干扰，吞吐量增益（相对于没有协作的情况）随着传输节点密度的提高而快速增加。

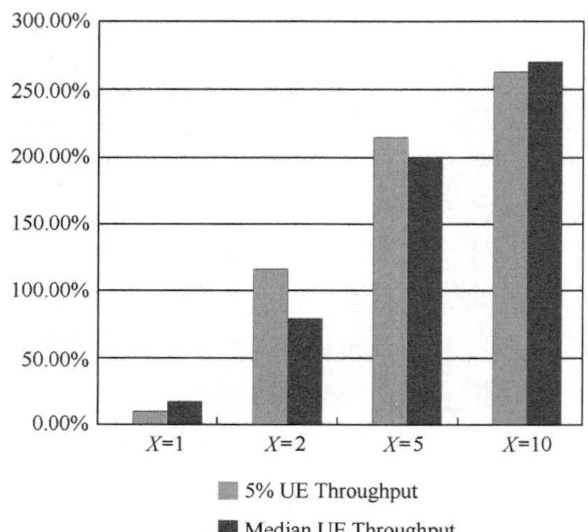

注：宏小区包含4个小小区簇，X为每个簇内小小区数量

图6-36 平滑小区虚拟化的吞吐量增益

除了参考信号的干扰，突发数据产生的干扰也会导致信道质量的剧烈波动，对用户通信体验产生较大的影响。通过虚拟小区之间的快速协作，可以有效地控制信干噪比的波动范围，实现一致的用户通信体验。相对于LTE的CoMP技术而言，SVC通过混合式的控制/管理机制以及SoTA等技术手段，实现了无规划或半规划地部署低功率传输节点，在有效降低网络的部署成本的同时，达到较好的干扰抑制效果。

6.5 无线干扰管理和抑制概述

高密度、大容量是5G UDN网络的重要目标之一，将为用户提供数千倍于当前LTE网络速率的用户通信体验，密集部署5G异构基站是实现这一目标的重要方式。小区微型化和部署密集化是超密集网络UDN的主要特征，能够极大提升无线频谱效率和接入网系统容量，从而为高速用户通信体验提供网络基础。随着各种微小区、小小区、家庭基站以及中继节点在内的各种低功率网络节点LPN在传统宏蜂窝中的部署，蜂窝移动网络呈现越来越异构化和密集化的趋势。虽然小小区间频谱共享和高密度重叠覆盖能带来潜在的频谱复用增益和网络容量增益，但其复杂的小区间干扰问题也是制约其性能进一步提升的一大瓶颈。网络密集部署导致存在大量的覆盖重叠区域，大量用户会处于这些重叠区域，这样邻区的干扰增大，小区间干扰耦合度增加，用户间干扰严重。为了

真正挖掘出 UDN 带来的系统容量增益，需要设计合适的干扰管理与抑制机制。干扰测量是干扰避免与抑制的前提，而密集部署的小小区和用户业务量的波动，导致宏基站获取干扰度量信息的负荷较大，基于此，设计了分布式干扰测量方案。密集小区的干扰管理与抑制可以从频域、功率域、时域、码域、空间域、多小区协同等方面综合考虑，下面笔者将先简述它们各自的特点，更具体的介绍可以参见后面的章节。

6.5.1　频域协调技术

在 UDN 部署组网的场景下，接入点部署更密集，接入站点间的干扰更加严重，而且干扰源小区的数目更多。另外，由于小区覆盖变小，用户数目少，小区负荷和对应的干扰变化更加剧烈。频域协调技术只需要 AP 之间交换有限的控制信息，对回传要求较低，所以更加适用于非理想回传的场景，例如室内公寓场景等。频域协调包括载波内协调（例如，ICIC）和载波间协调（例如，异频分簇）。

6.5.2　功率域协调技术

功率域协调技术在蜂窝系统干扰管理当中起到相当重要的作用。每个小基站控制自己的传输功率的分布式功率控制技术已经广泛应用在无线通信系统的小区间干扰管理当中。功率控制可分为两类，第一类是非协作功率控制技术，每个小基站根据它自己的干扰信息决定它的传输功率；第二类是协作功率控制技术，集中控制单元根据各 AP 收集干扰信息来确定 AP 的传输功率，或者相邻的小基站使用互相交换的传输功率和干扰信息去决定自己的传输功率大小。功率协调分为小区级功率协调和 UE 级功率协调。小区级功率协调是指以 AP 为单位进行功率控制，根据 AP 覆盖范围需求、业务负荷，以及 AP 之间相互干扰的状况等，每个 AP 进行精细化功率控制，以达到系统性能较优的目的。UE 级功率协调是指以 UE 为单位进行功率控制，根据 UE 的业务需求、信道状况等，每个 UE 进行精细化功率控制，以保证每个 UE 的传输性能。

6.5.3　多小区协同技术

5G 网络中，随着部署 AP 的密集度越来越密，小区间的干扰成为制约系统性能提升的关键因素，超密集部署存在严重的重叠覆盖现象，用户受到周围其他 AP 的干扰较严重，当小区越来越密时，干扰极其严重，利用多小区协同技术，可以通过协同传输进行干扰避免，或者将干扰信号转换为有用信号共同传输数据给用户，提升密集干扰环境中的网络频谱效率。多小区协同技术主要是 CoMP 技术和干扰对齐技术，是指地理位置上分离的多个传输点之间的协同。一般来说，多个传输点是不同小区的基站，或者同一个小区基站控制的多个 RRH。通过多个传输点之间的协作调度、预编码、联合传输等，可以有效降低协作传输点之间的干扰，提高协作区域覆盖范围内用户，特别是协同点覆盖边缘用户的吞吐量。其中下行 CoMP 主要分为：协同调度 / 波束赋形（CS/CB）、联合处理（JP）等。其中，JP 方案又可以分为联合传输（JT）、动态传输点选择（DPS）和动态传输点静默（DPB）。UDN 中的多小区协同技术与场景的回传部署关系密切。如 CoMP 方案中的联合传输（JT）模式需要 AP 之间交换数据信息和信道信息等，更加适用于能部署理想回传的场景，例如室内办公室场景等。而协同调度 / 波束赋形（CS/CB）模式和干扰对齐方案，不需要 AP 之间交互用户数据信息，只需要交互信道信息，因此适用于非理想回传部署的场景，或者回传容量受限的场景。

6.5.4 以用户为中心的传输节点选择技术

DN 通过增加网络节点的部署密度改善网络覆盖、实现网络容量的增长。随着低功率节点密度的增加，不可能所有节点都发送数据，否则干扰急剧增加，导致每个传输节点的谱效率非常低。通过传输节点的选择，可以较好地解决干扰问题，防止用户的 SINR 产生剧烈波动。4G LTE 系统可以使用多个干扰测量资源（IMR，Interference Measurement Resource）和 CSI 反馈进程，使得终端反馈不同干扰节点 / 传输节点组合条件下的 CSI。基站根据终端的反馈结果为终端分配资源，选择或关闭某些传输节点。在 5G 系统中，随着传输节点数量的增加，不同干扰 / 传输节点组合的数量将大大增加，4G 系统的反馈方案将不能满足 5G 系统动态传输节点选择的要求。在 5G 系统中，可以考虑将一定的控制权下放到终端，从而大大降低系统的反馈开销，提高动态传输节点传输的性能。该思路如图 6-37 所示。

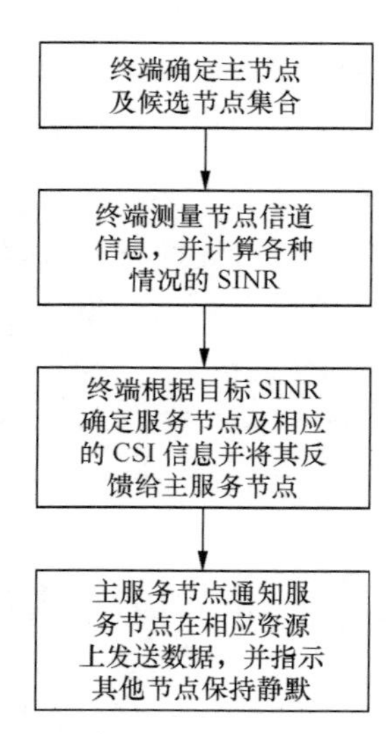

图 6-37 节点选择过程

首先，终端确定主节点及候选节点集合。主节

点可以为虚拟小区的主 TP，其他候选节点可以为虚拟小区辅 TP。节点选择的标准可以基于 RSRP。其次，终端测量各个节点在各个子带上的信道信息，并计算各种情况（打开 / 关闭节点）的 SINR。然后，终端根据系统配置的目标 SINR 向主节点反馈服务节点的信息，包括节点索引（或端口索引）及 PMI/RI/CQI 信息。为了提高节点选择的自由度，终端可反馈多种可以达到相同目标 SINR 的配置。此外，主节点可以为终端指示一些信息，帮助终端降低计算复杂度（比如是否允许 JT 等）。最后主节点根据终端的反馈结果，选择并通知相应的节点在某些子带上，使用特定的预编码权值为终端提供服务。为了降低延迟，可以通过空口传输协作信令。

6.5.5　干扰抵消技术

在现有基于网络侧的干扰机制中，对干扰的避免都是通过干扰避免机制考虑的。虽然 JT 的机制中考虑了多个小区为目标用户共同发送信号，但占用了多份资源，不利于高负载场景。另外，当小小区覆盖范围较小时，通常一个小小区的覆盖范围有限，其中的激活用户较少。此时往往难以调度到合适的用户在小区之间通过协作波束赋形及小区间 MU-JT 的方式传输，而当基于接收机进行干扰消除处理时，用户设备可以通过重构干扰信号，并进行干扰消除，但这种方式，一方面会导致接收机的复杂度大大增加；另一方面导致网络侧与用户设备之间需要交互大量的相关信息，例如资源映射方式信息、调制方式、传输模式、参考信号、功率控制等，导致网络信令负载大大增加。为此提出如下的干扰抵消技术，即服务小区获取干扰小区在部分或全部资源上传输的信息，服务小区按照预定的权值、发送功率发送根据这些信息形成的干扰抵消信号，从而通过网络侧的交换和用户反馈，达到干扰消除的目的。牺牲服务小区的部分功率用于干扰抵消，有可能会降低有用信号的发送功率，为了不影响有用信号部分的发送，可以由第三方小区协助进行干扰的降低，这里的第三方小区可以是没有业务的小区，也可以是在对应资源上空闲的小区。当第三小区为空闲小区，且处于未被激活状态时，由中心控制单元所在节点、宏小区或者服务小区激活所述的第三方小区。

6.5.6　干扰测量和反馈技术

为了有效地进行干扰抑制和协作式资源调度，用户需要提供及时、有效的干扰信息测量和反馈。小区间协作、虚拟小区参数配置、无线资源调度都需要

大量的信道状态信息作为依据，而大规模 MIMO 的天线数成倍增加，此时信道测量的反馈开销会成倍增长。设计高压缩比的信道信息测量和反馈方法是该内容的关键问题，结合信道的统计特性、稀疏特性、相关性，通过多种信道测量和反馈设计相结合，例如慢变的信道信息根据信道互易获得，更精细、快变信道信息通过多级码本反馈获得，将两个信道信息有效结合，降低反馈开销。

第 7 章 5G UDN 物理层其他潜在技术

除了当前正在被标准化的技术，5G UDN 还有许多其他的物理层技术，用于进一步服务 5G UDN 总目标：系统容量更大、综合性能更好、成本更低……这些潜在技术不一定都被标准化，但可以被灵活地融入各厂家的网络产品实现之中，或者用于构建未来的异构网络。

如前几章所述，5G UDN 在物理层的关键技术有三大类：接入链路与回程链路的联合设计、干扰测量与管理，以及波束管理。对于波束管理，其中的许多技术点已经在 3GPP Rel-15 中得到标准化，前面章节中已详细论述。而前两大类技术，在 3GPP 5G 标准化的工作尚未开始，属于潜在技术，也是本章的叙述重点。需要指出，这里的潜在技术既有需要标准化，也有厂家工程实现类的。

|7.1 接入链路与回程链路联合设计|

7.1.1 5G 回程问题概述

5G 网络对接入侧的传输速率提出了很高的要求，随之对回程的挑战首先就体现在容量方面。表 7-1 以 LTE 为基础给出了各网络组成所需的容量要求。

表 7-1 回程链路容量需求

构成元素	需求
S1 用户面数据容量	根据不同网络的用户速率要求
S1 控制面数据容量	假设可以忽略
X2 用户面 & 控制面数据量	4%

续表

构成元素	需求
运维数据	假设可以忽略
传输协议开销	10%
Internet 协议安全性（IPSec）	14%

从以上结果可以看出，单条链路回程容量需要比接入侧峰值速率要求高 20% 以上，考虑 5G 接入速率要求以及不同回程类型的容量范围，无论是对无线回程还是有线光纤回程都是具有挑战性的。另外，如果考虑回程采用树状拓扑形式，树干支路的容量要求则更高。在容量之外，回程链路的时延指标也是需要考量的，尤其是当采用多跳回程架构时，时延将影响用户的切换性能。从时延的角度，因为有线光纤回程的时延在微秒级别，优势较为明显。同时，因为 UDN 部署组网带来的大量运维数据传输，其传输可靠性也对回程链路的性能提出要求。

另外，从 UDN 部署组网的组网形式考虑，即插即用应成为一项基础性要求，然而，因为假设广泛的光纤资源并不现实，所以，如果单纯考虑有线光纤的回程方式将明显制约大量小基站的部署。那么基于即插即用的考虑，无线回程是有一定应用前景的。表 7-2 给出 UDN 部署组网考虑的几种典型的应用场景以及相应的回程条件，其中可以预见，密集住宅、密集街区、大型集会以及地铁等场景都可能出现无线回程的需求。

表 7-2　UDN 部署组网典型场景特点及回程条件

应用场景	特点	回程条件
办公室	站址资源丰富，传输资源充足，用户静止或慢速移动	有线回程基础较好
密集住宅	用户静止或慢速移动	站址获取难、传输资源不能保证，存在无线回程需求，有线 / 无线回程并存
密集街区	需考虑用户移动性	室外布站，存在无线回程需求，有线 / 无线回程并存
校园	用户密集，站址资源丰富，传输资源充足	有线回程基础较好
大型集会	用户密集，用户静止或慢速移动	站址难获取，传输资源不能保证，存在无线回程需求，有线 / 无线回程并存
体育场	站址资源丰富，传输资源充足	有线回程基础较好
地铁	用户密集，用户移动性高	存在无线回程需求

从无线回程设计的角度，5G 网络也提出了很多的可能性，比如回程链路与接入链路可能同频部署也可能异频部署（当接入链路能够采用高频传输时，同频部署的可能性增大）。异频部署时如何进行频谱选择，采用许可频段或采用非许可频段，同频部署时同频干扰如何处理，等等。所以，在未来 5G 网络接入技术研究的同时，需要对回程链路进行相应的设计与分析。

7.1.2 自回程技术

UDN 部署场景中，需要考虑不同回程技术的适用性。

对于有线回程，在大量 TP 密集部署的场景下（如密集街区），考虑到电缆或光纤的部署或租赁成本、站址的选择及维护成本等，可能使有线回程的成本高得难以接受。即便铺设了有线回程，由于密集部署场景下，每个节点服务的用户数少、负载波动大，或由于节能 / 干扰控制，一些节点会动态地打开或关闭，很多时候回程链路处于空闲状态，而使用内容预测及缓存技术也会增加回程链路资源需求的波动范围，因此会导致有线回程的使用效率低、浪费投资成本。对于微波回程，也存在增加硬件成本，增加额外的频谱成本（如果使用非授权频谱，传输质量得不到保证），传输节点的天线高度相对较低，微波更容易被遮挡，导致回程链路质量的剧烈波动等缺陷。

采用无线自回程技术，是避免上述问题、减少 CAPEX 的重要技术选择之一。自回程技术是指回程链路和接入链路使用相同的无线传输技术，共用同一频带，通过时分或频分方式复用资源。在超密集网络中使用自回程技术具有如下优势：

- 不需要有线连接，支持无规划或半规划的灵活的传输节点部署，有效降低部署成本；
- 与接入链路共享频谱和无线传输技术，减少频谱及硬件成本；
- 通过接入链路与回程链路的联合优化，系统可以根据网络负载情况，自适应地调整资源分配比例，提高资源使用效率；
- 由于使用授权频谱，通过与接入链路的联合优化，无线自回程的链路质量可以得到有效保证，大大提高了传输可靠性。

UDN 网络中采用自回程技术，面临的主要增强需求在于链路容量的提升以及灵活的资源分配和路径选择，因此主要的研究方向包括回程链路的链路增强以及接入链路和回程链路的联合优化。

1. 新的帧结构设计

UDN 网络部署中，主要是对等结构，使得上、下行差别变弱，BL/AL 差

别变弱。对帧结构提出了新的需求，例如，支持多跳场景、灵活的测量需求、灵活的资源分配、支持对等设计、上下行的统一设计、BL/AL 的统一设计、收发功能的统一设计等。目前，帧结构存在很多问题，如 HARQ/ 反馈 / 测量延迟较大、上下行子帧配置导致的复杂的 HARQ、无法支持动态 BL/AL 资源分配等。如果对 TDD 帧结构进行增强，虽然可以降低 HARQ/ 反馈 / 测量延迟，降低 TDD 反馈设计的复杂度，也可以支持动态 BL/AL 资源分配，但是还是存在上下行控制域位置固定，不能灵活地支持多跳传输，而且未考虑对等设计需求等缺点。

按照图 7-1，对 TDD 帧结构进行简单增强。对于两跳网络，控制域的 D/U 位置固定，当 TTI 分配给 sBL 时，可以利用下行及上行控制域的参考信号实现 dTP1 与 rTP1 之间的测量。但如果 UE 在该 TTI 的控制域也是下行在前、上行在后，则无法在该 TTI 实现 rTP1 和 UE 之间的测量。同理，当 TTI 分配给 AL，TDD 帧结构类型 2 无法实现 dTP1 与 rTP1 之间的测量。因此，TDD 帧结构类型 2 无法实现测量与 BL/AL 资源分配解耦合，如图 7-2 所示。

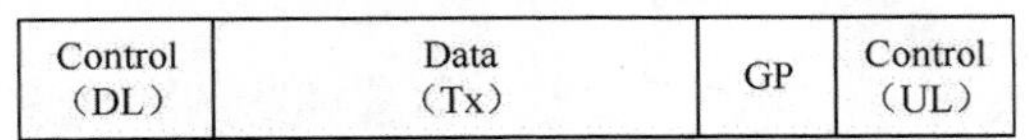

图 7-1 TDD 帧结构的简单增强

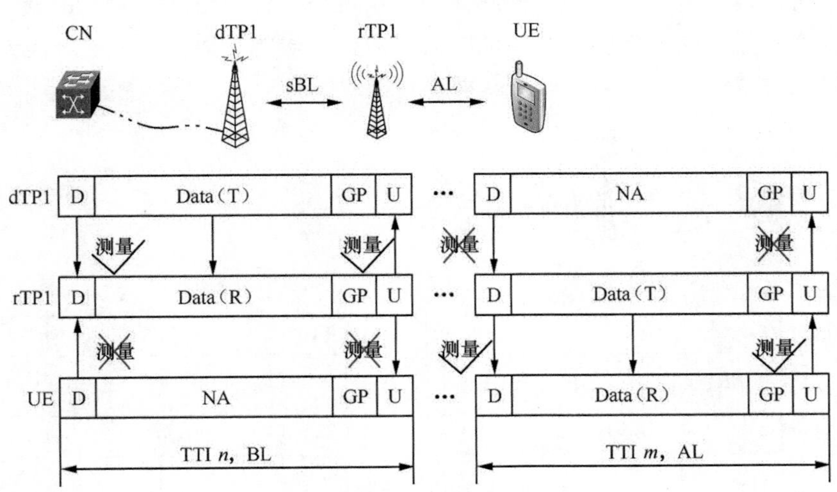

图 7-2 简单增强的 TDD 帧结构的问题

所以，5G 系统新型帧结构需继承 TDD 帧结构类型 1/2 的全部优点，更有效地支持 5G UDN 的需求，适用于自回程链路及对等设计需求。那么，新型帧结构应当具备以下特征。

(1)定义收发区域，不区分上下行。

(2)控制域的数量/位置/收发功能可灵活配置。

(3)体现对等设计思路：

• 收发信道、信号结构统一(淡化上下行信道的差别)；

• 接入链路和回程链路的统一设计(淡化 BL/AL 的差别)。

(4)利于干扰控制。

针对这种特征，提出基于接入链路和回程链路的信道和信号联合设计的新的帧结构设计思路，如图 7-3 所示，其主要特征是：① 用“收/发链路”代替传统的“上/下行链路”设计帧结构中的各个区域；② 每个子帧包含一个或多个控制区域，以及一个数据区域；③ 控制区域的数量/位置/收发功能可灵活配置，支持多跳传输；④ 数据区域即可以用于发送数据也可以用于接收数据。

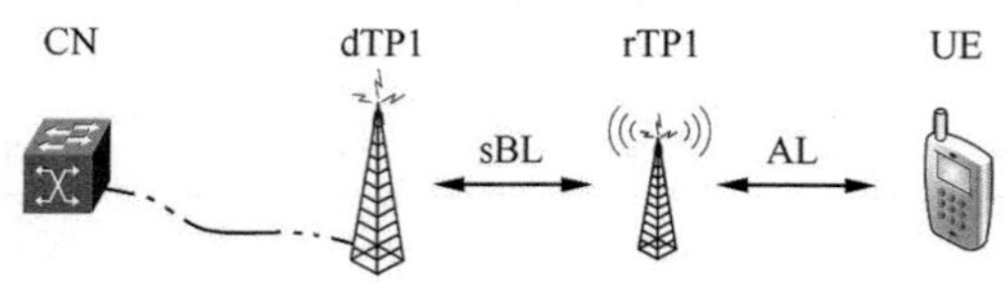

图 7-3 新型帧结构

上述帧结构不仅可以实现接入链路与回程链路的联合设计，而且实现了不同传输方向链路的联合设计。同时，由于每个子帧控制区域的数量及功能(收或发)可以灵活地配置，因此彻底实现了“链路间资源分配”与“控制信令传输和信道测量”的解耦合，有效地降低了数据传输的延迟，可以更好地支持自回程链路的增强。图 7-4 说明该新型帧结构的优点。

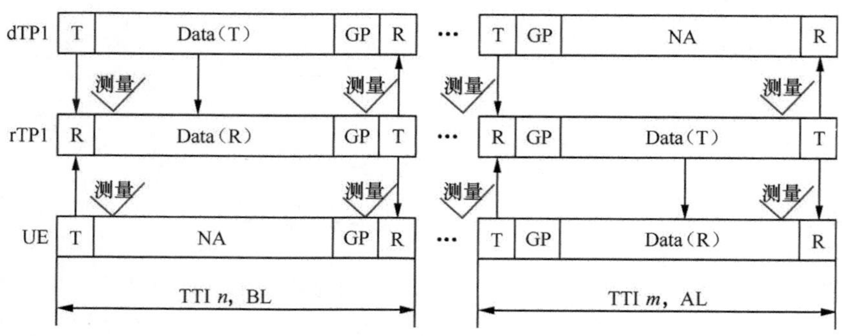

图 7-4 基于新型帧结构的回程链路与接入链路的测量

对于图 7-4 所述的两跳场景，控制域 T/R 区根据 TP 或 UE 的相对位置交替出现。无论当前 TTI 用于 sBL 还是 AL，都可以复用控制域中的参考信号实现 rTP1 对 dTP1 和 UE 的测量，以及 dTP1 和 UE 对 rTP1 的测量。因此，5G 新型帧结构实现了测量与 BL/AL 资源分配的解耦合。

对于图 7-5 所述的 BC+MAC 场景，BC 阶段，dTP 在 TTI *n* 和 TTI *n*+1 同时向 rTP 及 UE 发送信号；在 MAC 阶段，dTP 和 rTP 同时向 UE 发送信号假定数据和 A/N 反馈间隔为 1 个 TTI，即在 TTI *n*+1 反馈 TTI *n* 数据的 A/N，则在 MAC 阶段的第一个 TTI，即 TTI *n*+2，虽然 dTP 和 rTP 在控制域的第一部分及数据部分向 UE 发送下行信号（即 AL 的下行）。但为了反馈 data2 的 A/N，rTP 控制域的第二部分不能用于 AL 上行（不能用来收），而要用于 BL 的上行（要用来发）。因此，5G 新型帧结构可半静态或动态地改变控制域各部分的收发功能。

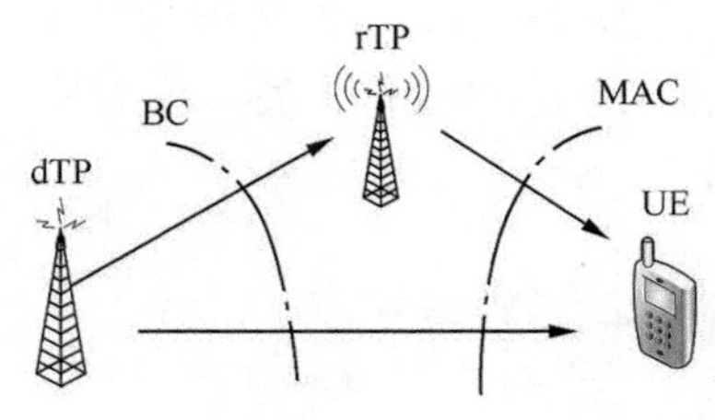

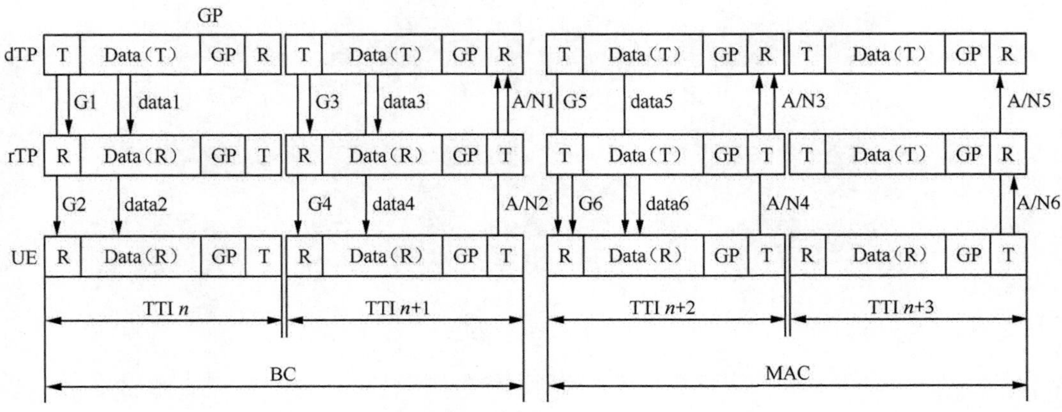

图 7-5　基于新型帧结构的两跳传输

2. 虚拟 MIMO 技术

虚拟 MIMO 是指多个节点 / 终端协作形成虚拟 MIMO 网络来收发数据。获得更高阶的 MIMO（更高阶的自由度），减少干扰（例如，多用户或小区间干扰）。

虚拟 MIMO 与现有 MIMO 技术的系统模型对比如图 7-6 所示。

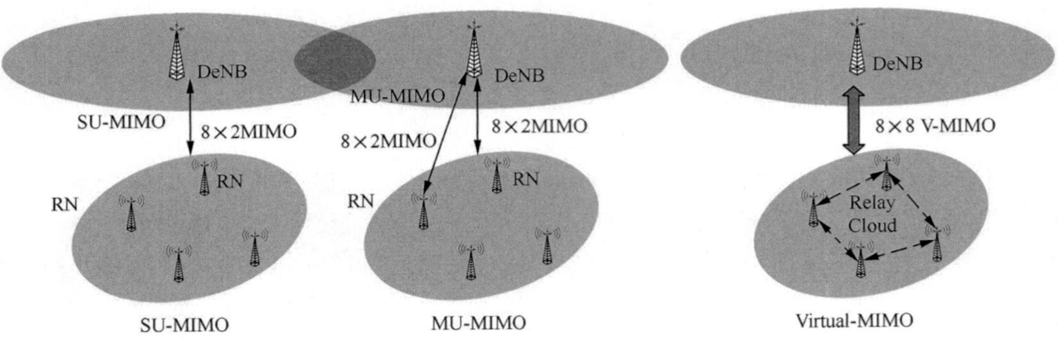

图 7-6　虚拟 MIMO 与其他 MIMO 技术的对比

虚拟 MIMO 可以有多种形式，如图 7-7 所示。LTE Relay 的主要增益在于通过灵活部署额外节点来提供更好的覆盖，但是 Donor eNB 和 Relay 节点之间的链路，即 Un 链路经常成为瓶颈。为了提高 Relay 的性能，可以使用协作 Relay 来形成一个虚拟的 MIMO 云网络。

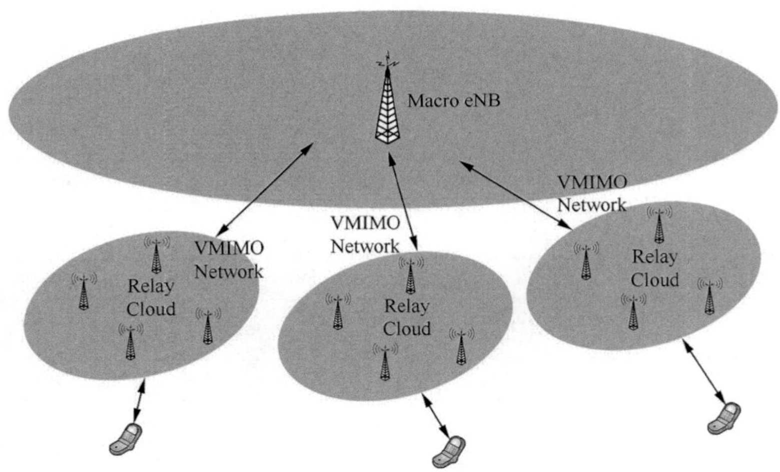

图 7-7　多个无线回程构成虚拟 MIMO

Virtual MIMO 具有更多的空间自由度，能更好地抑制同频干扰等优点，但同时也存在一些特殊要求，例如，要求协作终端在地理位置上比较接近（配对终端有约束），协作终端间需要交互信道和数据信息等。相比之下，MU-MIMO 配对不受限于用户的地理位置、多用户间也不需要交互数据，可以看到，它们具有各自的优势，因而需要根据信道条件自适应地选择适合的 MIMO 模式、以

及 Virtual MIMO 配对的用户个数、配对的集合等，这就是自适应切换的虚拟 MIMO，简称 Adaptive-MIMO。

3. 广播信道加多址信道

在超密集网络中，由于传输节点之间以及传输节点与终端之间的距离很近，无线信道常处于贫散射状态，即使传输节点与终端配置了多根收、发天线，信道的空间域自由度也非常有限。为此，提出广播信道加多址接入信道（BC+MAC）的多天线通信技术，有效扩展空间域自由度，提升了自回程链路的性能。注意，这里的广播信道不是用于初始接入的系统消息广播，而是特指相同的物理层承载发送给多个用户 / 节点。广播信道加多址接入信道方案的示意如图 7-8 所示。

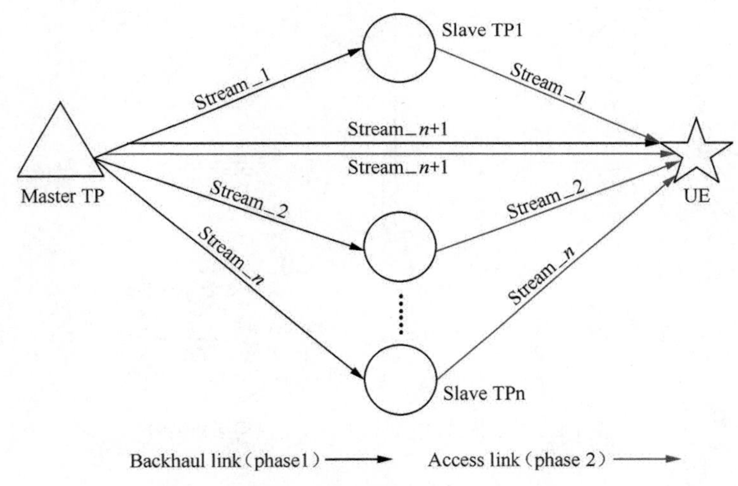

图 7-8 广播信道加多址信道

回程链路（阶段 1）特征：基于广播信道。来自主 TP 的独立流通过不同的子信道传输给包括多个从 TP 和 UE 的集合，即 {SlaveTP1,…,Slave TPn，UE}，子信道定义在空间域上。接入链路（阶段 2）特征：基于多址接入信道。来自包括主 TP 和多个从 TP 的集合，即 {SlaveTP1,…,Slave TPn，UE} 的独立流通过不同的子信道传输给 UE，子信道定义在空间域上。

下面通过初步的仿真，说明 BC+MAC 方案的增益。

（1）仿真条件

① 回程链路（BL）

TX：Eigenmode Transmission with ZF Precoding。RX：MRC。

② 接入链路(AL)

TX：Eigenmode Transmission。RX：ZF。

③ 信道模型：Umi LOS。

④ 天线端口：4Tx，4Rx，子信道最大为 4。

(2)仿真拓扑如图 7-9 所示。

① Case 1 Theta = π/3，Case 2 Theta = 2π/3。

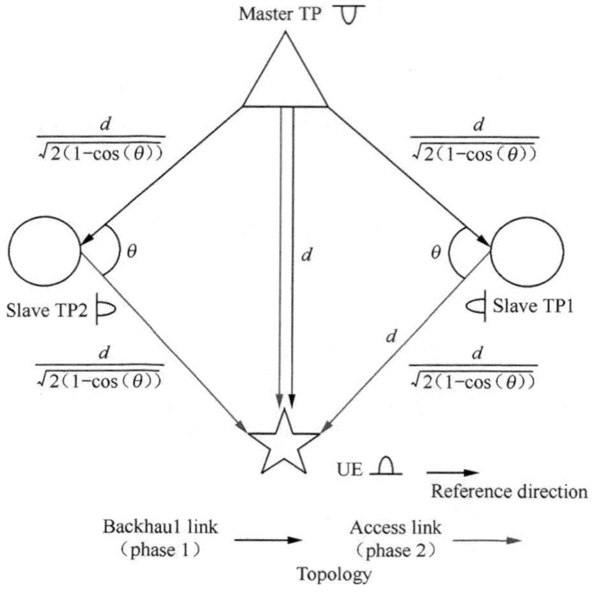

图 7-9　广播信道加多址信道方案仿真用拓扑结构

(3)仿真方案

① 时间，phase 1/phase 2 = 1:1，working window = 2 TTI。

② 子信道最大分配方案：穷尽搜索。

③ 功率：max-min based optimization，公式为

$$T(w)=\max\left\{T_D+\overline{T}_D+\sum_{m=1}^{M}\min\left[T_m,\overline{T}_m\right]\right\}$$

其中，T_D、$\overline{T}_D$分别为在 phase 1 和 phase 2 UE 从主 TP 得到的吞吐量。

T_m，$\overline{T}_m$分别为在 phase 1 辅 TP 从主 TP 得到的吞吐量，以及在 phase 2 UE 从辅 TP 得到的吞吐量

注：吞吐量是基于香农容量公式计算的。

仿真结果如图 7-10 所示。可以看出，增益主要来自于 sTPs 的自功率补给增益、路由选择带来的分集增益，以及多跳增益。随着 SNR 的增大，分集增益和功率增益变得不那么重要。Case 2 比 Case 1 的增益大：更多地来自多跳增益。

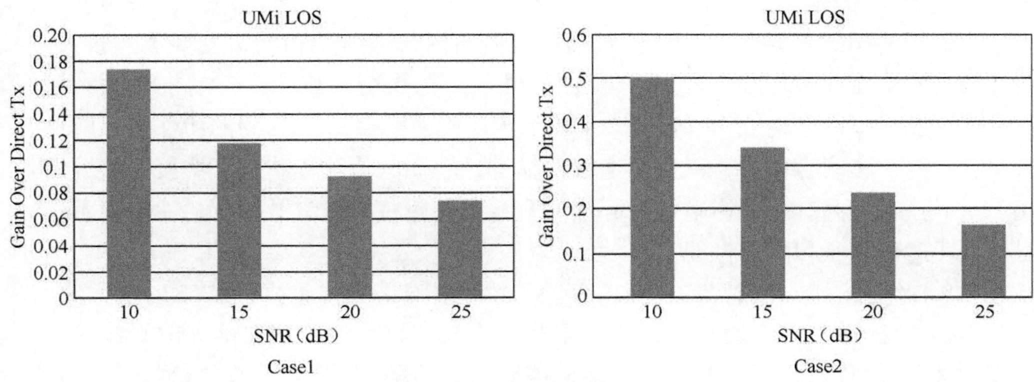

图 7-10　广播信道加多址信道方案对两跳传输容量的增益

相对于直接传输方案，BC+MAC 方案的增益主要来自于具有独立电源的 TP 所带来的整个传输过程的功率增益、缩短距离带来的多跳增益，以及路径选择带来的分集增益。仿真表明，当具有多天线的 TP 部署在稀疏撒点场景（例如，Umi LOS），且每个 TP 的覆盖较小时，在这种典型的 UDN 场景下，BC+MAC 方案可以获得可观的增益、复杂性低且易于实现。

7.1.3　回程链路与接入链路资源的联合优化

在密集部署的无线接入点中，并非每个无线接入点都有理想的回程链路，如光纤传输。这样，超密集网络通常具有非理想的回程，其中，无线回程是最具有前景的回程技术之一，在具有无线回程的超密集网络下，无线回程链路和无线接入链路需要一体化设计和联合优化，特别是合理使用无线资源。

对于具有无线回程的超密集网络，主要存在以下问题。

- 回程成为传输的瓶颈，用户的体验取决于接入和回程的端到端的性能。网络密集化使得无线接入点的接入能力大大增强，但对回程的需求随之大大提高，这时，用户的体验主要受到回程能力的限制。无线回程和无线接入如何高效共享无线资源，决定了用户通信体验的好坏程度。
- UDN 的网络动态性很高，导致对回程网络的需求变化频繁，网络性能取决于全网的有效配置。用户的移动和需求的变化，在密集网络下被放大，导致 UDN 接入网络的网络状态的动态性很高，接入网的高动态性导致了回程网络的高动态性。全网的有效配置是提升用户通信体验和网络性能的关键。

- UDN 的重叠区域增多，干扰增强，大量用户处于重叠区域，使得用户的传输模式多样化，传输模式的配置对用户通信体验和网络性能影响较大。网络密集化下，一个用户同时获得多个无线接入点的服务的机会大大增加，多点传输成为 UDN 的常态。多点传输比如 CoMP 中的协作波束赋形传输和联合传输，以及双连接传输等，不同的传输模式对无线接入资源的需求不同，从而影响无线回程的资源。传输模式的有效配置，决定了用户通信体验和网络性能。

针对上述问题，对具有无线回程的超密集网络的传输提出如下解决方案，方案 1 根据用户需求的分布、协作集及协作模式，自适应配置网络的无线接入资源和回程资源，可以提升用户通信体验和网络的区域吞吐量；方案 2 根据用户需求的分布和协作集，自适应配置网络的无线接入资源和无线回程资源，以及用户的传输模式，可以进一步提升用户通信体验和网络的区域吞吐量。

1. 方案 1：无线接入资源和无线回程资源的自适应配置

方案 1 大体分 3 个步骤，如图 7-11 所示。

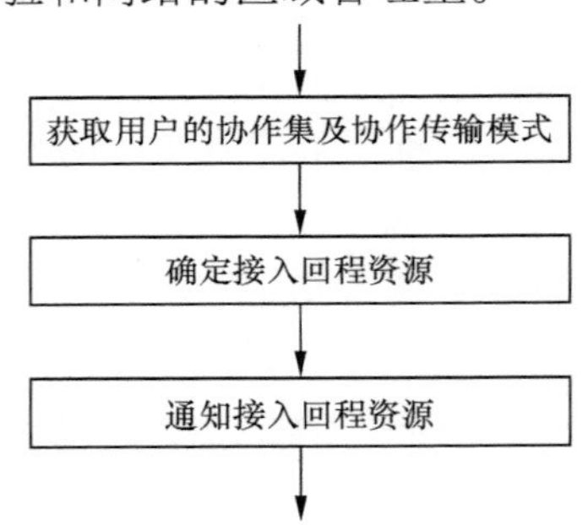

图 7-11　方案 1 的无线接入与回程资源的配置

第一步：获取用户的协作集及协作传输模式，即各个基站统计其用户业务分布及相应的协作集及协作传输模式信息，然后向控制器上报其用户的协作集及协作传输模式信息。

第二步：确定各个基站的接入回程资源。同样的用户业务需求，不同的传输模式需要的无线资源不同。划分整个系统资源为接入资源和回程资源时，需要考虑接入链路和回程链路的资源的匹配，如果接入资源太多，则回程资源太少，回程链路成为瓶颈，接入的用户的 QoS 不能保证；反之，如果接入资源太少，服务的用户少，回程链路的利用率不高，浪费了无线资源。有效的接入和回程资源的配置可以解决这个问题，其配置

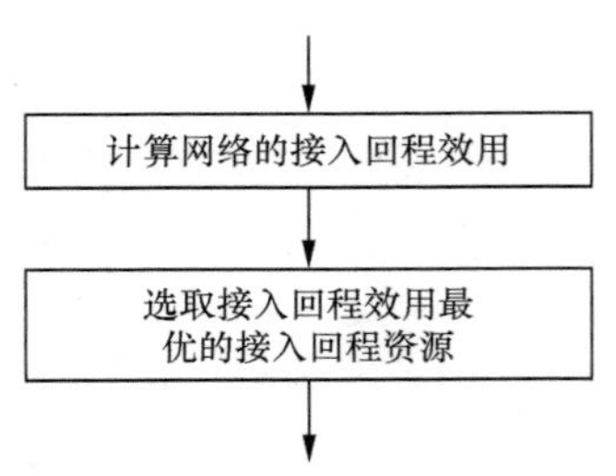

图 7-12　基于网络的接入回程效用的配置

可分为两小步走，如图 7-12 所示。

基于所有协作集及相应的协作传输模式，计算网络的接入回程效用

接入回程的联合效用可以选取不同的性能指标，如用户的可获得吞吐量或用户业务的时延等。在超密集网络下，我们选取网络的系统容量，即用户的可获得吞吐量为例，所有基站的用户的可获得吞吐量之和为接入回程效用，可以采用下式计算。

$$U=\sum R_j=\sum_{S\in C}\sum_{j\in K_S}R_j+\sum_{j\notin K_S,\forall S\in C}R_j$$

S 为协作集，C 为协作集的集合，K_S 为协作集 S 中的用户的集合。R_j 为用户 j 可获得的吞吐量，$\sum_{S\in C}\sum_{j\in K_S}R_j$ 和 $\sum_{j\notin K_S,\forall S\in C}R_j$ 分别为协作集用户的总吞吐量和非协作集用户的总吞吐量。非协作集用户 $j\in K_S$ 的可获得数据速率为

$$R_{j,C}=\min(R_{j,C}^{\mathrm{ac}},R_{j,C}^{\mathrm{bh}})$$

$R_{j,C}^{\mathrm{ac}}=W\alpha_j^{\mathrm{ac}}\log(1+\mathrm{SINR}_j^{\mathrm{ac}})$，表示非协作集用户 j 可获得的接入数据速率。

$R_{j,C}^{\mathrm{bh}}=W\alpha_j^{\mathrm{bh}}\log(1+\mathrm{SINR}_j^{\mathrm{bh}})$，表示非协作集用户 j 获得的回程数据速率。

W 为系统带宽，α_j^{ac} 和 α_j^{bh} 分别表示分配给用户 j 接入的资源比例和回程的资源比例。$\mathrm{SINR}_j^{\mathrm{ac}}$ 和 $\mathrm{SINR}_j^{\mathrm{bh}}$ 分别表示非协作集用户 j 的接入信噪比和回程信噪比。同理，协作波束赋形传输模式和联合传输模式下的协作集用户 j 的端到端数据速率分别为

$$R_{j,C}^{\mathrm{CB}}=\min(R_{j,C}^{\mathrm{CB,ac}},R_{j,C}^{\mathrm{CB,bh}})$$

和

$$R_{j,C}^{\mathrm{JT}}=\min(R_{j,C}^{\mathrm{JT,ac}},R_{j,C}^{\mathrm{JT,bh}})$$

对于双连接用户，则为所连接基站的非协作模式下的数据速率之和。

选取接入回程效用最大的传输模式组合，对应的接入回程资源为最优的系统资源划分方案，分别为

$$W_{\mathrm{ac},i}=W\sum_{j\in N_i}\alpha_j^{\mathrm{ac}}\Big/\left(\sum_{j\in N_i}\alpha_j^{\mathrm{ac}}+\sum_{j\in N_i}\alpha_j^{\mathrm{bh}}\right)$$

$$W_{\mathrm{bh},i}=W\sum_{j\in N_i}\alpha_j^{\mathrm{bh}}\Big/\left(\sum_{j\in N_i}\alpha_j^{\mathrm{ac}}+\sum_{j\in N_i}\alpha_j^{\mathrm{bh}}\right)$$

其中，N_i 为基站 i 的用户的集合；$W_{ac,i}$ 和 $W_{bh,i}$ 分别为基站 i 的无线接入资源和无线回程资源。

第三步通知各基站接入回程资源的配置。控制器通知相关基站其相应的接入回程资源的配置。基站按照控制器所指示的接入和回程资源，为相应用户传输数据。例如，基站 i 在为用户进行数据传输时，在接入资源 $W_{ac,i}$ 上为用户进行接入资源分配，在回程资源 $W_{bh,i}$ 上为用户分配回程传输资源。

2. 方案 2：无线资源和传输模式的联合配置

方案 2 也分 3 个步骤，如图 7-13 所示。

确定用户的协作集和协作集的集合，包括用户测量 CRS，导频信号强度 RSRP 大于预设门限的小区 / 传输点放入协作集，测量 CSI-RS，SINR 大于预设门限的小区 / 传输点放入协作集。确定协作集的集合：具有相同协作集的用户属于同一个协作集，所有协作集组成了协作集的集合

确定接入回程资源和传输模式。从网络配置的角度，传输模式同样可以配置。不同的传输模式需要的无线接入资源不同，同样，不同的接入资源和回程资源的配置也会影响传输模式的选择，因此，资源配置与传输模式需要进行联合优化，以进一步提高资源利用率，从而进一步提升用户通信体验和网络性能。这一步可以细分成四小步，如图 7-14 所示。

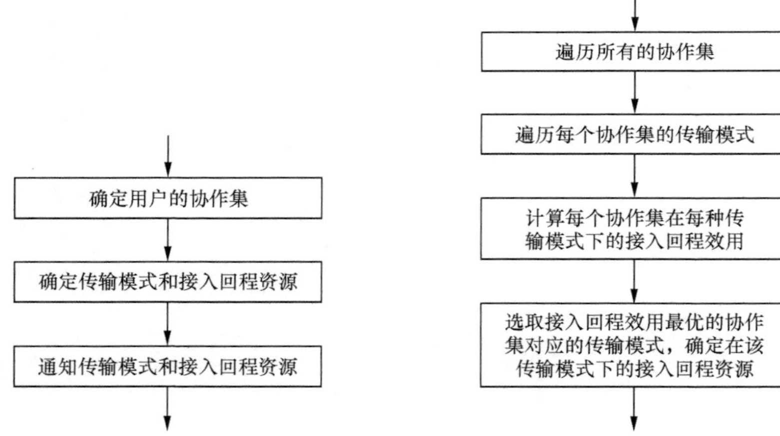

图 7-13 无线资源和传输模式的联合配置

图 7-14 联合优化资源配置和传输模式配置

通知基站接入回程资源和相应协作集用户的协作传输模式。通知协作传输的基站的接入回程资源和相应协作集用户的协作传输模式。基站按照所选取接入回程资源和协作集用户的协作传输模式（协作波束赋形，协作波束赋形，双连接，联合传输）。

对方案 1 进行了系统仿真，场景为 Dense Urban，仿真参数设置基于 3GPP，只是用 28 GHz 的信道模型替换掉 3GPP 仿真中的 2 GHz 的信道模型。具体的主要参数见表 7-3。

表 7-3　仿真参数（方案 1）

参数	取值	
	out door to outdoor	
小区拓扑	六边形，6 基站 for CoMP-JT，3 基站 for CoMP-CB，单扇区小基站	
站间距	100 m	
路损公式	L[dB]=72+29.2lg[d(m)]	
阴影衰落方差	10 dB	10 dB
基站之间的阴影相关系数	0.0	
载频	28 GHz	
快衰模型	Rayleigh	
基站发射功率	10 W	
天线配置	基站 4Tx，用户单收天线	
用户与基站的最小距离	≥ 1m	

为了减小计算量，仿真在半径为 100 m 的区域进行。仿真的具体拓扑图如图 7-15 所示。这里站点的间距为 100 m，小基站与宏基站的距离也是 100 m。仿真中，用户的分布为随机产生，用户的业务需求比例作为用户的权重因子，以便评估用户需求分布对资源配置的影响。用户的权重因子随机产生，所有用户的权重因子的和为 1，即每个用户的权重因子小于 1。由于回程链路的信道变化不像接入链路那样变化剧烈，仿真中可认为回程链路的 SINR 变化是准静态的，即在一段时间内（若干 TTI 的间隔时间段内）SINR 不变，时间段与时间段之间 SINR 会有变化，其 SINR 计算可以相对简化，即由发射功率除以干扰加噪声

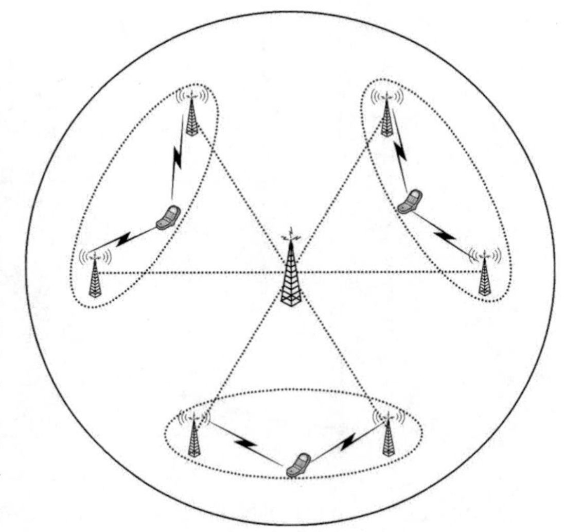

图 7-15　仿真的拓扑图

功率，仿真中将干扰白噪声化来处理。

对于接入回程联合优化，如采用 CoMP-CB 模式，频谱利用率和接入与回程资源比率的仿真结果如图 7-16 所示。6 基站覆盖的区域（边长为 100m 的正六边形的面积）中，在回程的 SINR 为 10 dB 时，得到 CoMP-CB 模式下的频谱效率平均为 6 bit/Hz 左右。据此可推出要达到单位平方千米 10 ~ 100 Gbit/s 的区域容量，需要的带宽为 44 ~ 440 MHz，所需的小基站的数目为 117 个左右。如果需求是 1 Tbit/s，则带宽为 4.4 GHz 左右。

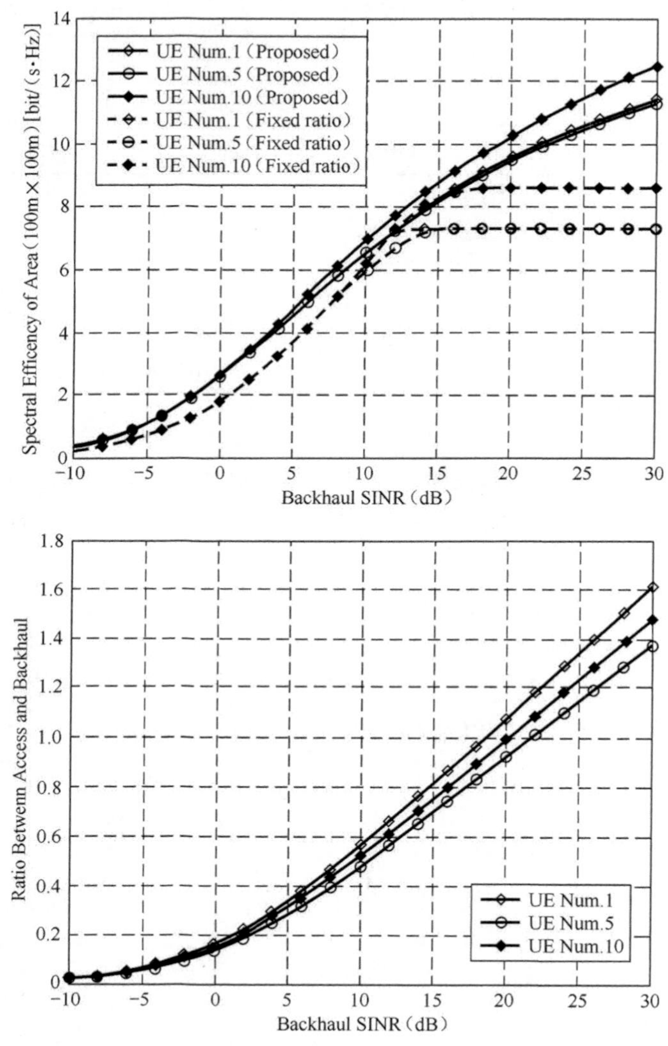

图 7-16 CoMP-CB 模式下的频谱效率（左）/ 接入与回程的带宽分配比率（右） vs. 回程信道

如采用 CoMP-JT 模式，频谱利用率与接入与回程资源的比率的仿真结果如图 7-17 所示。其结论与 CoMP-CB 类似。为到达单位平方千米 10 ~ 100 Gbit/s 的吞吐量，所需的小基站的数目大约为 231 个，带宽为 38 ~ 380 MHz。由于 CoMP-JT 的频谱效率更高，其带宽需求相对于 CoMP-CB 模式有减少。如果需求是 1 Tbit/s，则带宽为 3.8 GHz 左右。

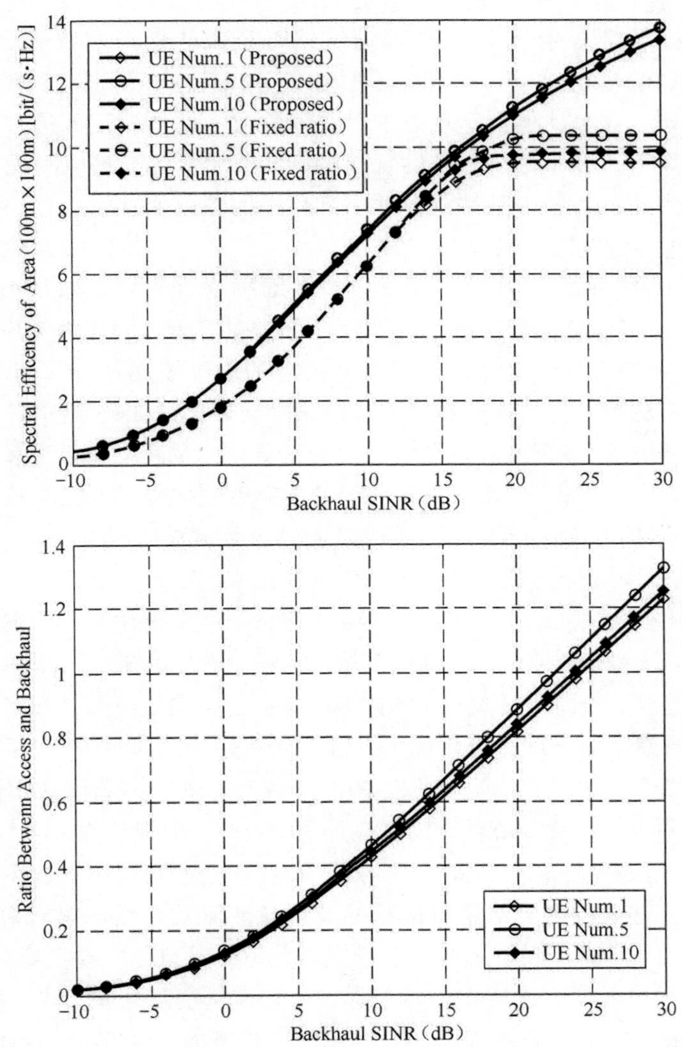

图 7-17　CoMP-JT 模式下的频谱效率（左）/ 接入与回程的带宽分配比率（右） vs. 回程信道

仿真中静态资源配置的接入与回程的比率设置为 0.4，从图 7-17 和图

7-18 可以看出，这个比率与最优的比率差别不大（比如，在回程 SINR 为 10 dB 时，所提出的一体化方案的最优比率为 0.45），因此，两者的性能（频谱效率）差别不大。然而，回程 SINR 在 15 dB 以上时，一体化方案对性能的提升日益明显。这说明，所提出的一体化方案可以自适应网络的状态，并能给出最优的资源配置。

对于密集部署的小基站而言，还比较了没有回程/接入一体化设计下的系统性能。此时，接入链路和回程链路对资源的使用取决于 RRM(Radio Resource Management）的调度。在一个统计周期内，可以得到接入和回程资源的使用比例，这个比例也是动态的，我们称之为动态调节 α 的方案。在动态调节 α 的方案中，如果每个小基站各自进行无线资源的管理，将无法避免相互间的干扰，为此，各个小基站需要共享其用户的信道状态信息。如果没有全局信息，称之为本地动态调节 α 的方案。

采用图 7-15 中的仿真模型，对于接入回程联合优化，如采用 CoMP-JT 模式时，每个小基站的天线数目为 4。回程链路的 SINR 固定为 10 dB，整个系统带宽固定为 10 MHz，仿真中每个站点服务的用户数目为 14，用户总数为 42 个。随着系统总吞吐量的提升，对于系统采用一体化设计得到的 α(接入/回程带宽分配比率)、动态调节 α 以及各小区无全局信息采用动态调节 α，在用户采用 Round-Robin/Greedy 接入方式时得到的频谱效率仿真如图 7-19 所示。

在图 7-18 中，Pro.α 为方案 1 得到的接入回程资源比率；Dyn.α 为具有全局信道信息的动态调节 α 方案下的接入回程资源比率；Loc. CSI Dyn.α 为各个小基站不考虑其他小基站的影响，各自动态调节接入回程资源比率的方案，这种方案的好处是无需获得全局 CSI，动态调节接入回程资源比率来接入用户。从图中可以看出，所提出的一体化接入回程的方案基本能达到最优值频谱效率，而动态调节 α 的方案虽然相对于理论上最优频谱效率还有差距，但由于有全局信道信息，其频谱效率提升明显。只有局部 CSI 的动态调节 α 的方案频谱效率偏低。从图 7-18 中还可以看出，贪婪算法有助于提升频谱效率，但提升的幅度不是很大。

图 7-19 是采用一体化方案与动态调节接入回程资源比率的用户成功接入比率的比较。可以看出，采用所提出的波束赋形算法在用户需求总和比较低，如小于 60 Mbit/s 时，系统还有剩余带宽可分配，没有用户被拒绝；当大于 60 Mbit/s 时，用户成功接入比率开始下降，由于带宽全部分配完毕。然而，一体化方案还是最好的，主要是因为接入回程资源的配置是从全网的角度，避免了小基站的接入链路成为瓶颈，同时也避免了回程连接成为瓶颈，保证了端到端的性能。由于具有全局信道信息，动态调节 α 的方案与一体化方案一样，都能自适应地较好匹配了用户业务需求，但由于缺乏接入链路和回程链路的平衡，

性能相对差一些，特别是在网络高负载的状态。

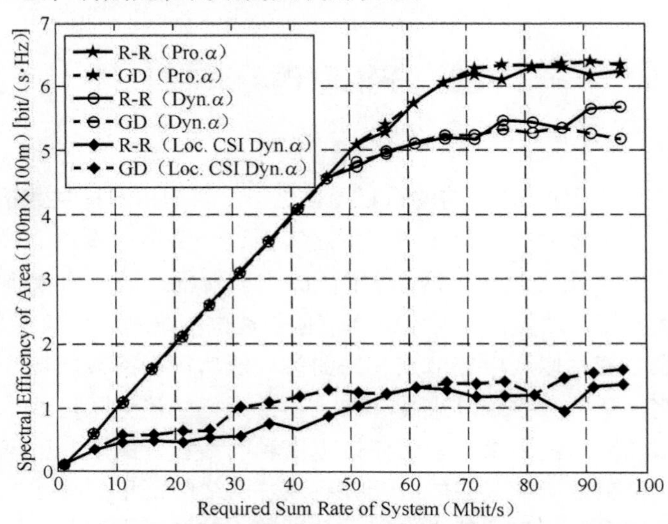

图 7-18　采用一体化方案与动态调节接入回程资源比率的频谱效率

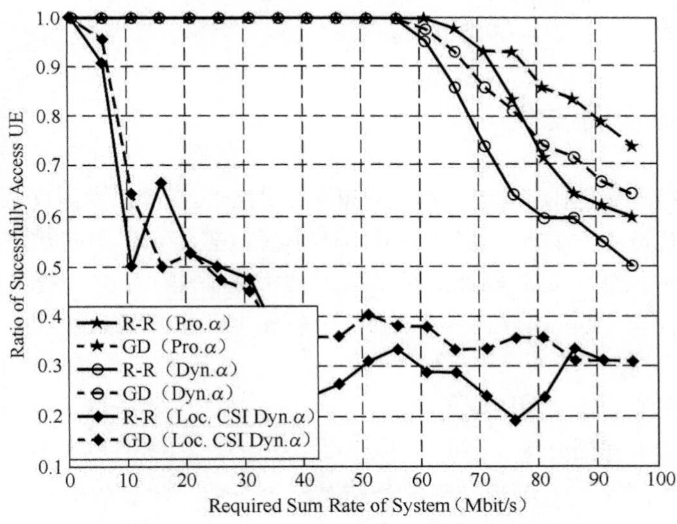

图 7-19　采用一体化方案与动态调节接入回程比率用户成功接入的比率

只有局部 CSI 信息的动态调节 α 的接入链路的频谱效率很低，在用户的需求为 10 Mbit/s 时，其带宽即全部分配完。其接入链路占用了很大一部分带宽，导致接入链路和回程链路的平衡问题更为严重，从而进一步降低了系统性能。总的来说，采用贪婪算法得到的频谱效率依然高出 Round-Robin 方式。但是值得指出的是，这种分配方式是以牺牲用户的公平性为代价的。

7.2 干扰管理与抑制

高密度、大容量是 5G 网络的重要场景之一，将为用户提供数千倍于当前网络速率的用户通信体验，密集部署基站是实现这一目标的重要部署方式。小区微型化和部署密集化是超密集网络 UDN 的主要特征，能够极大提升频谱效率和接入网系统容量，从而为高速用户通信体验提供网络基础。随着各种微小区、微微小区、家庭基站以及中继节点在内的各种低功率网络节点在传统宏蜂窝中的部署，蜂窝移动网络呈现越来越异构化和密集化的趋势。虽然小区间频谱共享和高密度重叠覆盖能带来潜在的频谱复用和网络容量的增益，但是其复杂的小区间干扰问题也是制约其性能的一大瓶颈。网络的密集部署导致网络存在大量的重叠区域，大量用户会处于这些重叠区域，这样邻区的干扰增大，小区干扰耦合程度增加，用户间干扰严重。为了真正挖掘 UDN 带来的容量增益，需要设计合适的干扰管理与抑制机制。

7.2.1 频率协调技术

在 UDN 部署组网场景下，接入点部署更加密集，接入站点间的干扰更加严重，而且干扰源小区数目更多。另外由于小区覆盖变小，用户数目少，小区负荷和对应的干扰变化更加剧烈。频域协调技术只需要 AP 之间交换有限的控制信息，对回程要求较低，所以更加适用于非理想回程的场景，例如，室内公寓场景等。

频域协调包括载波内协调（ICIC，Inter-Cell Interference Coordination）和载波间协调（异频分簇）。在 LTE Rel-8/Rel-9，ICIC 技术主要解决同频部署场景的干扰问题，通过基站与邻基站发送负荷信息消息来进行相邻小区的负荷和干扰协调信息的交互。异频分簇可以采用基于图划分簇的频域协调方法，如图 7-20 所示。

图中每 2 个节点之间构成边界，且边界上有表示该 2 节点之间干扰强度的权值，干扰权值代表该 2 干扰节点之间的干扰关系。图中 v1 与 v2 之间的干扰，可以通过计算 v2 对 v1 的干扰 t(v1，v2) 为 v2 对 v1 覆盖范围的所有 UE 的干扰 G(v2)、P(v2)之和，这里 P(v2)为 v2 在与 v1 同一子信道上的功率，G(v2)为 v2 与 v1 中 UE 的信道增益。

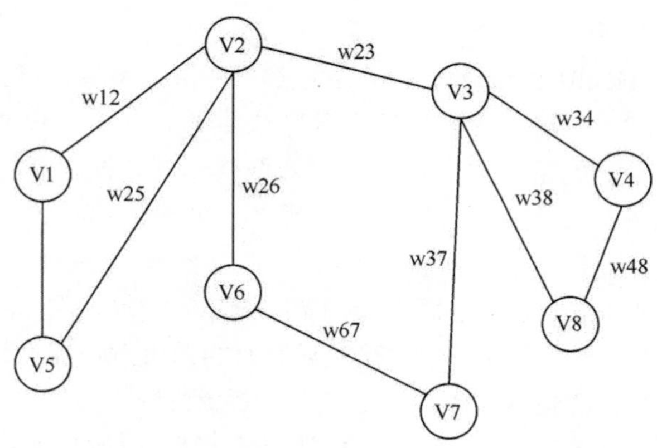

图 7-20　权值干扰图

根据每 2 个节点之间的干扰权值进行划分进簇，簇的划分可以假定所有节点都单独为一个簇，根据需要可以设定系统簇的总个数，节点之间干扰权值最小 2 节点（即 2 个簇）合并为一个簇，同时计算合并后的簇里所有节点与其他簇里所有节点之间干扰权值最小的 2 个簇再次合并为一个大簇，这样依次划分直到所有节点都合并到不同簇里。簇形成后每个簇内的节点之间干扰较少，可以使用相同的频点，不同簇使用不同的频点。

在 UDN 不同的适用场景中，采用异频分簇的频域协调技术，可以最大限度地利用相对较宽的可用频段，从而提高吞吐量等系统性能。UDN 中的频域协调技术需要考虑回程的情况，非理想回程下由于控制信令交互受限，可以采用分布式频域协调或者半静态频域协调；理想回程下支持较多的信令交互，甚至传输数据，可以采用集中式频域协调以及动态频域协调。

1. 频率协调实现步骤

UDN 中的频域协调技术包括以下几个步骤。

（1）邻区测量

AP 对周围的节点进行测量或读取广播消息，测量的内容包括相邻节点的工作频点和带宽、位置信息、静止或移动状态等。AP 在自己能力范围内，通过相邻节点的参考信号进行测量，获得相应的测量结果（如信号强度、信号质量等），也可以通过读相邻节点的广播消息，获得它们的基本信息。通过测量和广播信息构建环境信息地图，包括节点间的相对位置、邻区关系、频谱使用情况等。分布式频域协调下，AP 将邻区信息进行存储；集中式频域协调下，AP 将邻区信息上报给集中节点。

（2）频域协调条件

新接入网络 AP 和已经部署的工作 AP 都可能进行频域协调。

首先，新接入 AP 需要进行初始小区频域协调。分布式频域协调下，新接入 AP 选择适合自己的工作频点带宽，以降低受到的邻区干扰；集中式频域协调下，集中节点为新接入 AP 选择适合自己的工作频点带宽，以降低受到的邻区干扰。

其次，工作 AP 需要进行小区频域协调。分布式频域协调下，工作 AP 请求改变工作频点带宽，一般是因为 AP 确定后续有当前带宽不能满足的大业务量需求，需要增加带宽、调整中心频点等；集中式频域协调下，集中节点发现 AP 当前负荷大于门限，为 AP 增加带宽、调整中心频点等，以达到更好的系统性能。

（3）邻区干扰计算

AP 或者集中节点根据邻区信息中工作 AP 的频点和带宽、RSRP 测量值、负荷等，计算在允许的工作频段内的邻区干扰。可以将允许的工作频段按照资源管理粒度 Rseg 划分，计算每个 Rseg 上的干扰系数或者优先级系数。

（4）选择工作频率

AP 或集中节点可以根据邻区干扰值进行排序，选择邻区干扰最小、优先级最高的工作频率。也可以和周围 AP 进行信息交互，包括基站能力、支持的频点和带宽等，根据交互的信息选择工作频率。

异频分簇的频域协调方法将干扰较小的小区分在一个簇内，干扰较大的小区分在不同的簇。簇内的 AP 使用相同的工作频点，簇间的 AP 使用不同的工作频点。

图 7-21 所示为分布式频域协调的工作流程。

图 7-22 所示为集中式频域协调的工作流程。

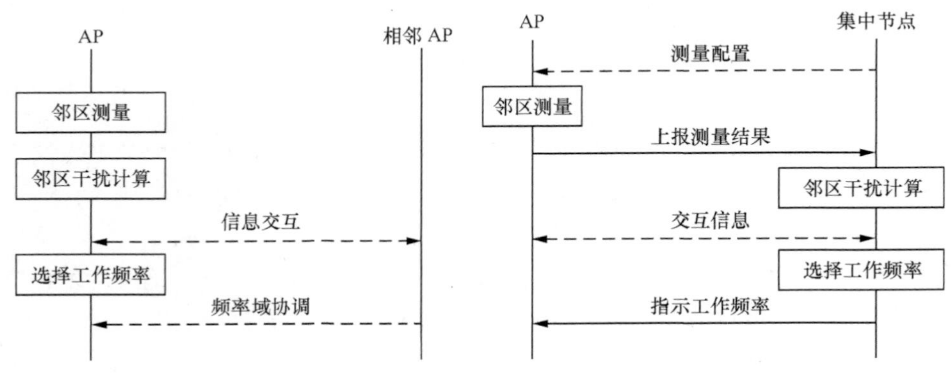

图 7-21 分布式频域协调工作流程示意

图 7-22 集中式频域协调工作流程示意

2. 异频分簇频域协调方案

异频分簇的频域协调方案包括：分布式异频分簇方案和集中式异频分簇方案。分布式异频分簇方案指的是，AP 开机后进行邻区测量，通过测量结果（如 RSRP、RSRQ、SINR 等），各 AP 选择干扰最小的频点工作。集中式异频分簇方案指的是集中节点进行全局优化，为 AP 选择干扰最小的频点工作，包括基于干扰最小分簇和优化分簇方案。

（1）基于干扰最小分簇方案

根据固定簇个数，提出了基于干扰最小分簇方案：初始阶段，系统中所有激活的小区都各自为一簇；迭代阶段，计算每个簇之间的干扰，选择簇间干扰最小的 2 个簇进行合并，直到簇的总数减为目标值。

簇间干扰考虑簇中每个小区之间的干扰，具体计算公式如下。

$$I\left(C_m,C_l\right)=\frac{1}{\left|C_m\right|+\left|C_l\right|}\sum_{\substack{i,j\in C_m,C_l\\ i\neq j}}w_{i,j}$$

其中，

$I\left(C_m,C_l\right)$ 为簇 m 和簇 l 之间的干扰；

$\left|C_m\right|,\left|C_l\right|$ 分别为簇 m 和簇 l 内小区数；

$w_{i,j}$ 为簇 m 和簇 l 内小区 j 对小区 i 的干扰接收功率（RSRP 值）。

基于干扰最小分簇方案能够从全局进行优化，将簇间干扰最小的 2 个簇进行合并，合并初期、簇内小区个数较少时，效果显著。然而，合并后期、簇内小区个数较多时，簇合并粒度过大，并且仅考虑了簇间平均干扰，所以对于簇内的强干扰并不能避免。

（2）优化分簇方案

优化分簇方案是综合考虑基于邻区测量的分布式异频分簇方案和基于干扰最小分簇方案的优缺点，如图 7-23 所示。

具体步骤如下所述。

初始阶段：目标 N 个簇的初始化。

① 遍历所有小区，找到受到干扰最大的小区，加入簇 0。

② 在剩余小区中找出对已有簇干扰最大的小区，加入一个空簇，比如簇 1。直到目标 N 个簇都有小区加入。

其中，$I(Cell_i,C_n)$ 为小区 i 对簇 n 的干扰，$w_{j,i}$ 为小区 i 对簇 n 内小区 j 的干扰接收功率（RSRP 值），小区 j 为小区 i 邻区干扰关系表中的干扰邻区。

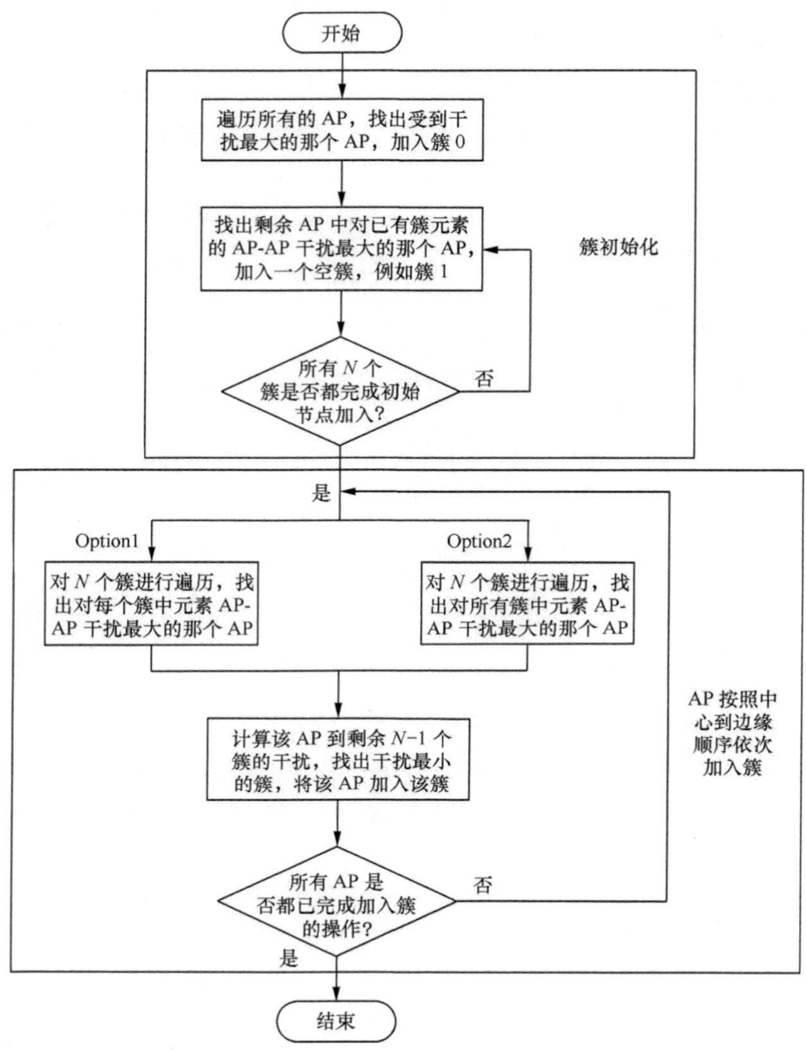

图7-23 优化分簇方案流程

小区对簇的干扰，具体计算公式如下。

$$I(Cell_i, C_n) = \sum_{\substack{j \in C_n \\ RSRP_{i,j} \geqslant TH\_RSRP}} w_{i,j}$$

迭代阶段：将对一个簇干扰最大的小区，加入到干扰最小的簇中。

① 遍历 N 个簇，对每个簇找到一个干扰最大的小区 n，n=1，2，…，N。

② 在这 N 个小区中找到对已有簇干扰最大的小区 $Cell_{max}$。

③ 计算对其他 N-1 个簇的干扰，找到干扰最小的簇 C_{min}。

④ 将 $Cell_{max}$ 加入到 C_{min} 中。

⑤ 遍历剩余所有的小区，直到将小区全部加到 N 个簇中。

优化分簇方案充分考虑将干扰较大的小区优先进行隔离，并使簇内的总干扰最优，对加入小区的顺序进行调整，不再是随机加入小区，而是以受到干扰最大的小区作为原点，不断的往外扩散，相当于选择 N 个紧邻的小区作为 N 个簇的初始化状态，然后考虑对已有簇干扰最大的小区，即离得最近的小区，将它加入到其他干扰最小的簇中。

3. 方案验证

部署场景选择公寓场景，设置两个不同类型的房间，一个房间大小为 10m × 10m = 100m^2 的房间内，部署 1 个 AP；另一个房间大小为 5m × 5m = 25m^2 的房间内，部署 1 个 AP。根据 UE 的位置，选择服务小区。对比的基线算法是同频部署的无干扰管理机制，涉及的频域协调算法有 3 个，一个是分布式异频分簇方案（M1），另外两个是集中式异频分簇机制，分别是基于干扰最小分簇方案（M2）和优化分簇方案（M3）。对比的性能指标包括 Geometry、吞吐量和频谱效率。

表 7-4 为公寓场景下的仿真参数。

表 7-4　公寓场景下的仿真参数

	小基站配置参数
拓扑模型	两栋公寓的区域 1 500m^2（50m×30m），两栋公寓之间是 10m 的街道 每栋公寓，楼层 6，每层 500m^2（50m×10m） 房间 100m^2（10m×10m）或 25m^2（5m×5m），房间内随机部署 1 个小基站
带宽	10 MHz
载频	3.5 GHz
发射功率	24 dBm
路损模型	3GPP Dual Strip [TR36.872 A.1.3]
穿透损耗	内墙穿透损耗 5dB，外墙穿透损耗 23dB
阴影	ITU InH
基站天线配置	全向天线，2Tx2Rx，Cross-polarized，4Tx4Rx，8Tx8Rx
小基站天线高度	[0,3]m 随机

续表

	小基站配置参数
UE 天线高度	1.5m
小基站天线增益	5 dBi
UE 天线增益	0 dBi
快衰信道	ITU InH
UE 撒点	在房间内均匀撒放 100 m^2 的房间，用户为 0.25 个 /m^2×100m^2 = 25 个，激活用户为 25×15% = 3.75 个 25 m^2 的房间，用户为 0.25 个 /m^2×25m^2 = 6.25 个，激活用户为 6.25×15% = 0.937 5 个
最小距离（2D distance）	小基站 - 小基站：1m 小基站 -UE：0 m
业务模型	FTP model 1
UE 接收机	MMSE-IRC
UE noise figure	下行 9 dB
UE 移动速度	不移动，快衰 3 km/h
小区选择准则	基于位置

（1）导频 Geometry

图 7-24 所示为基线和 3 种频域协调算法下的导频 Geometry CDF 图。其中，房间大小为 10m × 10m = 100 m^2 的房间内，部署 1 个 AP。

可以看到，基线时，同频干扰较大，信号质量较差，20% 的 UE 导频 Geometry 低于 0 dB，部分 UE 不能正常工作。和基线相比，簇个数越大，导频 Geometry 越大，信道质量越好，异频分簇后系统性能提升的效果越好。

（2）吞吐量和频谱效率

图 7-25 所示为公寓场景下的系统性能，包括小区平均吞吐量、小区平均频谱效率、用户平均吞吐量、用户平均频谱效率、5% 用户吞吐量、95% 用户吞吐量。其中，房间大小为 10 × 10m = 100m^2 的房间内，部署 1 个 AP，采用分布式异频分簇算法。

可以看到，基线（同频，簇个数为 1）时，同频干扰较大，信号质量较差，各吞吐量性能都很低。异频分簇能够减小同频干扰，信号质量显著提高，各吞吐量性能得到提高，但频谱效率降低。随着簇个数增大，吞吐量增大，但频谱效率降低。因此，可以在吞吐量和频谱效率之间进行折中，选择合适的簇个数，使得吞吐量得到提升的同时，频谱效率的降低在可接受范围内。

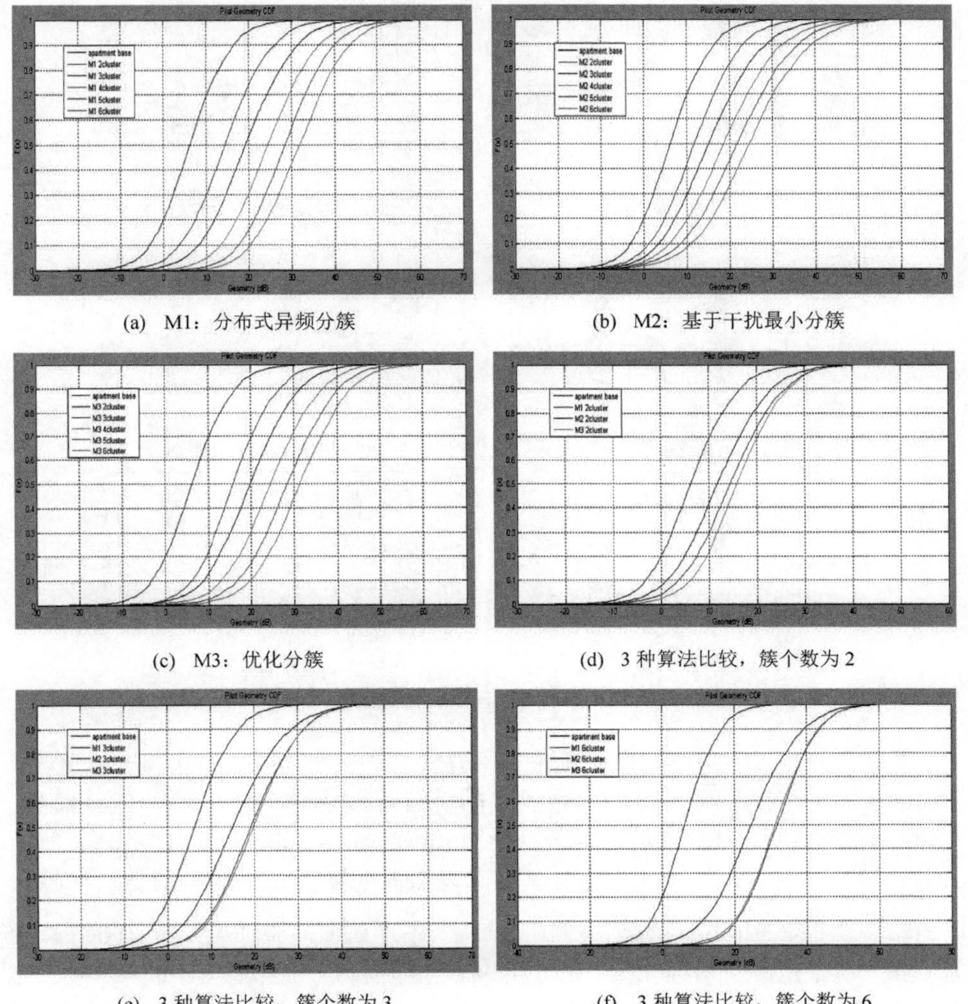

(a)　M1：分布式异频分簇　　(b)　M2：基于干扰最小分簇

(c)　M3：优化分簇　　(d)　3 种算法比较，簇个数为 2

(e)　3 种算法比较，簇个数为 3　　(f)　3 种算法比较，簇个数为 6

图 7-24　基线和 3 种频域协调算法下的导频 Geometry CDF 图

考虑流量密度 3.2 Tbit/s/km^2 = 3.2 Mbit/s/m^2，即在 100 m^2 的房间内，总吞吐量为 320 Mbit/s，需要带宽 540 MHz。25 m^2 的房间内，总吞吐量为 80 Mbit/s，需要带宽 99 MHz。因此，100 m^2 的房间内，在达到流量密度指标的同时，需要较多的系统带宽；25 m^2 的房间内，更有利于流量密度指标的达到，但部署成本较大。

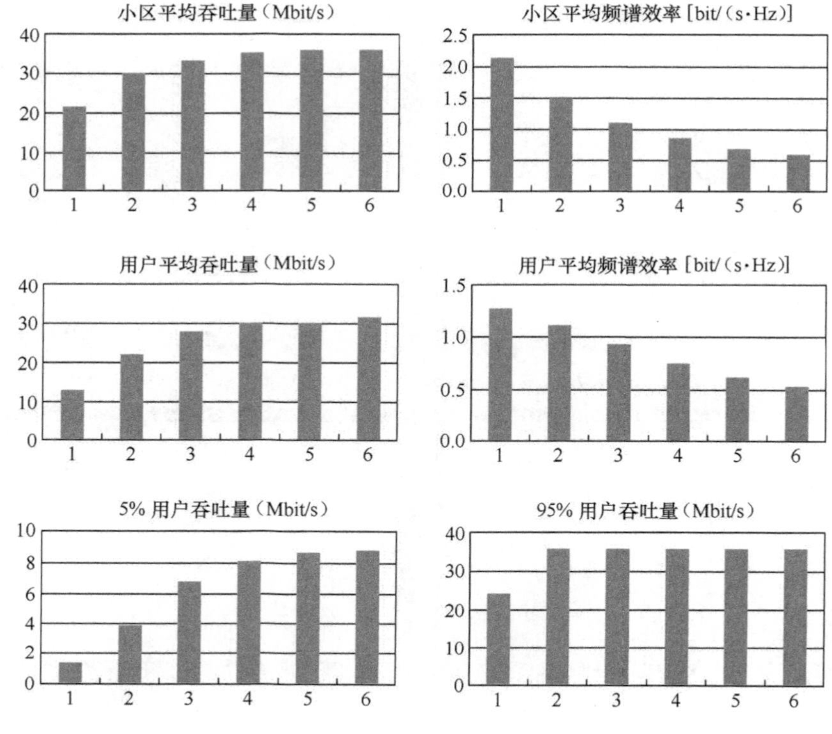

图 7-25 公寓场景下的系统性能

考虑 1Gbit/s 的用户通信体验速率（通过用户平均频谱效率计算），100 m^2 的房间内，需要带宽 1 866 MHz。25 m^2 的房间内，需要带宽 1 106 MHz。因此，异频分簇的频域协调算法可以有效地提高 5% 用户吞吐量，使得基线时无法工作的 UE 正常工作。然而，异频分簇的频域协调算法由于频谱效率较低，需要 1 GHz 以上的系统带宽，较难达到 1 Gbit/s 用户通信体验速率要求。可以减少簇个数，但是用户平均吞吐量、5% 用户吞吐量会降低，也可以增加天线数，但实现成本和复杂度增加

7.2.2 功率协调技术

功率控制在蜂窝系统干扰管理当中起到相当重要的作用。每个小基站控制自己的传输功率的分布式功率控制技术已经广泛应用在无线通信系统的小区间干扰管理当中。功率控制可分为两类，第一类是非协作功率控制技术，每个小基站根据它自己的干扰信息决定它的传输功率；第二类是协作功率控

制技术，集中控制单元根据各 AP 收集干扰信息来确定 AP 的传输功率，或者相邻的小基站使用互相交换的传输功率和干扰信息来决定自己的传输功率大小。

1. 功率协调实现步骤

功率协调分为小区级功率协调和 UE 级功率协调。

小区级功率协调是指以 AP 为单位进行功率控制，根据 AP 的覆盖范围需求、业务负荷以及 AP 之间相互干扰状况等，每个 AP 进行精细化功率控制，以达到系统性能较优的目的

UE 级功率协调是指以 UE 为单位进行功率控制，根据 UE 的业务需求、信道状况等，每个 UE 进行精细化功率控制，以保证每个 UE 的传输性能。

以小区级功率协调为例，通过考虑单用户的小基站的小区间干扰情况，即初始化下所有用户的 SINR 大小与目标 SINR 数值进行比较，确定调整功率。如果小基站的用户 SINR 小于 -6 dB，则调整此小基站功率到最大功率；如果小基站用户的 SINR 大于目标 SINR，则降低此小基站的功率。通过对 AP 的功率进行协调，SINR 较好的用户在发射功率达到一定值后，增加功率并不能更大地提升该系统的总容量，相反降低这些 SINR 较高的小基站的发射功率可以减轻对其他 SINR 较低的小基站的干扰，同时提升 SINR 较低的小基站的发射功率，从而提升 SINR 较低的小基站的容量，通过合理地调整目标 SINR 数值以及初始化功率值从而达到提升系统总容量的目标。

小区级功率协调实现步骤流程如图 7-26 所示。

（1）初始化：初始化所有小基站的发射功率为 P，同时根据迭代中的步骤②与③计算所有小基站第一次进行功率协调后的 SINR 和对应的发射功率。

（2）迭代

① 选择所有满足迭代步长的小基站。

② 如果小基站的 SINR 小于 SINR1，则增大此小基站的发射功率为 SINR1 对应的发射功率。

③ 如果小基站的 SINR 大于 SINR2，则降低此小基站的发射功率为 SINR2 对应的发射功率。

④ 当某个小基站相邻两次的功率调整数值之差的绝对值小于门限值 t_0（可调整），则此小基站不进行功率协调。

⑤ 当所有小基站的两次的功率调整数值之差的绝对值小于门限值 t_0（可调整），则迭代结束。

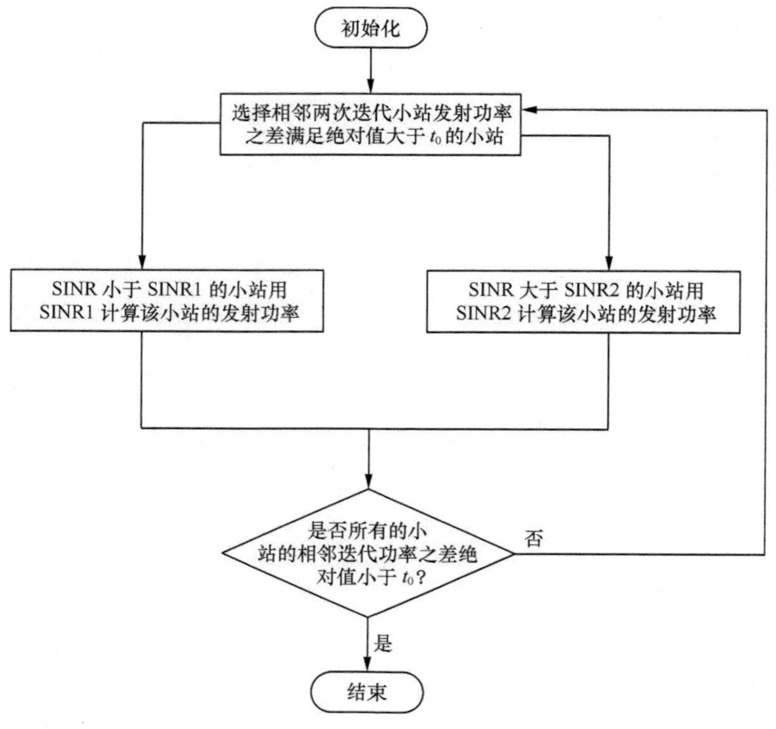

图 7-26　功率协调流程

2. 仿真验证

公寓场景仿真场景中，各 AP 进行自部署，UE 根据位置接入小基站，单用户情况，业务为全缓冲器，对比的房间大小为 $5\times5\text{m}^2/10\times10\text{m}^2/20\times20\text{m}^2$ 3 种。

公寓场景下，采用功率协调前后，小区的平均频谱效率、边缘频谱效率和发射功率的性能变化如图 7-27、图 7-28 和图 7-29 所示。

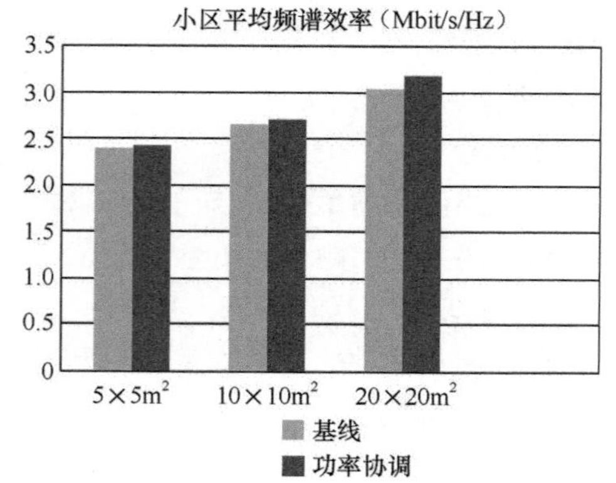

图 7-27　公寓场景下的基线与功率协调的小区平均频谱效率比较

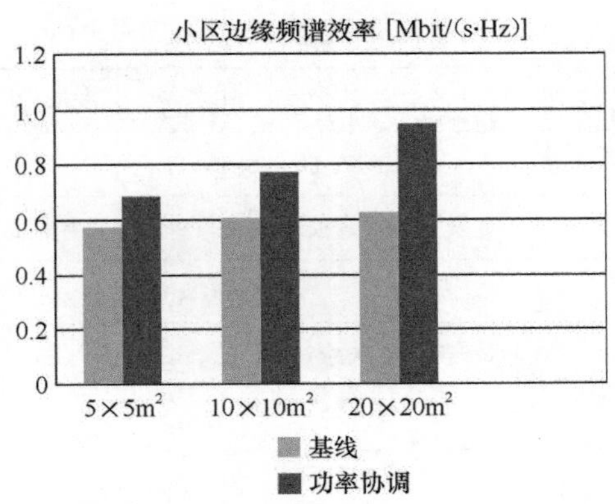

图 7-28　公寓场景下的基线与功率协调的小区边缘频谱效率比较

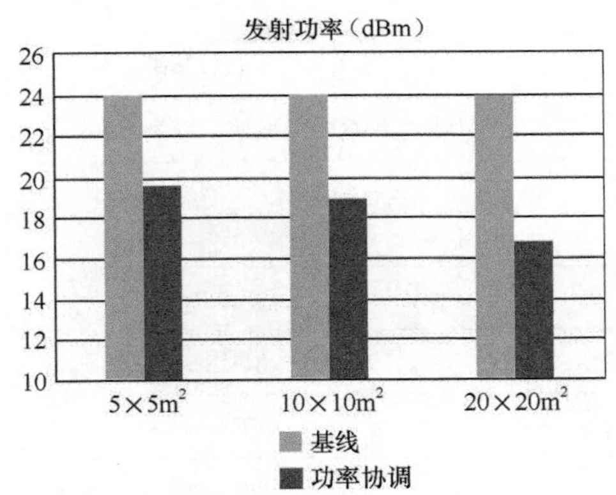

图 7-29　公寓场景下的基线与功率协调的发射功率比较

办公室场景 AP 集中部署（基于 RSRP 最大接入），单用户场景，业务为全脉冲缓冲器，站间距 5m/10m/20m，办公室下的仿真参数见表 7-5。

表 7-5　办公室下的仿真参数

	小基站
拓扑模型	两栋办公楼的 block 区域 5 000 m^2（100m×50m），两栋办公楼之间是 10m 的街道 每栋办公楼，楼层 6，每层 2 000 m^2（100m×20m） 办公区域 1000 m^2（50m×20m），办公区域内规则部署 10 个或 40 个小基站
带宽	10 MHz
载频	3.5 GHz
发射功率	24 dBm

续表

	小基站
路损模型	3GPP Dual Strip [TR36.872 A.1.3]
穿透损耗	内墙穿透损耗 5 dB，外墙穿透损耗 23 dB
阴影	ITU InH
基站天线配置	全向天线，2Tx2Rx，Cross-polarized，4Tx4Rx，8Tx8Rx
小基站天线高度	3 m
UE 天线高度	1.5 m
小基站天线增益	5 dBi
UE 天线增益	0 dBi
快衰信道	ITU InH
UE 撒点	在办公区域内均匀撒放，每个小基站接入 1 个用户
最小距离（2D distance）	小基站 - 小基站：20m，10m，5m
业务模型	Full Buffer
UE 接收机	MMSE-IRC
UE Noise Figure	下行 9 dB
UE 移动速度	不移动，快衰 3 km/h
小区选择准则	基于 RSRP 最大
初始化功率 P1	20 dBm
底限目标 SINR1	-6 dB
上限目标 SINR2	18 dB
迭代步长 t0	0.1 dB

办公室场景下，采用功率协调前后，小区的平均频谱效率、边缘频谱效率和发射功率的性能变化如图 7-30 ~ 图 7-32 所示。

（1）从公寓和办公室场景可以得出，采用功率协调后的系统平均吞吐量、5% 用户吞吐量和发射功率都较基线有增益。这主要是因为功率协调降低高信噪比小基站的发射功率，这样减少了对低信噪比小基站的干扰，同时提升信噪比低于 -6dB 的小基站的发射功率，故功率协调比基线有增益，同时 5% 的用户的吞吐量较平均吞吐量增幅较大。

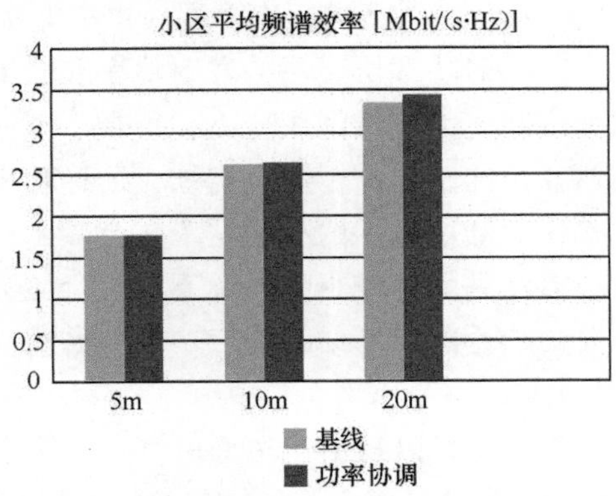

图 7-30　办公室场景下的基线与功率协调的小区平均频谱效率比较

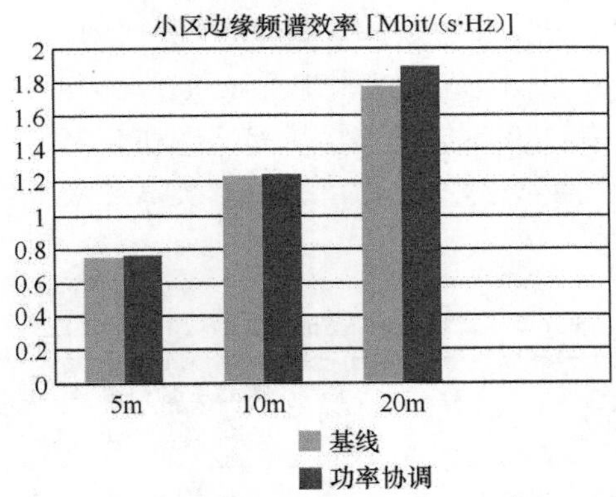

图 7-31　办公室场景下的基线与功率协调的小区边缘频谱效率比较

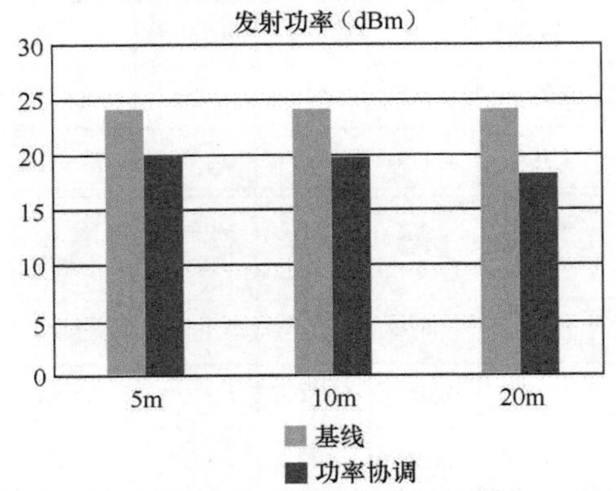

图 7-32　办公室场景下的基线与功率协调的发射功率比较

（2）从公寓和办公室场景可以得出，随着公寓场景房间大小变大以及随着办公室场景站间距变大，不管基线还是功率协调后得出的系统平均吞吐量、5%用户吞吐量都随之增大，同时功率协调后的发射功率在公寓和办公室场景都随之减少。这主要是因为房间变大或站间距变大，每个小基站受到其他小基站的干扰较小；这样，高信噪比的小基站个数会增加，通过功率协调会降低更多的高信噪比小基站的功率，而低信噪比的小基站个数会减少或者是低信噪比的小基站信噪比比房间较小以及站间距较小的情况下的信噪比数值大些，这样通过功率协调会降低更多高信噪比的小基站的发射功率，会减少更多的干扰给其他小基站，故出现上述结论。

（3）从公寓和办公室场景可以得出，功率协调在公寓场景获得的增益比办公室场景获得的增益大，这主要是因为公寓场景房间之间有隔墙，有穿透损耗，从而每个小基站受到其他小基站的干扰要小于办公室场景，根据结论 2，更能体现功率协调的效果。然而，办公室场景是按照 RSRP 最大接入，而公寓场景是按照房间号接入，故办公室场景的系统吞吐量在同等条件下整体大于公寓。

由上面的分析和表 7-6 可以看出，功率协调在公寓和办公室场景较基线都能提升系统性能，同时能节约发射功率。而且公寓场景中功率协调的增益大于办公室场景。

表 7-6　公寓和办公室的基线和功率协调增益

场景	小区平均频谱效率 [Mbit/(s•Hz)]				小区边缘频谱效率 [Mbit/(s•Hz)]			发射功率（dBm）		
	房间大小	基线	功率协调	增益	基线	功率协调	增益	基线	功率协调	增益
公寓	$5\times5m^2$	2.398 5	2.418 5	0.85%	0.573 3	0.688 1	20.02%	24	19.57	18.46%
	$10\times10m^2$	2.652 3	2.714 6	2.35%	0.606 9	0.770 7	26.99%	24	18.88	21.33%
	$20\times20m^2$	3.042 9	3.194 1	4.97%	0.620 9	0.952 7	53.44%	24	16.8	30%
	站间距	基线	功率协调	增益	基线	功率协调	增益	基线	功率协调	增益
办公室	5m	1.778 7	1.779 4	0.00%	0.760 2	0.762 3	0.30%	24	20	16.67%
	10m	2.632 7	2.639 7	0.30%	1.230 6	1.239 7	0.70%	24	19.78	17.58%
	20m	3.368 4	3.454 5	2.60%	1.771	1.892 1	6.83%	24	18.22	24.08%

7.2.3　多小区协同技术

多小区协同技术主要是 CoMP 技术和干扰对齐技术，是指地理位置上分离的多个传输点之间的协同。一般来说，多个传输点是不同小区的基站，或者同一个小区基站控制的多个 RRH。通过多个传输点之间的协作调度、预编码、联合传输等，可以有效降低协作传输点之间的干扰，提高协作区域覆盖范围内的用户，特别是协同点覆盖边缘用户的吞吐量。多点协同传输前一章有描述，这里再概括一下。其中下行 CoMP 主要分为：协作调度 / 波束赋形（CS/CB）、联合处理（JP）等。其中，JP 方案又可以分为联合传输（JT）、动态传输点选择（DPS）和动态传输点静默（DPB）。图 7-33 为 CoMP 方案原理示意。干扰对齐技术是另外一种多小区协同技术，多天线空间域干扰对齐技术利用干扰信道信息，设计编码与译码矩阵，实现多个 AP-UE 之间无干扰并行传输。图 7-34 所示为常见的三用户 22 天线配置的干扰对齐示意。

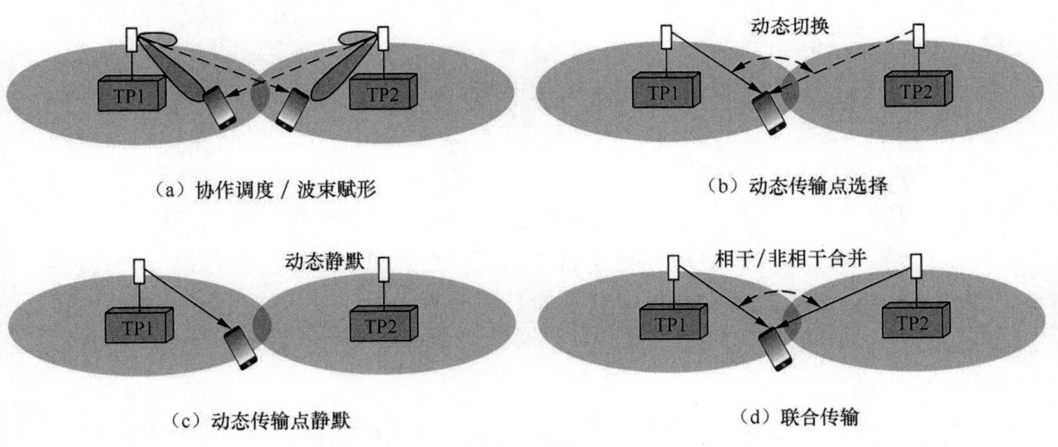

图 7-33　CoMP 方案原理示意

UDN 中的多小区协同技术与场景的回传部署关系密切。如 CoMP 方案中的联合传输（JT）模式需要 AP 之间交换数据信息和信道信息等，更加适用于能部署理想回传的场景，例如室内办公室场景等。而协作调度 / 波束赋形（CS/CB）模式和干扰对齐方案，不需要 AP 之间交互用户数据信息，只需要交互信道信息，因此适用于非理想回传部署的场景，或者回传容量受限的场景。

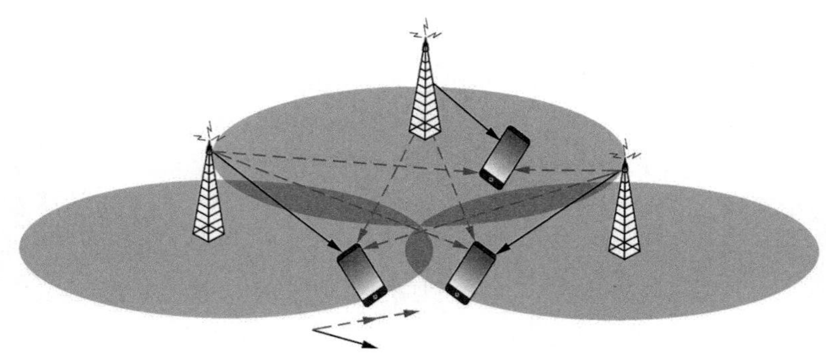

图 7-34　干扰对齐方案原理示意

1. 协作调度 / 波束赋形（CS/CB）

协作调度 / 波束赋形（CS/CB）模式包含传输点间的协作调度和协作预编码。协作调度是通过传输点之间的时间、频率资源的协调，避免或者降低相互之间的干扰。传输点间的干扰是制约小区边缘 UE 性能的主要因素，因此协作调度通过降低传输点间的干扰，可以提高传输点覆盖范围边缘的 UE 性能。如图 7-34 所示，通过两个传输点的协同调度，把可能会互相干扰的两个 UE 调度到相互正交的资源上，有效地避免了传输点之间的干扰。协同预编码通过对协作区域内多个用户下行信号波束赋形方向进行调整，使协作区域内占用相同时频资源的不同用户波束方向尽量相互正交，从而降低干扰。类似于单点 MU-MIMO 传输，协作波束赋形主要通过发射端干扰抑制处理实现。为了利用协作调度和协作波束赋形抑制协作小区下行传输之间的相互干扰，需要在基站端获得协作点的下行信道或者获得协作点的上行信道基于 TDD 系统的互易性近似得到下行信道。

CS/CB 方案中各协同传输点不需要交换各自用户的数据信息，由于每个传输点独立对用户传输数据，不需要进行多个传输点的联合预编码，但是 CS/CB 需要每个传输点根据其他传输点的调度和预编码调整本传输点的调度和预编码，往往需要进行迭代，复杂度较高，且预编码需要回避对其他点的干扰，灵活性受到一定影响。

2. 动态传输节点选择（DPS）

动态传输点选择（DPS）方案中，基站可以动态地切换给用户发送信号的传输点，从而实现每次为用户选择最优的传输点传输数据，如图 7-34 所示。为了实现动态传输点切换，可以由基站通过反馈信道获得多个可选传输点的信

道信息，根据反馈信道信息为用户选择最优传输点，也可以由用户根据下行信道信息选择最优传输点，并将该点下行信道信息通过反馈信道反馈给基站。DPS 还可以和 DPB 方案结合，由用户或者基站选择一个或多个强干扰点，这些干扰点在用户占用的部分时频资源上保持静默，进一步提高用户信号的质量。通常选择服务点之外的点作为最佳传输点的用户只会是小区覆盖边缘用户，这部分用户即使改变传输点也仍然是小区边缘用户，其传输性能提升有限，对系统平均传输性能的影响轻微。因此 DPS 只会提高部分小区边缘用户的性能，对系统平均性能基本没有影响。

DPS 方案中，如果由基站选择用户最佳的传输点，基站需要获得多个候选传输点的信道信息。DPS 传输中被选定的传输点独立传输用户数据，因此不同传输点之间的信道反馈信息可以没有相互依赖关系。

3. 动态传输节点静默（DPB）

在通常情况下，UE 受到的干扰主要来自少数几个干扰源的贡献，如果通过协作控制主要干扰源在 UE 调度的资源上保持静默，则 UE 的通信质量可以获得显著提高。动态传输点静默（DPB）方案即是控制 UE 的主要干扰源在特定的时频资源上保持静默的 CoMP 方案，如图 7-34 所示。静默的传输点由于其资源被迫闲置，会带来一定的性能损失，因此是否静默取决于整个协作区域的性能。如果一个传输点静默能使其他传输点获得增益，且其增益足以弥补该传输点静默所带来的损失，则该传输点可以选择静默，否则仍应该进行正常的数据传输。

DPB 方案在异构网络中优势尤为明显。异构网络中通常静默的是宏小区，一个宏小区内部署的多个 RRH 会同时因此受益。多个 RRH 获得的增益叠加很有可能超过宏小区静默所带来的损失，从而给整个协作区域带来增益。DPB 方案可以和 DPS 方案结合起来使用，即除了选中的传输点外，其他的传输点保持静默，同时获得传输点选择增益以及传输点静默带来的增益。

4. 联合传输（JT）

联合传输方案中，包括用户服务点在内的多个传输点同时向用户发送数据，以增强用户接收信号。如图 7-34 所示，两个传输点在相同的时频资源上向用户发送数据，这些有用信号在接收端相互叠加，提升了用户接收信号质量，同时也降低了用户受到的干扰，从而提高了系统性能。联合传输（JT）方案包含相干 JT（Coherent JT）和非相干 JT（Non-coherent JT）两种。相干 JT 中多个协作传输点可以通过联合预编码向用户发送相同数据流，从而使这些信号在用户接收端同相叠加，可以充分提升用户接收信号功率。非相干 JT 中多个协作传输点不进行联合预编码，向用户发送相同或不同数据流，即使协作点发送相同数据流，这些信号在用户接收端也不一定是同相叠加。相干 JT 能够充分利用多个传输点的发射功率，但是要实现多个传输点发射信号的同相叠加不仅需要每个传输点到用户的信道信息，还需要传输点间的信道信息，另外，传输点间信道信息容易受到定时和频率同步误差影响。相比相干 JT，非相干 JT 的协作增益较低，但非相干 JT 不需要传输点间信道信息，不容易受到同步误差的影响。

JT 传输中不同传输点向用户发送相同数据，由于进行多点联合传输，JT 把单点传输中的干扰点变成有用信号传输点，可以有效提高边缘用户的接收信干噪比，相比其他传输方案从原理上更有优势。但是单用户 JT（SU-JT）中多个传输点向一个用户发射信号的同时也会减少协作区域中总的调度用户数，对系统平均性能可能有影响。MU-JT 中多个传输点可能分别向不同用户发送信号，系统整体性能有较大提高，但用户调度和功率分配的复杂度很高。

5. 干扰对齐

干扰对齐（Interference Alignment）是一种多点协同传输技术，利用干扰信道信息，设计编码与译码矩阵，在接收机侧把多个干扰信号抑制到较低干扰空间，最大化无干扰的信号空间，从而最大化网络自由度。利用干扰对齐技术，能够实现网络容量随用户数量呈线性增长的理论容量优势。干扰对齐可以在码域、时域、频域和空间域等实现。本文档只考虑利用多天线实现空间域干扰对齐的情况。

由于实际的异构网络环境中，微小区为了实现灵活的热点覆盖或者室内的灵活部署，可能没有经过运营商的统一规划布局，由用户即插即用式使用，这种场景中，容量和时延理想化的回传部署不复存在，而干扰对齐技术只需要 AP 和 UE 之间交互信道状态信息，不需要 AP 之间共享 UE 数据信息，因此适用于非理想回传的灵活部署场景。

为了达到消除干扰的效果，参与干扰对齐的 AP 和 UE 需要联合设计各自的发射预编码矩阵和接收解码矩阵，而为了求解联合预编码 / 解码矩阵，需要获取全局信道状态信息。因此全局信道状态信息的获取和反馈过程在干扰对齐方案中十分重要。可以把干扰对齐方案大致分为集中式和分布式两种。

（1）集中式干扰对齐方案

集中式干扰对齐方案是指利用一个中心控制器来获取全局信道状态信息，计算干扰对齐预编码 / 解码矩阵，并反馈预编码 / 解码矩阵信息给各 AP 和

UE。该中心控制器可以是任意一个 AP，也可以是 AP 之外一个专门的功能实体。集中式干扰对齐方案，适用于 AP 之间有回传部署场景和 TDD，利用信道互异性，AP 首先在上行进行信道估计，接着 AP 把各自估计的部分信道信息汇聚到中心控制器侧，比 FDD 模式能减小反馈开销。

（2）分布式干扰对齐方案

分布式干扰对齐方案，是指各个 AP 分别计算干扰对齐预编码 / 解码矩阵，并反馈预编码 / 解码矩阵信息给从属 UE。该方案适用于 AP 之间无回传部署场景，每个 AP 都需要获取全局的信道状态信息，在 TDD 和 FDD 模式下的信道状态信息获取的开销较大。

图 7-37 所示为一般的干扰对齐方案的实施步骤。不同的干扰对齐方案和双工方式对实施步骤也有不同的影响。

信道状态信息估计

↓

信道状态信息反馈

↓

计算干扰对齐预编码/解码矩阵

↓

预编码/解码矩阵信息反馈

↓

干扰对齐并行传输

图 7-35　干扰对齐实现步骤

① 信道状态信息估计

信道状态信息的估计，是获取全局信道状态信息的第一步。当 K 个 AP 和所属 UE 进行干扰对齐协作时，总共需要估计 K^2 个信道矩阵状态，其中包括 K 个直接传输信道矩阵和 $K(K-1)$ 个交叉干扰信道矩阵信息。在 FDD 模式下，利用 UE 对下行信道进行估计，在 TDD 模式中，可以利用 AP 对上行信道进行估计，根据信道互异性得到下行信道信息。

以 LTE 的 OFDM 符号结构为例，利用正交分布的导频进行信道估计，参照 LTE Rel-9 中的 DM-RS 结构，发射机每个天线端口都会单独使用一个子载波导频进行信道估计，不同发射机之间以及同一发射机的不同天线端口使用的子载波都是正交的，以避免在信道估计之间造成干扰。

尽管信道一般是时变和频率选择性衰落的，但是在小于信道相干时间范围内，以及在小于相干带宽的频域范围内，信道可以认为是保持恒定的。那么对于宽带 OFDM 符号来说，不需要对所有的子载波的信道信息进行估计，只需要对若干个错开的子载波插入导频信息进行估计，然后利用内插方法得到其余的信道信息，这样可以减小信道估计与反馈的开销。通常，相干带宽近似等于最大多径时延的倒数。例如，据信道模型部分的不完全统计，最大的时延大约是 $0.603\,5e^{-0.05}$s，其对应的相干带宽是 $\dfrac{1}{0.603\,5e^{-0.05}}\approx 165\,700\text{Hz}$，每个 OFDM 子载波间隔 15 kHz，此时的相干带宽约为 11 个子载波，那么此时每个天线端口插入导频的频域间隔要小于 11 个子载波。

② 信道状态信息反馈

经过步骤(1)的过程，全局的K^2个目标信道的信息，分散在K个进行信道估计的设备(AP或者UE)中，为了计算干扰对齐预编码/解码矩阵，需要K个信道估计设备(AP或者UE)利用反馈信道把各自估计的信道状态信息反馈和汇总。

FDD模式下，UE会利用专门的上行反馈信道承载步骤① 中得到的K个下行信道信息，反馈给从属AP或所有AP。在TDD模式下，如果步骤① 利用信道互异性进行上行信道估计，AP之间会利用回传或者空口资源进行信道状态信息的交互和汇聚。

③ 计算干扰对齐预编码/解码矩阵

根据具体的干扰对齐实现方案，由中心控制器或者各个AP各自计算对齐预编码/解码矩阵。在多天线实现空间域干扰对齐时，由于信号空间维度受制于收发天线数，只有少数的干扰对齐组合参数(AP或UE数、收发天线数)组合下才存在闭式的干扰对齐解，一般的场景下，干扰对齐预编码/解码矩阵需要进行多次迭代式计算，复杂度较高。

④ 预编码/解码矩阵信息反馈

在集中式干扰对齐方案中，中心控制器在得到预编码/解码矩阵之后，需要反馈给各个AP和UE，如利用回传给AP发送预编码矩阵信息和其归属UE所需的解码矩阵信息，AP再通过下行传输通知其归属UE所需的解码矩阵信息。而在分布式干扰对齐方案中，由于每个AP会独立得到预编码/解码矩阵信息，只需要每个AP单独通知其归属UE所需的解码矩阵信息。其中对UE反馈的的解码矩阵信息，可以通过直接或间接反馈的形式，可以直接反馈量化的解码矩阵信息本身，又或者直接发送经过预编码的有用信号，由UE自行确定信号空间和相应的解码矩阵。

在信道状态信息估计和反馈阶段，还没有进行干扰对齐的并行传输，信道状态信息的估计和反馈、预编码/解码矩阵信息反馈都是在正交的信道资源上进行的。

⑤ 干扰对齐并行传输

经过前4个步骤的准备，AP和UE已经确定了各自对应的预编码和解码矩阵信息，在指定的无线信道中开始干扰对齐并行传输。

从以上的干扰对齐实现步骤可见，干扰对齐技术中，信道状态信息的获取开销与预编码/解码矩阵信息反馈开销所占比例较大。在之后的干扰对齐并行传输阶段，其预编码/解码矩阵都是基于之前的信道状态信息。这意味着，干扰对齐技术在信道缓变的场景中能取得更好的性能。比如室内外的低移动性或

者静止 UE 设备之间的传输。实际上，大量高速率业务也是基于低移动性设备，这和干扰对齐技术有很强的耦合关系。另外，在现有的 LTE 帧结构中，上下行链路所占的时间资源是按照子帧进行分配的，即在同一个子帧内只能进行上行发送或者下行发送。由于干扰对齐需要获取全局的信道状态信息，要在同一个子帧内进行一次下行到上行的切换和一次上行到下行的切换，以提高协议效率。同时已有的 LTE 帧结构参数，如子帧长度和信道估计导频插入位置是基于适应高速移动业务信道特性所设计，若用于低移动性场景的干扰技术，则执行效率低下，因此现有的 LTE 标准协议不适合干扰对齐技术，应该对无线接口协议加以改进。

利用多天线实现空间域干扰对齐的可行条件，与 AP 和 UE 的设备天线数量、传输的数据流数量（即自由度）存在约束关系。一般来说，当 AP 和 UE 设备的天线数量分别为 M 和 N，干扰对齐涉及的 AP 和 UE 数量都为 K 个，则在满足干扰对齐条件下，各 AP 到归属 UE 传输数据流数量 d 要满足条件 $d \leqslant (M+N)/(K+1)$，因此无法把所有用户都纳入相同的干扰对齐协作簇内。另一方面，考虑到信道状态信息的获取开销与预编码 / 解码矩阵信息反馈开销的存在，随着干扰对齐协作用户数、AP 和 UE 天线数的增加，干扰对齐开销迅速增长，在信道相干时间和相干带宽给定的情况下，也存在最优的干扰对齐协作簇大小。

在密集部署网络环境中，基于分簇的干扰对齐成为一种常见的策略，簇内的用户利用干扰对齐消除簇内用户的干扰，不同干扰对齐簇采用正交分配资源的方式来消除簇间用户的干扰。超密集网络环境中，由于多个小区的重叠覆盖和频谱高度复用，存在干扰耦合关系的 AP-UE 数目巨大，网络中同时存在多种 IA 分簇方案，使最优分簇问题复杂度高，因此常采用较为简单的分簇策略，如趋向于把相互之间存在强干扰的 AP-UE 组合分在相同的干扰对齐簇内，用干扰对齐消除强干扰，而相互之间干扰不那么强的 AP-UE 组合分配到不同的干扰簇，在满足用户业务 SINR 需求的前提下，不同簇使用相同的信道资源，提高频谱效率。

6. 多小区协同技术的仿真

多小区协作方法选择 MU- 相干 JT 联合传输方案作为仿真方案，JT 协作簇的选取是基于协作小区个数，按照 RSRP 降序依次选择协作小基站。对比的基线方法是同频无干扰管理方案。对比的性能指标为 Geometry 和频谱效率。

部署场景：某广场 500m × 880m。

- 典型拓扑：边缘 + 中心随机，边缘 + 均匀中心。
- 密集程度：稀疏，较密集，超密集。

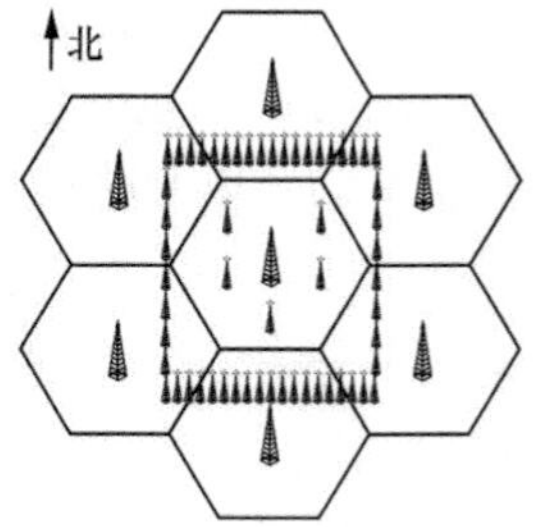

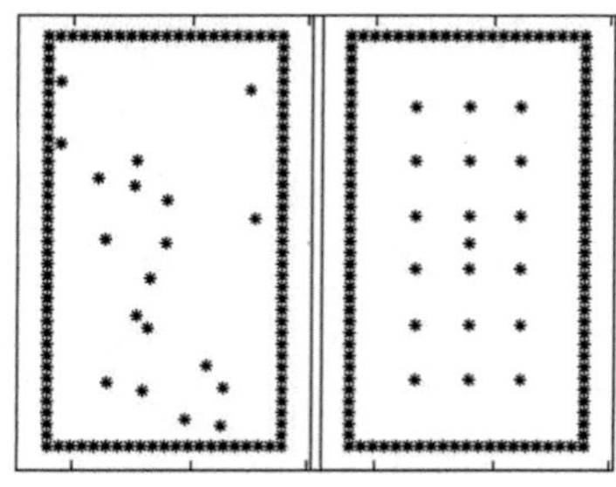

	稀疏场景	较密集场景	超密集场景
四周小基站数目	59 个	118 个	236 个
中心小基站数目	8 个	18 个	98 个
四周小基站间距	40m	20m	10m
中心小基站间距	156m	111m	50m

图 7-36　大型集会场景仿真场景

表 7-7 所示为大型集会场景下的仿真参数。

表 7-7　大型集会场景下的仿真参数

	宏小区	小小区
分布	19 基站，每站 3 扇区，蜂窝架构，Wraparound 模型	3 种部署方式
系统带宽	10 MHz	10 MHz
频点	2.0 GHz	3.5 GHz
发射功率	46 dBm	24 dBm
站间距	500 m	根据密度不同
路损模型	2 GHz： macro cell： 128.1+37.6log10（R[km]），R in km	3.5 GHz： 小小区： L=140.7+36.7log10（R），R in km
天线高度	25m	10m
信道模型	ITU 信道	
UE 分布	室外	
穿透损耗	室外：0 dB	
UE 数目	1 710 UE（随机均匀分布在集会范围内）	
业务模型	Full Buffer	
调度算法	PF 算法	
UE 速度	0 km/h	

- 室外宏基站和室内小基站，异频，主要由小基站获得系统容量。
- 室外 UE 在 block 周围 40 m 内均匀撒放。
- 室外 UE 和室内 UE 全部接入室内小基站，室内 UE 数量较少。

密集住宅场景仿真场景如图 7-37 所示。

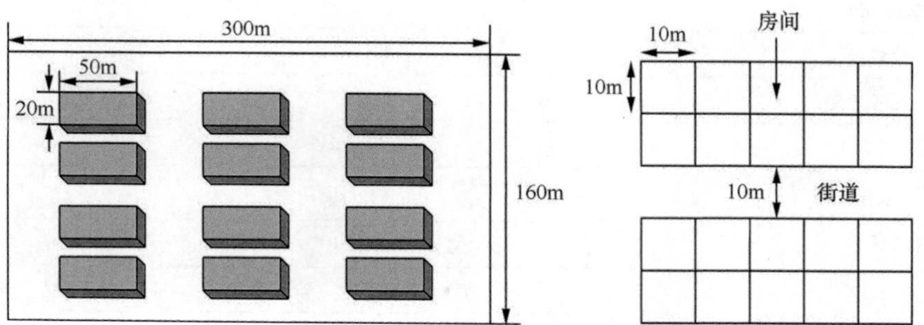

图 7-37　密集住宅场景仿真场景图

表 7-8 所示为密集住宅场景下的仿真参数。

表 7-8　密集住宅场景下的仿真参数

	宏基站	小基站
拓扑模型	7×3，六边形结构	面积 48 000 m^2，300×160 m，分布有 12 栋公寓，两栋公寓的 block 区域 2500 m^2，50×50 m，两栋公寓之间是 10 m 的街道，两个 block 区域的间距是 20 m 或 40 m；每栋公寓，楼层 6，每层 1000 m^2，50×20 m；房间 100 m^2，10×10 m；每房间随机放置 1 个小基站
带宽	10 MHz	10 MHz
载频	2.0 GHz	3.5 GHz
发射功率	46 dBm	24 dBm
路损模型	ITU UMa [Table B.1.2.1-1 in TR36.814]	3GPP Dual Strip [TR36.872 A.1.3]
穿透损耗	室外：0dB	内墙穿透损耗 5dB，外墙穿透损耗 23dB
阴影	ITU UMa	ITU InH
快衰信道	ITU UMa	室内 UE：ITU InH 室外 UE：ITU InH NLOS
基站天线配置	3D 定向天线	全向天线
天线增益	17 dBi	5 dBi
天线高度	25 m	[0,3]m 随机

续表

	宏基站	小基站
UE 撒点	室外 均匀撒放	室内每个房间均匀撒放
最小距离（2D distance）	35 m	小基站 - 小基站：1 m，小基站 -UE：0 m
UE 天线高度	1.5 m	
UE 天线增益	0 dBi	
业务模型	Full buffer	
UE noise figure	下行 9 dB	
UE 接收机	MMSE-IRC	
UE 速度	0 km/h，快衰 3 km/h	
小区选择准则	基于 RSRP 最大	

图 7-38 所示为大型集会场景下的仿真结果。

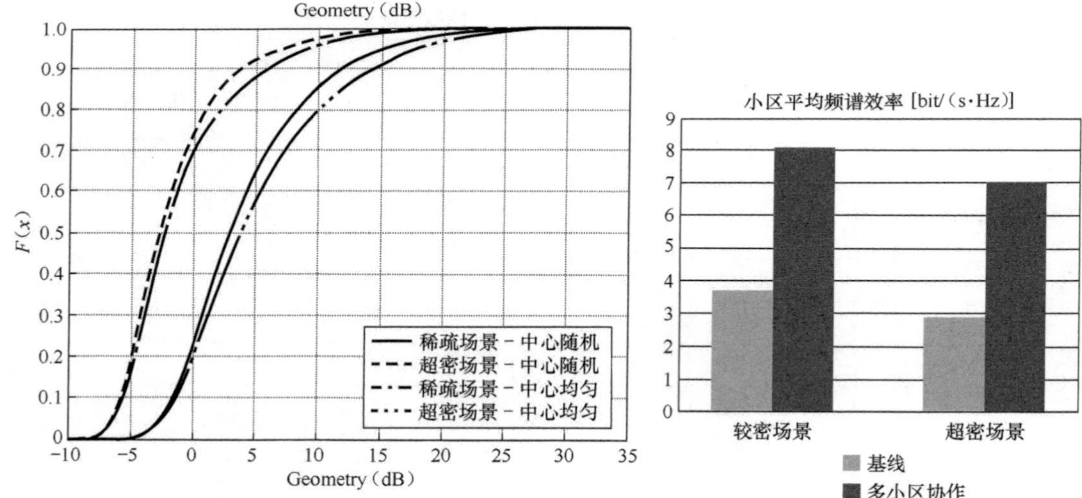

图 7-38　大型集会场景下的仿真结果

可以看到，在同频、无干扰管理情况下，小基站越密集，干扰越严重，中心小基站均匀撒放，相比随机撒放，对 Geometry 有增益。大型集会场景，从可执行及效果两个方面考虑，适宜使用四周 + 中心均匀撒 AP 的方式。小基站密度随着流量需求的增加而提升，同时干扰也随之增大。增加中心小基站密度，对干扰影响不大。

在小区平均频谱效率方面，多小区协作方法增益显著，超密集情况下，联合传输具有很好的增益。从流量需求角度看，当流量需求为 880 Gbit/s 时，较密集场景需要 800 MHz 带宽，超密集场景需要 375 MHz 带宽。

图 7-39 所示为密集住宅场景下的仿真结果。

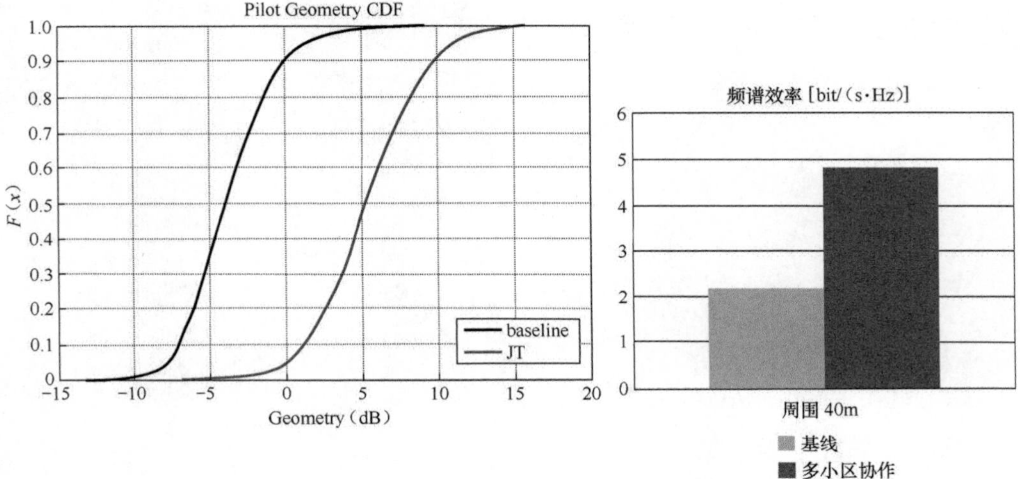

图 7-39　密集住宅场景下的仿真结果

可以看到，同频、无干扰管理情况下，20% 的 UE 信号质量低于 -6dB，可能不能正常工作，采用 MU- 相干 JT 的多小区协作方法能够提高信号质量，99% 的 UE 大于 -6dB，低于 15dB。同时，能够有效地提高频谱效率，是基线的 2.2 倍。因此，室外 UE 接入室内小基站，能够获得系统性能的提升，其适用场景为室内小基站比较空闲的状态下，为室外 UE 提供服务。

图 7-40 所示为办公室场景下的仿真结果。

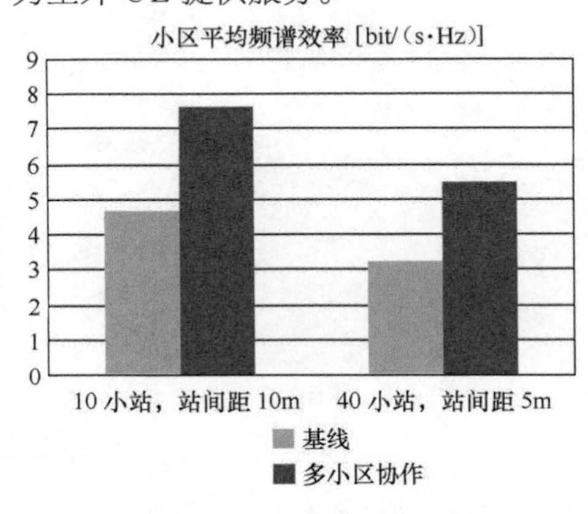

图 7-40　办公室场景下的仿真结果

可以看到，站间距越小，小基站间干扰越严重，频谱效率越低。MU- 相干 JT 的多小区协作方法能够有效地提高频谱效率，当部署 10 小基站时，频谱效率提升 64%；当部署 40 小基站时，频谱效率提升 69%。对于流量密度 15 Tbit/s/km^2，办公区域内的总吞吐量为 15 Gbit/s，当部署 10 小基站时，每个小基站的吞吐量为 1.5 Gbit/(s · Hz)，需要带宽 195 MHz；当部署 40 小基站时，每个小基站的吞吐量为 375 Mbit/s，需要带宽 68 MHz。因此，部署 10 小基站，在达到流量密度指标的同时，需要较多的系统带宽；部署 40 小基站，更有利于流量密度指标的达到，但部署成本较大。对于 1 Gbit/s 用户通信体验速率，当用户独占整个系统带宽，瞬时速率可达 1 Gbit/s。然而，一般情况下，用户密度大，激活用户较多，较难达到该指标。

第 8 章
5G UDN 智能化关键技术

4G LTE SON 一系列的技术，预示着蜂窝移动网络开始迈向智能化。5G UDN 有着比 4G LTE 系统更多的网络节点和连接数量，更多的网络配置参数，需提供更丰富的移动业务应用，以及适配更复杂的场景，因此 5G UDN 的智能化也必须要发展到更高的水平和境地。

在早期的蜂窝移动网络中，无线接入网侧的基站规划部署、参数设置优化，都会消耗掉运营商们大量的时间和人力成本。随着蜂窝网络运营环境的变化，比如，突发出现业务热点、车辆人流的分布变化、楼宇障碍物、天气变化等因素，网络的实际系统容量和无线覆盖效果也会随之发生显著的变化。为了能够适应这种变化而保证网络系统性能和服务质量，运营商们过去通常要实时地监控网络的整体运行状态，通过网管系统 OAM 进行相关基站设备部署和参数方面的调整。

从 LTE 初始版本 Rel-8 开始，网络自组织（SON，Self Organized Network）和自优化功能就被立项推到标准目标的层面，使得 E-UTRA 设备具有自组织、自优化、组网参数设置的智能性和对变化环境的自适应性。随着未来 5G UDN 的部署，5G NG-RAN 网络智能化、自组织自优化的要求，被提到了更高的标准化目标和要求。一方面随着 5G 基站节点的增多，人工维护工作量和成本呈指数级的增长；另一方面，5G UDN 网络节点，无论在时频域还是空间域，彼此间本身需要更高的动态自适应能力和协同、协作操作能力，这才能更充分地发挥出 5G UDN 网络容量和无线覆盖方面的潜能，进一步降低 OPEX 成本。

进一步地，在 2017 年 8 月 SA2 已经引入一个新的网络功能（NWDA，Network Data Analysis），用于根据系统检测、搜集到的网络各类数据进行智能分析，从而辅助 5G 网络策略的选择、优化。未来 5G 系统还力图从系统架构层面去深度融合和利用大数据和人工智能等技术，全面辅助提升运营商网络节点的智能化水平，进一步降低 OPEX 成本。鉴于某些新业务应用对传输时延和处理资源的苛刻需求，基站还可以结合移动边缘计算（MEC，Mobile Edge Computing）技术进行本地智能化升级，在前端去分担那些业务对核心网和远端应用服务器的资源冲击等。

8.1 网络自组织

过去，LTE 典型的异构部署组网场景如图 8-1 所示。

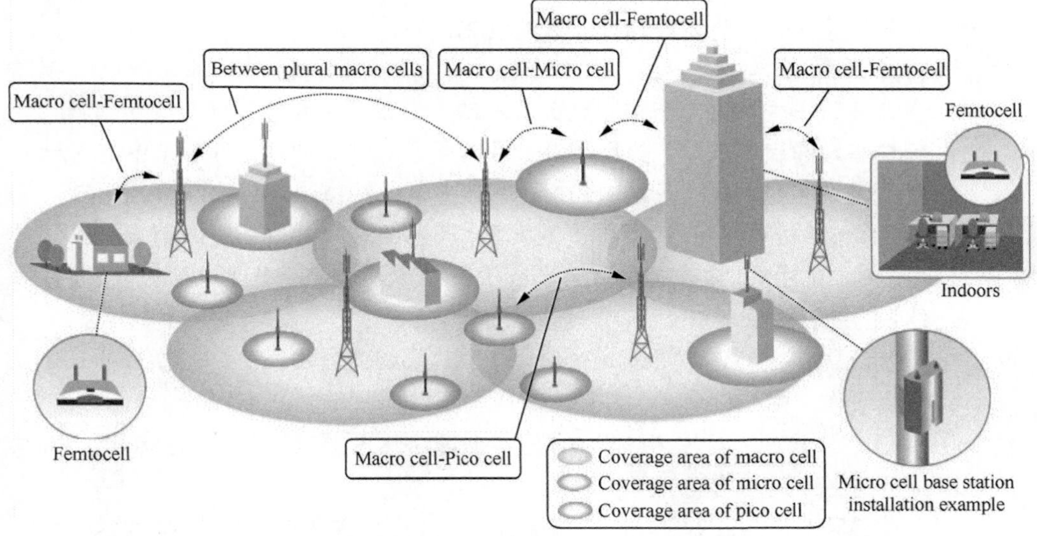

图 8-1 LTE 异构组网场景

SON 自组织自优化需要具备以下主要功能。

- 自配置：网络节点设备加电启动之后，自动确立与网管系统 OAM 和其他相关网络节点间的连接。连接确立成功后，执行软件更新以及节点配置数据的下载。基于网络监听结果以及来自网管系统的参数范围指定，网络节点设备确定物理小区标识 PCI 和下行频段工作带宽，随机接入信道资源等系统配置。典型自配置功能有：逻辑接口动态的建立、服务小区原始配置管理、系统消息配置更新。
- 自优化：网络节点设备在运营中，定期监视相邻节点和服务小区状况，检查物理小区标识 PCI 是否重复冲突，以及服务小区间的无线干扰状况。

根据结果判断，在必要时执行物理小区标识和发射功率等系统参数的自优化调整。自优化典型功能较多，具体如下。

- 自愈合：网络节点设备在运营中监控自身硬件以及软件运行状况，检查是否发生故障。判断发生故障的场景，向监视系统发送故障报告，自动执行故障分析以及恢复处理流程（如重启等）。

网络节点设备自优化的功能较多，具体实现算法设计依赖于不同网络设备厂家的具体实现。

- 移动健壮性优化（MRO，Mobility Robustness Optimization）：基于无线链路失败和切换报告等，检查各种切换问题（过早切换、过晚切换、切换到错误小区）的有无和原因。判断发生切换问题的场景，选择应该驻留的最佳小区，执行各种切换参数的优化设置。
- 移动负荷均衡（MLB，Mobility Load Balance）：检查各基站节点的流量负载。检查结果判断存在高负载基站的场景，实现将部分 UE 分流切换到该基站的相邻基站，执行切换参数的调整。同时抑制相邻基站中的用户继续切换回到原来的基站中，执行切换参数的调整。
- 基站节能：检查各基站节点的流量负载和耗能状况。检查结果判断存在低和空负载基站的场景，实现抑制该基站的功率能量无为地消耗浪费，向该基站发出休眠的指示。
- 干扰自优化：通过相邻基站间（同 RAT 系统内或不同 RAT 系统间）的协调协作，降低相邻小区间的上 / 下行无线干扰的功能。
- 自动 PCI 分配：避免相邻基站间的物理小区标识（PCI，Physical Cell Id）发生冲突的功能。
- 自动邻区关系 ANR 管理：各基站节点之间邻区关系的自动优化设置。
- KPI 监测控制：提供接口激活或者去激活厂家内部的其他自优化功能，同时监控和搜集整个网络运行的性能 KPI 信息。

8.2 网络自配置

8.2.1 5G 网络接口建立

在 5G UDN 网络中，各种类型的 NG-RAN 节点和核心网 AMF/UPF 之间

的 NG 逻辑接口，可以通过 OAM 预配置由基站发起向核心网的接口建立流程 NG Setup。而各种类型的 NG-RAN 节点之间的逻辑接口，可以通过以下两种方式自建立：一种是通过自动邻区关系（ANR）触发基站间的 Xn 接口建立；一种是通过 OAM 预配置，由基站自身主动向周围相邻基站发起接口建立流程 Xn Setup。

8.2.2 典型流程

1. NG 逻辑接口自建立

初始时，用于基站主动建立和 AMF 之间的 SCTP 连接远端 IP 地址，可以通过 OAM 预配置给基站。

基站利用上述远端 IP 地址发起和每一个需要连接的目标 AMF 的 SCTP 连接尝试，直到 SCTP 连接成功建立。NG 接口至少支持单基站和同一个 AMF 实体内多个 SCTP 地址的同时关联和连接建立。

一旦 SCTP 连接建立完成后，基站和 AMF 之间就会通过 NG 接口建立流程，交互 NGAP 应用层的相关配置信息，这些配置信息用于后续的节点间协同互操作，具体如下：

- 基站提供自身的配置信息给 AMF；
- AMF 提供自身的配置信息给基站；
- 当 NGAP 应用层初始化成功完成后，动态的配置过程也就完成了，NG 控制面接口进入可操作状态，可用来传输其他 NGAP 应用层信令流程。

2. Xn 逻辑接口自建立

初始时，基站获取用于基站建立和其他相邻基站之间的 SCTP 连接远端 IP 地址，可以是通过 OAM 预配置的方式，也可以是通过自动邻区关系管理 ANR 的功能获取。

基站利用上述远端 IP 地址发起和每一个需要连接的目标基站的 SCTP 连接尝试，直到 SCTP 连接成功建立。

一旦 SCTP 连接建立完成后，基站和基站之间就会通过 Xn 接口建立流程，交互 XnAP 应用层的相关配置信息，这些配置信息用于后续的节点间协同互操作，具体如下：

- 源基站提供自身的配置信息给目标基站，比如，源基站下的服务小区列表等；
- 目标基站也提供自身的配置信息给源基站，比如，目标基站下的服务小区列表等；

- 当 XnAP 应用层初始化成功完成后，动态的配置过程也就完成了，Xn 控制面接口进入可操作状态，可用来传输其他 XnAP 应用层信令流程。
- 基站需要保留和更新接收到的配置信息，用于后续的操作；
- Xn 逻辑接口支持动态自删除。

8.3 网络自优化

8.3.1 自动邻区关系优化

自动邻区关系管理（ANR，Automatic Neighbour Relation）属于自优化的功能之一，能够自动维护基站邻区关系的完整性和有效性，从而减少非正常的邻区间切换，提高网络综合性能。5G UDN 网络中的邻区关系数目巨大，ANR 功能极为必要，可以极大地减少人工操作维护，降低网规网优的运维成本。

8.3.2 典型场景和流程

ANR 功能位于 5G 基站节点，用于建立和优化管理服务小区邻区关系表。包括，监测发现新的邻区并将新发现邻区添加到邻区关系表中，删除过时或者不稳定的邻区关系。5G 基站节点保存的一条邻区关系表示：源小区和目标小区互为邻区，5G 基站节点知道所检测的邻区关系中的小区全局标识 CGI 等。在邻区关系表中一条邻区关系表示：源小区能识别到目标小区，以及包含该邻区关系的一些属性值，比如，该邻区关系是否允许被删除，该邻区关系是否允许切换，源小区和目标小区各自所属的基站间是否允许建立 Xn 接口，这些属性值依赖于运营商需求和个体 OAM 配置。

邻区关系是服务小区对之间的关系，当基站间 Xn 接口建立时，基站间交互的服务小区和邻区信息也可用于建立和维护上述邻区关系表。ANR 功能也同时允许网管 OAM 来管理邻区关系表，网管 OAM 可以根据需要，添加或删除其中的邻区关系，也可以改变邻区关系属性，当基站内的邻区关系表发生变化时，也需要通知网管 OAM 进行信息同步更新。

5G ANR 功能可分为以下三大不同的场景。

NR 系统内 gNB 之间：在该场景下，UE 当前的服务小区所在的基站和 UE 新发现的邻区所在的基站都是 gNB。空口 ANR 功能依赖于服务小区都能广播自己的全局小区标识（NCGI，NR Cell Global Id），当源 gNB 发现有漏配置的邻区在相邻 gNB 内，源 gNB 就需要将该新发现的邻区添加到本地邻区关系列表中。因此，邻区关系优化可以通过 UE 的测量、检测和上报来触发，特别在网络初始部署的时候很有效，具体流程如图 8-2 所示。

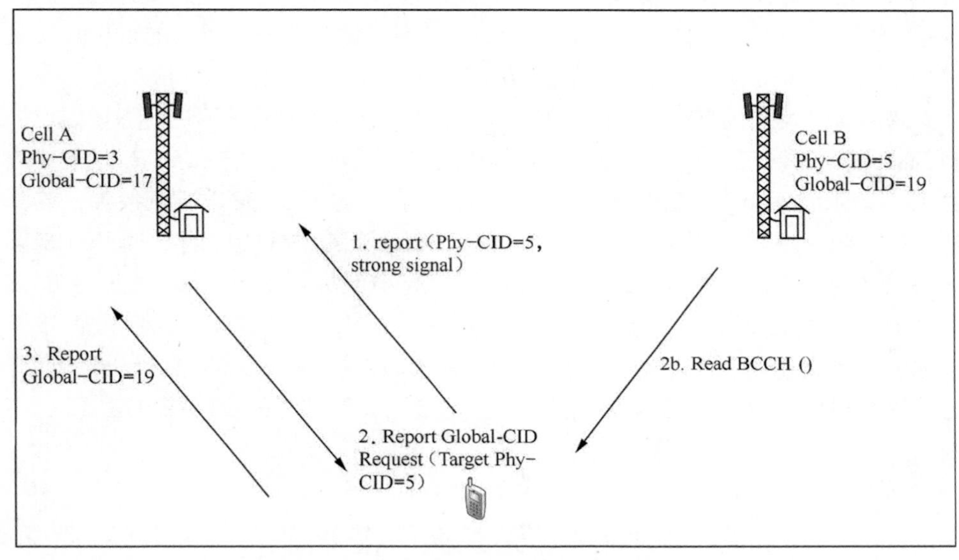

图 8-2　5G ANR 空口流程示意

UE 向当前服务小区所在的源 gNB 发送测量报告，该测量报告中包含相邻小区 B 的物理小区标识 PCI。源 gNB 指导 UE 利用当前发现的邻区 B 的 PCI，来读取系统消息并上报小区 B 的全局小区标识 NCGI 等。UE 将小区 B 的全局小区标识等信息继续上报给当前服务源 gNB。源 gNB 本地决策是否添加该邻区关系，并且可以利用获取的 PCI 和小区全局标识，通过 NG 接口流程获取新检测到邻区所在目标 gNB 的 IP 地址，如果需要，发起和新邻区所在的目标 gNB 的 Xn 接口建立流程。上述流程同样适用于 eLTE 系统内，该场景下，源小区和目标小区都属于 ng-eNB，因此在第 3 步中，UE 上报的是 eLTE 小区的全局小区标识 ECGI 等。

5GC 系统内 gNB 和 ng-eNB 之间：在该场景下，假设 UE 当前服务小区所在的源基站是 gNB，UE 新发现的邻区所在的目标基站是 ng-eNB，且 gNB 和 ng-eNB 都连接到 5GC。具体流程如下：如果源 gNB 发现有漏配置的邻区在相邻 ng-eNB 内，gNB 就需要将该新发现的邻区添加到本地邻区关系列表中。UE 向当前服务小区所在的源 gNB 发送测量报告，该测量报告中包含小区 B 的 PCI，gNB 指导 UE 利用当前发现的邻区 B 的 PCI 来读取系统消息，并上报小区 B 的全局小区标识 ECGI 等。UE 将小区 B 的全局小区标识等上报给当前的源服务 gNB。源 gNB 本地决策是否添加该邻区关系，并且可以利用获取的 PCI 和小区全局标识，通过 NG 接口流程获取新检测到邻区所在目标 ng-eNB 的 IP 地址。如果需要，发起和新邻区所在的 ng-eNB 的 Xn 接口建立。如果 UE 当前服务小区所在的源基站是 ng-eNB，UE 新发现邻区所在的目标基站是 gNB，且 gNB 和 ng-eNB 都连接到 5GC，该场景下的上述流程不变。

跨系统 ANR：在该场景下，UE 当前服务小区所在的源基站是 gNB 或连接到 5GC 的 ng-eNB，UE 新发现邻区所在的目标基站是只能连接到 EPC 的传统 eNB。具体流程如下：UE 向当前服务小区所在的源 gNB 发送测量报告，该测量报告中包含小区 B 的 PCI，gNB 指导 UE 利用当前发现的邻区 B 的 PCI 来读取系统消息，并上报相邻 LTE 小区 B 的全局小区标识 ECGI 等。UE 将 LTE 小区 B 的全局小区标识等上报给当前的源服务 gNB，gNB 本地决策是否添加该邻区关系。和前面的场景差别在于：跨系统的基站间不能建立直接逻辑接口，因此该流程只能用于更新本地邻区关系，不会触发基站间的逻辑接口建立。

8.4 无线自回程

8.4.1 无线自回程简介

LTE-A Rel-10 的固定 Relay 技术，虽然用于增强小区覆盖，但 RN 节点和 DeNB 之间实际提供了一种无线回程链路。过去，传统以宏小区覆盖为主的蜂窝网络中，一般通过有线媒介（如光纤、电缆、铜绞线等）或者微波，将宏基站连接到核心网，或相邻的宏基站。随着 5G UDN 网络中站点的密集化部署，势必对回程链路（包括基站和核心网之间的回程链路，基站之间的回程链路）和前传链路的传输承载需求量巨大。传统的有线回程网络，其建设维护成本太高，很难实现动态按需部署，而微波中继回程链路虽然很灵活，但应用的硬件成本高，会增加回程网络的总成本。在 5G UDN 很多场景下，微站点的天线高度相对较低，微波中继回程信号更容易被遮挡，导致回程链路质量不稳定，降

低了回程链路的健壮性。此外，5G UDN 部署需要适应室内、室外各种变化的环境，要能灵活高效地按需部署，需支持节点设备“即插即用”，能进行自组织、自优化、自愈合，因此传统的有线承载回程或微波中继回程，都无法满足 5G UDN 密集部署需求。伴随着 5G 支持巨大的空口数据流量和各类新业务，5G UDN 不仅对回程网络的容量有更高的要求，还对回程链路时延和健壮性、稳定性提出了更高的要求。

为了解决上述问题，3GPP 业界早早提出了无线自回程（WiReless Self-Backhaul）的设计理念，并于 2017 年 12 月全会确立了 IAB（Integrated Access Backhaul）技术的研究立项。无线自回程技术是指：回程链路和接入链路使用相同的无线传输技术，共用相同或者不同的频段，通过时分或频分方式复用载波资源。无线自回程不需要有线承载，支持无规划或半规划下的动态按需部署，减少硬件成本，降低了部署运维成本。通过对无线接入链路与回程链路的联合优化，系统可以根据网络负载情况，自适应地调整时频资源分配的比例，提高无线资源使用效率。如果使用的是授权频谱资源，无线自回程的链路质量可得到有效保证，因此能有效地提升健壮性。具备 IAB Node 功能的无线网络节点，可扮演回程中转功能，IAB Node 理论上也可“游牧式”移动，可支持回程多跳传输和路由中转，也可支持对遗留终端的回程传输。

图 8-3 所示为使用无线自回程的网络部署示意，其中，节点 A 扮演 IAB Doner 功能，节点 B 和 C 扮演 IAB Node 功能。无线自回程可以和无线接入链路共用同一个频段资源——带内 / 频内无线自回程（In-band WiReless Self-Backhaul），也可以使用不同于接入链路的频段资源——带外 / 异频无线自回程（Out-of-band WiReless Self-Backhaul）。无线自回程通过与接入链路共享频谱资源可以减少频谱开销及硬件成本。针对无线接入链路与回程链路的联合资源分配，系统可以根据网络负载的实时情况，自适应地调整时频资源分配比例，以提高同频无线资源的使用效率。

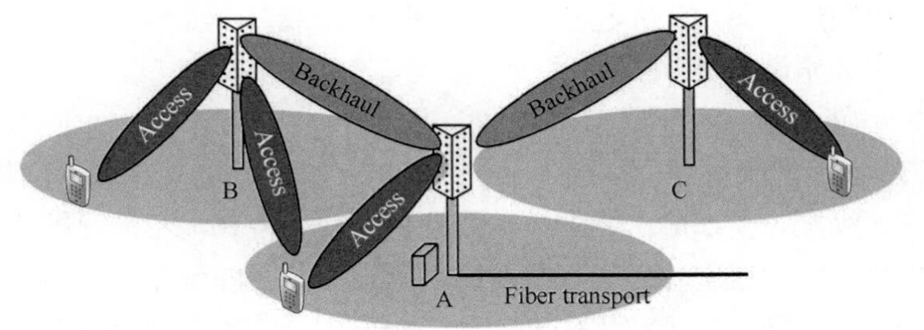

图 8-3　5G 无线自回程

无线自回程通常和传统的有线承载回程结合在一起使用，形成所谓混合分层回程架构。如图 8-3 所示，终端经过节点 C 的无线自回程之后，还需要经过节点 A 的光纤有线回程，才能最终抵达核心网。在更复杂的情况下，终端可能经过更多子段的无线自回程链路，才能抵达光纤有线回程的锚点，从而可能存在多条路径的选择，此时就存在无线路由问题。考虑到有线回程与无线回程的链路容量和传输时延都有所不同，在负载均衡以及业务分流上，都需要进行相应的技术革新，来匹配未来各种新业务的需求。比如，在负载均衡方面，可将高负载用户接入到一级回程层的基站，而将低负载用户接入到二级及以下回程层的基站。在业务质量保证方面，把时延敏感业务放在一级回程层的基站发送，而非时延敏感业务放在其他回程层的基站上发送。针对各层回程层上的基站资源分配，可采用预定义的方式，这样的处理使得后期基站维护相对简单；也可采用自适应的调节方式，这样能匹配 UDN 小基站即插即用的部署需求。

8.4.2 无线自回程的设计需求

截至目前，3GPP 已非常清晰地提出了无线自回程的设计需求，包括：

- 室内、室外场景下的带内、带外中继的高效灵活运营；
- 多跳中继与冗余安全连接；
- 端到端的路由选择和优化；
- 支持高频谱效率的无线回程链路；
- 支持老的 NR 能力 UE。

基于以上设计需求，无线自回程需要重点研究解决以下几方面的技术问题。

（1）单跳 / 多跳与冗余连接的拓扑管理，如：

- 协议栈和网络架构设计（包括发收点 TRP 间的接口），考虑锚节点（如连接到核心网）和 UE 间多跳中继的运营；
- 控制面和用户面过程，包括为了支持跨一个或多个无线回程链路的业务转发的服务质量 QoS 处理。

（2）路由的选择和优化，如：

- 对于带集成的回程和接入功能的 TRP 的回程链路的发现和管理机制；
- 基于无线接入技术的机制支持动态路由选择（潜在地不涉及核心网的）以适应短时间的阻塞和跨回程链路的时延敏感业务的传输；
- 对于端到端路由选择和优化，评估资源分配 / 路由管理跨多节点协商的益处。

（3）回程和接入链路间的动态资源分配，如：

- TDD 和 FDD 运营中的高效的多路接入和跨单跳或多跳的回程链路（下行和上行方向）机制，每个链路在时域、频域或空间域上半双工受限；
- 跨链路干扰管理，TRP 和 UE 间的协调与消减。

（4）支持可靠传输的高频谱效率

识别物理层解决方案或增强以支持高频谱效率的无线回程链路。

（5）接入链路与回程链路的联合设计

用"收 / 发链路"代替传统的"上 / 下行链路"，新的动态帧结构联合设计，用于在接入链路和回程链路之间动态分配子帧资源。

在某种意义上，无线自回程技术改变了传统蜂窝网络的"从核心网到基站再到空口的简单树形拓扑结构"，把无线接入网的拓扑结构，变得更为复杂和多层多变。NR 能力终端可能不再是单纯的终端，可能还需要扮演回程的中继节点的角色，而不同的小基站可以处于无线接入网内的不同回程层。由于用户环境有时存在着许多集群类的终端设备，比如，"聚集在一起的用户""诸多集中的家居类无线设备"，这些终端群可以彼此协作，彼此为对方提供回程类的传输服务。总的说来，无线自回程技术对于终端芯片类厂家更为市场利好，因为它部分取代了传统有线承载网络的功能，并且改变了无线网络侧节点产品的形态和价值功能。

8.5　移动边缘计算

传统蜂窝移动网络应用架构下，互联网数据中心和业务应用服务器都位于核心网的后端和远端，离基站和终端 UE 都较远，因此当用户开启享用互联网某应用（如，高清视频点播、在线会议、网络游戏对战等）的时候，通常需要较长的等待时间，无线带宽受限也可能导致用户通信体验下降。传统基站对于用户业务内容和体验，是一个相对不能感知且不够智能的"傻"设备，因此运营商不能通过基于基站的手段，向不同等级的用户群提供差异化服务，基站的数据传输功能并不能与各种互联网业务应用深度融合。此外，随着用户数据业务流量的爆炸式增长，个数有限的网络上游节点，如核心网和服务器，很容易成为性能瓶颈，容错性小，易发生负荷不平衡和拥塞，因此有必要将用户业务数据的计算、存储和处理负荷，分散到分布广泛的众多基站设备中。

5G 系统设计早期就提出了基站的演进目标：基于 SDN/NFV 等技术，也希望对 5G 基站进行尽可能的虚拟化；同时进一步加强扁平化扩展增强（缩短应

用客户端和服务器端之间的距离),原本处于远端的数据中心、服务器存储内容、内容分发功能,要尽量向用户端下沉,最好能到无线接入网,部分核心网用户面的功能也要能下沉到基站。基于此技术诉求,欧盟ETSI基于5G网络演进架构,提出了移动边缘计算(MEC,Mobile Edge Computing)功能。MEC是将网络云端或后端的巨大计算能力,下沉到与基站平行的逻辑层级位置,在无线接入网内增加更多针对业务数据的计算、存储、处理等应用层功能,例如,业务内容预测及接入网内容缓存技术。因此拥有MEC智能的基站,可以快速利用本地的弹性计算存储处理资源,去优化用户业务体验,提升网络的综合性能。

通过MEC技术,运营商们至少可以获得如下增益:(1)用户业务数据传输延迟变小,这对于像VR虚拟现实、远程精准医疗手术等应用至关重要;(2)网络容错性增强,更能抗拥塞,在5G UDN的部署下,即使某时某地发生用户业务流量激增,核心网和应用服务器也不用担心用户群的猛烈冲击;(3)能节省大量网络侧的承载带宽,抵消5G UDN部署带来的大量承载成本的开销;(4)无线侧相关信息(如,用户实时位置、无线链路质量、运动轨迹等)及部分业务质量控制功能,均可开放给第三方开发者。开发者可利用上述无线侧信息,进一步优化互联网业务应用的体验和价值。

缩略语

缩略语	英文全称	中文全称
5QI	5G QCI Identifier	5G 业务服务质量分类标识
5GS	5G System	5G 移动蜂窝系统
ABS	Almost Blank Subframe	接近空白的无线子帧
AI	Artificial Intelligence	人工智能
AMF	Access Mobility Function	接入移动功能
AR	Augmented Reality	增强现实
ARPU	Average Revenue Per User	单位用户平均开销收入值
ATBC	Aggregated Transmission Bandwidth Configuration	聚合发送总带宽配置
AWV	Antenna Weight Vector	天线权重矢量（码本）
BA	Bandwidth Adaptation	带宽自适应
BBU	Baseband Unit	基带处理单元
BF	Beamforming	波束赋形
BWP	Bandwidth Part	部分子带宽
CA	Carrier Aggregation	载波聚合
CB	Coordinated Beamforming	协同波束赋形
CC	Component Carrier	分量载波
CCA	Clear Channel Assessment	空闲信道评估
CE	Control Element	控制元素

续表

缩略语	英文全称	中文全称
CS	Coordinated Scheduling	协同调度
CS	Configured Scheduling	预配置调度
CoMP	Coordinated Multiple Point	协作多点
CP	Cyclic Prefix	循环前缀
CPRI	Common Public Radio Interface	公共无线电接口
CRE	Cell Range Expansion	小区服务范围扩展
CSI	Channel State Information	信道状态信息
D2D	Device to Device	设备间直接通信
DC	Dual Connectivity	双连接操作
DPS	Dynamic Point Selection	动态节点选择
DRB	Data Radio Bearer	数据无线承载
ECGI	E-UTRA Cell Global Id	E-UTRA 小区全球唯一标识
EN-DC	E-UTRA NR Dual Connectivity	E-UTRA NR-DC 双连接模式
FDD	Frequency Division Duplex	频分双工
GF	Grant Free	免调度传输
gNB-CU	Centralized Unit	基站集中处理单元
gNB-DU	Distributed Unit	基站分布处理单元
GP	Guide Period	保护时间
GTP-U	GPRS Tunnelling Protocol	GPRS 隧道协议
HetNet	Heterogeneous Network	异构网络
HF	High Frequency	高频段载波
HII	High Interference Indicator	高干扰指示
HLS	High Layer Split	基站高层分离切分方案
HOF	Handover Failure	切换失败
HRLLC	High Reliable Low Latency Communication	高可靠低时延通信
IAB	Integrated Access and Backhaul	集成式接入和回程
ICIC	Inter Cell Interference Coordination	小区间干扰协同
IOT	Inter-Operatability Test	设备之间互联互通测试
ISD	InterSite Distance	站间距离
JT	Joint Transmission	联合发送

续表

缩略语	英文全称	中文全称
JR	Joint Reception	联合接收
LAA	Licensed Assisted Access	基于授权载波辅助方式的接入
LBT	Listen before Talk	先听后说式操作
LLS	Low Layer Split	基站低层分离切分方案
LPN	Low Power Node	低功率节点
LOS	Line of Sight	可视路径
LWA	LTE WLAN Aggregation	LTE/WLAN 异系统紧耦合聚合互操作
LWI	LTE WLAN Interworking	LTE/WLAN 异系统松耦合集成互操作
MAC	Medium Access Control	媒体接入控制协议
MBB	Mobile Broadband	移动宽带
MCG	Master Cell Group	主服务小区集合
MEC	Mobile Edge Computing	移动边缘计算
MICO	Mobile Initiated Connection Only	只能终端触发连接建立模式
MLB	Mobility Load Balance	移动负荷均衡
MME	Mobility Management Entity	移动管理实体
MN	Master Node	主节点
MR-DC	Multi-RAT Dual Connectivity	异系统间的双连接操作
MRO	Mobility Robustness Optimization	移动健壮性优化
MSI	Minimum System Information	最小系统消息集合
MTC	Machine Type Communication	机器类型的数据通信
MTP	Master TP	主发射节点
NCGI	NR Cell Global Id	5G NR 小区全球唯一标识
NCR	Neighbour Cell Relation	相邻小区关系
NCT	New Carrier Type	新载波类型
NE-DC	NR E-UTRA Dual Connectivity	NR E-UTRA 双连接模式
NFV	Network Function Virtualization	网络功能虚拟化
NGEN-DC	Next Generation E-UTRA NR Dual Connectivity	下一代 E-UTRANR 双连接模式
NSA	Non-Standalone	非独立式部署
NWDA	Network Data Analysis	网络数据分析
OI	Overload Indicator	负荷过载指示

续表

缩略语	英文全称	中文全称
OSI	Other System Information	除了最小系统消息之外的系统消息集合
OTT	Over The Top	最顶端业务应用
PCC	Primary Component Carrier	主分量载波
PCI	Physical Cell ID	物理小区标识
PDCP	Packet Data Convergence Protocol	分组数据汇聚协议
PRB	Physical Resource Block	物理资源块
QCI	QoS Classification ID	业务服务质量分类标识
QCL	Quasi-co location	准共址
QFI	QoS Flow ID	业务服务质量数据流标识
QoS	Quality of Service	业务服务质量
RAP	Random Access Preamble	随机接入前导
RAR	Random Access Response	随机接入回复
RLC	Radio Link Control	无线链路控制协议
RLF	Radio Link Failure	无线链路失败
RN	Relay Node	中继节点
RNA	RAN Notification Area	基于 RAN 寻呼通知区域
RNL	Radio Network Layer	无线网络层
RNTP	Relative Narrowband Transmit Power	相对窄带宽内的发送功率
RRM	Radio Resource Management	无线资源管理
RRU	Remote Radio Unit	射频拉远单元
RSRP	Reference Signal Receiving Power	参考信号接收功率
RTT	Round Trip Time	传输往返时间
SA	Standalone	独立式部署
SCC	Secondary Component Carrier	辅分量载波
SCG	Secondary Cell Group	辅服务小区集合
SCS	Sub-carrier Spacing	子载波间隔
SCTP	Stream Control Transmission Protocol	流控制传输协议
SDAP	Service Data Adaptation Protocol	业务数据适配协议
SDN	Software Defined Network	软件定义网络
SGW	Serving Gateway	服务网关
SN	Secondary Node	辅节点

续表

缩略语	英文全称	中文全称
SON	Self Organized Network	自组织网络
SoTA	Signal over the Air	空中的无线信号
SPS	Semi-Persistent-Scheduling	半持续性（非动态）调度
SPT	Short Processing Time	短处理时间
SRB	Signaling Radio Bearer	信令无线承载
SRS	Sounding Reference Signal	上行导频信号
SSB	Synchronization Signal Block	同步信号块
SUL	Supplementary UL	补充上行载波
SVC	Smooth Virtual Cell	平滑虚拟小区
TA	Timing Advance	时间超前值
TB	Transport Block	传输块
TDD	Time Division Duplex	时分双工
TNL	Transport Network Layer	传输网络层
TRP	Transmit Receive Point	发送接收节点
TTI	Transmission Time Interval	单位时长
UDN	Ultra Dense Network	超密集组网
ULA	Uniform Linear Array	统一线性阵列
UPF	User Plane Function	用户面功能
URLLC	Ultra Reliable Low Latency Communication	超可靠低延时通信
VR	Virtual Reality	虚拟现实
WiMAX	Worldwide Interoperability for Microwave Access	全球微波互联接入
WT	WLAN Termination	WLAN 系统侧终结节点

参考文献

[1] LTE – The UMTS Long Term Evolution From Theory to Practice.（Stefania Sesia, Issam Toufik, Matthew Baker.）© 2009 John Wiley & Sons Ltd.

[2] FAROOQ KHAN. LTE for 4G Mobile Broadband - Air Interface Technologies and Performance. Telecom R&D Center Samsung Telecommunications, America.

[3] 沈嘉，索士强，全海洋，等. 3GPP长期演进（LTE）技术原理与系统设计[M]. 北京：人民邮电出版社. 2008.11.

[4] 袁弋非. LTE/LTE-Advanced关键技术与系统性能[M]. 北京：人民邮电出版社.2013.

[5] 4G Americas_3GPP_Rel-10_Beyond_January 2012 Update. www.4gamericas.org

[6] IMT-2020_TECH_UDN_16013_无线技术组超密集网络（UDN）技术研究报告.

[7] 温金辉. 深入理解LTE-A 基于3GPP Release-10协议.

[8] 3GPP TR22.891.

[9] 3GPP TS23.501.

[10] 3GPP TS23.502.

[11] 3GPP TS36.300.

[12] 3GPP TS36.331.

[13] 3GPP TS37.340.

[14] 3GPP TS38.300.

[15] 3GPP TS38.331.

[16] 3GPP TS38.401.

[17] 3GPP TS38.410.

[18] 3GPP TS38.420.
[19] 3GPP TS38.470.
[20] 3GPP TS38.806.
[21] 3GPP TR38.913.
[22] Yong S K, Xia P, Valdes-Garcia A. 60GHz technology for Gbps WLAN and WPAN: from theory to practice[M]. John Wiley & Sons, 2011.
[23] IEEE Std 802.15.3cTM. Part 15.3: WiReless medium access control (MAC) and physical layer (PHY) specifications for high rate wiReless personal area networks (WPANs): millimeter- wave-based alternative physical layer extension [S]. 2009.
[24] IEEE Std 802.11adTM. Part 11: WiReless LAN medium access control (MAC) and physical layer (PHY) specifications: enhancements for very high throughput in the 60 GHz band[S]. 2012.
[25] Tsang Y M, Poon A S Y, Addepalli S. Coding the beams: improving beamforming training in mmwave communication system[C]. Global Telecommunications Conference (GLOBECOM 2011), 2011 IEEE. IEEE, 2011: 1-6.
[26] Tsang Y M, Poon A S Y. Detecting human blockage and device movement in mmWave communication system[C]. Global Telecommunications Conference (GLOBECOM 2011), 2011 IEEE. IEEE, 2011: 1-6.
[27] 3GPP,RP-160636. New WID: Further mobility enhancements in LTE. ZTE, Intel, China Telecom, Samsung,RAN#?,month year.
[28] RP-170369. Feature summary of mobility enhancement in LTE. ZTE.
[29] RP-170855. New WID on New Radio Access Technology. NTT DOCOMO, INC. RAN#75.
[30] R1-1707056. On RACH retransmission. Mitsubishi Electric.